青藏高原东缘龙门山前陆盆地动力学

李　勇　周荣军　〔美〕A. L. 登斯莫尔　等 编著

科 学 出 版 社

北　京

内 容 简 介

本书系统地介绍了龙门山前陆盆地动力学研究的基本理论、研究方法和研究成果,包括前陆盆地动力学、层序地层与沉积体系、物源分析与原型盆地分析、构造作用与沉积响应、隆升作用与剥蚀作用、构造负载与弹性挠曲模拟、龙门山前陆盆地动力学与盆-山耦合机制等方面的内容。该项研究成果不仅为研究青藏高原东缘龙门山造山带与前陆盆地耦合机制提供了科学依据,而且为全球陆内造山带-前陆盆地动力学和大陆动力学研究提供了一个典型案例和科学研究范例。

本书可供从事地质学与大陆动力学、沉积盆地与造山带、活动构造与构造地貌、石油地质与油气勘探、地震地质与地震灾害、地表过程与构造地貌、环境地质与工程地质等方面的科研人员、工程技术人员和高等院校师生阅读和参考。

图书在版编目(CIP)数据

青藏高原东缘龙门山前陆盆地动力学 / 李勇等编著. —北京:科学出版社,2024.6
 ISBN 978-7-03-078217-5

Ⅰ.①青… Ⅱ.李… Ⅲ.①龙门山-前陆盆地-构造动力学-研究
Ⅳ.①P541

中国国家版本馆 CIP 数据核字(2024)第 057386 号

责任编辑:韩卫军 / 责任校对:彭 映
责任印制:罗 科 / 封面设计:墨创文化

科 学 出 版 社 出版
北京东黄城根北街16号
邮政编码:100717
http://www.sciencep.com

成都锦瑞印刷有限责任公司 印刷
科学出版社发行 各地新华书店经销
＊

2024 年 6 月第 一 版 开本:787×1092 1/16
2024 年 6 月第一次印刷 印张:26 1/4
字数:620 000
定价:396.00 元
(如有印装质量问题,我社负责调换)

《青藏高原东缘龙门山前陆盆地动力学》
撰　稿　者

李　勇　　周荣军　　A. L. 登斯莫尔　　P. A. 艾伦　　M. A. 埃利斯

李苊宇　　邵崇建　　颜照坤　　闫　亮　　董顺利　　陈　斌

R. J. 理查森　　P. 帕克　　S. 劳伦斯　　周　游　　黎　兵

赵少泽　　司光影　　王凤林　　王伟民　　李敬波　　刘颖倩

赵国华　　云　锟　　陈　浩　　郑斯赫　　刘　浩　　胡文超

张佳佳　　李奋生　　马　超　　张　威　　陆胜杰　　邓　涛

邹任洲　　周启伟　　郑立龙

作 者 简 介

李勇，男，1963 年生，成都理工大学二级教授、博士生导师、国家有突出贡献中青年专家，百千万人才工程国家级人选。1984 年毕业于中国地质大学（武汉）地质学系，1987 年和 1994 年分别获成都理工大学地质学硕士学位和沉积学博士学位。先后到爱尔兰都柏林大学三一学院、美国孟菲斯大学和加拿大里贾纳大学进修和学术访问。1994 年破格晋升为副教授，1996 年破格晋升为教授，2001 年遴选为博士生导师，2010 年被聘为二级教授。先后在青藏高原、龙门山和渤海湾盆地开展地质调查和研究工作，主持国家自然科学基金项目、国际合作项目等 20 余项，出版专著和教材 15 部。在 *Nature Geoscience*、*Basin Research*、*Tectonic*、*Geology*、*Journal of Geophysics Research*、*Tectonophysics*、*Quaternary International* 等国际刊物上发表论文 150 余篇，在龙门山造山带与前陆盆地耦合机制、龙门山活动构造与汶川地震机制等研究方面具有学术特色和国际学术影响力。获国家级和省部级科技奖励 19 项，其中国家科技进步奖一等奖 1 项，省部级科技进步奖、教学成果奖 18 项。获国土资源部科技领军人才、教育部优秀青年教师、四川省学术技术带头人、四川省有突出贡献的优秀专家等学术称号，享受国务院政府特殊津贴。

周荣军，男，1964 年生，四川省地震局研究员。1986 年毕业于北京大学地质系，长期从事活动构造和工程地震研究，对甘孜—玉树断裂、鲜水河—安宁河断裂、理塘—巴塘断裂、大凉山断裂、龙门山断裂、岷江断裂、虎牙断裂和四川盆地西部活动断裂进行过深入研究，包括发震构造、滑动速率、大地震复发行为等。发表论文 60 余篇，合著专著 4 部，获省部级科技奖励 10 余项。

亚历山大·L.登斯莫尔（Alexander L. Densmore），男，博士，教授，1971年生。活动构造与构造地貌专家，现任杜伦大学地质学教授，英国灾害与风险研究所所长。在 *Science*、*Nature Geoscience*、*Geology* 等期刊上发表论文50余篇。在活动构造与地表过程、造山带与前陆盆地等方面有优秀的研究成果。曾担任 *The Journal of Geophysical Research-Earth Surface* 主编，曾在爱尔兰都柏林大学三一学院和瑞士苏黎世联邦理工学院工作，成都理工大学客座教授。在龙门山-前陆盆地活动构造与隆升剥蚀方面有创新性研究成果，2019年获四川省国际科技合作奖。

菲利普·A.艾伦（Philip A.Allen），男，博士，教授。国际知名地质学家，伦敦帝国理工学院教授，成都理工大学客座教授。长期从事造山带-前陆盆地动力学、沉积学与盆地分析、地表过程与源-汇系统等方面的研究。曾在英国牛津大学、爱尔兰都柏林大学三一学院和瑞士苏黎世联邦理工学院工作。在造山带与前陆盆地、沉积学与盆地分析、地表过程与源-汇系统等方面取得了创新性的研究成果，研究成果先后发表在 *Nature*、*Nature Geoscience*、*Geology* 等国际著名学术期刊上。

迈克尔·A.埃利斯（Michael A. Ellis），男，博士，教授，1954年生。构造地貌学家，长期从事构造地貌与地表过程及其与人类过程耦合关系的研究。担任英国地质调查局国际流域观测站主任和 *Earth's Future* 杂志主编。在 *Science*、*Nature Geoscience*、*Geology* 等期刊上发表论文50余篇。曾在美国孟菲斯大学工作，成都理工大学客座教授。在龙门山构造地貌学和地表过程研究方面取得创新成果，2019年获四川省天府友谊奖。

前　　言

　　21 世纪大陆动力学研究的前沿科学问题之一就是造山带-前陆盆地系统(盆-山系统)的地球深部层圈是如何运转的，并以怎样的地球动力学过程影响地表的沉积盆地和造山带。因此，针对大陆造山带隆升机制与前陆盆地沉降机制耦合关系的研究乃是大陆动力学研究的重点和前沿。其中，浅表层过程和深部过程及其物质的分异、调整和运移是盆-山耦合研究的主体内容。基于板块构造理论，前人已将前陆盆地与造山作用紧密联系起来，并按照造山作用类型对前陆盆地进行了分类。由于板块的俯冲与消减、碰撞与拼合以及后造山作用等导致前陆盆地和造山带被改造和破坏，因此大陆造山带与前陆盆地的构造原型恢复成为难度较大的科学问题。这些前陆盆地在地史期间详细记录了一系列构造运动与造山带的演化过程，因此前陆盆地对于恢复和反演造山带隆升机制和演化过程具有重要意义。

　　龙门山造山带与前陆盆地是青藏高原东缘独特的地质单元，是我国地学研究领域中的一块瑰宝，它孕育的复杂的地质过程和强烈的地震是研究青藏高原-周缘造山带-前陆盆地动力学(原-山-盆动力学)的典型地区，具有丰富多彩的地质现象，有"天然地质博物馆"之称，被国际地学界誉为"打开全球造山带机制的金钥匙"和"大陆动力学理论形成的天然实验室"。青藏高原东缘的龙门山具有 3 种成因模式，分别为逆冲模式(青藏高原侧向挤出模式的推论)、右旋剪切模式(青藏高原地壳加厚模式的推论)和下地壳流模式(青藏高原下地壳流模式的推论)。相关研究争论的核心问题是：龙门山在晚新生代是以逆冲作用为主，还是以走滑作用为主？因此，龙门山已成为地学界新理论、新认识和新发现的重要源区和竞争领域。

　　龙门山造山带与前陆盆地是现今青藏高原东缘两个最基本的构造单元，是在统一的构造格架和动力学体制下形成的孪生体，是在青藏高原中新生代大陆碰撞和印度-亚洲大陆碰撞(印-亚碰撞)过程中形成的两个地质体，它们在空间上相互依存，具有盆-山耦合的地质特征。现今青藏高原东缘由原、山、盆 3 个一级地貌构造单元组成，显示为原-山-盆系统。虽然这种新生代以来的原-山-盆系统的形成对应于印-亚碰撞及其碰撞后作用，龙门山造山带-前陆盆地系统仍处于活动状态，变形显著，属于典型的活动造山带与活动前陆盆地系统，受印-亚碰撞和青藏高原隆升的控制。但是其中的盆-山体制是印支期—燕山期构造活动的产物，受特提斯域基麦里大陆与扬子板块汇聚与碰撞作用的控制(李勇等，2006a)。因此，龙门山是青藏高原东缘最为复杂的构造单元，是该区岩石圈演化历史信息的载体。龙门山是印支期以来构造作用形成的山脉，是晚三叠世以来构造叠加的产物，既保存了印支运动、燕山运动的隆升机制及其产物，又叠加了与印-亚碰撞作用相关的喜马拉雅运动的隆升机制及其产物，成为多次、多种构造隆升机制叠加的复杂地质体。因此，

"中生代龙门山"与"新生代龙门山"具有不同的构造系统(盆-山系统或原-山-盆系统)和不同的隆升机制(许志琴等，2007；王二七等，2001；王二七和孟庆任，2008)。显然，龙门山隆升过程所具有的历史性和叠加性体现了多期、多种隆升机制的叠加。因此，如何从地质历史演化的角度利用叠加的前陆盆地沉积记录去甄别不同时期的构造变形特征和隆升机制是目前研究的难点之一。目前急需定量化的数据来检验和约束这些模式，真实地理解青藏高原东缘地区的地球动力学过程与机制。迄今为止，我们对龙门山变形的动力学和运动学及其地貌响应知之甚少，而这些资料是认识龙门山地质、地貌演化的关键，同时也是研究印-亚碰撞作用与龙门山前陆盆地地震动力学的关键。2008年汶川地震后，这个古老山脉的隆升机制及其孕育强烈地震的机理成为国际地学界关注的热点，也正在成为地学界新理论、新认识和新发现的重要源区和竞争领域。

以李勇教授为首席专家的研究团队40年来致力于龙门山造山带与前陆盆地耦合机制的研究，把龙门山和前陆盆地置于同一个动力系统中加以研究，以造山带构造负载、卸载机制与前陆盆地沉降机制之间的动力学机制为基础理论模型，以前陆盆地沉积记录作为恢复龙门山隆升机制及其转化过程的基本方法，以龙门山隆升机制与前陆盆地沉降机制之间的耦合关系为纽带，建立前陆盆地充填样式与龙门山隆升机制的耦合关系，并通过盆地充填样式反演龙门山隆升机制及其转换过程。本书相关研究以最新地质资料为基础，多学科相结合，以数字高程模型(digital elevation model，DEM)、卫星图像、裂变径迹计时(fission-track dating)法、宇宙成因核素(cosmogenic nuclides)法、均衡重力异常模拟、弹性挠曲模拟、古地貌恢复与物质平衡法(paleoelevation recovery and material balance method)、碎屑锆石年代学与物源分析、全球定位系统(global positioning system，GPS)与干涉雷达等为手段，是国家自然科学基金项目等研究成果的集合和升华，具体研究工作如下。

(1)1984~1999年，本团队开展了龙门山造山带与前陆盆地耦合机制研究，将龙门山前陆盆地从四川盆地中相对独立出来，作为与龙门山造山带相对应的前陆盆地，并将龙门山前陆盆地和龙门山造山带作为一个地质整体进行研究，以野外露头沉积学剖面、钻井岩心和地震反射剖面为基础，采用构造-层序地层技术、盆地分析技术、古构造恢复技术和盆地模拟技术，开展盆地充填序列、沉降机制、物源体系、不整合面等的标定和对比，利用前陆盆地沉积记录(包括充填序列、充填样式、不整合面、生物礁滩、沉积通量、挠曲沉降剖面、挠曲沉降曲线等)，建立前陆盆地充填样式与沉降机制之间的对应关系，标定龙门山隆升机制及其转换过程驱动的前陆盆地动力学和地质耦合模型。

(2)2000~2007年，本团队开展了龙门山及四川盆地西部的活动构造研究，标定了龙门山和四川盆地西部的活动断裂，包括茂汶断裂、北川断裂、彭灌断裂、大邑断裂、蒲江—新津断裂、龙泉山断裂、岷江断裂、虎牙断裂等，定量计算并对比了龙门山和四川盆地西部活动断裂晚新生代以来的逆冲速率和走滑速率，提出了北川断裂是龙门山地区最危险的发震断裂这一重要认识和结论，并于2007年在国际刊物 Tectonics 上发表，为汶川地震的预测和研究提供了科学依据。

(3)2008~2023年，本团队在2008年汶川地震后开展了汶川 M_s8.0 地震的构造变形与地表响应研究，并开展了2010年遂宁 M_s5.0 地震、2013年芦山 M_s7.0 地震、2017年九寨沟 M_s7.0 地震等强震的地表变形与动力机制研究，逐步形成了活动造山带与活动前陆盆地耦合机制与地表过程的研究思路，不仅为研究青藏高原边缘造山带与前陆盆地耦合机制、孕震机理与地震灾害防治以及灾后重建等提供了科学依据和典型范例，而且为我国乃至全球研究陆内造山带与前陆盆地耦合机制与地表过程提供了一个科学范例。

本书相关研究一直得到成都理工大学油气藏地质及开发工程全国重点实验室、地质灾害防治与地质环境保护国家重点实验室、国际交流与合作处、沉积地质研究院、能源学院、地球与行星科学学院和地球物理学院的领导和专家的支持，同时也得到四川大学水利水电学院、山区河流保护与治理全国重点实验室、四川省地震局工程地震研究院、四川赛思特科技有限责任公司的领导和专家的支持，在此向他们表示感谢。

最后特别感谢国家自然科学基金委员会地球科学部战略研究类项目"前陆盆地动力学未来发展的挑战与机遇"（42342027）和四川省自然科学基金项目"青藏高原地形地貌对川渝地区气候影响机制"（2022NSFSC0228）对本书出版的支持。

目　录

第一部分　前陆盆地动力学

第二部分 龙门山前陆盆地层序地层与沉积体系

第三部分　龙门山前陆盆地物源分析与原型盆地分析

第四部分　龙门山前陆盆地构造作用与沉积响应

第五部分　龙门山前陆盆地的隆升作用与剥蚀作用

第六部分　龙门山前陆盆地构造负载与弹性挠曲模拟

第七部分　龙门山前陆盆地动力学与盆-山耦合机制

第一部分

前陆盆地动力学

第 1 章　前陆盆地动力学研究概述

1.1　前陆盆地研究的重要性和价值

自 20 世纪 70 年代以来，对前陆盆地进行的油气勘探取得了重大突破，前陆盆地含的常规油气资源占世界油气总量的 45% 左右，表明这是一类重要的含油气盆地。油气勘探的突破加快了对前陆盆地研究的进程，不仅促使前陆盆地分析理论和方法趋于成熟，还促进了油气勘探不断深入。此外，人们也越来越认识到前陆盆地的形成和演化与其毗邻造山带的逆冲推覆作用存在着密切的相关性和统一性，盆地内的充填地层分析是推断和恢复毗邻造山带逆冲推覆构造形成和岩石圈流变过程的基础。随着石油工业的快速发展，对前陆盆地动力学的研究应该成为固体地球科学最为重要的主攻方向之一。因为这一研究涉及两大主题：地球科学的基础研究(造山带与前陆盆地系统)和维持与支撑人类能源与经济发展(前陆盆地常规油气和页岩气)。因此，近半个世纪以来，对前陆盆地的研究始终保持着地学热点领域的地位。其原因在于：①前陆盆地中的沉积记录提供了再造造山带动力学历史独一无二的有力工具；②前陆盆地中的常规油气资源满足了人类近 50 年来对能源的需求；③近年来在前陆盆地中又发现了大量非常规油气资源，最具代表性的就是页岩气，页岩气必将为人类未来 50 年的能源需求奠定基础。因此，对前陆盆地进行分析的目的不仅在于了解前陆盆地为什么会形成、在哪里形成以及为什么在那个时间发生沉降并形成前陆盆地，还在于评价盆地充填物及其所含流体的过程与相关分布。这些工作解决的既是基础问题又是实践问题。

前陆盆地地质学的发展不仅体现在前陆、前陆盆地、前陆盆地系统和盆-山耦合等概念的提出与发展方面，还体现在前陆盆地油气(常规)地质学和前陆盆地页岩气(非常规)地质学的建立和发展方面。因此，前陆盆地地质学研究不仅是国际地学研究的前沿，而且是人类社会发展对前陆盆地能源的需求，主要表现在两个方面。其一，当代地球科学界都把前陆盆地和造山带视为研究大陆动力学和板块构造"登陆"的突破口。前陆盆地和造山带是大陆上最基本的构造单元，因此，新的大陆构造思想的生长点必须建立在造山带与沉积盆地精细研究的基础上。前陆盆地位于造山带的毗邻地区，因此成为研究盆-山耦合关系的首选盆地。19 世纪以来，欧洲阿尔卑斯造山带和前陆盆地的相关研究成果不仅为槽台学说的建立提供了依据，而且所建立的概念(如前陆、前陆盆地、复理石、磨拉石、欠补偿前陆盆地、过补偿前陆盆地、前陆盆地系统、盆-山耦合等)仍是目前最基础的术语和基本概念；20 世纪以来，喜马拉雅造山带与前陆盆地的相关研究成果为板块构造与造山作用提供了依据，使地学界认识到印-亚碰撞是如何导致喜马拉雅造山带与前陆盆地的形成和青藏高原的隆升，而且所形成的地质模型是目前与板块构造碰撞相关的最基础的地质模型和基本概念（板状前陆盆地、楔状前陆盆地、逆冲作用、均衡反弹作用等）。其二，20世纪以来，北美东部阿巴拉契亚前陆盆地和北美西部落基山前陆盆地的基础地质和油气地质的相关研究成果不仅使地学界认识到前陆盆地中的油气是如何富集的，而且为全球前陆盆地油气勘探开发的地质模型奠定了基础。

1.2　前陆盆地概念的演变与发展

前陆盆地是在挤压构造背景下形成的一种沉积盆地类型，是介于收缩造山带和相邻克拉通之间，且平行于造山带呈狭长带状展布的不对称冲断挠曲盆地。前陆盆地地质学已发展了 100 余年，形成了与人类社会共同进步的学科发展规律。前陆盆地概念的演变与发展主要体现在前陆、前陆盆地、前陆盆地系统和盆-山耦合等概念的提出与发展方面（图 1-1）。前陆（foreland）是指与造山带毗邻的稳定地区，且造山带的岩层向其逆冲或掩覆。一般来

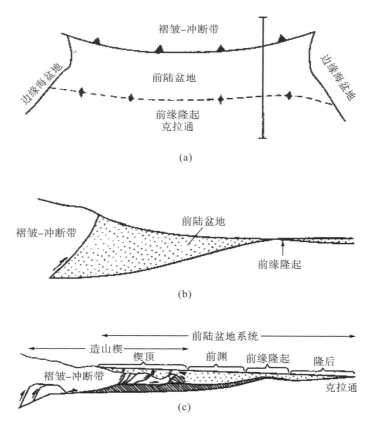

图 1-1　典型前陆盆地与前陆盆地系统的对比

注：(a)和(b)为典型前陆盆地的平面和剖面形态和结构；(c)为前陆盆地系统的剖面形态和结构。

说，前陆是地壳的大陆部分，应是克拉通或地台区的边缘。板块构造理论问世后，Price(1981)提出了前陆盆地这一术语，指出前陆盆地是大陆岩石圈受上叠地壳加载发生挠曲变形而形成的边缘拗陷盆地。Dickinson(1974)将前陆盆地划分为周缘前陆盆地(peripheral foreland basin)和弧背前陆盆地(retro-arc foreland basin)。

近年来，对落基山、阿巴拉契亚山、阿尔卑斯山、喜马拉雅山等前陆盆地的研究都取得了重大进展，使前陆盆地的定义更为广泛、内容更为丰富。Miall(1995)和 Jordan(1995)以北美西部落基山前陆盆地和东部阿巴拉契亚山前陆盆地为例，分别系统总结了周缘前陆盆地和弧背前陆盆地的特征；Allen 等(1991)、Crampton 和 Allen(1995)、Sinclair 和 Allen(1992)以阿尔卑斯山前陆盆地为例提出了非补偿前陆盆地与补偿前陆盆地；Burbank(1992)以喜马拉雅山前陆盆地为例提出了楔状前陆盆地和板状前陆盆地。此外，一些学者根据世界各地前陆盆地发育的差异性提出了破裂前陆盆地(broken foreland basin)、复合前陆盆地(composite foreland basin)(Muñoz-Jiménez and Casas-Sainz，1997)、中国盆地(Chinese basin)或中国型盆地(basins of Chinese type)、陆内俯冲型前陆盆地(intracontiental subduction foreland basin)或 C 型前陆盆地、类前陆盆地、再生前陆盆地(rejuvenated foreland basin)等概念和术语。在此基础上，为了解决大陆内部地质问题，我国地质学家提出了盆-山系统和盆-山耦合的概念(李勇，1998；刘树根等，2003)，体现了在大陆动力学和盆地动力学框架下开展造山带-前陆盆地耦合关系(盆-山耦合)研究的思路。

值得指出的是，DeCelles 和 Giles(1996)提出的前陆盆地系统(foreland basin system)的概念获得了多数学者的认可，使前陆盆地的概念得以完善，其优点表现在 4 个方面。其一，扩展了前陆盆地的含义，前陆盆地系统由造山楔、前渊、前缘隆起、隆后盆地四个构造单元构成，成为一个有机整体，缺一不可。其二，将隆后盆地纳入前陆盆地系统，是对与前陆盆地同期形成的，并位于克拉通一侧的沉积盆地形成机制的新理解，过去将这类盆地归于克拉通盆地。这类盆地具有以下特点：①隆后盆地的形成与前陆盆地同期，分别位于前缘隆起两侧；②隆后盆地属于挠曲沉降盆地，但其挠曲沉降幅度明显小于前渊的沉降幅度；③隆后盆地与前陆盆地水体相连或通过位于前缘隆起上的水道相连，具有相似的海平面升降旋回；④隆后盆地沉积序列与前陆盆地相似但沉积厚度较小。其三，将楔顶盆地(wedge-top basin)纳入前陆盆地系统，是对与前陆盆地同期形成的，并位于造山楔一侧的沉积盆地形成机制的新理解，是对造山楔上存在的小型盆地的理论归纳[如前人所提出的卫星漂浮盆地、猪背式盆地、前陆山间盆地(foreland intermountain basin)](图 1-2)。其四，与传统的前陆盆地概念相比，在盆地的结构样式、组成单元、沉积序列和动力学机制方面都有了全新的认识，主要表现在对前陆盆地沉积充填与毗邻造山带构造加载的动力学关系、前陆盆地海平面升降变化与层序地层学、前陆盆地地层三维模拟与毗邻造山带构造加载、前陆盆地沉降作用与相邻造山带构造变形作用同步演化史、前陆盆地与造山楔的含油气性等方面，体现了在板块构造学说框架下开展造山带-前陆盆地-前缘隆起系统同步演化的研究思路。

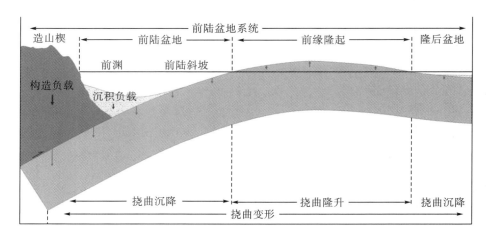

图 1-2　造山楔-前陆盆地系统的挠曲模型与构造单元

1.3　前陆盆地动力学的形成与发展

前陆盆地动力学研究不仅要根据巨厚的盆地充填物研究地质历史,更重要的发展方向是从保存于沉积物内部的古地形记录中获取证据。岩石圈的拆沉与深部物质的折返直接影响古地形的隆升及地貌形态,也直接控制着侵蚀与剥蚀速率。随着山体或高地的抬升,在造山带内部和周边地区形成了许多沉积盆地,山体或高地侵蚀的产物被水或风搬运到盆地中沉积下来。这就可以通过分析盆地充填物与恢复古地形,探讨和了解深部的动力过程。对构造作用、沉积旋回与大气圈、海洋组成之间的联合研究将随全球生物地球化学建模的进行而发展。对精确数据库的需求将促进生物地球化学建模的发展,对沉积盆地分析可以更好地理解调整地球气候和生物圈的作用,并加强对过去地质作用的解释和预测表面环境变化的能力。保存在盆地中的沉积记录是古气候和古地理主要的信息,并且在运用于烃和其他资源时,这些记录对预测未来状况也具有价值。"与其说现在是过去的关键,不如说过去是未来的关键"(Hay et al.,1989)。

对未来前陆盆地动力学研究的挑战还来自这样一种认识:造山带的演化强烈影响着气候,气候也强烈影响着造山带。因为受气候控制的侵蚀作用的强弱往往决定着是发育高地形还是低地形的山链,同时构造作用和气候变化又强烈影响着全球地球化学作用和过程,这就决定了盆地中沉积记录的特征。前陆盆地的沉积纪录为研究古气候变化奠定了物质基础,由此可反演过去地质时期的气候变化。盆地沉降时保存了正在演化的沉积环境中的地球化学、矿物学、沉积学和古生物学记录,因此从这些记录中可以获取生物圈、水圈和大气圈的特征。沉积记录不仅提供了过去地球表面的气候信息,还反映了沉降速率和变化幅度。由于现今气候体系仅能提供地质历史中一个极其短暂的片段,所以这些信息是相当重要的。在进行古海洋学和古气候研究时,古代海洋组成中最直接的记录保存在许多沉积盆地的层状蒸发矿物(主要为岩盐和石膏)中,对更早地质年代的化学记录仅可在直接采集岩盐的沉积盆地中得到。

综上所述，目前前陆盆地动力学研究进展主要体现在以下方面。

(1)前陆盆地和造山带是大陆构造的基本单元，是形成于统一的地球动力学系统中的孪生体，它们在空间上相互依存、物质上相互补偿、演化上相互转化、动力上相互转换(盆转山、山控盆、盆定山的过程)。

(2)前陆盆地和造山带具有耦合关系，在垂向上显示为造山带的隆升与前陆盆地沉降之间的耦合关系，在横向上显示为盆山间物质循环的耦合关系。

(3)造山带楔进(wedging)作用与前陆盆地挠曲沉降动力学，利用前陆盆地沉降幅度恢复造山带楔进作用(逆冲推覆作用)。

(4)造山带滑脱(detachment)作用与前陆盆地变形动力学，利用前陆盆地不整合面和运动学标志恢复造山带滑脱作用。

(5)造山带顶蚀作用和前陆盆地充填动力学，以源-汇系统为纽带，利用前陆盆地沉积记录恢复造山带古地形、古气候。

1.4　造山带的隆升机制与前陆盆地沉降机制

对隆升作用与剥蚀作用(或气候)相互作用的研究是近年来大陆动力学和地球表面过程研究中最前沿的科学问题，为理解山脉的形成和气候长期变化的机理提供了新的线索，具有重要的理论意义。但在实际研究工作中，隆升作用与剥蚀作用(或气候)的相互作用过程也是一个难度极大的科学问题，自 England 和 Molnar (1990)提出这个"鸡"与"蛋"的问题后，许多研究者在讨论山脉隆升问题时均重视了隆升作用与剥蚀作用(或气候)的影响。

隆升作用是青藏高原东缘新生代构造作用的重要表现形式之一。目前对青藏高原东缘的隆升过程和隆升幅度的研究相对较少。隆升(uplift)的原始定义是"一部分岩石抬升的过程或抬升一部分岩石的过程所造成的结果""即陆地的一个范围相对海平面或相对周围其他地区的抬升或升高"(丹尼斯，1983)。前人研究结果表明隆升有 3 种不同的形式，即岩石隆升(rock uplift)、地壳隆升(crust uplift)和表面隆升(surface uplift)(Molnar and England，1990)。山脉的表面隆升过程并不等同于山脉的地壳隆升过程，表面隆升还受控于剥蚀作用。从理论上讲，山脉的表面隆升速率应等于地壳隆升速率与表面剥蚀速率的差值，如果地壳隆升速率大于表面剥蚀速率，表面隆升速率为正值，山脉的海拔将不断升高；如果地壳隆升速率小于表面剥蚀速率，表面隆升速率为负值，山脉的海拔将不断降低；如果地壳隆升速率等于表面剥蚀速率，表面隆升速率为零，山脉的海拔将没有变化。因此，山脉的海拔实际上是地壳隆升速率与表面剥蚀速率的函数。从近年国内外已发表的有关探讨山脉隆升方面的论文来看，一些学者主要以表层环境变化的纪录(砾岩、夷平面、阶地、生物和古土壤等)推算山脉的隆升，而另一些学者则通过地球内部过程研究山脉的隆升(如矿物的裂变径迹计时、正断层和熔岩年龄测定、地壳均衡、弹性挠曲等)，两种研究存在着明显的分歧和争论。但从理论上看，前者揭示的是山脉的表面隆升过程，后者揭示的是山脉的地壳隆升过程。因此，区分山脉的表面隆升与地壳隆升是甄别青藏高原东缘隆升的重要问题之一。

剥蚀作用可分为面状剥蚀作用和线状剥蚀作用,河流下切作用是线状剥蚀作用的主要类型。学界对河流下切速率与隆升速率关系的研究成为构造地貌学研究的重要内容(Montgomery, 1994; Masek et al., 1994; 李勇等, 2005a)。Maddy(1997)通过研究南英格兰地区隆升驱动的河流下切作用与阶地的形成,提出了利用阶地直接标定隆升作用,在国际地学界引起了河流下切作用与隆升作用关系的争论。一些研究者(Maddy, 1997; 王国芝等, 1999; 潘保田等, 2000)将河流阶地纪录的下切速率等同于隆升速率,而另一些研究者(李勇等, 2005b)则认为河流阶地纪录的下切速率不等于隆升速率,引发了人们对山区河流动力学研究的兴趣。值得指出的是,水系模式控制了侵蚀作用的空间分布、沉积物传输和扩散以及盆地的沉积作用。水系是控制表面剥蚀作用的重要因素,只有真正地认识了以水蚀作用为主的剥蚀作用的自然规律,才能精确地刻画剥蚀速率及其与隆升速率的关系,而该方向是当前沉积学研究中最为前沿的研究方向之一(Einsele, 2000)。

长期以来,在山脉的隆升研究中如何分辨构造和剥蚀(或气候)的作用,仍然没有可靠的技术方法和手段,多是从概念或逻辑推理出发,认定剥蚀(或气候)变化的影响很大,或是主要因素,但是研究山脉隆升作用与剥蚀作用的方法也有创新,值得借鉴和应用。在短周期的隆升作用与剥蚀作用(或气候)相互作用过程的研究方面,国外许多科学家在喜马拉雅山南坡通过实际测量年降水量和 GPS 测定的隆升量变化,精确定量地刻画了两者的关系,得出了一些重要结论,并将这种思路引入对天山和其他地区的研究中,在概念上加以发展(Burbank et al., 2003; Molnar, 2003; Reiners et al., 2003; Lamb and Davis, 2003)。在长周期的隆升作用与剥蚀作用(或气候)相互作用过程的研究方面,以裂变径迹计时法、宇宙成因核素法等热年代学数据(Bierman, 1994; Granger et al., 1996; Lal, 1991)为主要基础,研究隆升作用与剥蚀作用(或气候)的相互作用过程。

学者们将高精度数字高程模型(李勇等, 2006a)、地壳均衡模拟技术(李勇等, 2005b)和剥蚀卸载模拟技术(李勇等, 2005a; Densmore et al., 2005)、河流阶地法(李勇等, 2005a)、裂变径迹计时法和宇宙成因核素法等应用到青藏高原东缘龙门山的隆升和剥蚀研究。李勇等(2005a, 2005b)利用地壳均衡模拟技术揭示了青藏高原东缘的地壳隆升厚度;李勇等(2005a, 2005b, 2006a, 2006b)利用河流阶地法、高精度数字高程模型等方法揭示了青藏高原东缘龙门山和四川盆地的表面隆升过程。上述研究表明龙门山地区的构造抬升和剥蚀作用在相似的时间尺度上和空间尺度上控制着地貌的形成,山脉的表面隆升过程并不等于地壳隆升过程,表面隆升还受控于剥蚀作用。

1.4.1   造山带的隆升机制

造山带的隆升机制是地学界长期争论的问题。板块构造理论提出后,板块间的碰撞和构造缩短一直被认为是造山带隆升的主要机制。构造驱动的造山带成因说影响了近 30 年来人们对造山带的研究,加之受侵蚀旋回理论的影响,人们一般认为造山带形成后,在剥蚀作用的影响下,造山带剥蚀夷平,直至最终消失,这就是与构造缩短相关的山脉隆升机制,称为构造驱动的造山带隆升机制。20 世纪 90 年代,一些研究成果表明剥蚀作用和构造作用在相似的时间尺度上控制着山脉的形成,剥蚀和气候对山脉形成具有重要的控制作用，大量的剥蚀作用并未使山峰降低，反而使山峰不断地增高，逐渐形成了与剥蚀相关的均衡反弹机制，称为剥蚀（气候）驱动的造山带隆升机制（李勇等，2006a）。科学家们对这两种机制的争论十分激烈，以至于 Molnar 和 England（1990）认为地壳缩短和均衡补偿加厚能够解释现今青藏高原的高程。Molnar（2012）认为地壳均衡反弹机制在龙门山隆升中起主导作用，贡献率为85%，而 Densmore 等（2005）认为地壳缩短机制在龙门山隆升中起主导作用，贡献率为62%~75%。

　　研究者在喜马拉雅造山带发现了下地壳流（channel flow），由此认为四川盆地下的强硬地壳阻挡了青藏高原东缘下地壳物质的流动，最终堆积在龙门山之下，形成了龙门山巨厚的地壳和高陡地貌（Royden et al.，1997；Clark and Royden，2000；Wallis et al.，2003；Enkelmann et al.，2006；Meng et al.，2006；Burchfiel et al.，2008；Kirby et al.，2008；Wang et al.，2012；朱介寿，2008）。因此，目前国际上已提出三种青藏高原边缘造山带的成山模式：①与构造缩短相关的造山带隆升机制；②与剥蚀相关的均衡反弹机制；③下地壳流机制。

　　鉴于下地壳流机制与新生代青藏高原隆升相关，与印支期龙门山造山带相关的隆升机制只能为与构造缩短相关的造山带隆升机制和与剥蚀相关的均衡反弹机制，反映了龙门山地壳加载和剥蚀卸载的两种状态。那么，如何通过晚三叠世前陆盆地沉积记录标定印支期龙门山隆升机制呢？印支期龙门山造山带与相邻的前陆盆地是在盆-山体制中形成的孪生体，盆地的充填样式、沉降机制与造山带的隆升机制具有耦合关系。因此，前陆盆地是龙门山隆升机制信息的载体，是识别和标定龙门山隆升机制的地层标识。按造山带-前陆盆地系统的构造负载挠曲理论，Burbank（1992）、李勇等（1995a，2000a，2014）提出将楔状前陆盆地作为与构造缩短相关的造山带隆升机制的沉积响应，将板状前陆盆地作为与剥蚀相关的均衡反弹机制的沉积响应。

1.4.2　晚新生代龙门山的成山模式与成因机制

　　青藏高原东缘自西向东由3个一级地貌单元构成，即：青藏高原地貌区、龙门山高山地貌区和四川盆地地貌区。其中，青藏高原地貌区平均海拔为2500~3500m；龙门山呈北东—南西向展布，长约500km，宽约30km，最高峰为5000m左右，山前的成都盆地最低海拔为710~750m。龙门山与山前地区的高差极大，地形陡度变化的宽度仅为15~20km，其地形陡度比青藏高原南缘的喜马拉雅山脉的地形陡度变化还要大，显示了龙门山是青藏高原边缘山脉中陡度变化最大的山脉。那么，龙门山的高起伏地貌是如何形成的？是何时形成的？这些问题成为当前学界最为关注的问题，而解决这些问题的关键之一是评价隆升作用与剥蚀作用的关系及其对地貌形成的控制作用。

　　Allen（1997）以新西兰南阿尔卑斯山为例，探索了造山楔的构造-剥蚀作用对地貌的影响，表明构造作用和剥蚀作用在相似的时间尺度上控制着地貌的形成。同时，一些研究成果也表明剥蚀作用和气候对山脉形成具有重要的控制作用，大量的剥蚀作用并未使山峰降低，反而使山峰在不断地增高，逐渐形成了与剥蚀相关的均衡成山理论（Beaumont et al.，1991；Pinter and Brandon，1997），并已成功解释了澳大利亚大陆和北美西部山脉的隆升。

此外，也有一些研究者将山脉的隆升（包括青藏高原周边山脉的隆升），从概念上完全归结为气候变化导致的山脉顶蚀作用均衡反弹的结果，同时将高原周边巨砾岩的出现和沉积速率的增加都归结为气候变化的结果。

鉴于这种情况，目前国际上已提出了 3 种山脉的成山模式，用来解释在各种不同构造背景下山脉的形成：①与构造缩短相关的构造成山模式；②与剥蚀相关的均衡成山模式；③第一种模式和第二种模式的结合模式。这种认识上的变化也体现了人们对剥蚀作用理解的加深，开始强调构造作用和剥蚀作用在相似的时间尺度上控制着山脉的形成。

初步研究成果表明，龙门山的高起伏地貌可能是构造缩短作用和剥蚀卸载作用联合作用形成的（Li et al.，2000，2001a），而且现今的山脉可能是在 3.6Ma 左右形成的，其与青藏高原东北缘临夏盆地反映的 3.6Ma 的强烈隆升和青藏运动（李吉均等，2001）基本相当，也与亚洲季风开始的时期（李吉均等，2001）基本相当。

第2章　前陆盆地类型

2.1　前陆盆地的基本特点

当代地球科学界把大陆动力学研究视为建立新的地球观的突破口，其中最重要和最直观的研究内容就是大陆构造，而大陆上最基本的构造单元为盆地和造山带。因此，新的大陆构造思想必须是建立在造山带与沉积盆地精细研究的基础上。其中，与碰撞造山有关的盆地主要包括3种类型：残留大洋盆地、碰撞后继盆地和前陆盆地。前陆盆地位于造山带的毗邻地区，因此成为研究盆-山耦合关系的首选盆地。前陆(foreland)是指与造山带毗邻的稳定地区，且造山带的岩层向其逆冲或掩覆。一般来说，前陆是地壳的大陆部分，应是克拉通或地台区的边缘。

板块构造学说问世后，有学者提出了前陆盆地这一术语，并指出前陆盆地是大陆岩石圈受上叠地壳加载发生挠曲变形而形成的边缘拗陷盆地，其后对该类盆地类型有多种不同的定义和解释，如 Dickinson(1974)的成因和位置说，他将前陆盆地划分为周缘前陆盆地(peripheral foreland basin)和弧背前陆盆地(retro-arc foreland basin)；Miall(1995)将周缘前陆盆地称为碰撞前陆盆地(collislonal foreland basin)；Bally 等(1980)把前陆盆地称为缝合带周缘盆地，即在大陆岩石圈之上发育的与巨型缝合带有关的盆地，并且认为它的形成与A 型俯冲带有关；Reading(1980)认为前陆盆地是在褶皱-冲断带与被冲断层逆掩的克拉通之间发育的大型沉积盆地；Jordan 等(1988)认为前陆盆地是板块碰撞产生的逆掩推覆体加载于大陆边缘，并使大陆前缘隆起而形成的一种不对称盆地。从板块构造角度看，前陆盆地是在两个板块闭合时大陆壳相互挤压过程中，于碰撞造山带的边缘地区(山前拗陷)和造山带内部断陷盆地区(山间拗陷)形成新的沉积区。通过这一时期的研究和讨论，人们对前陆盆地的研究已取得如下认识。

(1)前陆盆地一般分布于造山带和前缘隆起之间，并与它们的走向平行，具有不对称结构，沉积充填体呈楔状，靠近造山带一侧较厚，靠近克拉通一侧较薄，其地壳厚度一般比山脉区薄，比克拉通地区要厚。

(2)前陆盆地主要有两种类型，即周缘前陆盆地和弧背前陆盆地，其发育的构造背景可以是被动大陆边缘、克拉通周缘和拗拉槽等，沉积基底一般是被动大陆边缘上盆地至斜坡、陆架的沉积物等。

(3)前陆盆地是一类重要的挠曲盆地，挠曲程度取决于盆地岩石圈的刚度、构造负载和沉积负载的大小，挠曲模型有弹性模型、黏弹性模型和热挠曲模型等。

(4)前陆盆地一般为陆源碎屑岩，缺乏碳酸盐沉积，充填物包括巨厚的海相至陆相沉积物，下部沉积岩系与造山带主造山幕同龄，上部沉积岩系为冲断和抬升的产物，其间多以角度不整合面为界。

（5）前陆盆地的沉降曲线具有缓、陡两段，早期一般较缓，晚期较陡，并具上凸的构造沉降曲线类型，其沉降速率一般比被动大陆边缘、裂谷和克拉通盆地的沉降速率大，并具有自中心向盆缘递增的趋势，沉降中心和沉积中心不一致。

（6）前缘隆起是前陆盆地的重要组成部分，它是岩石圈受上叠地壳加载于克拉通侧发生均衡挠曲的结果，其向上的挠曲幅度与冲断体规模和前陆盆地沉降中心下沉幅度成正比。

（7）前陆盆地的沉积充填物一般具有双物源，物源供给形式主要受冲断造山有关的地形起伏影响。

（8）前陆盆地的构造样式主要为薄皮逆冲断层带、被动双重构造，往克拉通方向发育背冲和对冲的基底卷入型逆冲断层等。

2.2　前陆盆地的类型

Miall（1995）全面总结了周缘前陆盆地的特征，Jordan（1995）系统总结了弧背前陆盆地的特征，DeCelles 和 Giles（1996）提出了前陆盆地系统的概念，Muñoz-Jiménez 和 Casas-Sainz（1997）完善了复合前陆盆地（composite foreland basin）的概念，Allen 等（1991）、Crampton 和 Allen（1995）、Sinclair（1997）研究了前缘隆起动力学。值得注意的是，在前陆盆地研究中，人们已开始注意到走滑作用对造山过程和前陆盆地形成的控制作用。虽然与造山带走向平行的走滑作用早在 20 世纪早期就被人们认识，但直到 20 世纪 60 年代地学界才普遍接受了这种运动，并将它作为造山作用的组成部分，但它在造山带演化中所起的关键作用却被忽视或估计过低。20 世纪 80 年代以来，古地磁和其他证据证明在一些造山带中发生过大规模的走向滑动（如北美科迪勒拉造山带、阿巴拉契亚造山带、喜马拉雅造山带）。Sengör（1984）提出了走滑挤压造山作用，强调了与造山带平行的走滑断层对造山作用的贡献，板块的斜向俯冲和斜向碰撞是造成走滑断裂的动力。

我国发育有众多的造山带，其中最具特色的是环绕青藏高原的造山带。青藏高原隆升、崛起和地壳加厚是晚白垩世以来发生的最重大的构造事件，形成了由若干个造山带及块体组成的高原，对其周缘的造山带和前陆盆地的研究可为恢复青藏高原隆升和变形过程提供依据。从环绕高原造山带的地壳增厚、缩短和其前缘前陆盆地的形成机制来看，许多研究者突出了大型逆冲推覆作用的首要地位，如对喜马拉雅山、西昆仑山、祁连山、龙门山的研究，并已发现了与这些造山带平行的走滑断裂，如阿尔金断裂和龙门山断裂（李勇等，2000a）。

2.2.1　周缘前陆盆地和弧背前陆盆地

周缘前陆盆地与 A 型俯冲作用有关，形成于造山带前缘的俯冲板块之上，是大陆碰撞及其板块自身重力作用造成的俯冲而形成的岩石圈挠曲盆地。它也可在弧-陆碰撞期间在弧前发展起来，是由俯冲带杂岩体及残留在消减板块边缘的沉积楔形体演化而成的，即形成于大陆壳表面向下拖曳与碰撞造山缝合带相接处，此时蛇绿岩缝合带比岩基岩浆带和火山岩更靠近盆地。这种前陆盆地类型的实例有喜马拉雅前陆盆地、阿尔卑斯山山前晚白垩世—中新世磨拉石盆地、古生代阿巴拉契亚前陆盆地及波斯湾古近纪—新近纪前陆盆地。

　　弧背前陆盆地形成于大陆边缘岩浆弧内侧的仰冲板块之上，与陆内 B 型俯冲作用有关，既可与板块碰撞相联系，也可形成于洋壳俯冲作用时期。对与 B 型俯冲有关的岩浆、变质及构造作用的分析有助于判断沟-弧环境。弧背前陆盆地一般是在仰冲板块上邻近褶皱-冲断带发展起来的，弧背前陆盆地形成于大陆壳表面向岛弧造山带的后侧方向向下拖曳处，相邻造山带向这类前陆盆地推覆逆冲，蛇绿岩消减杂岩体和火山岩带远离这类盆地。世界上大多数前陆盆地属于此类盆地，如加拿大艾伯塔前陆盆地、安第斯山东侧新生代前陆盆地（图 2-1）、冈底斯白垩纪前陆盆地、台湾岛西部新近纪前陆盆地等（Jordan，1995）。

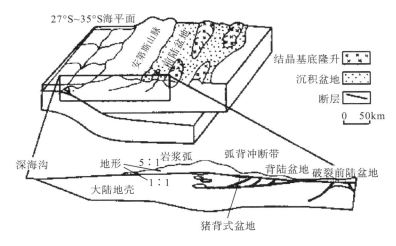

图 2-1　安第斯山东侧弧背前陆盆地和俯冲带之间的成因配置关系

2.2.2　前陆盆地系统

　　DeCelles 和 Giles（1996）在对传统的前陆盆地概念以及典型实例进行总结分析后，提出了前陆盆地系统概念，他们认为传统的前陆盆地概念主要侧重前渊带的沉积物，很少注意前缘隆起和隆后盆地的沉积物，后面两个沉积带对研究造山作用及前陆盆地演化同样可提供重要信息。其次，发育于造山带推覆体上的楔形沉积物常与前渊沉积物相连，也应属于前陆盆地的组成单元。因此，前陆盆地系统包括 4 个沉积带：楔顶（wedge-top）、前渊、前缘隆起（forebulge）和隆后（back-buldge）盆地。在整个前陆盆地系统内部以前渊沉积最厚，向造山带和克拉通方向减薄，整体为不对称状的楔状体。

2.2.3　复合前陆盆地

　　一般的前陆盆地位于一个造山带的一侧，但 Muñoz-Jiménez 和 Casas-Sainz（1997）在对西班牙北部新生代前陆盆地进行研究的基础上，提出了复合前陆盆地的概念(图 2-2)，该类前陆盆地夹在两个造山带之间，同时受两侧造山带逆冲负载的影响，形成两个对称的前渊沉积带和一个共同的中央前缘隆起带，沉积物同时来自两侧造山带。李勇等(2000b)将这一概念应用于金沙江缝合带与班公湖—怒江缝合带之间的羌塘前陆盆地，表明复合前陆盆地的概念和沉积模式在我国西部中新生代前陆盆地分析中有很好的应用前景。

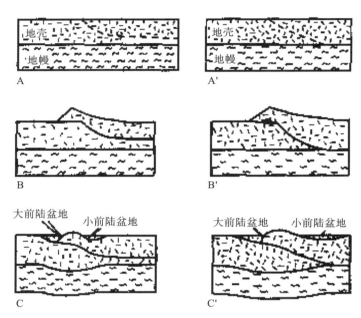

图 2-2   逆冲作用与地壳挠曲响应形成的两种前陆盆地

注：拆离面可位于地壳内部(A、B、C)，也可以处于地壳／地幔边界(A'、B'、C')，前陆盆地的确切位置受控于拆离面的位置和冲断层的厚度；其中，大前陆盆地相当于周缘前陆盆地，小前陆盆地相当于弧背前陆盆地。

2.2.4   残留洋盆地

残留洋盆地(remnant ocean basin)是位于汇聚边缘的收缩型盆地，盆地中沉积了巨厚的浊积岩，碎屑一般来自相邻缝合带。孟加拉湾被认为是现代残留洋盆地的典型代表，盆地中沉积了世界上最大的碎屑沉积体系——孟加拉扇，但它在横向上过渡为介于喜马拉雅山脉与印度次大陆之间的前陆盆地，显示了两种盆地类型在形成时间上具有继承性，在空间分布上具有过渡性。显然这类盆地与前陆盆地均是两个板块碰撞后期形成的，两者具有成因联系。

Dickinson(1974)提出了前陆盆地与残留洋盆地渐进转换的演化模式。古代典型实例之一为中生代松潘-甘孜残留洋盆地沉积物，该残留洋盆地发育于扬子板块与华北板块碰撞形成的残留洋盆地，在松潘-甘孜三角带堆积了巨厚的复理石建造，而物源则来自其东侧的秦岭造山带(Yin and Nie，1996)。

第3章　前陆盆地的形成机制

3.1　前陆盆地形成机制的控制因素

前陆盆地是挤压体制的产物，是岩石圈受外力作用发生挠曲形成的盆地（图 3-1）（Allen et al.，1991）。对大陆岩石圈挠曲作用的研究大多是针对碰撞造山带（如喜马拉雅造山带与前陆盆地、阿尔卑斯造山带与前陆盆地）进行的，前人研究结果表明横穿造山带和前陆盆地的地球物理场剖面均出现明显的梯度带变化，都发现了莫霍面有相似的突然变陡的现象，如重力异常在冲断带一侧为正异常、等值线密集，向克拉通方向逐渐变为负异常、等值线稀疏；磁异常等值线图、大地电磁测深也反映出相似变化。这些现象表明在地貌负载的造山带产生质量过剩，在前陆盆地产生质量不足。因此，经典的前陆盆地动力学模式认为盆地的沉降主要受两个方面的影响：一是区域上的构造挤压应力；二是地貌负载作用，包括相邻造山带的逆冲负载及盆地内的沉积物和水体负载（Flemings and Jordan，1989）。仅有地貌负载有时也不足以造成板块的挠曲而形成前陆盆地，许多学者注意到，在不少前陆盆地中前渊带的沉降幅度远比预计的地貌负载及沉积负载作用产生的沉降更大更广，在周缘前陆盆地中，引起岩石圈挠曲沉降的作用力还有俯冲负载作用，而在弧背前陆盆地中，动力地形负载作用也对岩石圈的挠曲升降有影响。DeCelles 和 Giles（1996）对上述 3 种作用机制与岩石圈挠曲作用的关系进行了总结，指出 3 种力对岩石圈挠曲作用的影响不同，

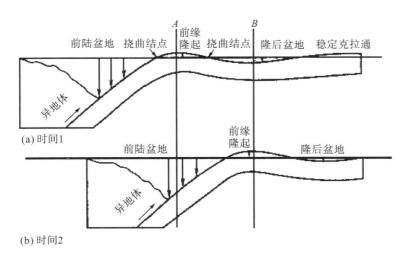

图 3-1　前陆盆地系统中岩石圈挠曲作用与可容空间变化的关系

但有时表现为相互干扰，并减弱了地貌负载导致的盆地沉降幅度。此外，逆冲作用的推进可使推覆体前缘不断抬升，同时 3 种负载作用也可使推覆体向下沉降，使推覆体可能表现为总体下降至水下，形成盆地，并接受沉积，表现为楔顶沉积带。

3.2　前陆盆地的形成模式

3.2.1　前陆盆地连续形成和波浪式发展模式

Price(1981)在分析逆冲岩席运移引起的均衡反应后，提出了前渊连续形成和推移发展的概念。在此基础上，Gretener(1981)基于造山带逆冲推覆作用提出了前陆盆地连续形成和波浪式发展模式，并认为：①前陆盆地的弯曲下沉主要与造山带的逆冲推覆构造负载有关，逆冲推覆构造负载不仅造成了持续的异常压力带，而且将引起地壳的均衡反应；②随着逆冲推覆体向前推进和扩展，构造负载也将随之向前推移；③地壳对地面负载的增加和减少具敏感的反应，表现为均衡沉降和隆起，而且这种反应在地质上是瞬时的，并具间歇性发展的特点。上述模式首次揭示了前陆盆地的形成是造山带及其逆冲推覆作用的自然结果。

3.2.2　前陆盆地稳态发展模式

Covey(1986)从前陆盆地沉降与沉积作用的关系方面提出了前陆盆地稳态发展模式，解释了台湾前陆盆地的形成和演化，并认为造山带与前陆盆地是一个动力系统，二者受均衡作用的调节，造山带逆冲推覆作用控制了前陆盆地的沉降，提供沉积物源，同时造山带横向迁移可引起盆地近端的抬升、侵蚀和盆地远端的沉降。一旦造山带达到稳定状态，构造负载保持不变，盆地生长的构造动力也就不再发生作用。

3.2.3　弹性流变模式和黏弹性流变模式

随着岩石圈流变系统研究的不断发展，人们注意到前陆盆地沉降及沉积充填与岩石圈流变特性相关。Flemings 和 Jordan(1989)用弹性流变模式模拟了岩石圈随负载作用而发生的变形、盆地沉降和沉积演化；成功解释了北美落基山前陆盆地的沉积和构造演化。他们把前陆盆地的构造演化概括为前陆褶皱-冲断带的逆冲→平静→新逆冲→新平静的交替进行过程，这一构造过程直接控制了前陆盆地的形成与演化。他们认为由前陆盆地沉积记录和沉积体分布可以确定逆冲运动的时间和解释岩石圈弹性流变。而 Beaumont 等(1988)则用黏弹性流变模式证明了岩石圈应力松弛是导致沉积相带和前缘隆起迁移的主要因素。Tankard(1986)将前陆盆地黏弹性流变变形分为 3 个阶段，即挠曲变形阶段→黏弹性变形阶段→新的挠曲变形阶段，并解释了阿巴拉契亚前陆盆地与科迪勒拉前陆盆地的构造沉积演化。以上两个模式的区别在于，在黏弹性流变模式中，逆冲负载期间(岩石圈假定为刚性），盆地宽而浅，冲断带与前缘隆起的距离较大；在平静期，岩石圈松弛导致邻近逆冲断裂处发生沉降，前缘隆起向逆冲断裂迁移，盆地变窄。在弹性流变模式中，在变形开始时，盆地变窄，前缘隆起和沉积相带向逆冲带迁移；在变形停止后，盆地变宽，前缘隆起和沉积相带向远离逆冲带方向迁移。

3.2.4 前陆盆地系统的形成机制模式

前人对前陆盆地中的动力学作用与盆地可容空间变化的关系进行了归纳(图 3-1)，提出了与前陆盆地系统这一概念相对应的成因机制。该机制的过程大致表现为：在前陆盆地演化阶段，逆冲负载起决定性作用。紧邻造山带的岩石圈发生强烈挠曲沉降形成前渊带，而在前缘隆起和隆后地区，岩石圈挠曲作用十分微弱，随着盆地内大量沉积物的注入，沉积物和水体的负载作用对盆地的发展产生影响，岩石圈的挠曲向克拉通方向发展(Flemings and Jordan，1989)；由于地壳的均衡作用，远离推覆体的前缘隆起带抬升，将前缘隆起带与隆后盆地分隔开来(Crampton and Allen，1995)。

3.2.5 前陆盆地形成过程的数字模拟

以 Allen 教授为代表的研究小组开展了对前陆盆地形成过程的数字模拟研究。Sinclair 和 Allen(1992)采用了逆冲楔形体推进速率、逆冲体表面坡度、沉积物搬运系数、弹性厚度 T_e 和挠曲波长等参数(图 3-2)对前陆盆地的成因机制和前陆盆地地层格架进行了数字模拟。Crampton 和 Allen(1995)采用了逆冲体前缘推进速率、剥蚀系数、弹性厚度和地层上超速率等参数(表 3-1)对前缘隆起的迁移进行了数字模拟。Li 等(2003)根据前陆盆地沉积纪录对晚三叠世龙门山逆冲体前缘推进速率进行了模拟和计算。

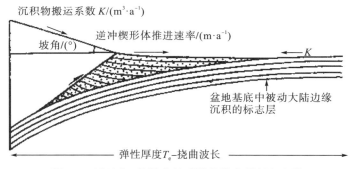

图 3-2 逆冲楔-前陆盆地系统的数字模拟与参数

表 3-1 北阿尔卑斯前陆盆地模拟中采用的参数

参数	参数值
剥蚀系数	0.01～0.04
弹性厚度(T_e)	10km±5km 25～50km

续表

参数	参数值
冲断体前缘推进速率	3～4km/Ma(始新世) 2km/Ma(中新世) 7～9km/Ma(渐新世) 10km/Ma(晚白垩世—始新世)
地层上超速率	6～8km/Ma(渐新世) 6km/Ma(中始新世) 13.3km/Ma(晚始新世)

　　上述前陆盆地沉积构造演化模式的提出，一方面显示前陆盆地沉降和沉积演化与毗邻造山带逆冲推覆构造负载密切相关，可以根据前陆盆地充填地层推断毗邻造山带的变形历史；另一方面也显示由于前陆盆地的复杂性和特殊性，尚不能用单一的模式概括所有的前陆盆地随构造负载作用而发生的变形、沉降和沉积演化。尽管如此，上述研究已大大提高了对前陆盆地的认识，开拓了研究思路。

第4章　前陆盆地的充填样式

4.1　沉积充填体的几何形态特征

4.1.1　平面形态

在地貌上，前陆盆地由造山带向克拉通地势趋于平缓，虽然盆地的面积差异较大，但盆地的平面形态一般为狭长形态，介于造山带与前缘隆起之间，有时受周缘造山带的控制，盆地呈不规则平面形态。一般地，在平面上由造山带向克拉通方向，前陆盆地系统可以划分为冲断带、前渊凹陷、前缘斜坡、前缘隆起和隆后盆地等构造单元，它们往往呈带状平行于造山带的走向。

4.1.2　盆地充填体的空间形态

通常前陆盆地的剖面不对称，近造山带一侧陡，向克拉通一侧缓，可以是简单类型，也可以是由前渊盆地、背驮盆地和隆后盆地等构成的复杂类型。

一般来说，前陆盆地充填体的空间形态为楔状体，即靠近盆地近端(造山带一侧)沉积物厚度最大，向克拉通方向逐渐减小。但 Burbank(1992)在研究喜马拉雅前陆盆地时发现，前陆盆地演化的不同阶段具有不同形态的盆地充填体，并把前陆盆地的沉积充填体的几何形态分为两种类型：楔状体和板状体。其中，楔状体对应于前陆盆地早期逆冲作用发育的时期，板状体对应于前陆盆地晚期逆冲作用不发育的时期(图 4-1)。因此，前陆盆地的盆地充填体的空间形态为深入研究构造作用和沉积作用的关系提供了重要途径。

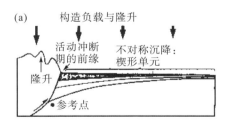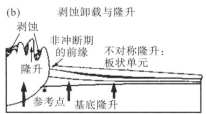

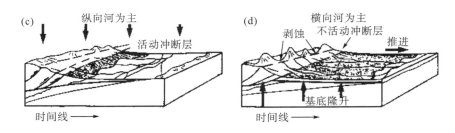

图 4-1　造山带构造负载和剥蚀卸载两种机制形成的前陆盆地
在沉降和沉积样式方面的对比

4.2　沉积物源与古水流特征

前陆盆地沉积充填物一般具有双物源，并具明显的不对称性，主要物源来自冲断带，次要物源来自克拉通。Beaumont 等(1991)提出了造山带与前陆盆地构造作用与表面过程的综合模型(图 4-2)。来自冲断带的沉积物一般含较丰富的岩屑，来自克拉通的沉积物石英含量高，长石、岩屑含量少。但在前陆盆地自克拉通边缘演化到以陆相冲积地层为主的整个过程中，可具有各种不同的沉积环境。

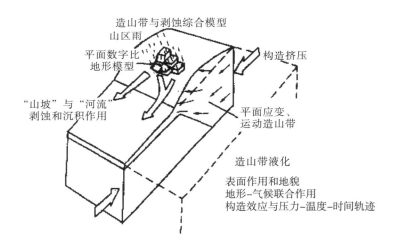

图 4-2　造山带构造作用与表面过程的综合模型

现今的喜马拉雅前陆盆地既发育横向河，如印度河，也发育纵向河，如恒河。然而单从古水流总的流向趋势来看，又具有一定的规律性。在前陆盆地发育早期的欠补偿阶段，前缘隆起发育，常为平行造山带的纵向水系，与横向古水流呈聚敛形式出现，可能与前缘隆起的隆升有关，该阶段的物源以双物源为特征，包括来自冲断带和前缘隆起剥蚀的物源。在前陆盆地发育晚期的过补偿阶段，前缘隆起不发育，水系常为横向水系，水浅流急，河流阶地发育，该阶段的物源以单物源为主，物源主要来自冲断带(图 4-1，图 4-2)。Jordan(1995)提出了点状物源和线状物源的概念(图 4-3)。点状物源对应于山前发育三角

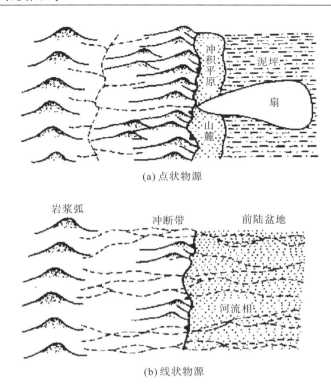

(a) 点状物源

(b) 线状物源

图 4-3　前陆盆地物源的两种类型：点状物源和线状物源

洲或大型冲积扇，其间为泥坪或冲积平原，这种情况可能主要发育于前陆盆地早期欠补偿阶段。线状物源对应于山前发育数量众多的小型横向河，以河流沉积为主，这种情况可能发育于前陆盆地晚期过补偿阶段。

我国西部的龙门山前陆盆地具有多旋回的发育历史，冲断带的逆冲作用和走滑作用交替出现，导致前陆盆地产生不同的沉积样式、沉积物供给和水系类型(李勇等，1995)。在冲断作用时期，前陆盆地以楔状充填为特征，构造沉降速率和沉积速率快，沉积物来自冲断带和前缘隆起，为双物源，水系以纵向河为主；在走滑作用时期，前陆盆地以板状充填为特征，构造沉降速率和沉积速率低，沉积物仅来自冲断带，为单物源，水系以横向河为主。

4.3　前陆盆地沉积记录中的同构造地层界面

同构造地层界面不仅是与造山带相关的前陆盆地沉积记录中重要的地质特征，而且也是分割前陆盆地充填序列的界面(李勇等，1995)。

前陆盆地内的同构造不整合面可以分为两种主要类型：一种为基底不整合面，位于前陆盆地与下伏被动陆缘之间；另一种为下部海相复理石和上部陆相磨拉石之间的不整合面。前者与造山带主幕同龄，后者为冲断抬升期的产物，其间多以角度不整合面为界。

根据同构造地层界面的特点，可将前陆盆地中同构造地层界面分为两类：一类为不整合面，其特点是界面上、下地层之间显示为角度相交，下伏地层具不同程度的变形，上覆地层则相对平缓，构造剥蚀现象明显，界面上普遍发育黏土型风化壳或古土壤层和底砾岩，显然这种界面属于水平挤压型构造不整合面；另一类为剥蚀面，以下伏地层被不均衡剥蚀为特征，界面上有时发育黏土型风化壳、古土壤层或底砾岩，属于抬升型构造剥蚀不整合面。同构造地层界面分布的特点表明前陆盆地中每一个地层不整合界面应是相邻造山带一次逆冲推覆事件和走滑事件的沉积响应和地层标识。因此，可根据前陆盆地充填序列中不整合面的层位和性质，确定造山带逆冲推覆事件和走滑事件。

不整合面多分布于盆地边缘，一般向盆内过渡为整合面，但应注意两个地区：一个地区为邻近逆冲造山带的前陆盆地边缘地区，由于构造运动比较频繁，层内同构造不整合较为发育；另一地区为前缘隆起地区，前缘隆起在盆地发育早期的剥蚀不整合面与中期应力松弛形成的不整合面、挠曲应力导致的张(扭)性断裂形成的不整合面可以叠合在一起，使层内同构造不整合面现象普遍。

4.4   前陆盆地沉积演化阶段

Allen 等(1986)明确地将前陆盆地划分为 3 个沉积演化阶段：欠补偿(underfilled)阶段、补偿(filled)阶段和过补偿(overfilled)阶段。在欠补偿阶段，推覆体远低于海平面，加载于极薄的大陆边缘的外缘之下，形成一个深而窄的盆地，沉积速率远小于盆地下降速率，沉积物为陆源泥和远洋物质；在补偿阶段，推覆体向前推进并出露水面，向盆地提供丰富的物源，使盆地内沉积速率近于沉降速率，沉积物为一套巨厚的陆源碎屑复理石型堆积；在过补偿阶段，大陆汇聚作用进一步加强，推覆体向更老、更厚、更刚性的前陆推进，盆地内的沉积速率远大于岩石圈的挠曲下沉速度，盆内处于过补偿状态，来自造山带的沉积物开始越过前缘隆起向隆后盆地迁移，并过渡为陆相磨拉石沉积，在前缘隆起带可形成不整合界面。

Crampton 和 Allen(1995)进一步将前陆盆地演化划分为两个阶段和两种不同的沉积类型，即欠补偿前陆盆地和过补偿前陆盆地(图 4-4)；Sinclair(1997)又根据造山楔推进速率和前缘隆起迁移等特征将前陆盆地演化区划分为 4 个阶段(图 4-5)。

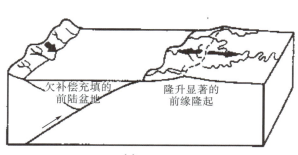

(a)

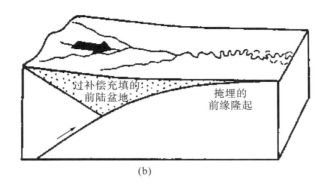

(b)

图 4-4　欠补偿前陆盆地和过补偿前陆盆地沉积样式的差异性

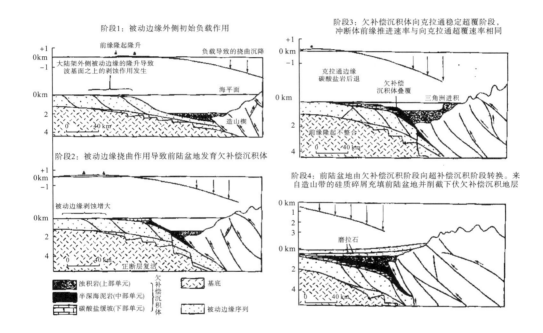

图 4-5　前陆盆地的演化过程

第 5 章　前陆盆地层序地层学

尽管层序地层学取得的成功主要来自被动大陆边缘盆地，但是这种新的、有生命力的概念体系和科学方法正在应用于不同类型沉积盆地的研究中，实践也证明是有效的。本章仅以前陆盆地为例来讨论在活动构造背景下沉积盆地的层序地层学特点。

5.1　前陆盆地层序地层的控制因素

被动大陆边缘层序地层的主要控制因素是海平面升降变化、沉降速率和沉积物供给。此外，Posamentier 和 Allen(1993)还强调，气候和地形也是控制层序形成的主要因素之一。如果说早期层序地层学强调海平面升降变化对层序地层形成的控制作用，那么现代层序地层学则强调构造对层序地层形成的影响，并已形成了一套将层序地层分析、沉降史分析和构造-地层分析结合为整体的综合地层分析方法(Vail，1991)，从而为层序地层学在更广泛的领域中得到应用和发展奠定了基础。

前述已指出，前陆盆地为典型的挠曲盆地，它在盆地性质、构造背景和形成机制等方面均不同于被动大陆边缘盆地，导致前陆盆地层序地层形成的控制因素也不同于被动大陆边缘盆地。本节从沉降速率和形式、海平面升降和沉积物供给 3 个方面说明两者之间的差异性及其在层序地层形成中的控制作用。

5.1.1　沉降速率和形式

前陆盆地是一类重要的挠曲盆地，盆地的沉降速率取决于盆地岩石圈的刚度、构造负载和沉积负荷的大小(Beaumont，1981)。对某一特定的前陆盆地而言，盆地沉降速率是构造负载的函数，即构造负载越大，盆地沉降速率变化越大，反之亦然。形成机制与被动大陆边缘不同，导致了前陆盆地沉降速率一般比被动大陆边缘盆地沉降速率大，其沉降曲线形态也不同于被动大陆边缘盆地(Vail，1991)，前陆盆地沉降速率在空间变化上也与被动大陆边缘盆地相反，前者沉降速率自盆地中心向盆缘(靠造山带一侧)递增，而后者沉降速率自盆缘向盆地中心递增。

5.1.2　海平面升降

经典层序地层学指出，相对海平面升降是控制层序地层形成的关键因素，因为相对海平面升降直接控制了沉积物可容空间的变化速率,并导致以层序界面和最大海泛面为界的旋回式沉积。然而,相对海平面升降速率又取决于全球海平面升降速率与盆地沉降速率的比值。根据这一特点,Posamentier 和 Allen(1993)将沉积盆地边缘分为两个带(图 5-1):A 带的沉降速率一般大于全球海平面下降的速率,因此在 A 带中,相对海平面一直处于上升状态;B 带以沉降速率有时小于全球海平面下降速率为特征,因此在 B 带中,相对海平面有升降变化。在前陆盆地中,由于盆地沉降速率主要受制于挠曲负载,盆地沉降速率自盆内向盆缘递增,A 带位于 B 带的向陆一侧[图 5-1(a)];在被动大陆边缘盆地中,盆地沉降速率主要受控于岩石圈变冷,盆地沉降速率自盆缘向盆内递增,A 带位于 B 带向海一侧[图 5-1(b)]。显然,A 带和 B 带的空间位置在被动大陆边缘和前陆盆地是相反的(其形成的主要因素比较见表 5-1)。

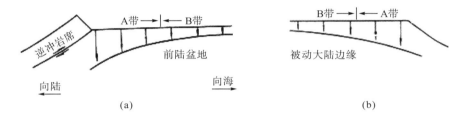

图 5-1　前陆盆地与被动大陆边缘沉降剖面对比图

表 5-1　被动大陆边缘与前陆盆地中控制层序地层形成的主要因素比较表

控制因素	被动大陆边缘	前陆盆地
沉降速率	沉降速率小,沉降速率是岩石圈变冷和沉积物负载的函数;自盆缘向盆地内沉降速率递增	沉降速率大,沉降速率是造山带构造负载和沉积负载的函数;自盆缘向盆地内沉降速率递减
海平面升降	海平面升降的速率一般大于盆地沉降速率	海平面升降的速率一般小于盆地沉降速率
沉积物供给	沉积物供给受海平面升降的控制	沉积物供给受与逆冲造山有关的地形起伏的控制,与海平面升降无关

　　以上根据全球海平面升降与沉降速率相互关系划分的 A 带和 B 带,对预测盆地边缘地层结构十分有利。一般来说,在一个全球海平面升降旋回中,如果海岸线位于 B 带中,则可能形成 I 型层序;如果海岸线位于 A 带中,则可能形成 II 型层序(图 5-2)。

　　值得指出的是,前陆盆地沉降速率比较大,特别是在构造活跃时期,盆地沉降速率有时超过全球海平面下降速率,从而导致前陆盆地中相对海平面处于持续上升状态,盆地中通常充填了海侵沉积物和海退沉积物,层序界面一般为水下侵蚀界面和最大海泛面,有时为不整合面(构造成因),通常没有与河流复活相伴的陆上侵蚀作用及所形成的不整合面。

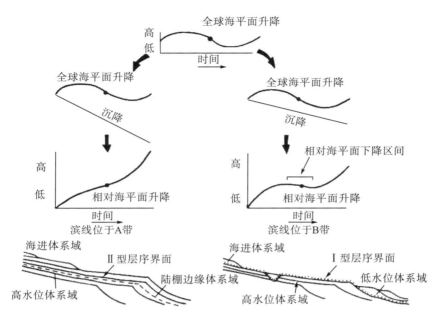

图 5-2   滨线位于 A 带和 B 带内层序构成单元对比图

5.1.3   沉积物供给

前陆盆地沉积物供给一般具有双物源，而且盆地中沉积物供给主要受与逆冲造山有关的地形起伏的影响，与海平面升降无关。正是这种原因，前陆盆地充填地层呈楔形，地层厚度由盆缘向盆地减小，而且粗碎屑楔状体的出现是盆缘造山带构造复活的沉积响应。不过，也有人提出，细粒碎屑沉积物是盆缘造山带构造复活的沉积响应（Blair and Bilodeau，1988）。

在其他控制因素不变的情况下，沉积物供给是控制地层结构最重要的因素之一。在前陆盆地中，当沉积物供给相当充分时，海岸线将向 B 带迁移，可能形成Ⅰ型层序；当沉积物供给不充分时，海岸线向 A 带迁移，可能形成Ⅱ型层序。在被动大陆边缘，当沉积物供给相当充分时，海岸线向 A 带迁移，可能形成Ⅱ型层序；当沉积物供给不充分时，海岸线向 B 带迁移，可能形成Ⅰ型层序。显然，仅就沉积物供给速率而言，它对地层结构的控制作用在前陆盆地和被动大陆边缘中是相反的。

5.2   前陆盆地层序地层模式

前陆盆地在盆地性质、构造背景和形成机制等方面不同于被动大陆边缘，导致控制盆地层序地层的因素也不同于被动大陆边缘。这一方面显示了前陆盆地本身的复杂性和特殊性，另一方面也导致前陆盆地层序地层模式不同于经典的层序地层模式，增加了将层序地层学概念和方法用于前陆盆地分析的难度。

　　20 世纪 90 年代以来，随着层序地层学方法的广泛应用，国内外许多学者趋于用层序
地层学方法研究前陆盆地的沉积地层，并取得了良好的效果。Swift 等(1987)比较了前陆
盆地与被动大陆边缘盆地层序地层学的差异性(表 5-2)；Brett 等(1990)研究了美国阿巴拉
契亚山志留纪前陆盆地的沉积层序、旋回及动力学；Jordan(1995)探索了在构造和海平面
升降不同条件控制下的前陆盆地层序地层发育的差异性(图 5-3)。鉴于前陆盆地层序地层
学的特殊性，不同研究者采用了不同的术语，如构造层序(李勇等，1995)、构造沉积单元
(Muñoz-Jiménez and Casas-Sainz，1997)、构造地层单元(Sinclair，1997)、巨层序(Li et al.，
2001a，2001b)。

表 5-2　被动大陆边缘与前陆盆地层序地层比较

内容	被动大陆边缘	前陆盆地
主要控制因素	长期全球海平面变化	沉降
陆棚上发生最迅速沉降的地带	向海边缘	向陆边缘
边界面	陆上侵蚀面、海侵面、下超面	下超面(离岸水下侵蚀面)
组成层序单元	早期海退沉积(低水位三角洲)、河口湾、峡谷充填、海侵沉积(上超)；晚期海退沉积(下超)	海侵沉积(少量)、海退沉积

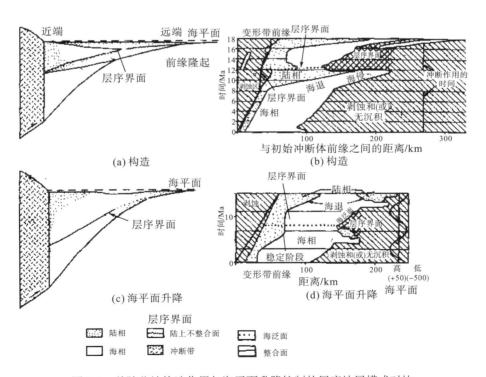

图 5-3　前陆盆地构造作用与海平面升降控制的层序地层模式对比

李勇等(1995)在研究龙门山前陆盆地时,以盆地范围内分布的不整合面作为划分盆地充填序列的界面,并将其划分为 6 个超层序或构造层序和 14 个层序。其中,超层序或构造层序是以不整合面为界的充填实体,具特定的垂向充填模式和横向沉积体系配置模式,是一个成盆期的产物,相当于二级层序,可以与不整合面为界的单元对比;层序是构造层序内以不整合面、相转换面和海泛面为界的充填地层,是一个成盆期内不同发育阶段的产物,相当于三级层序,可以与构造沉积单元(Muñoz-Jiménez and Casas-Sainz,1997)和构造层单元(Sinclair,1997)对比。超层序或构造层序为造山带逆冲推覆幕的沉积响应,是一个成盆期的充填实体;层序为造山带逆冲推覆事件的沉积响应,是一个成盆期不同演化阶段的充填实体。

5.3　前陆盆地层序地层分析的实例

不少学者已在前陆盆地层序地层分析中进行了有益的探索,提出了一些前陆盆地层序地层分析的思路和方法。然而,由于前陆盆地具有复杂性和特殊性,至今对典型的前陆盆地层序地层模式存在分歧。现仅对已发表的前陆盆地层序地层的几个研究实例归纳分析如下,供研究参考。

5.3.1　美国西部科迪勒拉前陆盆地层序地层

Swift 等(1987)研究了美国西部科迪勒拉中生代前陆盆地晚白垩世 Mesaverde 群层序地层,建立了该盆地的层序地层模式(图 5-4),并详细分析了前陆盆地层序地层与经典被动大陆边缘层序地层模式的差异性(表 5-2)。研究结果表明,该前陆盆地中层序的整体几何形态呈楔形(西厚东薄),层序界面为水下侵蚀面,并形成于海平面快速上升时期,而并非形成于相对海平面下降时期,缺乏因海平面相对下降而造成的陆上侵蚀地形和相关的河口湾潟湖沉积物。层序由下部的海侵沉积物(少量)和上部的海退沉积物构成。

Swift 等(1987)提出的前陆盆地层序地层模式可能是前陆盆地层序地层的主要模式之一。该模式显示前陆盆地层序地层模式与经典被动大陆边缘层序地层模式明显不同,层序形成的主要控制因素为沉降速率和沉积物供给。前陆盆地沉降速率相当大,超过了全球海平面下降的速率,导致前陆盆地中相对海平面处于持续上升状态;盆地中仅充填了海侵沉积物和海退沉积物,相当于经典层序地层模式中的海侵体系域和高位体系域。层序界面为水下侵蚀界面,间断时间短,缺乏与河流复活相伴的陆上侵蚀作用及其造成的侵蚀不整合面,沉积物供给来自盆地西缘,并主要受与逆冲造山有关的地形起伏的影响,与海平面升降无关。沉降速率自东向西递增,导致前陆盆地中层序整体几何形态呈楔形。

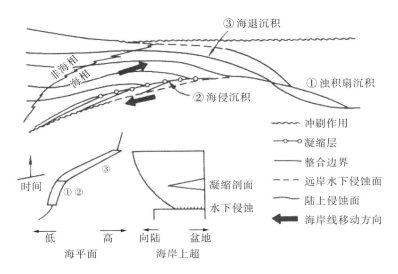

图 5-4　美国科迪勒拉中生代前陆盆地晚白垩世 Mesaverde 群的层序地层分析

5.3.2　美国阿巴拉契亚前陆盆地层序地层

Brett 等(1990)研究了美国阿巴拉契亚志留纪前陆盆地层序地层。根据露头剖面资料，将阿巴拉契亚志留纪前陆盆地充填地层划分为 6 个层序，层序界面为分布广泛的不整合面。不整合面是由全球海平面下降和区域构造抬升所形成，层序一般由海侵体系域或陆棚边缘体系域和高位体系域构成，缺乏低位楔。

该实例可能显示了另一种前陆盆地层序地层模式。该类前陆盆地的构造活动相对平静，盆地沉降速率较小，全球海平面下降速率大于前陆盆地沉降速率，盆地中相对海平面升降取决于全球海平面升降的变化。这种前陆盆地层序地层模式与被动大陆边缘层序地层模式相似，基本上可套用经典层序地层模式。

5.3.3　西班牙比利牛斯前陆盆地层序地层

Puigdefabregas(1986)在比利牛斯山南部前陆盆地中识别出了 9 个层序，层序界面为不整合面和海泛面(以页岩的大量出现为标志)，层序一般具有向上变粗或向上变细的垂向结构。它们的特征、演化和沉积中心向南迁移是比利牛斯山南部逆冲岩席向南前展式推进的结果。这些逆冲岩席包括上逆冲岩席、中逆冲岩席和下逆冲岩席。研究结果表明，西班牙比利牛斯山南部前陆盆地是在盆地底部拆离过程中形成的背驮式盆地和前渊盆地，逆冲系统类型的变化与蒸发岩沉积有关，并根据蒸发岩沉积事件可将盆地充填序列(始新世—渐新世)划分为 3 个主要构造-沉积旋回(图 5-5)。每个旋回受不同类型的逆冲系统控制。第一个旋回包括 Cadi、Corones、Armancies、Campdevanol 及 Beuda 层序，为一套浅水碳酸盐岩、三角洲、陆相浊积岩及蒸发岩沉积物。它们与上逆冲岩席佩德福卡(Pedraforca)逆冲断层的水下侵位事件相吻合，并反映了因逆冲岩席而诱导的盆地加深、盆地充填、水体变浅、封闭的过程。第二个旋回包括 Bellmunt、Milany 及 Cardona 层序，为两次三角洲进积沉积物和蒸发岩，前者与弗雷瑟谷(Freser valley)背形叠置构造的形成有关，而该背形叠置构造的形成与底板断层阻挡其后侧发育的逆冲断层引起的逆冲变形事件相吻合，后者与巴利福戈纳(Vallfogona)逆冲断层沿底板运动时构造相对稳定的盆地充填、封闭的过程有关。第三个旋回包括 Solsona 层序。在该旋回期间，巴利福戈纳逆断层背驮着其他逆冲岩席及上覆盆地向南运动，并使其变形。因此巴利福戈纳逆冲断层之上的盆地为背驮式盆地，而其南侧的埃布罗盆地为新的前渊盆地，充填了非海相的 Solsona 磨拉石，沉降中心再次向南迁移。

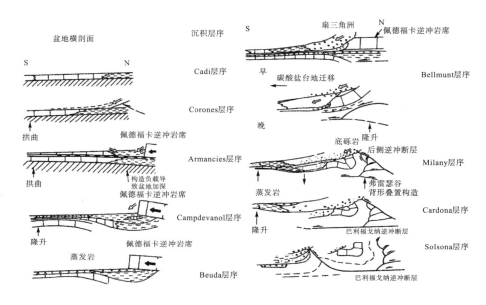

图 5-5 西班牙比利牛斯南部前陆盆地构造-沉积演化示意图

该研究实例显示了处于构造活动区前陆盆地层序地层的特色，前陆盆地层序地层及层序界面的形成是毗邻造山带逆冲推覆作用的沉积响应。地层不整合面和以页岩为代表的海泛面极可能反映了同一个构造事件；逆冲推覆事件不仅可以导致临近造山带前陆盆地的一侧抬升，形成不整合面，而且可导致前陆盆地另一侧(远离造山带一侧)突然变深，形成海泛面。在这类前陆盆地中，层序内部结构也具特殊性，一般仅表现为向上变粗或向上变细的不完整旋回。由此可见，这类前陆盆地中层序地层模式既不同于 Exxon 层序地层模式，也不同于 Galloway 成因地层模式。控制层序和层序界面形成的主要因素是构造作用，而不是海平面升降。

第6章　前陆盆地的构造作用与沉积响应

造山带古构造活动的确定和原始面貌的恢复一直是地学研究中难度较大、探索性较强的课题。前陆盆地与造山带是大陆上两个最基本的构造单元，具有盆-山转换和盆-山耦合的地质特征。因此，根据盆地沉积记录重塑造山带的古造山作用具有重要意义，在理论上具有指导性，在方法上具有可行性。

前陆盆地的地层反映了两种独立的控制作用，一级控制是由盆地所在的岩石圈板块挠曲引起的区域性沉降(两种类型的负载确定了沉降的时间与幅度)；二级控制(如冲断带岩性、气候、剥蚀、相对海平面对基准面的控制)影响地层的形成，并控制了物质从造山带向前陆盆地的分散。构造作用对盆地构造沉降的控制表现在造山带缩短引起地壳加厚。由于岩石圈横向强度变化，这种沉降在毗邻造山带区域呈挠曲性分布。此外，前陆盆地沉降及沉积充填与岩石圈流变特性相关。造山作用主要表现为逆冲作用和走滑作用，其中逆冲作用产生的构造负载是盆地生长的构造动力，它控制前陆盆地的沉降和可容空间的形成，并为之提供物源，还可导致盆地沉降和物源在垂直造山带方向迁移；造山带的走滑作用控制前陆盆地沉降和物源在平行造山带方向迁移，并可导致前陆盆地产生抬升与侵蚀。因此，物源是连接造山带和前陆盆地的一条纽带。

确定逆冲作用时间的方法有直接法和间接法，前者利用逆冲带内的物质或与断层有交截关系的岩石；后者利用远离逆冲带的沉积地层。两种方法都涉及时间分辨率问题，针对不同的时间分辨率，要求也不一样。利用直接法(如交截关系)来判断逆冲活动存在两个主要问题：一是保存不完全；二是某些岩石关系的时间分辨率较差。因此，下面主要讨论间接方法及其应用实例。前期研究成果表明，利用沉积响应再造造山带构造作用的不同尺度的地层标识为盆地充填体的几何形态、不整合面、构造层序、碎屑楔状体、沉降中心的迁移、沉积物特征碎屑组分变化、沉积通量和沉积速率的增减、河流梯度、前缘隆起等(李勇等，2000b)。应用上述不同尺度的地层标识确定逆冲变形时间时一定要注意各种识别标志的综合对比，避免循环推理，减少结论的偶然性。

6.1　盆地充填体几何形态的分析方法

Burbank(1992)发现了前陆盆地的两种沉积样式：一种为楔状沉积样式，另一种为板状沉积样式。在逆冲时期，构造负载导致不对称盆地的出现，盆地较窄，沉降中心邻近冲断带一侧，前缘隆起，盆地中充填体为楔状体。在逆冲作用不发育时期，冲断带以剥蚀卸载为主，沉降中心向克拉通方向迁移，盆地宽而浅，前缘隆起不明显，盆地中充填体为板状体。Jordan(1995)也注意到前陆盆地发育楔状体和板状体两种充填样式,同时指出它们的沉积速率、物源形式和水系类型均不相同。李勇等(1995)指出龙门山前陆盆地充填体是由楔状体和板状体两种充填样式多次叠置而成,根据楔状超层序的出现次数标定了龙门山逆冲作用的期次;根据板状超层序标定了龙门山走滑作用的期次。显然,前陆盆地发育的楔状体和板状体两种充填样式是标定冲断带构造活动期次和性质的标志。其中,楔状体是逆冲作用的沉积响应,板状体是静止期或走滑时期的沉积响应(表6-1)。

表 6-1   龙门山前陆盆地逆冲作用与走滑作用的沉积响应

沉积响应	逆冲作用	走滑作用
沉积样式	楔状体	板状体
前缘隆起迁移	横向迁移	—
砾岩楔状体迁移	横向迁移	纵向迁移
沉降中心迁移	横向迁移	纵向迁移
盆地的迁移	横向迁移	纵向迁移
沉积速率	高	低
前缘隆起的隆升幅度	高	低或无
沉降速率	高	低
物源形式	双物源,沉积物来自冲断带和前缘隆起	单物源,沉积物来自冲断带
超层序底界面	剥蚀面	不整合面
水系类型	纵向河为主	横向河为主
冲断带的隆升机制	构造负载隆升	剥蚀卸载隆升

6.2   沉降史分析法

在利用地层记录进行盆地沉降分析时,通常利用构造沉降曲线来研究盆地经历的整体沉降和构造控制的沉降。一般来说,逆冲期与盆地沉降期一致,逆冲带的缩短与加厚速率和盆地的沉降速率相关。周缘前陆逆冲带缩短作用的速率较弧背前陆盆地更大(Covey,1986)。逆冲带加厚速率为 $5.0 \times 10^{-5} \sim 8.0 \times 10^{-4}$ m/a,它确定了前陆盆地沉降速率的上界。一般来说,盆地构造沉降速率为该值的 20%～40%,这取决于岩石圈的抗挠刚度。

前陆盆地是大陆岩石圈受上叠地壳加载发生挠曲变形形成的边缘拗陷盆地,是逆冲推覆体推进的自然结果,造山带每次的挤压逆冲作用均导致相应的前陆盆地产生新的沉降,增加可容空间。因此,前陆盆地构造沉降历史是反映造山带逆冲推覆构造历史的良好标志,其沉降曲线是判别构造活动期次的有效方法之一。用沉降史可以判断逆冲体活动时间,如西瓦里克前陆盆地沉降曲线指示在 Nagri 组和 Chinji 组之间发生构造活动(图6-1),但不能判断逆冲体的位置;若计算了很多部位的沉降也可用于判断逆冲体的位置。

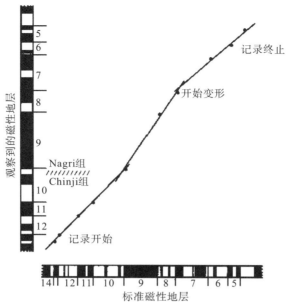

图 6-1　西瓦里克前陆盆地的沉降曲线

注：沉降曲线的交叉点代表影响沉积速率的构造事件；图中的黑白条带为极性年代地层，旁边数字为极性年代时序号

6.3　剥蚀史分析法（造山带地层脱顶历史分析）

造山带是前陆盆地的主要物源区。前陆盆地中的沉积物主要来自相邻快速抬升的造山带，它的逆冲推覆作用直接控制着前陆盆地的沉积物类型和沉积物供给量，其沉积序列正好反映了相邻造山带从上向下剥蚀的顺序。根据充填序列中出现的不同碎屑类型或特征重矿物组合，可以确定逆冲带中岩浆岩、变质岩和特征沉积岩的脱顶次序和年龄，同时也可据此推断推覆体前进的次序和年龄。因此，可以根据沉积物岩屑成分的变化过程，反演造山带的动力演变过程。虽然前陆盆地沉积碎屑的岩石学反映了逆冲系统的剥蚀过程，但它反映的时间可能滞后于逆冲时间。尽管如此，前陆盆地碎屑岩的物质成分仍能反映造山带的古逆冲推覆活动：一方面可根据砂岩碎屑成分确定造山带的构造背景，另一方面可根据特征岩屑成分的首次出现及在时间上的变化，推测造山带推覆体前进的年龄和造山带内地层脱顶的年龄。李勇等（1995）对龙门山前陆盆地西缘的砾岩和砂岩岩屑成分及其在时间上的变化进行了统计，根据特征岩屑的首次出现，确定了龙门山造山带地层脱顶顺序和各逆冲推覆构造带向盆地扩展的顺序和时间。

6.4　构造-沉积旋回分析法

Muñoz-Jiménez 和 Casas-Sainz（1997）通过对西班牙北部里奥哈（Rioja）盆地进行研究，认

为构造-沉积单元分析方法对研究主要由构造活动控制的盆地充填作用是一种很实用的方法。他们根据沉积特征、沉积不整合面和沉积间断面等将盆内沉积序列划分为 8 个构造-沉积单元，每一个构造-沉积单元为一向上变细或向上变粗的沉积序列，分别与低或高沉积/沉降速率相对应，反映了构造作用的减弱或加强。在横剖面上则表现出沉积作用的退积过程和进积过程，整个沉积序列反映盆地经历了多次构造-沉积旋回，产生了多个构造活动转换面，表明了造山带周期性脉动的造山历史。李勇等(1995)利用龙门山前陆盆地的构造-沉积旋回分析了龙门山逆冲带的构造事件和时序，但是目前对构造与沉积响应的具体细节也有不同的看法。如 Blair 和 Bilodeau(1988)认为在一个前陆盆地的沉积序列中，粗粒沉积物之上细粒沉积物的出现才标志着另一次构造活动的开始，逆冲活动高峰期与细粒地层段相关。

6.5　沉积相带迁移分析法

沉积相的侧向变化及随时间的迁移是前陆盆地地层的主要特征。利用沉积相迁移确定逆冲运动时间的实例很多(李勇等，1995)，但值得注意的是，沉积相的侧向变化也可能是表面过程(引起时间滞后)，因此它反映的信息更为复杂多变。

6.5.1　砾质粗碎屑楔状体及其迁移分析法

与造山带相关的沉积盆地充填序列的第三特征就是其边缘发育数量众多的砾质粗碎屑楔状体，并且具幕式出现的特点，砾岩的幕式出现可能是逆冲作用的表现。造山带是前陆盆地的主要物源区，它的逆冲推覆作用直接控制着前陆盆地沉积物的类型和供给量。根据侵蚀理论，粗碎屑楔状体的出现是物源区构造重新活动的标志。造山带每次逆冲推覆作用均可导致在前陆盆地中形成相应的粗碎屑楔状体。显然，前陆盆地粗碎屑楔状体也是造山带逆冲推覆作用的地层标识。因此，可以根据前陆盆地边缘粗碎屑楔状体形成的次数和层位，推断造山带逆冲推覆的次数和规模。

此外，还必须注意粗碎屑楔状体在空间上的迁移。粗碎屑楔状体在垂直造山带方向的迁移可用于研究逆冲推覆作用向盆地扩展的方式和速率，而其在平行造山带方向的迁移可用于研究其走滑作用的方式和速率(李勇等，2000a，2000b)(图 6-2)。

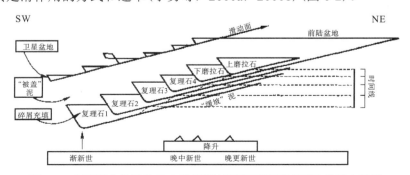

图 6-2　北亚平宁前陆盆地中碎屑楔(复理石和磨拉石楔)的侧向迁移

6.5.2　盆地沉降中心的迁移分析法

前陆盆地沉降中心宏观上位于盆地靠近造山带一侧，是盆地最大沉积厚度分布地区，远离造山带地层厚度减小，盆地结构多呈楔状。但在盆地的发育过程中，盆地的沉降中心往往发生明显的迁移现象：一方面表现在垂直造山带方向的迁移（如龙门山前陆盆地、比利牛斯前陆盆地、西瓦里克前陆盆地等），显示了造山带以前展式向盆地内不断推进的特征，并可根据沉降中心在垂直造山带方向的迁移距离推断造山带逆冲作用扩展的方式和速率；另一方面表现在平行造山带方向的迁移，如龙门山前陆盆地（李勇等，1995），显示造山带不仅具有逆冲作用，而且具有走滑作用。因此，可根据沉降中心在平行造山带方向的迁移距离推测造山带走滑作用的方式和速率。

6.6　盆地沉积通量和沉积速率的增减分析法

在盆-山系统中，造山带与盆地是以物源为连接纽带的，因此可利用盆地沉积物增减研究确定造山带上移去的物质数量，从而确定造山带逆冲作用的时间。根据质量平衡古地理再造方法（Hay et al.，1989；Wold and Hay，1990），可以利用盆地中不同断代的沉积质量计算和校正再造造山带的古高度。其核心思想就是将碎屑沉积作用过程作为一个封闭系统（包括所有物源区和沉积区），以目前的地形高度为基础，逐步将盆地的沉积物质剥下来，重新搬回物源区，以恢复造山带不同时期的古地形高度，为再造造山带剥蚀通量和隆升过程提供依据。

通过喜马拉雅造山带前缘各盆地渐新世以来的沉积物增减，可计算出不同时期造山带被侵蚀所消除的块体宽度，确定喜马拉雅造山带主中央逆断层从渐新世至今，总共向南位移了 270km，中新世以来的位移是 230km，显示了中新世以来是喜马拉雅造山带逆冲抬升最强烈的时期。

虽然该方面研究的实例不多，但研究思路和研究方向值得借鉴，将造山带和盆地作为一个相对封闭系统，以物源为连接，精确刻画其沉积通量、沉积总量和沉积速率等参量，反演造山带逆冲、抬升的过程。无疑，这种沉积响应的定量分析将成为客观、准确描述造山带隆升和构造演化的重要方法之一。

6.7　前缘隆起的迁移分析法

前缘隆起是盆-山系统的重要组成部分，一般呈线状构造分布于盆地的远离造山带的一侧，其走向平行于造山带，它是岩石圈受上叠地壳加载于克拉通侧发生挠曲的结果，其向上挠曲的幅度与前陆盆地沉降中心下沉幅度成正比，即下沉幅度大，前缘隆起幅度就高。因此，前缘隆起的幅度是前陆盆地边缘构造负载的均衡响应，构造负载越大，前缘隆起幅度也越大，反之亦然。显然，前陆盆地前缘隆起的发育和迁移是相邻造山带构造负载强度的标志，但是对前陆盆地远端的前缘隆起的识别一直是盆-山系统研究的难点，其原因在于前缘隆起一般分布于板块内部，常显示为埋藏型古隆起。识别这种埋藏型古隆起的空间展布、几何形态、隆升幅度、隆升时限和隆升速率都是十分困难的。目前对前缘隆起进行专门讨论和研究的成果主要有 4 个：其一，Jacobi(1981)对北美阿巴拉契亚前陆盆地前缘隆起的识别；其二，Crampton 和 Allen(1995)对欧洲阿尔卑斯前陆盆地前缘隆起的识别；其三，目前人们分别用弹性流变模型和黏弹性流变模型研究了造山时期前缘隆起的迁移规律，但在这两个模型中前缘隆起的迁移规律明显不同；其四，李勇等(1995，2010)对龙门山前陆盆地前缘隆起的识别。这些研究成果表明，前缘隆起的识别标志主要为前陆盆地的底部不整合面及其上覆和下伏地层的几何结构。其理论基点在于，把前陆盆地底部不整合面归属于前缘隆起形成的不整合面，并称为前陆盆地底部不整合面、前缘隆起不整合面或挠曲不整合面等，并认为挠曲理论不仅适用于对前陆盆地地层结构形成机制的模拟，而且也适用于对前陆盆地的前缘隆起和底部不整合面形成机制的解释。前缘隆起是岩石圈受造山带上叠地壳加载于克拉通侧发生均衡挠曲的结果，其向上的挠曲幅度与造山带构造负载的规模和前陆盆地沉降中心下沉幅度成正比。因此，底部不整合面的剥蚀厚度与造山带构造负载的规模和前陆盆地沉降中心下沉幅度成正比。换言之，可以利用底部不整合面的剥蚀厚度来标定前缘隆起的隆升幅度和隆升范围，进而可标定造山带构造负载的规模、初始侵位和推进过程。

李勇等(1995)对西藏中生代羌塘前陆盆地和新生代龙门山前陆盆地的前缘隆起地质特征的研究表明，前缘隆起是一个构造地貌高地，不同地段以及同一地段的不同时期，其隆起幅度不同，出现了山地、低平陆地和水下隆起 3 种地貌景观和相应的沉积相类型。此外，前缘隆起上常发育多重不整合面，是研究隆起的形成时间和隆升幅度最重要的地质依据，如在龙门山前陆盆地前缘的开江-泸州隆起上发育典型的多重不整合面，显示该隆起形成于卡尼期，其隆升幅度达 600～700m(李勇等，1995)。

Crampton 和 Allen(1995)进一步利用弹性流变模型模拟了前缘隆起迁移和不整合面的迁移规律，重视了前缘隆起动力学与不整合面、碳酸盐缓坡、生物礁、地层缺失等相互关系的研究。Allen 等(2001)提出了始新世阿尔卑斯前缘碳酸盐缓坡淹没的挠曲-海平面升降数字模型。

值得注意的是，我国西部的新生代前陆盆地多为复合前陆盆地，周边多由造山带环绕，前缘隆起多表现为中央隆起，如四川盆地、塔里木盆地、羌塘盆地等盆地中的中央隆起，是几个次级前陆盆地共有的前缘隆起(如四川盆地的中央隆起是龙门山前陆盆地、大巴山前陆盆地和川东前陆盆地共有的前缘隆起)。因此，它在形成、隆升、沉降、几何形态方面均有别于简单前缘隆起，而这种复合前缘隆起正是具有我国特色的地质现象，同时它也是我国西部大型含油气盆地中油气聚集的最有利区带，值得深入研究。

6.8　放射性测量和裂变径迹计时

造山带的隆起速率可以根据放射性测量和裂变径迹计时进行估计。一般来说，放射性测量和裂变径迹计时只能给出冷却温度，只有假定平均地温梯度，或者计算被测样品的温度-气压关系，才能把冷却温度与当时的地面以下深度联系起来，进而根据连贯封闭温度系统之间被消除的岩石深度计算侵蚀速率，再根据侵蚀与山脉高度之间的对数关系，确定山脉的隆起速率。岩石的冷却历史可以用不同矿物进行测定。一般来说，对角闪石和云母用 $^{40}Ar/^{39}Ar$ 方法，对榍石、锆石和磷灰石用裂变径迹计时法，通常选择平均地温梯度为 30℃/km。目前这种方法已被广泛应用于喜马拉雅造山带和龙门山造山带的隆升史研究，均取得了很好的效果。

此外，人们已开始将放射性测量应用于沉积物中碎屑年龄的测定，用于确定碎屑从物源区母岩被剥蚀的年龄，进而推测物源区开始隆升的时间，如孟加拉扇的沉积物中出现年龄为 18～0Ma 的年轻云母。

值得指出的是，在利用上述地层标识恢复造山带古构造活动时要注意各种识别标志的综合对比，彼此补充，相互印证，以减少结论的偶然性。

第 7 章　前陆盆地成藏动力学

7.1　前陆盆地油气(常规)成藏动力学的形成与发展

众所周知,前陆盆地是全球常规油气资源最丰富的一类盆地,其油气资源约占世界常规油气资源总量的45%。在全世界已发现的大油气田中发育于前陆盆地的油气田不仅数量最多,而且储量也最大。到目前为止,由于前陆盆地结构复杂,虽然投入了相当的工作量,但各前陆盆地的收效不一,存在较大勘探风险。

20 世纪 70 年代以后,国外掀起了研究前陆盆地的热潮,其原因在于前陆盆地的油气勘探取得了重大突破。前陆盆地为一类重要的含油气盆地,具有油气生成的物质条件和油气的保存条件。随着落基山地区逆掩断裂带上几个大型油气田的发现,美国兴起了前陆盆地找油热,吸引了全世界石油勘探家和地质学家的目光。20 世纪 80 年代,随着东委内瑞拉盆地北部发现了富里尔油田高产带,哥伦比亚东科迪勒拉山前缘发现了库西亚纳大油田,人们认识到前陆盆地是常规油气资源最丰富的一类盆地,也是常规油气聚集的重要场所,前陆逆冲带区仍然有可能取得重大发现。前陆盆地油气勘探的突破加快了前陆盆地的研究进程,同时前陆盆地研究中的新理论和新方法又促进了油气勘探。前陆盆地流体的运动与循环样式直接影响油气与成矿物质运移的方向,因此揭示或重建这一循环体系是研究盆地流体的重要目标。这项研究首先涉及流体的驱动机制,包括重力和地形驱动、压实及超压体系驱动、热驱动、构造应力驱动、地震驱动等多种因素。这些因素在不同类型盆地中有不同的组合样式,如构造应力驱动最常见于前陆逆冲带,超压体系驱动则多见于裂谷等快速沉降盆地。因此,前陆盆地流体的研究需要从更宏观的尺度来进行,即综合考虑造山带-前陆盆地系统。在流体的驱动因素研究中应特别注意异常高压体系。据统计,世界上 180 个具超压体系的盆地中有 160 个蕴含丰富的油气藏,烃类在此体系中形成,并由于同生断裂、水力压裂过程发生流体的幕式突破和运移,成为油气界的热点研究领域。

在北美板块最重要的油气产地,油气资源主要分布在前陆盆地沉积物中,如阿巴拉契亚前陆盆地。阿巴拉契亚前陆盆地位于美国东部,面积约 28 万 km²,世界上第一口页岩气井(1821 年)即在该盆地实施,是美国油气工业的发源地和重要产区。常规油气资源包括两个领域,分别为下伏的被动大陆边缘盆地含油气领域和前陆盆地领域。主要有两种储层类型:碎屑岩型、碳酸盐岩型(礁滩型和不整合面型)。Howell(1989)根据美国大陆碰撞和板内挤压构造环境与含油气区域的相互关系,提出了挤压构造环境的油气预测模式。通过对流体包裹体的古温度和化学分析研究,证明沿造山带方向热流场水平热梯度和温度是逐渐增高的，从而形成了前陆盆地常规油气(砂岩气、礁滩气和风化壳气)的成藏理论。在阿巴拉契亚地区，天然气田通常出现在造山带附近，而所有的油气田都分布在碰撞构造带的前陆一侧，油田离造山带有一定距离。同样，在科迪勒拉造山带地区，天然气田均靠近造山带，而油气田则在离造山带相对较远的前陆地区。这说明构造流体运移机制是形成这些油气田的成因机制之一。

20 世纪 90 年代以后，国内掀起了研究前陆盆地的热潮，其原因在于对我国中西部造山带前缘的山前逆冲带和前陆盆地的油气勘探取得了重大突破。我国西部山前逆冲带数量众多、领域广阔，据初步研究，有 15 个主要的山前逆冲带，有利面积达 50 万 km^2，具有良好的油气勘探远景。因此，我国中西部山前逆冲带将是勘探的热点。例如，在天山南侧山前逆冲带和库车拗陷、祁连山山前逆冲带和酒西盆地、天山北侧山前逆冲带和准噶尔盆地南缘、昆仑山山前逆冲带和塔里木盆地西南部(塔西南盆地)、祁连山山前柴达木盆地北缘、龙门山山前逆冲带等山前逆冲带都陆续发现了油气田和高产工业气流井。在此基础上，国内掀起了前陆盆地油气理论研究热潮，主要体现在对成山(造山带)-成盆(沉积盆地)-成藏(油气藏)动力学的研究方面。

7.2　前陆盆地油气分布模式

前陆盆地是许多矿产资源的聚集场所，已经发现油气、铅、锌、铜、金、盐类矿床及煤田等矿产资源，其中分布在前陆盆地和褶皱带沉积中的油气具有极其重要的经济价值，如阿拉伯陆架东北部油气储量分别占全世界可采石油和天然气总量的 58% 和 25%，其中的扎格罗斯前陆盆地的油气资源占该油气储量的 1/4。但是常规油气储量在前陆盆地中的分布是极不平衡的，有些前陆盆地的油气极其富集，而有些前陆盆地则含油极少。

前陆盆地具有丰富的矿质来源。在两个板块碰撞的过程中，部分盆地边缘的含水、多孔隙沉积物将被掩埋于逆冲片之下，上覆岩体的挤压使孔隙被挤出含有很多矿质的流体，它们既可向上刺穿形成矿脉或岩脉，又可形成热矿泉；另一部分被挤出的流体将沿着应力薄弱带流入前陆盆地和克拉通台地的渗透层中，使这些含矿质、矿液、烃组分及热量的流体进入前陆盆地建造或进入前陆区域的沉积层序。它们在运移过程中会使前陆盆地建造加热并使之活化，在沸腾或冷却时，就会在适当地段形成矿床，流体中碳水化合物-烃类将停滞在岩性或构造圈闭中形成石油、天然气藏。

美国及其邻近地区的油气分布图表明，所有的油气田都分布在碰撞构造带的前陆一侧。构造流体不仅含有大量的烃组分，而且还可以搬运矿质组分。Howell 等(1989)根据美国大陆碰撞和板内挤压构造环境与含油气区域的相互关系，提出了挤压构造环境与含油气预测的模式。美国东部和中部分布有众多的铅锌矿床，它们的分布与烃类分布格局十分相似，表明这些前陆盆地沉积对铅锌矿的形成和分布起着明显的控制作用。

前陆盆地不仅具有丰富的矿质来源，而且具有良好的控矿构造。除了复理石和磨拉石中的碎屑沉积物(主要是三角洲沉积物)可作为油气或金属矿层的储层外，层序间的不整合界面也是一种重要的控矿构造、运移通道和储集空间。特别是在前陆盆地形成的早期，受碰撞挤压的影响，在接近稳定大陆边缘部位的沉积层序部分隆起、暴露和褶皱，形成一系列不整合的接触关系，仔细辨认这些不整合面特征对勘探油气和金属矿床资源有重要的意义。此外，背斜构造是前陆盆地的主要圈闭类型，如扎格罗斯前陆盆地的巨型背斜圈闭长度大于190km，幅度可达6～10km，该大型构造形成了极其富集的油气资源，与盆地中丰富的生油岩相、有利的生油岩成熟度、有效的蒸发岩盖层和构造演化史的适当配置有关。

7.3　前陆盆地含油气系统

在前陆盆地系统的基础上，汤济广等(2006)对前陆盆地含油气系统不同结构单元(前陆褶皱-逆冲带、前渊拗陷带、斜坡带和前缘隆起带)的油气成藏模式和分布特征进行了论述(表7-1，图7-1)。

表 7-1　前陆盆地含油气系统油气分布特征

区带	圈闭类型	运移通道	运移方式	成藏有利条件	成藏关键	油气藏类型	典型盆地
前陆褶皱-逆冲带	以与挤压和逆冲有关的背斜圈闭为主	断层、裂缝	以垂向运移为主	上覆逆掩岩体有利于下伏烃源岩的成熟和油气的保存	油气保存	以背斜或断背斜油气藏为主	扎格罗斯前陆盆地
前渊拗陷带	以岩性圈闭为主	砂体、不整合面	以侧向运移为主	烃源岩厚度大、演化程度高，为主力生烃中心，保存条件好	储集体发育	以岩性油气藏为主	东委内瑞拉盆地、西加拿大前陆盆地
斜坡带	以地层圈闭为主	不整合面	以侧向运移为主	前渊生烃中心及斜坡下倾部位油气运移的主要指向区带	油气保存	以地层油气藏为主	西加拿大前陆盆地
前缘隆起带	以与正断层相关的构造圈闭和不整合面圈闭为主	不整合面、正断层	侧向运移、垂向运移	为油气运移的有利指向区	油气保存	与正断层相关的构造油气藏、地层油气藏	东委内瑞拉盆地、西加拿大前陆盆地

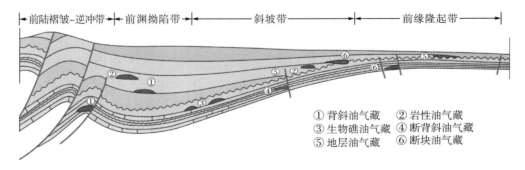

图 7-1　前陆盆地含油气系统

1. 前陆褶皱-逆冲带

前陆褶皱-逆冲带是前陆盆地油气的主要富集区，其油气藏类型以背斜或断背斜油气藏为主，如东委内瑞拉盆地胡塞平（Jusepin）油田和库车盆地克拉气田等。受造山带的强烈挤压作用，前陆褶皱-逆冲带逆冲推覆构造发育，有利于下伏烃源岩的成熟，且上覆逆掩岩体对下伏岩层中的油气起到很好的封盖作用。同时，挤压作用使该构造带发育大量与挤压和逆冲相关的背斜构造：挤压背斜、断背斜、断层相关褶皱背斜等，从厚皮构造带到薄皮构造带中均有分布，但主要集中在薄皮构造带。挤压过程中发育的断层和裂缝为很好的运移通道，其油气运移方式以垂向运移为主。前陆褶皱-逆冲带构造活动强烈、断裂发育，使油气易于散失，因此保存条件是前陆盆地前陆褶皱-逆冲带油气成藏的关键。

受造山带向前陆方向的持续性挤压、成盆期前和成盆期沉积层序以及基底岩石组成等的影响，前陆褶皱-逆冲带油气聚集具有较大的不均一性。根据构造变动特征，从造山带的内带到外带直至盆地的山麓带都属于挤压构造变形的范畴，可划归褶皱-逆冲带（甘克文，1992），而造山带内多个沉积成盆期前的层序，如果烃源岩在成盆期前已成熟，则经过成盆期的逆冲褶皱破坏，油气难以保存。因此，最可能有油气聚集的是被推覆体所覆盖，且靠近盆地一侧的成盆期沉积层序部分。

我国前陆盆地多经历过多次构造旋回及多幕次的构造运动，因此前陆褶皱-逆冲带在时间上具有多期成藏、以晚期为主的成藏特征；在空间上，我国前陆盆地具有多套生储盖组合，其中成盆期前和成盆期的两套生储盖组合在此前陆褶皱-逆冲带中可具有不同的成藏规律，如四川盆地大巴山褶皱-逆冲带北西向构造，从盆地内—造山带前缘—南大巴山—北大巴山向北东方向海相构造形成越来越早，构造与成藏匹配关系越来越好；北大巴山—南大巴山—前缘—盆地内向南西方向陆相构造形成越来越晚，构造与成藏匹配关系也越来越好，即上、下两套生储盖组合具有反向的成藏规律。

2. 前渊拗陷带

前渊拗陷带是前陆盆地最大的沉积和沉降地区，其烃源岩厚度大、埋藏深，是主力的生烃中心。油气藏类型以岩性油气藏为主，如西加拿大盆地前渊带的岩性油藏。前渊拗陷带构造变形多较弱，进积层序顶部的海岸相及河流相砂岩和砾岩是主要的储集砂体，且较弱的构造活动导致断层及裂缝较不发育，使油气运移以侧向运移为主，多沿砂体输导层或不整合面向前缘隆起带运移。由于前渊拗陷带的岩性油气藏分布受控于沉积相带，因此成藏预测的关键是对沉积相及成岩作用的准确分析。

对于复杂前陆盆地，由于构造活动的影响，前渊拗陷带中可发育褶皱和断裂，形成低幅度的背斜构造，如塔西南前渊的英吉沙-固满低背斜带，从而形成构造油气藏。

3. 斜坡带

前渊向前缘隆起方向过渡的斜坡带是前渊生烃中心油气的主要运移指向区带。油气藏类型以地层油气藏为主，其次为岩性油气藏，如西加拿大前陆盆地斜坡带系列地层及岩性油气藏。在盆地发育阶段，因构造及海平面变化引起的海进和海退在斜坡上沉积了超覆和退覆层序，加之底部不整合面，使斜坡带地层层序内地层圈闭极为发育，同时斜坡带砂岩透镜体及砂岩上倾尖灭也发育，形成岩性圈闭。大量不整合面在斜坡带收敛或合并，从而为前渊生烃中心及斜坡下倾部位油气运移提供了运移通道，其油气运移方式以侧向运移为主。

斜坡带继承成盆前被动大陆边缘陆棚的主要部分，而在被动大陆边缘，上倾部位生物礁可能发育，因而也可形成生物礁油气藏。受岩石圈挠曲变形的影响，斜坡带有可能发育正断层，从而形成构造油气藏。

4. 前缘隆起带

前缘隆起带是油气运移的有利指向区，可形成与正断层相关的断背斜、断块等构造油气藏以及不整合面油气藏等。它是在整体挤压构造背景下，作为对岩石圈受构造侵位产生挠曲变形的均衡补偿而发育的正向张性构造单元，如西台湾前陆盆地、西喜马拉雅前陆盆地以及库车前陆盆地前缘隆起带的正断层，从而发育与正断层相关的构造圈闭，如塔北隆起断鼻、断背斜油藏，且在接受沉积时，沉积地层直接覆盖于被动大陆边缘倾斜的基底之上，形成不整合面圈闭。正断层及不整合面是前缘隆起带油气运移的主要通道，油气可发生侧向和垂向运移。

由于前陆盆地系统在演化过程中，前缘隆起带往往会发生迁移且被夷平，加之上覆地层厚度较小，因此成藏的关键是有良好的封盖和保存条件，否则运移至此的油气易遭受氧化、生物降解。

前缘隆起带的迁移使油气运移指向区不断变化，因而在成藏研究中需恢复油气运移时期前缘隆起的位置，以明确其对油气聚集的控制作用，且由于前缘隆起带的迁移是对地壳挠曲形状变化的响应，而地壳挠曲的波长和振幅不断变化，因此前缘隆起带多会发生构造反转，且在迁移过程中，前缘隆起会不断被剥蚀夷平，使原始建造的油气藏被改造甚至破坏。因此，前缘隆起带的成藏研究还必须考虑后期的构造改造。

第8章　前陆盆地页岩气富集机制

近年来在前陆盆地中发现了大量的页岩气，为人类未来的能源需求奠定了基础。本章介绍美国前陆盆地页岩气勘探与开发现状[包括阿巴拉契亚前陆盆地、沃希托前陆盆地和落基山前陆盆地]和中国前陆盆地页岩气勘探与开发现状[包括扬子板块东缘前陆盆地(早志留世)、华北板块西缘鄂尔多斯前陆盆地(晚三叠世)和扬子板块北缘大巴山前陆盆地(早侏罗世)等]。获得如下初步认识：虽然黑色页岩可以在很多不同类型的盆地中形成和发育，但是前陆盆地所具有的特殊地质条件使黑色页岩不仅能够形成而且能够保存，并使前陆盆地成为页岩气富集的盆地类型。其原因在于：①位于造山带前缘的古地貌条件导致前陆盆地具有封闭-半封闭的缺氧滞留环境，使黑色页岩得以形成；②造山带构造负载驱动的挠曲沉降导致前陆盆地具有可容空间，使黑色页岩得以持续沉降和埋藏；③坐落于具有一定抗压性(或刚性)的稳定大陆板块边缘的前陆盆地使黑色页岩能够较好地保存下来。因此，前陆盆地不仅是常规油气聚集的盆地类型，而且是页岩气富集的盆地类型。近年来在前陆盆地发现了大量的页岩气，使前陆盆地动力学与页岩气富集作用已成为国际地质学家面临的重大挑战。

8.1　美国前陆盆地页岩气勘探与开发现状及启示

美国最早发现前陆盆地页岩气，页岩气的开发使美国的天然气储量从1999年的100亿 m³ 增加到2011年的1800亿 m³。目前美国页岩气开发主要集中在五大页岩气盆地，具有明显的分布规律，分布于东部的阿巴拉契亚-沃希托逆冲断裂带[包括阿巴拉契亚逆冲断裂带、沃希托逆冲断裂带]与西部的落基山逆冲断裂带之间夹持的北美板块稳定地块上，并集中分布于 2 个逆冲断裂带前缘(向陆一侧)的前陆盆地群中，包括靠近逆冲带(近端)的前陆盆地(位于逆冲带与前缘隆起之间的前渊和前缘斜坡)和远离逆冲带(远端)的隆后盆地(位于前缘隆起与大陆之间的稳定地台)，表明北美富有机质产气页岩主要分布于前陆盆地和隆后盆地，主要为与外海流动性较差的前陆盆地黑色页岩沉积物。因此，前陆盆地不仅是常规油气聚集的重要场所，而且是页岩气富集的主要场所。

8.1.1　阿巴拉契亚前陆盆地页岩气

阿巴拉契亚前陆盆地系统位于北美板块东缘，由阿巴拉契亚造山带-古生代前陆盆地-前缘隆起-隆后盆地组成，是古生代北美板块和南美板块汇聚和碰撞形成的。阿巴拉契亚前陆盆地东临阿巴拉契亚山脉,西濒中部平原,构造上属于阿巴拉契亚褶皱带的山前拗陷,经历了由被动边缘盆地向前陆盆地的演化过程。该前陆盆地及隆后盆地呈北东—南西向展布,以东倾的大逆掩断裂带与阿巴拉契亚造山带为界。在前陆盆地和隆后盆地内蕴藏着大量的页岩气资源。这些早古生代盆地是在晚寒武世—中奥陶世北美板块被动大陆边缘的基础上伴随阿巴拉契亚造山带的构造负载而发育起来的前陆盆地,主要由 3 次构造事件形成了相应的 3 期前陆盆地。在 3 期前陆盆地内地层均向东倾斜,呈东厚西薄的楔形体(最大厚度为 12000m),埋藏于不对称的、向东变深的前陆盆地中。东部为红色陆相沉积,西部为海相黑色页岩,砂页岩互层成为常规油气聚集的有利地带,黑色页岩发育裂缝性页岩气藏。在垂向上该盆地充填序列由 3 个巨型的沉积旋回组成,每一旋回的底部为黑色页岩,中部为碎屑岩,顶部为碳酸盐岩。

中上泥盆统(厚度为 1100～2800m,距今 380Ma)是该前陆盆地中产油气最多的层位,占盆地油气可采储量的 52%以上。该套地层在垂向上由富有机质泥页岩(主要为碳质页岩)、粉砂质页岩、粉砂岩、砂岩和碳酸盐岩等组成的 3 或 4 个沉积旋回构成,每个旋回底部通常为富有机质黑色页岩,中部为碎屑岩,上部为碳酸盐岩,下部的黑色页岩[厚度约为 300m,包括马塞勒斯(Marcellus)页岩和俄亥俄(Ohio)页岩]为主要页岩气产层,中部的厚层的三角洲砂岩为主要常规油气产层。上泥盆统俄亥俄页岩层(上部页岩层)位于盆地的西部,呈舌状分布于阿卡迪亚碎屑岩楔状体之内,是阿卡迪亚造山运动的产物。有机质以陆源为主,含量丰富,有机碳含量一般在 1.8%以上(0～4.7%),演化程度低(镜质体反射率 R_o 为 0.52%～0.71%),测井孔隙度为 1.5%～11%。中泥盆统马塞勒斯页岩层(下部页岩层)位于盆地的东部,主要为浅海三角洲沉积物,由东向西厚度变薄,主要由砂岩、粉砂岩和黑色页岩组成,黑色页岩最大厚度为 274.32m,平均厚度为 15.24～60m,因其埋深较大、成熟度较高已进入裂解成气阶段。综上所述,该两套黑色页岩分布于碎屑岩楔形体内,具有厚度大、有机碳含量高和成熟度高、埋藏浅等特点,是常规油气和非常规油气的主力烃源岩。

该前陆盆地是美国最早开发页岩气的盆地。在 1994 年以前,上泥盆统俄亥俄页岩层曾是美国主要产气层,形成了早期页岩气形成理论(即:页岩气产量的主要控制因素为有机质含量、成熟度、天然裂缝和黑色页岩与灰色页岩之间的关系)。1994 年以来,中泥盆统马塞勒斯页岩层已成为该盆地的页岩气主要产层,其黑色页岩比例、有机碳含量和页岩储层产气能力均好于俄亥俄页岩层。

8.1.2　沃希托前陆盆地页岩气

北美板块东南缘的沃希托古生代前陆盆地系统由沃希托造山带-古生代前陆盆地-前缘隆起-隆后盆地组成,是古生代北美板块和南美板块汇聚和碰撞形成的。沃希托前陆盆地系统位于北美板块的东南缘,由造山带、前陆盆地[沃思堡(Fort Worth)前陆盆地巴尼特(Barnett)页岩为代表]和隆后盆地[阿纳达科盆地的伍德福德(Woodford)页岩、阿科马盆地的费耶特维尔(Fayetteville)页岩]组成。其与石炭纪北美板块与南美板块汇聚有关,主要是由马拉松-沃希托造山运动形成的。沃希托前陆盆地系统分布于造山带和前缘隆起之间,并与它们的走向平行，具有不对称结构，沉积充填体呈楔状，靠近造山带一侧较厚，靠近克拉通一侧较薄。沉积充填物具有双物源，但物源供给形式主要受逆冲造山有关的地形起伏影响，主要包括沃思堡、黑勇士、阿科马、二叠、阿纳达科等盆地，沃希托逆冲带构成了这类盆地靠近造山带的边界。这些盆地均在泥盆系和石炭系黑色页岩中有页岩气藏或页岩气显示，资源量很大，具有代表性的是沃思堡盆地。

在前陆盆地和隆后盆地内蕴藏着大量的油气资源，其中沃思堡前陆盆地巴尼特页岩是美国最大的页岩气田，占美国页岩气总产量的一半以上。该盆地的面积约 3.81 万 km^2，为晚古生代马拉松-沃希托造山运动形成的前陆盆地。在该前陆盆地西侧发育典型的前缘隆起，它是岩石圈受上叠地壳加载于克拉通侧发生均衡挠曲的结果，其向上的挠曲幅度与逆冲体规模和前陆盆地沉降中心下沉幅度成正比。因此，页岩气盆地是一类重要的挠曲盆地。该盆地具有典型的由被动大陆边缘盆地到前陆盆地的演化过程，其间以不整合面为界，其中下伏被动大陆边缘盆地为寒武系-奥陶系碳酸盐台地，上覆石炭系前陆盆地充填序列为黑色页岩夹碳酸盐岩和生物礁，厚度为 1829～2134m，其中底部的巴尼特页岩覆盖于不整合面（海平面大幅下降，碳酸盐台地沉积物大面积暴露，形成了喀斯特地貌和不整合面）之上，并在西侧前陆斜坡带覆盖于不整合面上发育的灰岩丘体和塔礁之上。

沃思堡页岩气是美国最具有代表性的前陆盆地型页岩气，其中的巴尼特页岩是美国页岩气的主产区。随着勘探技术的不断提高，其可采储量逐年增长。1996 年，巴尼特页岩可采储量仅为 $8.5 \times 10^{10} m^3$，2002 年以后发展迅猛，2004 年达到 $7.419 \times 10^{11} m^3$，到 2008 年该区页岩气可采储量上升到 $1.8 \times 10^{12} m^3$。巴尼特页岩为缺氧和上升流发育的正常盐度下的海相深水沉积物（图 8-1）。巴尼特富有机质黑色页岩主要由含钙硅质页岩和含黏土灰质泥岩构成。最早发现的页岩气产于该区块的东部，随后向西逐步发现页岩气储层。页岩的主要测井响应为低电阻率和高自然伽马。平均孔隙度为 6%，有机碳含量高（4.0%～8.0%，平均为 4.5%），干酪根以 Ⅱ 型为主，属于典型的热成因气。巴尼特页岩气分布在 R_o 为 0.7%～3.0%的区域，主要产气井分布于 $R_o \geqslant 1.1\%$区域，R_o 为 1.1%～1.4%的区域为主要产区。巴尼特页岩气成藏厚度为 15m。总有机碳含量越高，含气量越大，总有机碳含量 $\geqslant 2.0\%$才具商业价值。

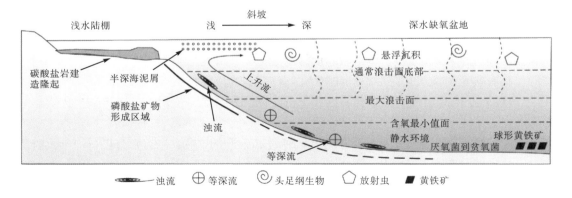

图 8-1　沃思堡前陆盆地巴尼特页岩缺氧环境的形成条件

8.1.3 落基山前陆盆地页岩气

落基山前陆盆地系统位于北美板块西缘，是科迪勒拉前陆盆地系统的北部。落基山前陆盆地系统由落基山褶皱-逆冲带-中生代前陆盆地-前缘隆起-隆后盆地组成，是太平洋板块与北美板块汇聚和碰撞形成的弧背前陆盆地系统。落基山前陆盆地内蕴藏着大量的页岩气资源。

该地区在前寒武纪、寒武纪、奥陶纪为被动大陆边缘沉积物，在奥陶纪末至泥盆纪抬升剥蚀，在密西西比纪为浅海沉积物，在宾夕法尼亚纪和二叠纪形成原始落基山，在中侏罗世重新沉积，并在白垩纪海侵时期形成海道，南北海水相通，沉积了一套区域性的黑色页岩。白垩纪末发生的拉勒米运动造成目前山脉和盆地相间的盆-山系统，这一类盆地主要有圣胡安、丹佛、尤因塔、大绿河等盆地。其中，在圣胡安、丹佛和尤因塔等盆地的白垩系海相-海陆过渡相黑色页岩层发现了页岩气藏。最具代表性、储量和产量最大的是圣胡安盆地，该盆地横跨科罗拉多州和新墨西哥州，是一个典型的不对称盆地，南部较缓，北部较陡。

8.1.4 美国前陆盆地页岩气富集的地质条件及其启示

通过对北美板块前陆盆地页岩气勘探和开发现状的分析，将前陆盆地页岩气藏形成的地质条件归纳为：在板块汇聚过程中形成的盆-山系统中，造山楔（岛链）将前陆地区与外海隔离，形成了一个与外海连通性较差的狭长深水盆地，显示为内陆海峡通道（可能类似于现今台湾海峡），使前陆盆地内部的海洋环流受限，形成了具有水流微弱或停滞的半封闭-封闭的缺氧还原环境。因此，有利的沉积环境（可形成有机质页岩的环境）、挠曲沉降产生的可容空间和持续沉降以及埋藏导致的较高的成熟度使前陆盆地不仅具备了形成页岩气藏良好的物质基础，而且具备了页岩气富集和保存的条件。

（1）前陆盆地系统具有逆冲带-前陆盆地-前缘隆起-隆后盆地的地质结构，易于形成相对封闭的古构造和古地理环境。造山带往往呈岛链状，成为分割前渊地区海域与大洋联系的地貌屏障；前渊也往往呈现为平行于造山带的狭长水道或航道，不利于洋流的活动，从而形成封闭缺氧的沉积环境，易于形成黑色页岩。

（2）前陆盆地系统分布于造山带和前缘隆起之间，并与它们的走向平行，具有不对称结构，具有典型的楔状几何形态，前渊为沉降-沉积中心，是页岩气富集区。

（3）前陆盆地充填序列的下部旋回和上部旋回均发育富有机质产气页岩层，为页岩气的形成提供了充足的物质基础。下部岩系与造山带主造山幕同龄，是前陆盆地富有机质产气页岩层的主要产出层位；上部沉积岩系为逆冲和抬升的产物，也有富有机质产气页岩层产出，呈舌状分布于三角洲碎屑岩楔状体之内。

（4）前陆盆地系统具有前陆盆地和隆后盆地两种页岩气富集的成藏模式。隆后盆地与前陆盆地同时形成，共用一个前缘隆起，海水相通，是一个挠曲动力系统的产物。发育过程具有同步性。前陆盆地的页岩气藏埋藏较深，压力和成熟度较高，以热成因天然气为主。隆后盆地的页岩气藏则埋藏较浅，压力和成熟度较低，以生物成因或混合成因天然气为主。

(5)上、下被致密灰岩或砂岩层"封闭"的黑色页岩层是前陆盆地典型的页岩气藏模式。前陆盆地页岩气具有近源或源内成藏，自生自储特征，在黑色页岩的顶板和底板存在致密的隔板层，有利于烃类气体的保存。

(6)造山带的挤压与热事件为前陆盆地黑色页岩的有机质成熟提供了热力学条件。北美板块前陆地区的主体背斜构造与逆冲带近平行，表明前陆盆地形成后经历了来自造山带逆掩推覆作用及其导致的挤压作用。前陆盆地的上部地层通常受后期逆冲作用的挤压，构造热事件为下部烃源岩的成熟和页岩层天然裂缝的产生提供了热力学条件。在逆冲带被挤出的流体沿着应力薄弱带流入前陆盆地的渗透层中，使这些含矿质、矿液、烃组分及热量的流体进入前陆盆地建造或进入前陆区沉积层序。前陆盆地黑色页岩成熟度较高，天然气均为热成因来源，裂缝有助于页岩层中吸附于矿物和(或)有机质表面的天然气吸附和解吸。前陆盆地的 R_o 分布不仅与构造单元具有相关性，而且与逆冲断层也具有相关性(沃思堡盆地巴尼特页岩高成熟区的分布与断层和逆冲推覆带近平行)，表明造山运动导致的区域性地质热事件为黑色页岩的成熟提供了热源，逆冲断裂为热液上升提供了通道，使源岩多数达到生气门限，促进了黑色页岩中天然气的生成，形成了页岩气富集区带。

(7)构造稳定条件下前陆地区的持续沉降是前陆盆地页岩气成藏的关键。前陆盆地持续的挠曲沉降为富有机质页岩的沉积、埋深和保存提供了可容空间，也为其不间断受热和生烃提供了热力学条件。前陆地区处于造山带与克拉通的过渡地区，其地壳结构属于克拉通型。前陆地区相对造山带或缝合带而言，属于相对稳定的构造环境；相对克拉通内部或腹地，则属于受造山带逆冲推覆作用影响的地区，具有一定的活动性。因此，前陆地区属于具有一定活动性的稳定地区。更重要的是，造山带的构造负载驱动了前陆盆地的挠曲沉降，而前陆盆地的挠曲沉降作用不仅为黑色页岩的沉积作用提供了可容空间(奠定了页岩气成藏的物质基础)，为黑色页岩沉积后的持续沉降和埋深提供了可容空间，而且为黑色页岩的不间断受热和生烃提供了热力学条件。前陆盆地是一个与外海连通性较差的狭长深水盆地，具有半封闭-封闭的古地理，发育具有水流微弱或停滞的缺氧还原环境。有利的沉积环境(可形成有机质页岩的环境)和较高的成熟度是页岩气富集区带的主要控制因素，而前陆盆地恰好可以形成这样的沉积环境，并提供热源促进有机质的成熟，使前陆盆地具备形成页岩气藏良好的物质基础。

(8)前陆盆地后期的抬升与剥蚀作用使高成熟度的黑色页岩具有较浅的埋藏深度。北美板块前陆盆地的古地温远高于目前的温度(如沃思堡盆地等)。重建的埋藏史也表明这些前陆盆地均存在后期侵蚀作用。虽然后期的构造变形导致这些前陆盆地破裂和剥蚀，但黑色页岩就分布在这些残留前陆盆地内，使曾经埋深较大的黑色页岩现今埋藏深度较浅，但成熟度较高。

(9)前陆盆地系统的烃类物质流分析的理论和方法值得借鉴。前陆盆地富有机质页岩是常规油气的烃源岩或源岩(source rock)，也是页岩气的源岩和储层，常规油气与页岩气共存的成藏特点是前陆盆地油气系统的重要特点。

　　美国前陆盆地群是油气资源(常规)和页岩气(非常规)聚集最丰富的一类盆地，发育特殊的前陆盆地油气系统，形成了砂岩气、碳酸盐岩气(如礁滩气、风化壳气等)和页岩气等油气藏类型，具有良好的油气构造和保存条件。后期造山带逆冲推覆的挤压作用导致的构造热事件为黑色页岩的有机质成熟和页岩层天然裂缝的产生提供了热力学条件，显示独特的前陆盆地油气成藏模式，为全球寻找前陆盆地页岩气提供了样板和实践经验。美国地质勘探局在研究含油气系统时借鉴物质流分析的理论和方法来研究烃类的形成、分布、运移(通道)和富集(或成藏)，打破了常规油气地质理论与非常规油气地质理论的界限(图 8-2)。虽然常规油气与非常规油气通常处于不同的储层和地质环境中，但是前陆盆地中常规油气系统与非常规油气系统却是前陆盆地动力系统的两个相互关联的子系统，因此应注重常规油气系统与非常规油气系统之间的叠合区或耦合区问题的研究。一个可开发的前陆盆地油气系统包含源岩、与源岩毗邻的岩石、运移路径和常规储层。源岩不仅是常规油气生成的母岩，而且是非常规油气(页岩气和页岩油)的居所(储层)，成为可开发(以前不开发)的资源。与源岩毗邻的不渗透岩石中的油气(致密油气)成为可开发(以前不开发)的资源。因此，这两种类型的连续型油气系统已成为快速扩张的烃类来源。虽然目前人们对常规(浮力)油气藏产出的主要控制因素已有很好的认识，但是对这两种类型的连续型油气系统中的流体迁移路径、充填机制和产出的控制因素认识较差。此外，这两类油气资源对我国能源结构的贡献很小，但是具有对未来能源结构做出相当大贡献的潜力，因此我们必须加强研究。

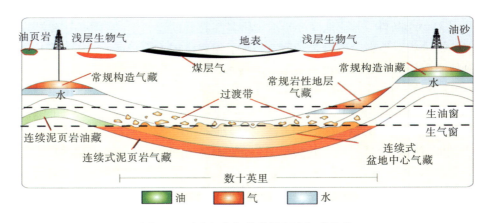

图 8-2　页岩气藏与其他类型油气藏关系

8.2　我国前陆盆地页岩气勘探开发现状及其启示

　　前陆盆地页岩气不仅改变了美国能源结构，对世界天然气供应格局产生了重大影响，而且在全球掀起了一场"页岩气革命"。"页岩气革命"的主要贡献在于：①拓展了人们对油气资源的认识，在烃源岩(页岩)开发油气，增加了油气资源量[烃源岩中已运移的油气(常规)仅为 10%～15%；未运移的或原地的油气(非常规)达 85%～90%]，常规油气资源量越高的地区，非常规油气资源量也越高；②增加了油气供给，延长了油气使用寿命；③美国"页岩气革命"的成功主要发生在前陆盆地和与之相邻的隆后盆地。许多研究者对中、美两国页岩气成藏条件和分布特征进行了详细对比分析，获得了一些重要启示，对我国未来页岩气发展前景做出了较为准确和客观的判断。

我国古生界（志留系）海相前陆盆地和中生界陆相前陆盆地中均发育黑色页岩建造，其分布稳定、埋藏深度浅、有机质丰度高，在保存条件好的地区，有利于页岩气的形成与富集。目前我国已在前陆盆地页岩气勘探开发方面获得突破。虽然我国对前陆盆地页岩气的勘探开发才刚刚开始，但是已在扬子板块东缘的古生代扬子前陆盆地龙马溪组黑色页岩和华北板块西缘中生代前陆盆地（鄂尔多斯盆地）延长组黑色页岩获得页岩气的突破，表明我国前陆盆地不仅是常规油气聚集的重要场所，而且也是页岩气富集的主要场所。

8.2.1　扬子板块东缘古生代扬子前陆盆地页岩气勘探开发现状及其启示

我国已在扬子板块东缘古生代扬子前陆盆地龙马溪组页岩气勘探开发获得突破。虽然目前对扬子板块东缘的早古生代扬子前陆盆地的空间展布、底部不整合面、顶部不整合面、地层充填序列、地层格架、沉积体系的类型和空间展布、物源区分布、黑色页岩在地层序列中的位置、黑色页岩的厚度变化、隆起区与造山带的位置及空间配置关系等方面均存在争论和分歧，但是多数研究者认为该前陆盆地是扬子板块与华夏板块的汇聚作用导致在扬子板块东缘形成的晚奥陶世—早志留世前陆盆地（刘宝珺等，1993；许效松等，1996；尹福光等，2001；苏文博等，2007）。该前陆盆地系统自东向西由造山带（华夏造山带）、前渊和前缘隆起等构造单元组成。该前陆盆地的整体形状呈现为北东—南西向展布的长条形线形盆地，并发育两个斜列的北东—南西向展布的沉降中心和沉积中心。地层和黑色页岩层的等厚线图显示，其分布趋势呈现东南厚北西薄和东南深西北浅的特征，地层充填体呈楔状。该盆地具有双物源（东南侧的造山带和西北侧前缘隆起），主体物源来自东南侧的造山带，自南东向北西依次出现山前碎屑岩楔状体（细砂岩或泥质粉砂岩，复理石）—前渊型深水相黑色页岩—前陆斜坡型浅水陆棚相黑色页岩和粉砂岩。

该前陆盆地黑色页岩广泛分布于上扬子地区和中下扬子地区，以黑色页岩、碳质页岩、黑色笔石页岩、钙质页岩为主，平均厚度为 120m，总有机碳含量平均值为 4%（有机质丰度高，为古生界最主要的烃源岩），干酪根为腐泥型，R_o 为 1.9%～3.21%，有机质处于过成熟阶段，天然气类型为热成因气，含气量为 1.73～3.28m³/t，与北美多数页岩气藏含气量大致持平。烃源岩高成熟度区主要分布在盆地的沉降中心，R_o 具有东南高西北低的特点，最高值在东南部。该前陆盆地沉积之后经历了复杂的、多期的构造变形和隆升剥蚀，原型盆地结构已被严重破坏，大部分（原型盆地的东部）已卷入江南-雪峰造山带或强构造变形带。目前仅有少部分（原型盆地的西部）仍保存于现今的四川盆地内部，但埋深较大。

8.2.2　华北板块西缘中生代鄂尔多斯陆相前陆盆地页岩气勘探开发现状及其启示

近年来，我国华北板块西缘中生代鄂尔多斯陆相前陆盆地页岩气勘探开发获得突破。鄂尔多斯盆地是与西缘贺兰山造山带和南缘秦岭造山带毗邻的中生代前陆盆地，显示为一个楔形前陆盆地，地层等厚线具有南厚北薄、西厚东薄以及西深东浅的特征。其中的上三叠统延长组为主要烃源岩，在靠近逆冲断裂带的地区（尤其是西南部），黑色页岩具有厚度大、有机质丰富、成熟度高等特点。延长组黑色页岩的最大厚度区和高成熟度区均分布在盆地西南部，表明该区是油气的富集区，其与贺兰山与秦岭造山带交接部位的构造活动性有关。在该套黑色页岩中不仅发现了大量的页岩油，而且发现了页岩气，表明该前陆盆地是陆相页岩气富集的场所。延长组长 7 段主要为深湖-半深湖相沉积物，发育厚层暗色泥页岩夹薄层细砂岩或泥质粉砂岩，厚 50～100m，其中富有机质页岩平均厚度为 20～40m，有机碳含量平均为 14%，为中生界最主要的烃源岩。干酪根为 I～II 型，R_o 为 0.6%～1.2%。

8.2.3　四川盆地下侏罗统自流井组页岩气勘探开发现状与启示

四川盆地下侏罗统自流井组黑色页岩是有利于页岩气成藏的层系，页岩气和页岩油的勘探开发已获得突破。四川盆地下侏罗统主要由自流井组或白田坝组组成。白田坝组主要分布于龙门山前缘（盆地西北部），底部为厚层石英质砾岩，其上以黄绿色、灰色石英砂岩为主，夹粉砂岩及黑色页岩、薄煤层等。自流井组命名于自贡市自流井，分布于四川盆地的大部分区域，底部发育有一层厚度仅为数米但品质很纯的灰白色石英砂岩与须家河组分界，以紫红、黄灰色泥岩为主夹薄层石英细砂岩、粉砂岩，局部夹黑色泥岩、生物碎屑灰岩或泥灰岩，厚度为 200～700m，具有西薄东厚的特点。自流井组主体为一套浅湖-半深湖相沉积，在垂向上岩石组合具有明显的分段性，自下而上划分为珍珠冲段、东岳庙段、马鞍山段和大安寨段四个岩性段。其中，珍珠冲段和马鞍山段为砂岩、粉砂岩段，东岳庙段和大安寨段为黑色泥岩-灰岩段。在层位上白田坝组相当于自流井组的马鞍山段上部至大安寨段。

下侏罗统自流井组为内陆湖相沉积，沉积相带沿现今四川盆地呈略对称环形分布，沉积中心与沉降中心重合，位于近盆地中部（略偏东），为浅湖相，四周为滨湖相。盆地边缘以浅湖相紫红色泥质岩、砂岩、泥灰岩团块沉积为主，向盆地中心相变为黑色页岩、介壳灰岩间互夹粉砂岩建造。有 3 个明显的沉积旋回，即由紫红色泥岩开始，向上渐变为黑色页岩、介壳灰岩或粉砂岩。暗色泥质岩是优质油系烃源岩，在川中一带处于成熟期，形成若干油田。向北、向东北，有机质成熟度增高至高成熟期，是页岩气成藏的有利地区，即川东北、川北是勘探页岩气的有利地区。在埋藏较浅或裸露地带，如华蓥山北段、川东北高陡构造的翼部，应该是页岩气成藏的靶区。目前已在珍珠冲段、东岳庙段和大安寨段黑色页岩中发现页岩气和页岩油。侏罗统自流井组以陆相黑色页岩与灰岩互层组合为特征的页岩气富集模式的特点是：湖相页岩夹于灰岩之间，页岩层的底板和顶板均为灰岩或致密砂岩。鉴于下侏罗统自流井组页岩的最大厚度区分布于大巴山造山带前缘，表明其沉积中心和沉降中心受控于大巴山造山带的构造活动和构造负载量，而龙门山造山带的构造活动相对较弱，对其沉积作用和沉降作用影响较小。

8.2.4　我国前陆盆地页岩气的基本特征及其启示

根据我国前陆盆地页岩气勘探开发成果，本书认为我国前陆盆地页岩气具有以下特征。

(1)扬子区古生代扬子前陆盆地页岩气的发现，证实了我国古生代海相前陆盆地具有生成和保存页岩气的构造条件。与美国主要产页岩气的前陆盆地相比，我国的古生代扬子前陆盆地经历了加里东、海西两大构造旋回，又经历了中生代构造运动的改造，原有的前渊沉积物连同下伏的沉积物一起卷入逆冲带改造之中，被后期构造运动改造得面目全非，如在扬子板块东缘的古生代扬子前陆盆地的大部分区域已完全转变成褶皱-逆冲构造带，仅在江南-雪峰山西侧的前陆区(现今四川盆地东部)保留了残留的古生代扬子前陆盆地黑色页岩。在这样的构造背景之下，常规油气难以保存，但在常规油气不能发育的地区，页岩气仍有很好的发育条件。我国古生代扬子前陆盆地页岩气与北美古生代前陆盆地页岩气对比有四个特殊性：①我国南方地质条件复杂，尤其是构造演化、沉积环境、热演化程度等不同，使我国南方早古生代晚期扬子前陆盆地与北美板块东部古生代前陆盆地页岩气的形成和富集条件存在着明显的差异性；②扬子前陆盆地富有机质页岩分布范围广、连续厚度大、有机质丰度高、热演化程度高、构造变动多、埋深变化较大；③古生代扬子前陆盆地的原型盆地已被破坏和解体，残留地层保存在一些局部构造单元中，且地面多为山地和丘陵，需要避开露头和断裂破坏区，寻找局部保存条件有利的地区，克服复杂地表、埋藏深度、后期保存的特殊地质条件。

(2)四川盆地和鄂尔多斯陆相页岩气的突破证实了我国中生代陆相前陆盆地具有生成和保存页岩气的构造条件。四川盆地和鄂尔多斯陆相页岩气的突破是标志性里程碑，证实了我国陆相前陆盆地页岩气的存在。中生代前陆盆地的湖相富有机质页岩横向变化大，以厚层泥岩或砂泥互层为主。因此，深湖-半深湖相的厚层暗色泥页岩夹薄层细砂岩或泥质粉砂岩是寻找页岩气的有利岩性单元。中生代前陆盆地湖相富有机质页岩的有机质丰度中等，热演化程度低，因此靠近造山带的高成熟度区是寻找页岩气的有利地区。

(3)我国中生代陆相前陆盆地群具有常规油气资源和非常规油气资源共生的特点，为从我国西部中-新生代陆相前陆盆地群中寻找页岩气提供了样板。我国中-新生代陆相前陆盆地群是油气资源聚集最丰富的一类盆地，发育特殊的前陆盆地油气系统，形成了砂岩气、碳酸盐岩气(如礁滩气、风化壳气等)和页岩气等油气藏类型共生的典型特征，具有良好的油气构造和保存条件，后期造山带逆冲推覆的挤压作用导致的构造热事件为黑色页岩的有机质成熟和页岩层天然裂缝的产生提供了热力学条件，显示独特的中-新生代陆相前陆盆地油气成藏模式。

第二部分

龙门山前陆盆地层序地层与沉积体系

第 9 章　晚三叠世龙门山前陆盆地构造地层与挠曲模拟

　　尽管目前前陆盆地的一般演化模式与形成的构造机制已被广泛接受(Jordan，1981；Stockmal and Beaumont，1987；Flemings and Jordan，1990；Beaumont et al.，1991；Sinclair et al.，1991；DeCelles and Giles，1996)，但一些重要问题仍未能很好地解决。例如，大陆岩石圈挠曲刚度(或弹性厚度)的时空变化与前陆盆地地层记录的敏感性，负载系统运动学模式、构型和空间模式，造山带剥露和沉积搬运至相邻沉积中心的表面过程及其对构造活动的响应时间问题。

　　青藏高原东缘形成了长度超过 500km 的龙门山。现今龙门山大致位于古特提斯洋闭合和羌塘块体、昆仑-柴达木陆块和华南板块的拼合碰撞导致的中生代碰撞板块边缘(Sengör，1984)。龙门山逆冲带作为前陆盆地造山负载的一部分(Chen et al.，1994a；Chen and Wilson，1996)，其构造变形始于晚三叠世印支运动，一直延续至早白垩世燕山运动，晚中新世以来印-亚碰撞导致龙门山的构造活化，四川盆地西部显示了一个向西增厚的上三叠统沉积岩，是龙门山同期构造变形的沉积响应。这些地层上覆于华南板块较老的厚层(>5km)碳酸盐岩地层(D-T$_2$)之上。本章从四川盆地西部上三叠统-第四系沉积物中剥离出上三叠统，以此详细探讨印支期的龙门山变形事件与龙门山前陆盆地的沉积演化特征。

　　本章主要描述该前陆盆地充填物的大尺度沉积结构特征，并运用简单的一维正演模拟来解释造山负载造成的华南板块岩石圈挠曲沉降作用，利用分析模型、前陆盆地空间延展范围、地层厚度和构造地层单元的沉积环境约束华南板块岩石圈的弹性厚度、负载构型和造山楔推进速率。

9.1　地　质　背　景

　　从北西至南东，青藏高原东缘主要由 3 个构造单元组成：松潘-甘孜褶皱带、龙门山逆冲带、叠覆于华南板块的龙门山前陆盆地。

　　在松潘-甘孜褶皱带出露的中元古代基底岩石，为一套变质、变形的地层序列(U-Pb 年龄为 1043～1017Ma)，其上的新元古代(震旦系)火山岩和白云岩与基底岩石为不整合接触。其上为巨厚(>10km)的下古生界至上三叠统复理石沉积岩，由微晶灰岩、重力滑塌沉积岩和硅质碎屑浊积岩等组成。侏罗系砂岩和长英质火山岩不整合覆于该套复理石之上。在龙门山前陆盆地沉积须家河组粗碎屑沉积物时，松潘-甘孜褶皱带则处于隆升和剥蚀状态，显示为地层间断。在华南板块沉积了厚度超过 5km 的未变质和弱未变形的 D-T$_2$ 沉积序列。晚二叠世热穹隆和拉伸作用导致了峨眉山玄武岩的喷发。在龙门山前陆盆地形成之前，在松潘-甘孜褶皱的早-中三叠世沉积物主要是浅水碳酸盐台地到深水浊流沉积物，通常将其解释为一个残留洋盆地（Yin and Nie，1996；Zhou and Graham，1996）。龙门山逆冲带包含了褶皱的、未变质的浅水台地沉积物和结晶基底。龙门山前陆盆地形成于晚三叠世卡尼期（见下文），沉积了晚三叠世马鞍塘组-须家河组沉积物，其西部地层被卷入龙门山造山楔中。

9.1.1　松潘-甘孜褶皱带

　　松潘-甘孜褶皱带从帕米尔地区向东延伸，横跨昆仑山脉直至我国西南部，其南北两端分别被青藏（羌塘）微地体和欧亚板块所围限。松潘-甘孜褶皱带三叠系沉积岩达到低绿片岩相变质岩，包括微晶灰岩和硅质碎屑浊积岩，厚度达到 6km。仅在该褶皱带的东南缘具有高绿片岩相至角闪岩相的三叠系浊积岩和华南板块西缘古生代杂砂岩-页岩出露至地表。古生代—三叠系地层在印支期遭受变质、构造缩短和变形（Burchfiel et al.，1995；Zhou and Graham，1996；Hu et al.，2006），在局部其与上覆的后造山期硅质碎屑岩、酸性火山岩和晚三叠世晚期的煤系地层［宝山组（T$_3$b）］不整合接触。这暗示了在三叠纪残留洋盆地闭合时有山间盆地的存在。

9.1.2　龙门山逆冲带

　　龙门山逆冲带长约 500km，宽 30～50km，是青藏高原东缘深切山脉的主要组成部分。龙门山地层单元被 4 条区域性倾向北西的断裂所切割，因此被分为几个不同的构造地层单元（Chen and Wilson，1996）（图 9-1）。这些构造单元沿北西—南东向依次如下。

　　彭灌基底杂岩：包括中元古代花岗岩基底和新元古代盖层，其与上覆的 D-T 碳酸盐岩地层为不整合接触。表明在 D-T 时期，相对现今残存的快速沉降的深盆（松潘-甘孜褶皱带）而言，该以结晶基底为核的微陆块显示为地貌高地。卷入逆冲带最新的沉积岩层是下三叠统碳酸盐岩。该基底杂岩被认为是在早印支期被卷入逆冲带的基底岩片（Chen and Wilson，1996）。该推覆体北以茂汶断裂为界，南以北川断裂为界（图 9-1）。

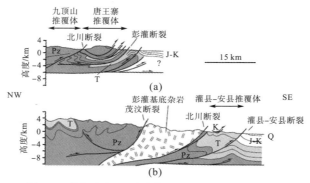

图 9-1　横切龙门山逆冲带和前陆盆地的构造剖面

　　九顶山推覆体：包含古生代变质浊积岩和低绿片岩相变质岩，向南东侧被逆冲断层卷入中元古代基底岩片(Chen and Wilson, 1996)。其分布于北川断裂上盘，其与彭灌基底杂岩的主要区别是包含变质的深水相地层。

　　唐王寨推覆体：包含 D-T₃ 具开阔褶皱变形的未变质碳酸盐岩序列，就位于彭灌断裂下盘的印支期前陆盆地上三叠统须家河组和侏罗系地层之上(Chen and Wilson, 1996)。因此，上三叠统前陆盆地的盆-山边界还远在现今边界的北西侧。尽管有许多早期运动幕，彭灌断裂最近的活动必定是在侏罗纪后。唐王寨推覆体被认为是一薄皮褶皱-逆冲带。向南东方向，唐王寨推覆体表现为飞来峰群。

　　灌县-安县推覆体：主要包含前印支期海相沉积地层，上覆地层为须家河组砂泥岩煤系地层。灌县-安县断裂的下盘是白垩系(Chen and Wilson, 1996)。因此，这一推覆体已经包含了前陆盆地沉积物。

9.1.3　龙门山前陆盆地

　　龙门山前陆盆地位于华南板块西缘，沉积了约 10km 厚的上三叠统—第四系地层(李勇等，1995)(图9-2)。华南板块西缘构造演化可以分为 3 个构造阶段：①Z-T₂ 被动陆缘

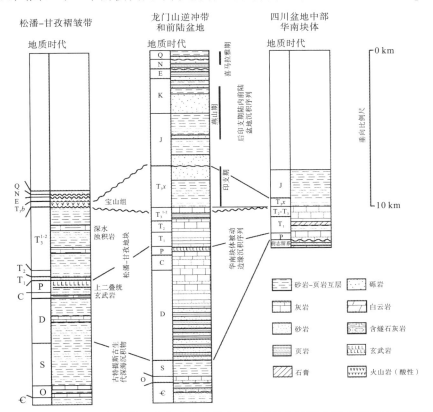

图 9-2　松潘-甘孜褶皱带、龙门山逆冲带和前陆盆地与四川盆地中部地层对比图

注：图中显示了华南块体被动边缘序列相变为松潘-甘孜深水复理石建造。印支期前陆盆地巨层序叠加于华南块体西缘之上。T_1、T_2、T_3 分别表示下、中、上三叠统，T_3x 指上三叠统须家河组。

碳酸盐台地沉积阶段，晚二叠世峨眉山玄武岩喷发；②晚三叠世海陆过渡相前陆盆地演化阶段；③侏罗纪—第四纪陆相前陆盆地或陆内克拉通阶段。本章主要关注晚三叠世印支期前陆盆地巨层序。

龙门山前陆盆地西部上三叠统地层单元可以划分为马鞍塘组、小塘子组和须家河组，须家河组被分为须二段至须五段四个岩性段。印支期前陆盆地发展贯穿整个晚三叠世，最长持续时间约达 21Ma。

尽管岩石地层单元划分取得了较一致的认识，但是已知的地层划分方案并未反映印支造山运动对前陆盆地沉积的构造控制作用。岩石地层划分方案沿革见表 9-1。

表 9-1　印支期龙门山前陆盆地巨层序地层划分方案沿革

地层代号(李勇等，1995)	等价地层单元(Chen et al.，1995)	划分方案	代号	年龄/Ma
须家河组		须家河群		
第五段		第五组	T_3x^5	瑞替期
第四段	T_3x^3	第四组	T_3x^4	209.6±4.1～205.7±4.0
第三段	T_3x^2	第三组	T_3x^3	
第二段	T_3x^1	第二组	T_3x^2	诺利期
第一段=小塘子组		第一组=小塘子组	$T_3x^1 = T_3xt$	220±4.4～209.6±4.1
马鞍塘组		马鞍塘组	T_3m	卡尼期 227±4.5～220±4.4

9.2　盆地充填序列与构造地层单元

野外露头、钻孔和地震反射数据显示晚三叠世龙门山前陆盆地横剖面的几何形态是不对称的，它向西逐渐变厚。晚三叠世龙门山前陆盆地巨层序的简化沉积柱状图如图 9-3 所示。西部巨厚的地层剖面(>3km)表明靠近盆地西部造山带边缘的沉降速率很高(约0.2mm/a)。

上三叠统前陆盆地巨层序以两个区域性的不整合面为边界，底部不整合面位于中、上三叠统之间，上部不整合面在上三叠统和侏罗系之间。盆地近缘巨层序主要是由 3 个沉积层序组成的，这些沉积层序被一系列的海泛面和湖泛面(在地震反射剖面上可横向追踪)和不整合面所间断，划分为向上变粗和向上变细的地层单元(图 9-3)。我们将印支期龙门山前陆盆地充填序列划分为 3 个构造地层单元。

1. 构造地层单元 1

构造地层单元 1 的标志是早期碳酸盐台地的海侵和盆地远缘(克拉通)的退积，随后是盆地近缘(造山带)的强烈进积。

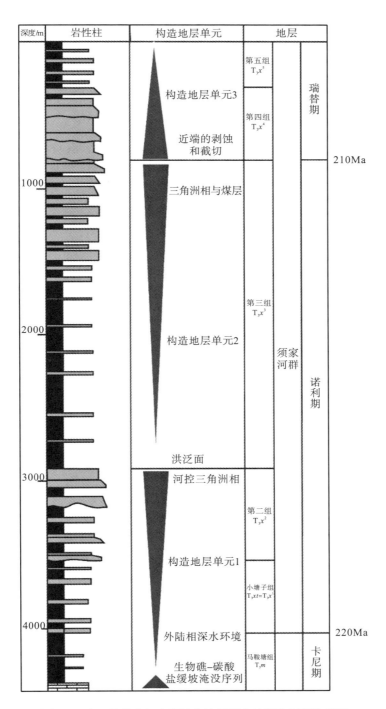

图 9-3　晚三叠世龙门山前陆盆地巨层序的简化沉积柱状图

注：显示了向上变粗/变细的沉积序列，构造地层单元 1～3 为不整合面和洪泛面所围限。

1) 马鞍塘组 (T_3m)

　　马鞍塘组只在华南块体西缘底部不整合面之上有发现。该组主要由海相黑色泥岩和页岩组成，夹粉砂岩、泥灰岩、鲕粒灰岩、生物碎屑灰岩和生物礁。马鞍塘组的生物(基于菊石类、双壳类、有孔虫类、珊瑚、海绵类、腕足类、海胆类、海百合类和牙形石)地层年龄是卡尼期(227～220Ma)。

　　马鞍塘组底部边界是中、上三叠统之间的一个重要的不整合面，但是很少有或没有角度不整合面。该不整合面在地震反射剖面上也可以通过界面的削截和超覆来识别。在峨眉山野外露头区，不整合面具有古岩溶和蒸发-溶解角砾岩特征。根据岩心观察，在盆地西部，中、上三叠统之间没有不整合面，但在盆地东部，岩心资料上具有明显的地层缺失的证据，包括沿不整合面保存的以层状岩石为边界的古岩溶。这表明前上三叠统古露头遭受了风化剥蚀。

　　马鞍塘组由两部分组成。下部由浅海泥岩、砂岩和生物碎屑灰岩组成，是一个向上变细的层序。碳酸盐浅滩相和点礁证明了碳酸盐斜坡的存在。马鞍塘组灰岩沉积在一个向西倾斜的远端碳酸盐斜坡上(图9-4)。碳酸盐岩厚 30～100m，并由东向西变薄。点礁由位于汉旺、绵竹和江油的海绵生物礁组成。海绵生物礁具有丘状的地震反射特征，位于席状披盖地震相之下。马鞍塘组下部的碳酸盐沉积相与在其他前陆盆地发育的远端碳酸盐沉积相非常相似，如欧洲阿尔卑斯山区(Crampton and Allen，1995；Allen et al.，2001)。碳酸盐缓坡被解释为盆地向克拉通边缘逐渐增强的挠曲隆升导致的透光区。就像纳米比亚纳马(Nama)前陆盆地晚元古代 *Namacalathus- Cloudina* 生物礁。

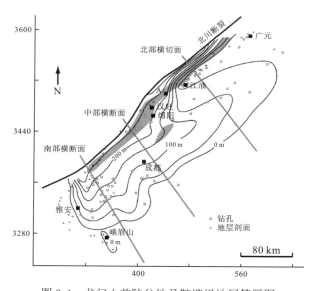

图 9-4　龙门山前陆盆地马鞍塘组地层等厚图

注：中、上三叠统之间的不整合面之上的碳酸盐滩和海绵礁建造。

　　马鞍塘组的上部由浅海粉砂岩、泥岩、砂岩和含硫化铁的黑色页岩组成，间夹泥灰岩。因此，马鞍塘组表现出整体向上变细和水体加深的序列(图9-3)。在岩心中观察到的马鞍塘组上部在西部最大厚度超过 400m，向东南变薄，所以几何形态是楔形(图 9-4)。横剖面上，在西部是深水盆地，中部碳酸盐缓坡边缘是滩相和点礁，东部则是浅海陆棚。古物源和古水流研究表明沉积物来自东部，该地区被推测是挠曲前缘隆起。没有证据表明这一时期碎屑来自盆地西部的边缘造山带。盆地西部边界不能被很好地确定，但是很可能位于北川断裂位置的西北。假设灌县－安县推覆体的缩短指数是 2，由得到的横剖面估计(Burchfiel et al.，1995；Chen and Wilson，1996)，盆地西部边界位于彭灌断裂现今位置西北至少 70km 处，该断裂标志着龙门山逆冲带的前缘。

2) 小塘子组(T$_3$xt)

小塘子组由黑色海相页岩、泥岩、石英砂岩、岩屑砂岩和粉砂岩组成，可以分成三部分：下部由黑色页岩夹石英砂岩组成，中部是岩屑砂岩和黑色页岩，上部是长石砂岩。小塘子组向上变粗的粒序代表了由浅海陆棚向三角洲转变的沉积环境。

在底部海泛面之上出现厚 1～30m 的石英砂岩。这些地层包含大量软的沉积变形构造，这表明其沉积环境为不稳定的前三角洲斜坡。在都江堰、江油、安州和峨眉山地区，该组由黑色页岩夹煤、岩屑砂岩和粉砂岩组成，表明沉积环境为三角洲平原。

在盆地西部观察到的最大厚度超过 550m，向东南逐渐变薄(图 9-5)。小塘子组的沉积中心(相对马鞍塘组的沉积中心)可能位于盆地的西北地区，其沉积中心向东南迁移。砂岩和砾岩的物源指示了两个物源区，包括造山带边缘(松潘－甘孜褶皱带)和克拉通前缘。

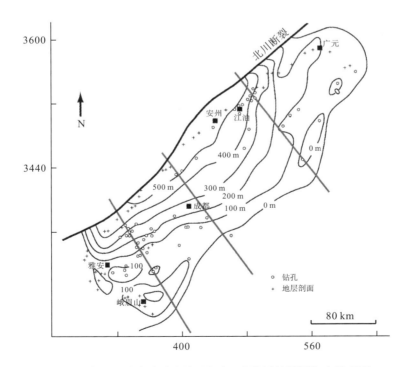

图 9-5　龙门山前陆盆地小塘子组(T$_3$xt)地层等厚图与古地理图

注：在层位上相当于须一段，沿着前缘隆起边缘为滨海相，在前渊地区为前三角洲相细粒沉积物。

3) 须二段 (T_3x^2)

须家河组须二段由向上变粗和变浅的序列组成,记录了由三角洲进积变成湖盆,表明盆地已经失去了与开阔海的连通。沉积物为砂岩,间夹砾岩、粉砂岩和泥岩。须二段可以分成三部分:下部由岩屑砂岩和长石砂岩夹砾岩组成,中部由湖相的黑色页岩夹粉砂岩组成,上部由岩屑砂岩、长石砂岩和砾岩组成。

在盆地西部观察到的最大厚度超过 800m,向东南逐渐变薄(图9-6)。辫状河三角洲体系存在于龙门山逆冲带现今的前缘,在前陆盆地的东部则是湖泊体系。根据所含化石,认为须二段属于中诺利期。

2. 构造地层单元 2

构造地层单元 2 由须家河组须三段组成。下部界面以湖泛面为标志,该湖泛面可以在很多地层剖面上通过主要的相变来识别,因为该界面向东南方向超覆在前陆盆地底部界面之上,所以还可以通过地震反射剖面来识别。依据所含的化石,可判断构造地层单元 2 的年龄是晚诺利期。

构造地层单元 2 由黑色页岩、泥岩、岩屑砂岩、粉砂岩、砾岩和煤组成,是一个整体向上变粗的序列。须三段下部由黑色页岩夹砂岩和粉砂岩组成。上部由砂岩、砾岩和页岩组成,表现出一个向上变浅的三角洲河道的沉积环境。

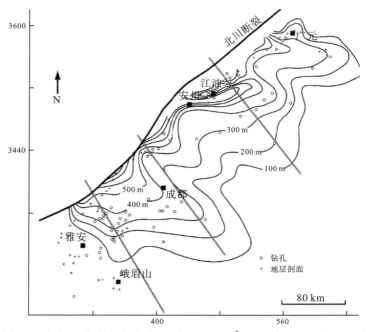

图9-6　龙门山前陆盆地须家河组第二段(T_3x^2)地层等厚图与古地理图

在盆地西部观察到的最大厚度超过 1750m,向东南逐渐变薄(图9-7)。在北西—南东的横剖面中,三角洲体系位于逆冲带现今的前端,中部是湖泊体系,沿着前陆盆地东缘是

较小的三角洲体系。古物源和古水流表明沉积物来自松潘-甘孜褶皱带和华南地块的前缘
隆起区。

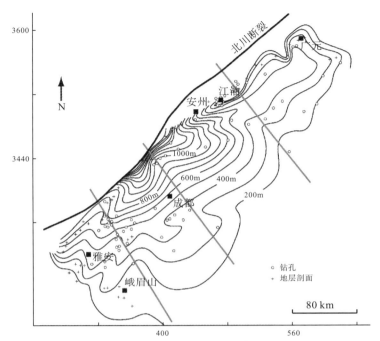

图 9-7　龙门山前陆盆地须家河组第三段（T_3x^3）地层等厚图与古地理图

注：该时期主要是三角洲入湖沉积，形成湖相三角洲。

因此，构造地层单元 2 的底部是一个主要的湖泛面，向盆地远缘（克拉通）的东南向超
覆，通过来自盆地近缘（造山带）的三角洲进积作用而向前发展，从克拉通边缘向湖心有较
少的沉积物输入。沉积相的突然间断表明水体变深，标志着构造地层单元 2 的底部可能与
造山带的负载有关，造山带的负载也造成了挠曲沉降的新阶段（Flemings and Jordan，1989；
Sinclair et al.，1991）。

3. 构造地层单元 3

构造地层单元 3 由须家河组的须四段和须五段组成。底部边界是前陆盆地近缘的不整
合面，在地震反射剖面上具有清晰的削截和向西的超覆特征。在龙门山前陆盆地露头和地
震反射剖面中，顶部边界是一个三叠系和侏罗系之间的角度不整合面（李勇等，1995）。依
据所包含的非海相生物化石，可判断构造地层单元 3 的年龄是瑞替期。

构造地层单元 3 是一个向上变细的序列，可以分成两部分：下部是一个冲积扇或扇三
角洲，由碎屑流砾岩夹砂岩和黑色页岩组成；上部为湖泊相，由黑色页岩夹粉砂岩和砂岩
组成。相对下伏地层，构造地层单元 3 代表了一个分布于整个四川盆地内的退积层序。从
古地理上讲，位于盆地西北缘的扇三角洲体系向东南进入湖泊体系。

在盆地西部观察到的最大厚度超过 1000m，向东南变薄（图 9-8、图 9-9）。变质岩和

碳酸盐岩碎屑(含大量化石)表明沉积物只来自松潘-甘孜褶皱带和龙门山冲断带的九顶山推覆体与彭灌杂岩基底的复合体。

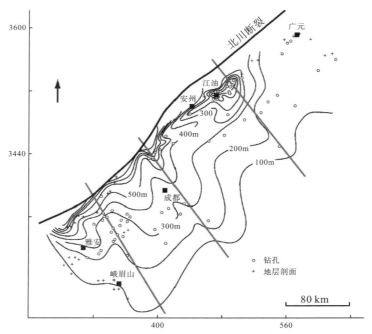

图 9-8　龙门山前陆盆地须家河组第四段(T_3x^4)地层等厚图

注：盆地西北缘局部发育扇三角洲沉积物。

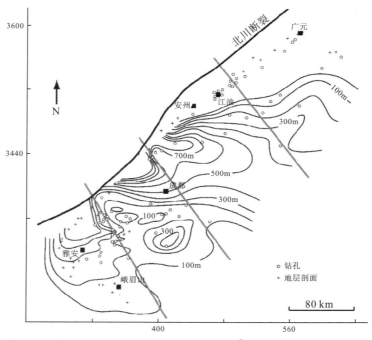

图 9-9　龙门山前陆盆地须家河组第五段(T_3x^5)地层等厚图与古地理图

因此，构造地层单元 3 记录了与盆地边缘强烈的向西地层超覆有关的来自造山带边缘的东南向进积，这产生了一个广布的沉积层。在地震反射剖面上，构造地层单元 3 底部不整合面是一个削截面，它只在盆地近缘发育。它的形成可能与构造静止期的均衡回弹有关（Heller et al.，1988）。

9.3　欠补偿与过补偿沉积特征

从欠补偿的深水或复理石阶段向上变为过补偿的浅海和陆相磨拉石阶段被认为是许多前陆盆地十分重要的演化过程（Covey，1986；Homewood et al.，1986；Sinclair and Allen，1992）。欠补偿和过补偿状态代表了沉降过程、构造负载推进和沉积物量的不平衡，导致沉积体系和排水模式、盆地结构和沉降速率的不同。

马鞍塘组的沉积样式以深海页岩和泥岩为主，表明盆地在这一阶段是欠补偿的。欠补偿状态持续到页岩和粉砂岩沉积主导的小塘子组，具有双向的沉积物供给。沉积物主要来自龙门山逆冲带，其次来自前缘隆起区。因此，龙门山前陆盆地马鞍塘组（T_3m）和小塘子组（T_3xt）与欧洲阿尔卑斯山的欠补偿前陆盆地具有相似性。

在须二段沉积时，三角洲砂岩占主要地位，表明盆地正接近过补偿阶段，唯一可识别的三角洲沉积物源来自龙门山逆冲带。从此，该前陆盆地开始与开阔海分离。

在构造地层单元 2 和 3 的沉积阶段，从龙门山逆冲带向中部为湖泊的前陆盆地供应的沉积物主要来自三角洲和河流体系。河道砂岩和砾岩在构造地层单元 3 占主要地位，表明盆地已经处于过补偿阶段。从欠补偿到过补偿的转变反映了造山楔推进的速率、造山楔的锥角、抗弯刚度和山区沉积物供应之间的相互作用。在古近纪北阿尔卑斯前陆盆地，Allen 等（1991）、Sinclair 和 Allen（1992）指出控制复理石-磨拉石转变的关键因素是造山楔推进速率的减慢和高地貌驱使向盆地中供应大量的沉积物。Schlunegger 和 Willett（1999）、Clark 和 Royden（2000）强调这也会导致气候的改变，也可能导致沉积物向北阿尔卑斯前陆盆地供应。

9.4　底部不整合面与造山楔推进速率

前陆盆地巨层序的底部不整合面被穿越前陆板块的前缘隆起区切割（Jacobi，1981；Coakley and Watts，1991；Crampton and Allen，1995；Allen et al.，2001）。从不整合面到整合面的转换是挠曲前缘隆起型不整合面的一个特征，Crampton 和 Allen（1995）对北阿尔卑斯前陆盆地的前缘隆起型不整合面进行了描述和建模。位于古生界—中三叠统被动大陆边缘沉积序列与上三叠统龙门山前陆盆地沉积序列之间的不整合面是一个很好的挠曲前缘隆起型不整合面的例子。

假设底部不整合面在暴露时期被挠曲前缘隆起切割，这个面现今的几何形态指示在马鞍塘组早期形成了不整合面，华南前陆和龙门山逆冲带从此时开始汇聚。该不整合面在安州地区变成整合面，距北川断层现今所处位置约 10km。在横向剖面中，这个位置离马鞍塘组尖灭处 120km，距须五段尖灭处约 180km。这表明在前陆盆地早期阶段(227～220Ma)造山楔的推进速率为 15mm/a，在前陆盆地晚期阶段(220～206Ma)造山楔的推进速率为5mm/a，这标志着造山楔推进速率的减慢。

Allen 等(2001)指出，前陆盆地碳酸盐缓坡保存的地层厚度取决于许多因素，包括抗弯刚度、负载迁移速率、碳酸盐生产速率和海平面升降速率等。马鞍塘组底部碳酸盐岩的厚度是 30～100m。利用 Allen 等(2001)的数值模型，这样的厚度被解释为刚性板块(>25km)和快的负载迁移速率(约 12mm/a)，或是弱板(<15km)和慢的负载迁移速率(约4mm/a)。因为模拟结果显示为相对刚性板块，我们推断在前陆盆地发育的初始阶段有一个超过 10mm/a 的负载迁移速率。

9.5 构造负载与挠曲模拟

9.5.1 模型描述

前陆盆地的沉降模拟是现代盆地分析中的一个典型方法，这种模拟是建立在弹性板块的构造负载基础上的(Jordan，1981；Stockmal and Beaumont，1987；Watts，1992)。在实际情况中，这种构造负载可能有复杂的空间变化和瞬时变化(Flemings and Jordan，1990；Sinclair et al.，1991；Whiting and Thomas，1994)，下伏岩层可能有复杂的空间变化和瞬时强度变化(Beaumont，1981；Stewart and Watts，1997；Cardozo and Jordan，2001)，受气候、基岩类型及剥蚀作用的影响，地表作用系统可能导致空间样式发生较大变化以及沉积物可容空间向前陆盆地转移(Schlunegger and Willett，1999；Kühni and Pfiffner，2001)。尽管存在这些复杂性，但利用盆地地层厚度和沉积环境在恢复逆冲带前缘位置和确定盆地边缘相这些方面有一些优势，从而在前陆盆地发展的阶段，建立了一套可靠的地球动力学参数的标准。因此，Jordan(1981)建立了一个一维不连续的无限弹性板向下挠曲的构造负载组合分析模型，本次利用该模型对龙门山前陆盆地进行挠曲模拟。在龙门山冲断带和前陆盆地制作了 3 条北西—南东向的横剖面，并记录了具体的操作过程。

分别在 3 个构造地层单元沉积结束时期对三个构造负载建模。假定地壳负载的密度都是 $\rho_c = 2700\text{kg}/\text{m}^3$，地幔的密度为 $\rho_m = 3300\text{kg/m}^3$。前陆盆地的沉积负载通过沉积厚度来估算，盆地充填沉积物的平均地层密度 ρ_b 及充满水的孔隙度 Φ，取决于颗粒密度 ρ_{sg}、地表孔隙度 Φ_0 和最大埋深 h(Allen et al.，1991)。

$$\rho_b = \rho_{sg}(1-\Phi) + \rho_m\Phi \tag{9-1}$$

式中，$\Phi = \Phi_0 \exp(-ch)$，c 是孔隙-深度系数，h 是最大埋深。利用砂泥岩混合参数值估算充填沉积物的平均密度为 2117～2510kg/m³，相应的最大埋深为 1～4km，这个参数值代表龙门山前陆盆地的地层参数($c = 0.4, \Phi_0 = 0.5, \rho_{sg} = 2680\text{kg/m}^3$)。

据在龙门山逆冲带保存的前陆盆地地层对构造负载区的结构进行推断。我们做出了以下推论：直到须三段 T_3x^3 时期，前陆盆地的西部边界向西至少延伸到北川断层的位置，甚至到达茂汶断层的位置。这与在北川断层下盘保存的须三段沉积岩是一致的(Chen and Wilson，1996)，这表明唐王寨推覆体确实是印支期形成的。在北川断层下盘保存的须四段与须五段地层表明，这次逆冲构造活动与须四段和须五段的沉积是同时的或者是在须四段与须五段的沉积之后(Chen and Wilson，1996)。

本次对不同的负载结构产生的挠曲量(y)进行模拟，横坐标 x 为 0～300km。在 A 时间段，其与构造地层单元 1 的沉积物结束时间相对应，我们将地壳负载系统的东南缘放在 $x=120$km 的位置，即北川断层的位置。在 B 时间段，对应于构造地层单元 2 沉积期后，逆冲带前缘向前延伸到 $x=140$km 处。在 C 时间段，对应于构造地层单元 3 沉积期后，逆冲带的前缘在 $x=160$km 处，即彭灌断层所在位置。在每一个时间段，在受等压补偿的地壳负载区产生一个模拟造山带地形的模型，这个模型能与现今造山带前缘的最大高度和平均坡度做比较。为了得出造山带与盆地合理的地形剖面，模拟了地壳的负载结构。然而，为了得出造山带与盆地合理的挠曲地形剖面，需要确定的关键参数是抗弯刚度。沿着三个横剖面，利用表 9-2 中给的参数运行了分析模型，挠曲刚度为 10^{22}～10^{24}N·m，等同于弹性厚度的变化范围从接近于艾里–海斯卡宁均衡(Airy-Heiskanen isostasy)的厚度上升到 54.4km(假设 $E=70$GPa、$v=0.25$)。图 9-10 对挠曲刚度变化模拟结果的灵敏度做出了说明。

表 9-2 用于分析模拟的参数值

参数	参数值
杨氏模量(E)	70GPa
泊松比(v)	0.25
地壳密度(ρ_c)	2700kg/m^3
地幔密度(ρ_m)	3300kg/m^3
模拟运行 A 时间段盆地充填沉积物密度(ρ_A)	2200kg/m^3
模拟运行 B 时间段盆地充填沉积物密度(ρ_B)	2300kg/m^3
模拟运行 C 时间段盆地充填沉积物密度(ρ_C)	2400kg/m^3

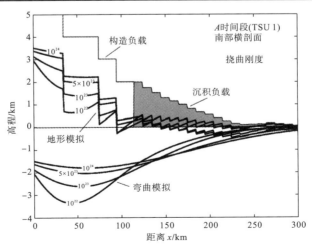

图 9-10 在 A 时间段模拟的龙门山南段的地貌/深度与挠曲剖面

注：在构造地层单元 1 沉积结束后，即 TSU1，挠曲刚度为 10^{22}～10^{24}N·m。

9.5.2 模拟结果

在 A 时间段,对应于构造地层单元 1 的沉积结束后,地壳负载区位于 $x=0km$ 与 $x=120km$ 之间。沉积负载区的确定根据盆地的北、中、南 3 个横剖面的等厚线数据。在合理的地形剖面中造山带坡度约是 1.72°,并在盆地中产生了一个挠曲刚度为 $5×10^{23}N·m$ 的浅海环境(图 9-11)。在 A 时间段,3 个横剖面上沿走向没有显著变化。

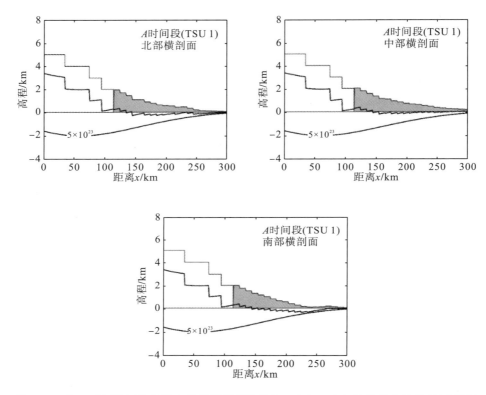

图 9-11 在 A 时间段用估算的负载模型得到的北部、中部、南部的挠曲和地貌/深度模型

注:在构造地层单元 1 沉积结束后,挠曲刚度为 $5×10^{23}N·m$ 是前陆大部分地区为浅水沉积环境。

在 B 时间段,地壳负载区位于 $x=0km$ 到 $x=140km$ 之间(图 9-12)。与 A 时间段相比,负载结构代表了明显的造山楔厚度的增加,前缘的位置增加了 20km。在这 3 个横剖面中最合理的地形剖面的挠曲刚度范围是 $5×10^{23}～5×10^{24}N·m$(弹性厚度的范围是 43～54km)。对挠曲刚度和负载结构的组合来说,造山带的平均坡度约是 1.72°。3 个横剖面的沉积模拟有明显的区别(图 9-12)。特别是北部横剖面在构造地层单元 2 有很小的厚度,这表明与中部和南部的横剖面相比其具有深的近缘古深度。

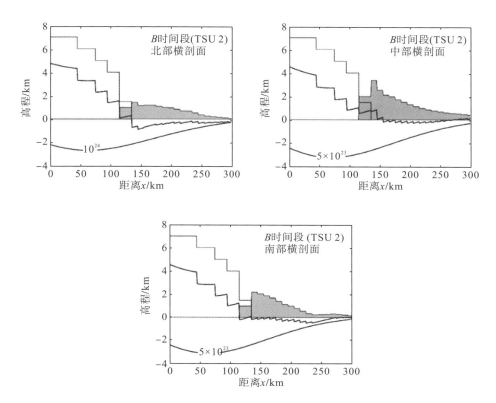

图 9-12　在 B 时间段用估算的负载模型得到的北部、中部、南部的挠曲和地貌/深度模型

注：在构造地层单元 2 沉积结束后，在挠曲刚度为 $5×10^{23}$N·m 和 $5×10^{24}$N·m 时，模拟出盆地较合理的地貌剖面和湖相与近地
　　表暴露的沉积环境。相对 A 时间段，上地壳负载增加，向前陆方向传播了较短的距离（20km，到现今的 $x=140$km 处）。

　　在 C 时间段，地壳负载移到了 $x=160$km 的位置，这代表与 B 时间段比较，在 C 时间段，有 20km 的构造负载推进（图 9-13）。造山带合理的平均坡度约为 1.43°，挠曲刚度的范围是 $5×10^{23}$~$5×10^{24}$N·m（弹性厚度的范围是 43~54km）。在南部横剖面，近地表的和浅湖的模拟结果与观察到的构造地层单元 3 的地层相匹配。模型对中部和北部横剖面解释的结果不太具有参考价值。在中部横剖面，构造地层单元 3 较厚的沉积物在造山带前缘产生了一个明显的构造高地（大于 2km）。在盆地的近缘，地壳负载区的缩小（从 1.5~0.5km）还产生了显著的地表地貌（图 9-13），这不仅表明多次的推进作用增加了地层的厚度，还表明这个模型不能解释局部构造或沉积因素对等厚线的控制。相反，北部横剖面显示一个深的沉降区。

　　即使在一个单独的时间切片上，模拟结果与观察到的地层厚度和沉积环境之间的不匹配并不遵循一个连续的趋势。这表明这种不匹配并不是单一因素造成的。这标志着龙门山前陆盆地地层沿着走向具有空间变化性，尤其在盆地演化的晚期（构造地层单元 3），简单的一维模型不能对其进行解释。

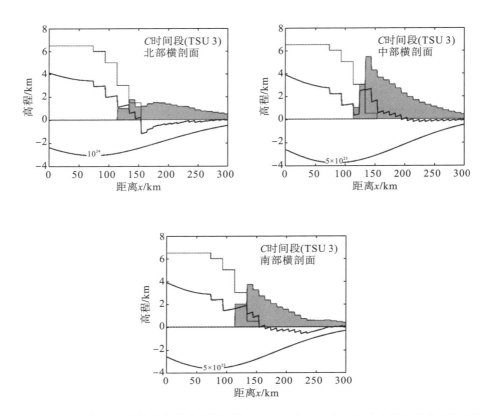

图9-13　在 C 时间段用估算的负载模型得到的北部、中部、南部的挠曲剖面和地貌/深度模型

注：在构造地层单元 3 沉积结束后，在挠曲刚度为 5×10^{23}N·m 和 5×10^{24}N·m 时，模拟出盆地南段的较合理的地貌剖面和湖相与近地表暴露的沉积环境。然而在中部，这一最适挠曲刚度模拟结果在盆地近端产生出不能接受的超过 2km 的高地。在北部，在盆地近端位置却产生不能接受的较大的湖水深度（<1km）。这些差异性结果表明了利用一维挠曲模型来揭示沉积通量和沉降速率沿着山脉走向具有强烈空间差异性。注意，相对 B 时间段，上地壳逆冲负载增加，向前陆方向推进了较短的距离（20km，到现今的 x=160km 处）。

　　根据盆地充填的地层数据、龙门山逆冲带的冲断时间和模拟的结果，我们编制了年代地层图（图9-14）。图9-14 的关键特征是随着巨层序底部界面的地层间断时间的加长，华南块体前陆上的前陆盆地巨层序随着海侵向东迁移，通过最下部的构造地层单元 1 的形成实现了克拉通物源向造山带物源的转化，三角洲体系开始进积到开阔海，随后进积到湖泊体系。龙门山前陆盆地的演化是由羌塘、华北—昆仑—柴达木和华南块体之间的汇聚决定的，这种汇聚导致了华南前陆上印支期造山楔向东推进（图9-15）（Harrowfield，2001）。

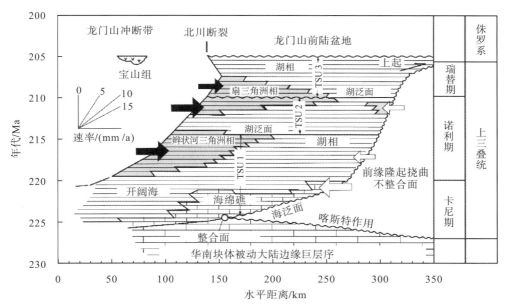

图 9-14　龙门山前陆盆地年代地层框架图——基于可用的地层数据和挠曲模拟结果的综合

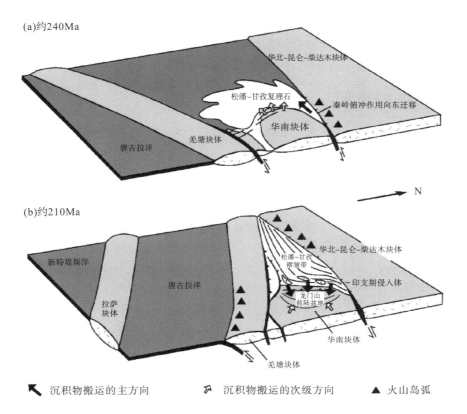

图 9-15　（a）华南块体被动大陆边缘与其侧翼具有复理石建造的松潘-甘孜残留洋盆地的地质演化模式；
（b）残留洋盆地闭合，在松潘-甘孜杂岩体和华南块体的边缘开始形成具有挠曲前渊的龙门山前陆盆地

第10章 龙门山前陆盆地充填序列

10.1 龙门山前陆盆地的含义和性质

10.1.1 前陆盆地轮廓

现今龙门山前陆盆地为成都盆地，位于龙门山逆冲带与龙泉山前缘隆起之间，北起安州秀水，南抵名山、彭山一线，西部已卷入龙门山逆冲带。盆地轴向为 30°～40°NNE，地貌上为成都平原。虽然现今龙门山前陆盆地分布范围狭小，但根据地层记录，地质历史时期龙门山前陆盆地的范围变化很大，最早时期可能为晚三叠世，其西界位于北川-映秀断裂以西，东界达开江-泸州前缘隆起。随着龙门山逆冲带逐渐向东逆冲推覆扩展，前陆盆地西界向东迁移，而前缘隆起向西迁移，盆地范围越来越小，呈现为现今的成都盆地。

10.1.2 前陆盆地的沉积基底

龙门山前陆盆地形成于印支运动中晚幕，盆地充填最早的地层为晚三叠世卡尼期马鞍塘组，其与中三叠统地层为区域性微角度-平行不整合接触。因此，龙门山前陆盆地的沉积基底是扬子地台西缘中三叠统及其以下的沉积岩层，显示龙门山前陆盆地是在中三叠世扬子地台西缘被动大陆边缘的基础上形成的。

10.1.3 前陆盆地的沉积充填物

龙门山前陆盆地充填地层厚度巨大，包括上三叠统马鞍塘组、小塘子组和须家河组；侏罗系白田坝组、千佛崖组、上沙溪庙组、下沙溪庙组、遂宁组、莲花口组；白垩系城墙岩群、夹关组、灌口组；古近系名山组、芦山组以及第四系(图 10-1)。垂向上显示为由海相-海陆过渡相沉积物构成，总体是向上变浅、变粗的沉积充填序列。其特点在于：①地层均呈旋回式沉积，并按规模可分为若干级别；②地层不整合面发育，并可以用盆地范围内的不整合面及其对应面将盆地充填地层划分为一系列不同级别的沉积层序，每个沉积层序都是一个三维空间的充填实体，并有特定的沉积体系配置模式、沉积中心和边缘；③以巨厚层砾岩为特征的粗碎屑楔状体具有周期性出现的特征。

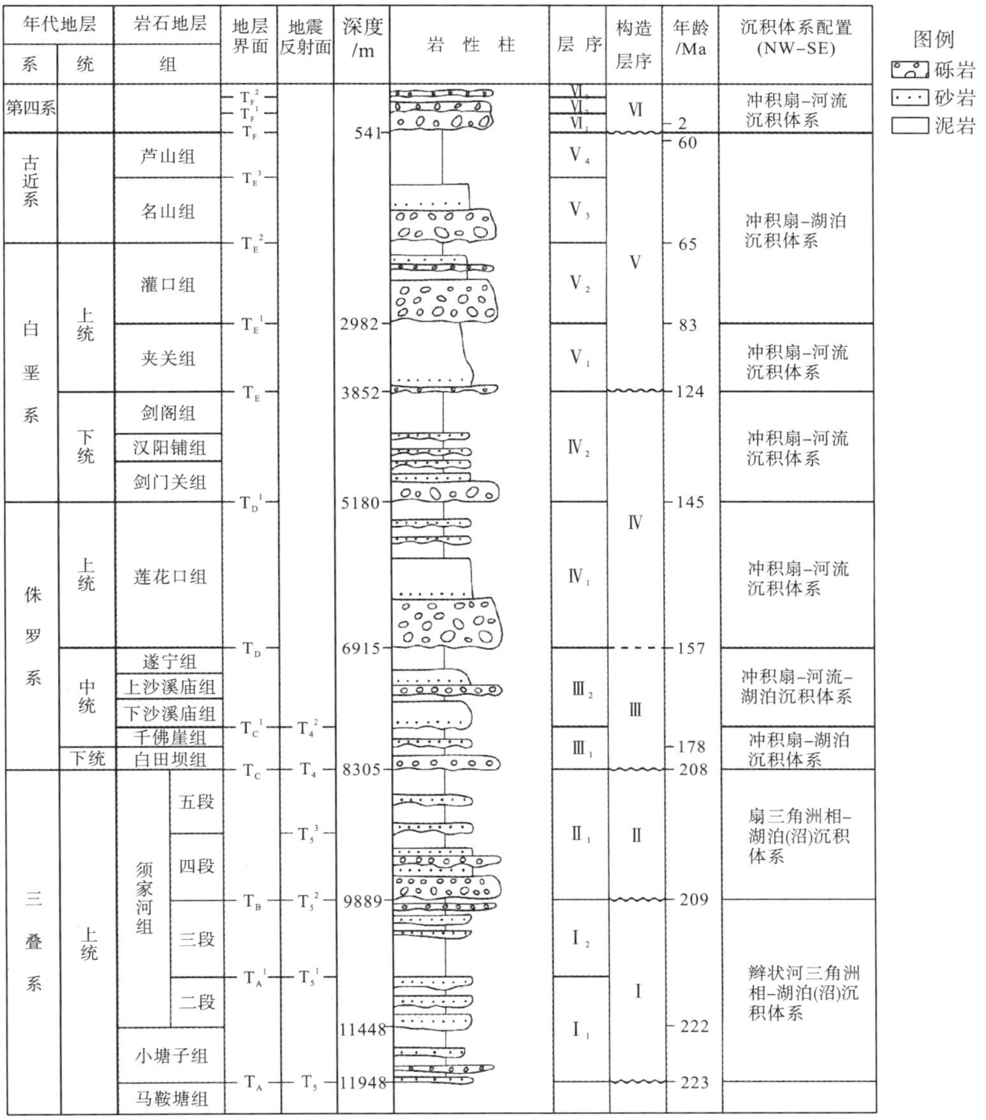

年代地层		岩石地层	地层界面	地震反射面	深度/m	岩性柱	层序	构造层序	年龄/Ma	沉积体系配置 (NW-SE)	图例
系	统	组									
第四系			T_F^2 T_F^1 T_F		541		VI_2 VI_1	VI	2	冲积扇-河流沉积体系	砾岩
古近系		芦山组	T_E^3				V_4		60		砂岩
		名山组	T_E^2				V_3	V	65	冲积扇-湖泊沉积体系	泥岩
白垩系	上统	灌口组	T_E^1		2982		V_2		83		
		夹关组	T_E		3852		V_1		124	冲积扇-河流沉积体系	
	下统	剑阁组					IV_2	IV	145	冲积扇-河流沉积体系	
		汉阳铺组									
		剑门关组	T_D^1		5180						
侏罗系	上统	莲花口组	T_D		6915		IV_1		157	冲积扇-河流沉积体系	
	中统	遂宁组		T_4^2			III_2	III		冲积扇-河流-湖泊沉积体系	
		上沙溪庙组							178		
		下沙溪庙组	T_C^1				III_1			冲积扇-湖泊沉积体系	
	下统	千佛崖组		T_4					208		
		白田坝组	T_C		8305						
三叠系	上统	须家河组 五段		T_5^3			II_1	II		扇三角洲相-湖泊(沼)沉积体系	
		四段	T_B	T_5^2	9889				209		
		三段					I_2			辫状河三角洲相-湖泊(沼)沉积体系	
		二段	T_A^1	T_5^1			I	I	222		
		小塘子组			11448		I_1				
		马鞍塘组	T_A	T_5	11948				223		

图 10-1　龙门山前陆盆地充填序列

10.1.4　前陆盆地结构

受龙门山逆冲带自印支运动以来不断向东扩展和推进，以及前缘隆起向西迁移的影响，龙门山前陆盆地西部已卷入龙门山逆冲带，从而使龙门山前陆盆地变得十分复杂，且不完整。根据地震反射剖面和钻井剖面揭示，龙门山前陆盆地的结构在晚三叠世成盆期、晚侏罗世—早白垩世成盆期、晚白垩世—古近纪成盆期和第四纪成盆期均保存较好，显示了龙门山前陆盆地及各成盆期的盆地结构主要为西陡东缓，并向西倾斜的不对称盆地。西部为深凹陷，并与龙门山逆冲带以一系列冲断层相接，部分已卷入龙门山逆冲带；东部较浅，并以平缓的沉积斜坡与前缘隆起过渡。地层总体呈现为西厚东薄，沉降中心位于紧靠龙门山逆冲带一侧，并发育多套巨厚的砾岩楔状体。因此，龙门山前陆盆地基本上具有典型前陆盆地的结构。

10.2　龙门山前陆盆地充填序列

根据龙门山前陆盆地沉积充填的特点，本章借鉴层序地层学提出的对盆地充填实体进行三维解析的方法，将龙门山前陆盆地地层记录中显示的盆地范围内分布的不整合面作为分割盆地充填实体的基本界面，并根据不整合面的规模和性质将龙门山前陆盆地沉积实体划分为三个高级别的充填序列，即盆地充填序列、构造层序和层序(表 10-1)。其中，盆地充填序列(basin-fill sequence)是以龙门山前陆盆地一级不整合面为界的沉积层序，包括盆地沉积基底面以上的全部盖层充填，是多个成盆期充填物的叠合；构造层序(tectonic sequence)是以龙门山前陆盆地中二级不整合面为界的充填实体，是一个成盆期的充填实体，具特定的垂向充填层序模式和横向沉积体系配置模式；层序(sequence)是以构造层序内次级不整合面或大的相转换面为界的充填地层，是一个成盆期不同发育阶段的产物。显然，识别和划分盆地充填序列、构造层序和层序的标志只能是围限它们的不整合面。此外，以沉积不连续面为界可将层序内部进一步细分为基本层序组、基本层序、岩层组和岩层等次级构成单元(表 10-1)。根据上述原则和方法，将龙门山前陆盆地充填实体作为一个盆地充填序列，并根据次级不整合面的规模和性质，进一步将其分割为 6 个构造层序(图 10-1)。

表 10-1　龙门山前陆盆地充填序列内部构成单元及其特征

构成单元	定义	界面	构成特征	类型
构造层序	以盆地范围内二级地层不整合面为界的地层序列，是一个成盆期的充填实体，具特定的垂向充填层序模式和横向沉积体系配置模式	盆地范围内二级地层不整合面，也是构造活动面，界面上发育风化壳或古土壤层和底砾岩，构造剥蚀明显，一般为角度不整合面	一般由 2~4 个相似类型的层序构成	进积型构造层序
层序	以盆地范围内三级地层不整合面为界的地层序列，是一个成盆期不同发育阶段的充填实体	盆地范围内三级地层不整合面，也是构造活动面，界面上发育风化壳或古土壤层和底砾岩，下伏地层不均衡剥蚀，为平行不整合面	一般由 2 个或 3 个基本层序组构成，其组合规律取决于冲击体系进积、加积和退积的演化过程	进积型层序
基本层序组	基本层序组是具有成因联系的基本层序组合，并具有特定的叠加形式	侵蚀面或沉积间断面，同时也是相变面，在盆地范围内具可对比性	由若干个具成因联系的基本层序构成	进积型基本层序组 加积型基本层序组 退积型基本层序组
基本层序	基本层序是由岩层组或岩层以某种规律叠置和组合而成	侵蚀面或沉积间断面	基本层序内岩层和岩层组基本连续，沉积环境相似	类型多，如辫状河沉积基本层序、曲流河沉积基本层序等
岩层组	岩层组是由特征相似或具成因联系的岩层构成，以侵蚀或沉积间断面为界	侵蚀面或沉积间断面	由若干个岩层构成	类型多，如辫状河道砂岩层组、砂坪砂岩层组等
岩层	岩层以侵蚀面或沉积间断面为界，是相对整合而有成因联系的纹层或纹层组序列	侵蚀面或沉积间断面	由纹层或纹层组构成	类型多，如板状交错层理砂岩层、平行层理砾岩层等

10.2.1　构造层序 I

构造层序 I 位于龙门山前陆盆地充填序列的最下部,介于盆地沉积基底不整合面 T_A 和不整合面 T_B 之间,包括上三叠统马鞍塘组、小塘子组及须家河组须二段和须三段地层,并根据次级地层界面 T_A^1,可将该构造层序分为两个层序:下部为层序 I_1、上部为层序 I_2(图 10-1)。盆地西缘两个层序在垂向上均由下部的辫状河三角洲前缘亚相和上部的辫状河三角洲平原亚相构成(图 10-2)。

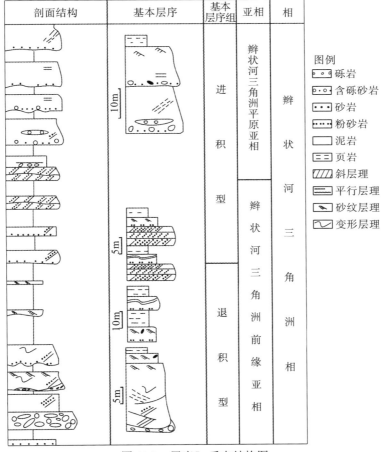

图 10-2　层序 I_1 垂向结构图

该构造层序在空间上分布于龙门山北川-映秀断裂以东和川中开江-泸州前缘隆起以西的广大地区,地层具明显的西厚东薄特点;在横向上自西向东由辫状河三角洲相、湖泊(沼)沉积体系和小型三角洲沉积体系构成,显示此时前陆盆地具有双物源。古流向资料、砂体空间展布、砂岩岩屑成分和轻重矿物组合分析表明,此时龙门山前陆盆地陆源碎屑主要来自盆地西北边缘,即已褶皱隆起的松潘-甘孜褶皱带(东缘),盆地西部古流向为北西一南东向。

根据电子自旋共振（electron spin resonance，ESR）测年数据（表 10-2）和已采获的化石资料（邓康龄等，1982），该构造层序属于诺利期，介于 209～223Ma，持续时间为 14Ma。

表 10-2　ESR 测年数据一览表

序号	层位	年龄/Ma
1	夹关组	119
2	剑门关组	127
3	剑门关组	137
4	剑门关组	157
5	莲花口组	149
6	莲花口组	151
7	莲花口组	154
8	遂宁组	154
9	下沙溪庙组	188
10	下沙溪庙组	172
11	下沙溪庙组	167
12	千佛崖组	206
13	千佛崖组	205
14	须家河组	204
15	小塘子组	214
16	青川-茂汶断裂	204
17	青川-茂汶断裂	107
18	夹关组	102
19	夹关组	90
20	夹关组	85
21	大溪砾岩（上）	55
22	大溪砾岩（上）	55
23	大溪砾岩（下）	91
24	飞来峰后缘	48
25	飞来峰前缘	113
26	飞来峰前缘	108

10.2.2　构造层序 II

构造层序 II 为龙门山前陆盆地上三叠统上部构造层序，介于地层不整合面 T_B 和 T_C 之间，包括须家河组须四段和须五段地层，厚度为 700～1500m，仅由一个层序构成（图 10-1）。

该构造层序在盆地西缘垂向结构较为简单，下部为扇三角洲平原亚相，上部为扇三角洲前缘亚相，向上砾岩层和砂岩层变薄、变少，沉积物粒度向上变细，砂、泥岩比降低（图 10-3）。

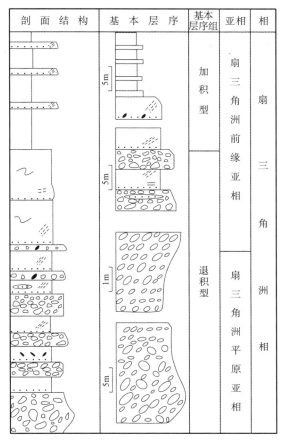

图 10-3　层序Ⅱ垂向结构图

注：图例同图 10-2。

该构造层序分布于龙门山北川-映秀断裂与开江-泸州前缘隆起之间，并以开江-泸州前缘隆起与川东的香溪群分界，但两者并未完全隔离，其间尚存在通道，地层具可对比性和相似性。该构造层序地层具西厚东薄的变化特点，沉降中心位于盆地的西部，与构造层序Ⅰ相比，盆地沉降中心已明显向东迁移。由西向东，依次由扇三角洲相、湖泊(沼)沉积体系和小型三角洲沉积体系构成。古流向资料和碎屑岩岩屑成分显示，盆地西部古流向为北西—南东向，物源来自龙门山逆冲带 A 带和松潘-甘孜褶皱带，东部沉积物来自开江-泸州前缘隆起，从而表明该构造层序沉积时，前陆盆地仍具有东、西两个物源区。

根据在该构造层序中采获的植物和双壳类化石，并参考 ESR 测年资料(表 10-2)，该构造层序属于瑞替期，介于 209～208Ma，持续时间为 1Ma。

10.2.3　构造层序Ⅲ

该构造层序介于地层不整合面 T_C 与 T_D 之间，包括下侏罗统白田坝组、中侏罗统千佛崖组、上沙溪庙组、下沙溪庙组和遂宁组，根据次级地层不整合面 T_C^1 可将该构造层序分为两个层序，即层序 III_1 和层序 III_2。

层序 III_1：介于地层不整合面 T_C 和 T_C^1 之间，包括下侏罗统白田坝组和中侏罗统千佛崖组，地层具有西薄东厚的变化特点。在垂向上表现为向上变细的退积型层序，由下部的冲积扇沉积体系和上部的湖泊沉积体系构成，或仅由湖泊沉积体系构成（图10-1、图10-4）。该层序分布于龙门山北川-映秀断裂以东的地区，并向东与整个四川盆地连为一体。前缘隆起的隆升幅度不大，地貌平缓，横向上自西向东由冲积扇沉积体系和湖泊沉积体系构成。

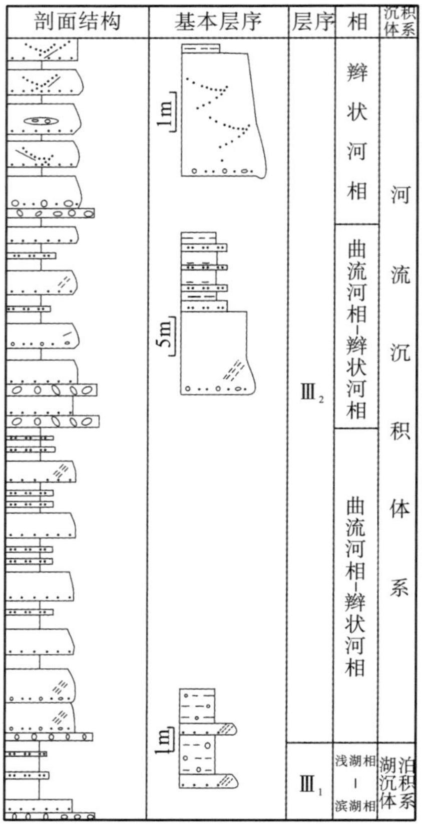

图 10-4　构造层序III垂向结构图

注：图例同图10-2。

层序 III_2：介于地层不整合面 T_C^1 和 T_D 之间，包括上沙溪庙组、下沙溪庙组和遂宁组，地层具西厚东薄的变化特征。在盆地西缘，该层序由冲积扇沉积体系和河流沉积体系构成，或仅由河流沉积体系构成（图 10-1、图 10-4），总体向上变粗，为进积型层序；在盆内，该层序由河流沉积体系和湖泊沉积体系构成，并以河流沉积体系为主，总体向上变细，似显示为退积型沉积序列。该层序也分布于龙门山北川-映秀断裂以东地区，并向东与整个四川盆地连为一体，前缘隆起的隆起幅度不大，地貌平缓，在横向上自西向东由冲积扇沉积体系和河流沉积体系构成。

根据 ESR 测年资料(表 10-2)和古生物化石资料,我们将该构造层序置于早—中侏罗世,介于 208～157Ma,持续时间为 51Ma。

10.2.4　构造层序 IV

该构造层序介于地层不整合面 T_D 和 T_E 之间,包括上侏罗统莲花口组和下白垩统城墙岩群,厚度为 2340～4044m。根据次级地层不整合面 T_D^1,可将该构造层序分为两个层序,即:层序 IV_1 和层序 IV_2(图 10-1)。

层序 IV_1:介于地层界面 T_D 和 T_D^1 之间,包括上侏罗统莲花口组。该层序垂向结构较为简单,下部为巨厚的冲积扇的扇根相砾岩,中部为扇中相辫状河道砂、砾岩,上部为扇端相洪泛平原沉积,由下向上砾岩层和砂岩层变薄,数量变少,砂、泥岩比降低,显示为一个退积型层序(图 10-5)。该层序在盆地西缘普遍发育冲积扇沉积体系,由多个扇体侧向连接构成的冲积扇群构成,单个扇体的最大辐射距离达 30km,古流向为北西—南东向。向盆内则逐渐过渡为河流沉积体系,并夹间歇性的洪泛湖沉积。上侏罗统莲花口组的地层残厚分布图显示,龙泉山前缘隆起此时已开始形成,龙门山前陆盆地限于龙门山逆冲带 B 带及其前缘马角坝-灌县断裂与龙泉山前缘隆起之间。

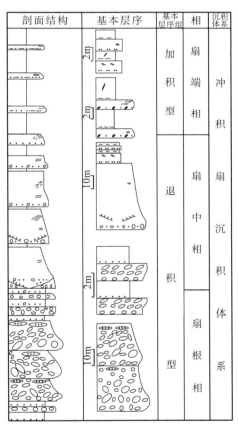

图 10-5　层序 IV_1 垂向结构图

注:图例同图 10-2。

层序 IV_2:介于地层不整合面 T_D^1 与 T_E 之间,包括城墙岩群中的剑门关组、汉阳铺组和剑阁组。该层序垂向结构较为简单,在盆地的西北缘由下部的冲积扇沉积体系和上部的河流沉积体系构成,在盆地的西缘仅由冲积扇沉积体系构成,下部为扇根相砾岩,上部为扇中相和扇端相。在盆地的西南缘仅由河流沉积体系构成,下部为辫状河相,上部为曲流河相。

该层序仍分布于龙门山马角坝-灌县断裂与龙泉山前缘隆起之间,盆地呈北东—南西向展布。在龙泉山前缘隆起以东缺乏该套地层,说明龙泉山前缘隆起已定型,并反映了龙门山前陆盆地的前缘隆起已向西移。在横向上该层序由盆地西缘的冲积扇沉积体系和盆内的河流沉积体系构成,地层西厚东薄,盆地沉降中心位于龙门山前缘的盆地西部。古流向为北西—南东向,陆源碎屑来自龙门山逆冲带 A 带和 B 带,以及松潘-甘孜褶皱带。

根据 ESR 测年资料(表 10-2)、古地磁资料(庄忠海等,1988)和古生物化石资料,我们将该构造层序置于晚侏罗世—早白垩世,介于 157～124Ma,持续时间为 33Ma。其中,下部层序IV_1的持续时间为12Ma，上部层序IV_2的持续时间为21Ma。

10.2.5 构造层序 V

　　该构造层序介于地层不整合面 T_E 和 T_F 之间，包括白垩系夹关组、灌口组和古近系名山组和芦山组。根据其中所发育的不整合面和沉积不连续面，可将该构造层序分为 4 个层序，由下至上依次为层序 V_1、层序 V_2、层序 V_3 和层序 V_4(图 10-1、图 10-6)。

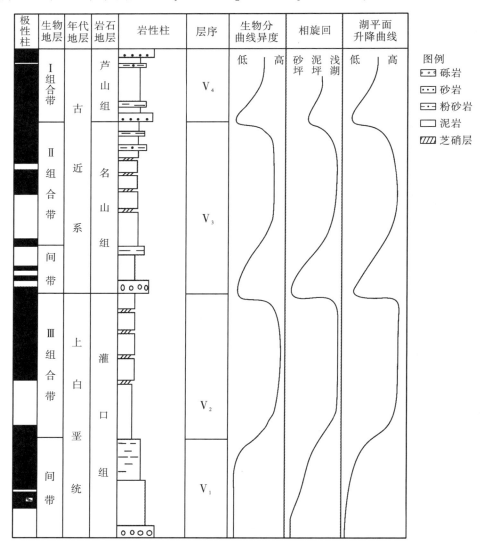

图 10-6　构造层序 V 垂向结构图

　　层序 V_1 介于地层界面 T_E 和 T_E^1 之间，由夹关组构成，厚度为 300～900m，一般显示为一个退积型层序，垂向上一般下部为辫状河相沉积，上部为曲流河相沉积，局部由下部的冲积扇沉积体系和上部的河流沉积体系构成，总体表现为一个向上变细的沉积旋回(图 10-1)。

该层序仅分布于龙门山南段与龙泉山前缘隆起之间，盆内自西向东由冲积扇沉积体系至河流沉积体系构成。由于冲积扇沉积体系仅分布于都江堰市和芦山县宝盛场两地，而且规模较小，因此大部分地区自西向东表现为辫状河相向曲流河相过渡，古流向为北西—南东向。

层序 V_2 介于地层界面 T_E^1 和 T_E^2 之间，由盆内的灌口组和盆地西缘大溪砾岩下部旋回构成，厚度为 500～1500m，西厚东薄，沉降中心位于西部。该层序垂向上由下部的冲积扇沉积体系和上部的湖泊(盐湖)沉积体系构成，显示为一个退积型层序(图 10-1、图 10-6)；在横向上则表现为由盆地西缘的冲积扇沉积体系与盆内的湖泊(盐湖)沉积体系构成，两者呈指状交叉。冲积扇砾岩的古流向为北西—南东向。

层序 V_3：介于地层界面 T_E^2 和 T_E^3 之间，由盆内的名山组和盆地西缘大溪砾岩上部旋回构成，厚度为 600～1000m，西厚东薄，沉降中心西移，盆地范围狭小。该层序垂向上由下部的冲积扇沉积体系和上部的湖泊(盐湖)沉积体系构成，显示为一个退积型层序(图 10-1、图 10-6)；在横向上由盆地西缘的冲积扇沉积体系与盆内的湖泊(盐湖)沉积体系构成，冲积扇砾岩的古流向为北西—南东向。

层序 V_4 介于地层界面 T_E^3 和 T_F 之间，由芦山组构成，地层厚度为 175～438m，西厚东薄，盆地范围狭小，沉降中心更向西迁移，位于芦山一带。该层序地层均属湖滨泥坪沉积，垂向上表现为沉积物粒度具粗—细—粗的变化趋势(图 10-6)。

因此，构造层序 V 是由 4 个退积型层序构成的一个退积型构造层序。根据 ESR 测年资料(表 10-2)、古地磁资料(庄忠海等，1988)和古生物化石资料，我们将该构造层序置于晚白垩世—古近纪，介于 124～60Ma，持续时间为 64Ma。

10.2.6　构造层序 VI

构造层序 VI 位于龙门山前陆盆地充填序列最顶部，相当于现今成都盆地沉积充填物，位于地层不整合面 T_F 之上，均由第四系半固结-松散沉积物构成，最大厚度为 541m，是一个单独成盆期的充填实体。该套沉积物在垂向上表现为以 3 个不整合面分割的 8 个向上变细的退积型层序构成的退积型构造层序，并伴有以砾岩或砾石层为特征的粗碎屑楔状体的周期性出现(图 10-1)。该构造层序分布于龙门山逆冲带与龙泉山前缘隆起之间，自西向东主要由冲积扇和扇前冲积平原构成。盆地具明显的不对称性结构，宏观上表现为西部边缘陡，东部边缘缓，沉积基底面整体向西呈阶梯状倾斜，沉降中心位于紧靠龙门山逆冲带的盆地西部。

10.3　龙门山前陆盆地充填模式

龙门山前陆盆地充填序列最大的特点是地层呈旋回式沉积，其中以不整合面为界的旋回层为构造层序和层序。构造层序为巨型旋回层，通常以角度不整合面为界，厚度为 1000～3000m，持续时间为 1～79Ma。层序为大型旋回层，通常以平行不整合面为界，厚度为几百米至千余米，持续时间最长达 41Ma。它们分别是受天体活动控制的气候变化周期(0.23～0.4Ma)的几十倍至几百倍，显然周期性气候变化不能解释这些旋回层的成因，加之这些旋回层一般由陆相地层构成，同样也不能用海平面升降来解释它们的成因。根据这些旋回层的时空规模以及它们主要发育于龙门山前陆盆地西缘，并伴有砾质楔状体的周期性出现，判断这些旋回层只能与龙门山逆冲带构造活动的脉动性有关。

　　根据构造层序的边界特征和内部层序构成，将龙门山前陆盆地的构造层序分为两种基本类型(图 10-7)，即：A 型构造层序和 B 型构造层序。其中，A 型构造层序为进积型构造层序，以构造层序 I 为代表，垂向上由 2 或 3 个进积型层序构成，总体呈向上变粗的沉积序列，横向上由辫状河三角洲相-湖泊(沼)沉积体系-三角洲沉积体系构成，或由扇三角洲相-湖泊(沼)沉积体系-三角洲沉积体系构成。B 型构造层序为退积型构造层序，以构造层序III～VI为代表，垂向上由 2～4 个退积型层序构成，总体呈向上变细的沉积序列，并伴有巨厚砾质楔状体的周期性出现，在横向上，通常由冲积扇沉积体系和河流沉积体系构成，或由冲积扇沉积体系和湖泊沉积体系构成。显然龙门山前陆盆地中两类构造层序的充填模式与张性陆相盆地中粗—细—粗的垂向结构明显不同，显示了龙门山前陆盆地物源区(龙门山逆冲带)幕式构造活动的特色。

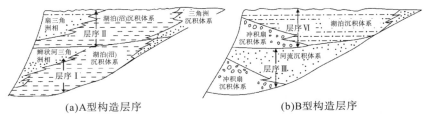

(a)A型构造层序　　　　　　　　　　　　(b)B型构造层序

图 10-7　龙门山前陆盆地两类构造层序的充填模式示意图

　　研究表明，龙门山前陆盆地是与龙门山逆冲带相匹配的前陆盆地，它们是一个地质整体，龙门山前陆盆地的挠曲下沉和前缘隆起的隆升是岩石圈对龙门山逆冲带逆冲推覆构造负载的地壳均衡响应，而且龙门山逆冲带的逆冲推覆作用直接控制了龙门山前陆盆地中地层不整合面和旋回层的形成及砾质楔状体的周期性出现。因此，龙门山逆冲带的逆冲推覆作用直接控制了龙门山前陆盆地的沉积物类型和沉积物供给量，以及盆地沉降幅度和沉降速度。根据这一特点，将龙门山前陆盆地中的构造层序作为龙门山逆冲推覆幕的沉积响应，它是由龙门山逆冲带不同逆冲推覆幕产生的构造负载，导致前陆盆地构造沉降速率和沉积物供给速率发生突变；使其再次挠曲下沉形成新的成盆期，充填了以构造层序为代表的充填实体；将层序作为龙门山逆冲推覆事件的沉积响应。龙门山逆冲带不同逆冲推覆事件导致构造负载增加，前陆盆地构造沉降速率和沉积物补给速率发生变化，使同一成盆期产生不同演化阶段，并充填了以层序为代表的充填实体。

　　鉴于 A 型构造层序分布于龙门山前陆盆地充填序列的最下部，应与龙门山逆冲带的主冲断幕同龄，是早期逆冲作用形成的。因此，A 型构造层序是龙门山逆冲带雏形时的沉积响应。B 型构造层序位于龙门山前陆盆地充填序列的中上部，它们之间均为不整合面，并伴有巨厚砾质楔状体的周期性出现。因此，B 型构造层序是龙门山逆冲带晚期逆冲抬升的沉积响应。

第 11 章　龙门山前陆盆地陆相层序地层分析

　　天全、芦山地区位于四川盆地西南部，晚白垩世—古近纪陆相地层发育、层序完整、相变剧烈、含化石较多，是四川盆地同期地层记录最完整的地区，也是一个单独的成盆期。根据前人资料和成都理工大学在该区完成的 1∶5 万区域地质调查成果，本章对该区晚白垩世—古近纪陆相盆地进行层序地层分析，研究其层序构成和沉积体系空间配置，建立岩石地层格架，探讨盆地充填序列与盆地构造机制的成因联系，以期探索陆相层序地层分析的方法。

11.1　陆相层序地层分析的思路

　　层序地层学是当前沉积盆地分析中最为重要的发展领域之一，该学科起源于地震地层学，后经瓦戈纳（Wagoner）等学者完善而形成独立的学科。目前，层序地层学的研究工作主要集中于被动大陆边缘，也有人将其应用于前陆盆地。陆相盆地和被动大陆边缘盆地在地质结构上存在着明显差异，控制陆相盆地地层格架的主要因素是构造作用，它不但控制着盆地的形成、发展和消亡，而且控制着盆地的升降、补偿状况、物源供给、水体深浅和水体分布范围等。因此，陆相盆地具有其自身的复杂性和特殊性。显然，对陆相盆地进行层序地层学研究不能机械地照搬层序地层学的理论，但应借鉴其思路及方法。尽管陆相盆地和被动大陆边缘盆地存在着上述差异，但在地层记录上都具有以下两个基本点：其一，地层均呈旋回式沉积，并按规模可分为若干个级别；其二，均可用盆地范围内的不整合面或其对应面将沉积地层划分为一系列的沉积层序，每个沉积层序都是一个三维空间的沉积体，并有其特定的岩相、沉积中心和边缘。层序地层学之所以能迅速发展并广泛传播，就在于它成功地利用海平面相对升降周期解释了被动大陆边缘盆地中地层旋回式沉积和不整合面的成因，与此类似地识别和解释陆相盆地范围的不整合面和地层旋回式沉积的成因，也是陆相盆地层序地层分析的关键所在。因此，对陆相盆地进行层序地层分析的基础是识别层序及其内部构成，无论它是否与海平面升降周期有关，这都是借鉴层序地层学研究非被动大陆边缘盆地的关键。鉴于层序地层学已建立一套与海平面升降周期有关的术语和名词，故根据陆相盆地的实际情况，提出本区晚白垩世—古近纪陆相盆地层序及其内部级别的划分方案（表 11-1）。

表 11-1　天全、芦山晚白垩世—古近纪陆相盆地充填序列

年代地层	岩石地层		层序地层	层序	沉积体系	构造层序
	群	组				
第四系			T₀			A
古近系	大溪砾岩	芦山组	T₁	IV	冲积扇-湖泊沉积体系	B
		名山组	T₂	III		
		灌口组	T₃	II		
上白垩统		夹关组	T₄	I	河流沉积体系	C

11.2　沉积体系及内部构成

根据已测制的大量地层剖面和收集的沉积相标志,在天全、芦山晚白垩世—古近纪地层中已识别出冲积扇沉积体系、河流沉积体系和湖泊沉积体系,以下简述各沉积体系的内部构成和时空展布特征。

11.2.1　冲积扇沉积体系

该沉积体系主要分布于层序 II 和层序 III 中,以巨厚的砾岩沉积物为特征。以在天全、芦山出露的大溪砾岩最具代表性(表 11-l),它是一个从晚白垩世至古近纪形成于盆地西缘的大型冲积扇体,其轴线位于灵关大溪至芦山铜头场一线,出露厚度逾 2000m。由该线向西南于老场、后安一带分叉,再向南经天全禁门关以外不远即尖灭。由该线向北东至双石、大岩墙附近分叉,至围塔观音岩附近与太平冲积扇相接,向南东最远延至罗绳岗一带,出露面积大于 90km²。扇体砾岩在垂向上表现为两个向上变细的大型沉积旋回,下部旋回位于层序 II 中,上部旋回位于层序 III 中。根据砾岩空间展布和岩相变化,可将扇体自西向东分为扇根、扇中和扇端 3 个部分。其中,以扇中沉积物最为发育,主要包括辫状河道沉积物、筛积物和洪泛沉积物,缺乏泥石流沉积物。辫状河道沉积物主要由红灰色厚层-块状粗砾岩组成,夹少量含砾砂岩和砂岩,砾石含量一般为 70%~80%,颗粒支撑,砾石成分以碳酸盐岩($D-T_2$)为主,约占砾石总量的 85%。此外尚含砂岩、石英岩、玄武岩和玄武质岩屑砂岩等砾石。砾石分选性和磨圆性中等,填隙物主要为砂级和粉砂级岩屑和石英。砾岩层均呈透镜状相互叠置,砾石多顺层分布,叠瓦状构造常见,尚见平行层理和大型交错层理。在砂岩夹层中发育平行层理和交错层理,在层面上见舌形波痕、虫迹和泥裂。洪泛沉积物主要由紫红色厚层-块状含砾不等粒砂岩、含砾泥质不等粒砂岩和不等粒钙质泥岩构成,其特点是岩性复杂、成层性差、分选性差、杂基含量高、一般不显层理。此外,尚见少量分选性和磨圆性较好的筛积物舌状体。目前已在该冲积扇沉积体系中识别出两种基本层序(图 11-1、图 11-2)。

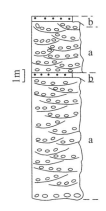

图 11-1 扇中砾石坝沉积基本层序(A)

注：a. 厚层-块状粗砾岩，呈透镜状，砾石定向性好，具大
型交错层理和平行层理；b. 中厚层粗砂岩，具平行层理和
交错层理(见于层序Ⅱ和层序Ⅲ)。

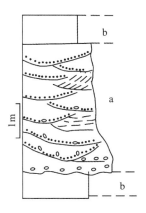

图 11-2 扇端沉积基本层序(B)

注：a. 砂、砾石坝沉积物，含砾砂岩中具平行层理和交错
层理；b. 洪泛沉积物，为含砾泥质不等粒砂岩，分选性差，
不显层理(见于层序Ⅱ和层序Ⅲ)。

11.2.2 河流沉积体系

天全、芦山河流沉积体系分布于层序Ⅰ中，据沉积特征可区分出曲流河相和辫状河相。

1. 曲流河相

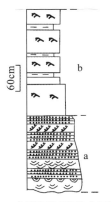

图 11-3 曲流河沉积基本层序(C)

注：a. 河道沉积物，中粗粒岩屑砂岩，正粒序，
具大型槽状交错层理、平行层理、板状交错层理
和砂纹层理；b. 洪泛沉积物，薄层泥岩与薄层粉
砂岩互层，前者具水平层理，后者具砂纹层理(见
于层序Ⅰ)。

曲流河相分布于层序Ⅰ中部，具典型的曲流河
相基本层序(图 11-3)，该基本层序底部具冲刷面，
下部为河道沉积物，由浅紫红色、砖红色中-粗粒
碳酸盐岩屑砂岩组成，碎屑含量多达 80%左右，分
选性和磨圆性较好，成分主要为石英(40%～60%)
和岩屑(15%～40%)，钙质胶结。砂体多呈板状，
厚度为 2～4m，具较大的宽厚比值，由下向上沉积
物粒度变细，层理类型为大型槽状交错层理→平行
层理→板状交错层理→砂纹层理；上部为洪泛沉积
物，为紫红色、砖红色薄层泥岩与薄层粉砂岩互层，
泥岩中见水平层理，粉砂岩中见砂纹层理、生物扰
动构造、虫迹和钙质结核。一般洪泛沉积物与河道
沉积物的厚度比大于或等于 1。

2. 辫状河相

辫状河相分布于层序Ⅰ的下部和上部，具典型的辫状河沉积基本层序(图 11-4、图 11-5)，

下部为河道沉积物，以砾岩和砂岩为主，砂体呈透镜状，厚度大于 2m，长度为 8～12m，砂体间发育冲刷面，沉积构造显示正粒序变化，层理类型由下向上依次出现平行层理、槽状或板状交错层理，洪泛沉积物主要为薄到中层的紫红色、砖红色泥质粉砂岩、粉砂质泥岩，发育水平层理、砂纹层理，并见生物搅动构造、虫迹、泥裂和钙质结核。

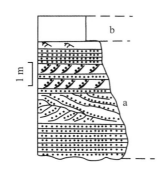 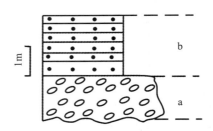

<table>
<tr><td>图 11-4　辫状河沉积基本层序(D)</td><td>图 11-5　砾石质辫状河沉积基本层序(E)</td></tr>
</table>

注：a.河道沉积物，岩屑砂岩，粒序层理发育；b.洪泛沉积物，泥质粉砂岩，发育水平层理、砂纹层理(见于层序Ⅰ，进积基本层序组)。

注：a.砾岩，河道沉积物，发育平行层理、交错层理；b.砂岩，河道沉积物，发育平行层理(见于层序Ⅰ，退积基本层序组)。

11.2.3　湖泊沉积体系

天全、芦山湖泊沉积体系分布于层序Ⅱ、层序Ⅲ和层序Ⅳ中，在空间上处于冲积扇沉积体系的东侧，两者呈指状交叉。该沉积体系包括湖滨相和浅湖相。

1. 湖滨相

湖滨相可细分为砂坪亚相和泥坪亚相。前者分布于层序Ⅱ和层序Ⅲ的下部，一般由中厚层浅紫色条带状中-粗粒岩屑砂岩组成，呈厚度稳定的板状砂体，其中见平行层理、小型斜层理和钙质团块，并在层面上见波痕和泥裂；后者分布于层序Ⅱ和层序Ⅲ中上部，包括片流泥坪、积水泥坪和盐泥坪，一般由中-厚层状浅紫红色、砖红色粉砂岩、粉砂质泥岩和泥岩构成，发育水平层理、砂纹层理或不显层理，含钙质结核和膏盐溶孔。

2. 浅湖相

浅湖相主要分布于层序Ⅱ和层序Ⅲ中上部，一般由薄层-极薄层紫红色、紫灰色和灰绿色等杂色泥岩构成，其中夹浅灰、灰色泥灰岩和紫红色粉砂岩，含丰富的介形虫、腹足和轮藻化石，发育水平层理和砂纹层理，并见波痕和泥裂(间歇干涸期)。目前已在湖泊沉积体系中识别出 3 种基本层序类型(图 11-6～图 11-8)。

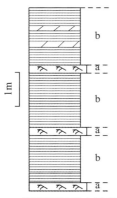

图 11-6 浅湖沉积基本层序(F)

注: a. 紫红色粉砂岩, 发育砂纹层理; b. 杂色泥岩夹泥灰岩, 发育水平层理 (见于层序Ⅱ, 加积基本层序组)。

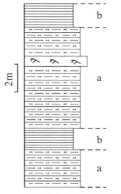

图 11-7 泥坪和浅湖沉积基本层序(G)

注: a. 紫红色泥质粉砂岩夹粉砂岩, 发育水平层理和砂纹层理; b. 杂色泥岩, 发育水平层理(见于层序Ⅲ, 进积基本层序组)。

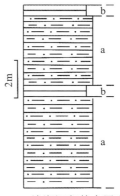

图 11-8 浅湖沉积基本层序(H)

注: a. 杂色粉砂质泥岩, 发育水平层理; b. 灰色泥灰岩(见于层序Ⅲ, 加积基本层序组)。

11.3 层序地层单元及其特征

11.3.1 层序Ⅰ——上白垩统下部层序

层序Ⅰ介于层序界面 T_4 和 T_3 之间, 位于构造层序 C(下白垩统天马山组)或构造层序 D(上侏罗统蓬莱镇组)之上, 其间层序界面 T_4 为四川盆地西南部区域性平行不整合面。该层序相当于岩石地层单元夹关组, 层序厚度一般为 300～900m, 总体呈西北厚、东南薄的趋势, 沉积粒度也相应地由粗变细。该层序主要为河流相沉积物, 在西北和东北边缘见冲积扇沉积物; 在纵向上沉积物粒度由下向上显示为粗—细—粗的一个完整旋回, 相应的沉积环境变化为辫状河→曲流河→辫状河。根据沉积物粒度, 砂、泥岩比, 单层厚度和基本层序类型 C、D、E(图 11-3～图 11-5), 可将该层序区分为两个基本层序组。下部为退积基本层序组(I_A), 纵向上显示沉积物粒度变细, 砂、泥岩比减小, 由辫状河沉积物(基本层序类型 E)向曲流河沉积物(基本层序类型 C)过渡。上部为进积基本层序组(I_B), 纵向上显示沉积物粒度变粗, 砂、泥岩比增大, 由曲流河沉积物(基本层序类型 C)向辫状河沉积物(基本层序类型 D)过渡。

11.3.2 层序Ⅱ——上白垩统上部层序

层序Ⅱ介于层序界面 T_3 和 T_2 之间, 位于层序Ⅰ之上, 其间层序界面 T_3 为四川盆地西南部区域性相转换面, 其下为河流相和砂坪相沉积物, 其上为湖相沉积物。与层序Ⅱ相对应的岩石地层单元是盆地西缘的大溪砾岩下部旋回和盆地内的灌口组。该层序厚度一般为 900～1500m, 总体呈西北厚、东南薄的趋势。在西北边缘全部为砾岩, 为大溪砾岩下部, 属冲积扇沉积物，纵向上变化不明显。中间地带为砾岩、砂岩和粉砂岩；下部为砾岩，厚度为700～800m，是大溪砾岩下部向东南的延伸，也属冲积扇沉积物；上部为砂岩和粉砂岩，厚度为300～400m，为湖滨砂坪沉积；纵向上由下部的冲积扇沉积体系过渡为上部的湖泊沉积体系，总体表现为沉积物粒度由粗到细，砂、泥岩比减小，显示了一个退积序列。东南部均为粉砂岩、泥岩夹泥灰岩；下部为粉砂岩和粉砂质泥岩，为湖滨砂坪至泥坪沉积物；在纵向上由下向上依次出现砂坪沉积物和泥坪沉积物，沉积物粒度由粗到细，砂、泥岩比降低，由若干个基本层序构成了退积基本层序组（II_A）；上部为泥岩和泥灰岩，为浅湖相沉积物；在纵向上沉积物粒度和砂、泥岩比无明显变化，由若干个基本层序类型（F）构成了加积基本层序组（II_B）。由此可见，层序II是由一个退积基本层序组（II_A）和一个加积基本层序组（II_B）构成（图11-9）。

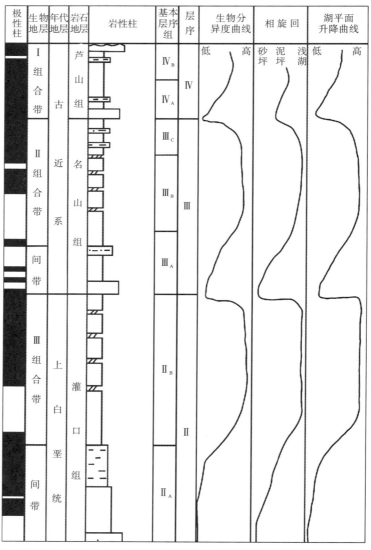

图11-9 天全、芦山地区晚白垩世—古近纪陆相盆地层序地层

注：I为 *Pinocypris-Limnocythere Weixianensis* 组合带；II为 *Limnocythere hubeiensis-S(Sinocypris)* 组合带；III为 *Talicypridea-S(Qudracypris)-Limnocythere paomagangensis* 组合带。

11.3.3 层序Ⅲ——古近系下部层序

层序Ⅲ介于层序界面 T_2 和 T_1 之间,并位于层序Ⅱ之上,与之相对应的岩石地层单元为盆地西缘的大溪砾岩上部旋回和盆地内名山组。层序底界面为 T_2,该界面是区域性的相转换面或构造活动面,界面之下为湖滨和浅湖沉积物,分布范围较广,在整个四川盆地西南部可达 $2 \times 10^4 \mathrm{km}^2$。沉积中心位于名山县以东,而界面之上为冲积扇-湖滨沉积物,分布局限,面积仅为其一半左右,沉积中心西移到名山、天全一带,显示盆地范围缩小,水体变浅,盆地北部和东部普遍抬升。该层序厚度为 $600 \sim 1000 \mathrm{m}$,总体呈西北厚、东南薄。在西北边缘主要为砾岩,是大溪砾岩的上部旋回,厚度逾 1000m,为典型的冲积扇沉积物。中间地带为砾岩、粉砂岩和泥岩,下部为砾岩,厚度为 $400 \sim 500 \mathrm{m}$,是大溪砾岩向东南的延伸部分,纵向上沉积物粒度向上变细,由若干个基本层序(A、B)构成一个退积序列;上部为砂岩和粉砂岩,为湖滨砂坪沉积物,纵向上也表现为沉积物粒度变细,砂、泥岩比降低,显示为退积序列。东部主要由粉砂岩、泥岩和泥灰岩组成,下部为湖滨砂坪至泥坪沉积物,由下向上沉积物粒度变细,砂、泥岩比降低,单层厚度变小,显示了由若干个基本层序所构成的一个退积基本层序组(Ⅲ$_A$);中部为杂色泥岩和泥灰岩,为浅湖沉积物,在纵向上沉积特征变化不大,由若干个基本层序(H)所构成的一个加积基本层序组(Ⅲ$_B$);上部为泥岩、粉砂质泥岩和粉砂岩,为浅湖和泥坪交替沉积,纵向上沉积物粒度向上变粗,砂、泥岩比增大,单层厚度变大。显示由若干个基本层序(G)构成的一个进积基本层序组(Ⅲ$_C$)。由此可见,层序Ⅲ由下部的退积基本层序组(Ⅲ$_A$)、中部的加积基本层序组(Ⅲ$_B$)和上部的进积基本层序组(Ⅲ$_C$)构成(图 11-9)。

11.3.4 层序Ⅳ——古近系上部层序

层序Ⅳ介于层序界面 T_1 和 T_0 之间,位于层序Ⅲ之上,与之相对应的岩石地层单元为芦山组。层序顶界面为 T_0,为角度不整合面,其上为第四纪松散堆积物;层序底界面为 T_1,是区域性相转换面,也是一个普遍的水退面,其下为层序Ⅲ顶部地层,为广泛的浅湖沉积物,而其上主要为湖滨泥坪沉积物,最大厚度位于芦山向斜,且仅分布于芦山、天全、雅安一带,显示沉降中心更向西迁移,盆地沉积范围变得十分狭小。层序Ⅳ主要由泥岩、粉砂质泥岩和粉砂岩组成,均属湖滨泥坪沉积物,纵向上表现为沉积物粒度粗—细—粗的变化趋势。根据沉积物粒度,砂、泥岩比和基本层序类型等,该层序显示由两个基本层序组构成。下部为退积基本层序组(Ⅳ$_A$),由下向上沉积物粒度变细,砂泥岩比降低;上部为进积基本层序组(Ⅳ$_B$),由下向上沉积物粒度变粗,砂、泥岩比增大。

根据层序、沉积体系和岩石地层单元在时空上的展布,本书建立了天全、芦山地区晚白垩世—古近纪陆相盆地岩石地层格架(图 11-10)。

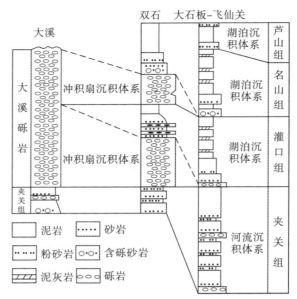

图 11-10　天全、芦山地区晚白垩世—古近纪陆相盆地岩石地层格架示意图

11.4　层序地层成因解释

在对本区陆相盆地层序和内部结构描述的基础上,本节从古气候、湖平面升降、沉积物供给和构造运动 4 个方面,对本区陆相层序的成因进行初步解释,并探讨其形成机制和主要控制因素。

11.4.1　古气候

古气候直接影响沉积物的类型和闭流盆地的湖平面升降。在本区层序 I 的河流相砂岩中碎屑边缘均见铁质薄膜,长石碎屑保存较好,无明显次生变化,反映风化程度低,处于强氧化条件。此外,区域上该层序中尚见砂坪相沉积物,均显示了在该层序沉积时古气候异常干燥。本区层序 II、层序 III 和层序 IV 均为一套含石膏和钙芒硝岩系,通过对其中泥岩的氧同位素、B 和 K 含量及古盐度计算表明,本区晚白垩世—古近纪古气候变化有两个特点。①古气候有逐渐干燥的趋势,一是古盐度自下而上逐渐增大,由 42.5‰增至 50.9‰;二是δ^{18}O 为-8‰～-1‰,也逐渐增大,均反映湖水蒸发量逐渐增大,古气候干燥程度不断增高,这种古气候长周期的缓慢变化控制着盆地总的沉积背景和沉积物类型。②古气候短周期性变化对湖平面升降具有一定的控制作用,其依据为红色泥岩和杂色泥岩盐度不同,前者盐度为 50‰左右,后者盐度为 42‰左右。一般来说,在其他环境条件相似的情况下,闭流盆地湖水的盐度变化与蒸发作用密切相关,而湖水蒸发量主要受古气候的干燥程度控制。因此,红色泥岩沉积时的湖水蒸发量显然远高于杂色泥岩沉积时的湖水蒸发量,显然前者沉积时古气候更干燥,湖水蒸发量大,水体较浅,而后者沉积时古气候干燥程度相对较低，蒸发量相对较小，水体较深。在地层中红色泥岩和杂色泥岩常呈互层状产出，层序厚度为 1～10m，可见古气候对形成高频旋回的湖平面升降作用具有明显的控制作用。此外地层记录显示层序Ⅱ下部、层序Ⅲ下部和上部，以及层序Ⅳ均为红色粉砂岩和泥岩，沉积环境为湖滨砂坪和泥坪，盐度较高，同样显示了研究区晚白垩世—古近纪地层沉积时古气候干燥程度高，湖水蒸发量大，湖平面低，水浅。层序Ⅱ上部和层序Ⅲ中部主要为杂色泥岩和红色泥岩互层，为浅湖相沉积，泥岩的平均盐度较低，显示这些地层沉积时古气候干燥程度相对较低，湖水蒸发量相对较小，湖平面较高，水体较深。由此可见，古气候短周期性变化不但对产生高频旋回的湖平面升降有控制作用，而且古气候影响湖平面升降对本区地层及层序的形成，特别是对基本层序和基本层序组的形成，也具有一定的控制作用。

11.4.2　湖平面升降

本章采用能反映古水深变化的生物分异度曲线和沉积相标志恢复本区晚白垩世—古近纪湖平面的升降周期。研究表明，生物分异度曲线能较好地反映海平面升降周期，同样湖相生物分异度曲线也能反映湖平面升降周期。因此，本章以介形虫生物分异度曲线和沉积相旋回曲线为基础，做出了本区晚白垩世—古近纪陆相盆地湖平面升降曲线(图 11-9)。该曲线具有 3 个特点：①曲线具明显的周期性，每个周期具明显的不对称性，由缓慢上升段、稳定段和迅速下降段 3 个部分组成。据湖平面相对最低点，可将整个曲线分为 3 个周期。②湖平面升降周期与层序有较好的对应关系；3 个湖平面升降周期分别与层序Ⅱ、层序Ⅲ和层序Ⅳ相对应，层序界面 T_3 与湖平面首次上升点对应，层序界面 T_1、T_2 分别与湖平面下降点对应，而层序界面 T_0 和 T_4 与湖平面升降无关。③湖平面升降对层序内部构成具明显的控制作用；一般在湖平面缓慢上升段，地层记录表现为退积基本层序组；在湖平面稳定段，地层记录表现为加积基本层序组；在湖平面迅速下降段，地层记录表现为进积基本层序组。

由此可见，湖平面升降周期对层序及其内部结构的形成具有较明显的控制作用。湖平面升降周期在一定程度上受古气候短周期性变化的控制，从而显示古气候周期性变化对陆相盆地地层层序的形成具重要的控制作用。

11.4.3　沉积物供给

对于陆相盆地，特别是与造山带相邻的陆相前陆盆地，其物源供给形式主要受与盆地边缘构造活动有关的地形起伏影响，与湖平面升降无明显的内在联系。因此，陆相前陆盆地沉积物供给速率是盆地边缘构造活动的函数，并可以粗粒沉积物，特别是冲积扇沉积物作为构造活动重新开始的标志，据冲积扇楔形体形成的次数就可获知盆地边缘构造活动发生的时间和期次。

在紧靠龙门山造山带的盆地西缘发育大型冲积扇(大溪砾岩)，厚度逾 2000m，呈扇状分布，出露面积大于 90km²，纵向上呈现为粗—细的两个旋回，构成两个巨大的西厚东薄的砾岩楔形体，并与东侧的湖泊沉积体系呈指状交叉(图 11-10)，属于两个构造旋回的产物，其发育时间与盆地层序界面 T_3 和 T_2 具有一致性。砾石成分分析表明，物源区以沉积岩为主，因其岩性和所含生物化石均与扬子区相似，故物源剥蚀区应为扬子地台西缘构造抬升的沉积岩出露区(主要为 $D-T_2$ 碳酸盐岩)。古流向资料表明水流方向为北西—南东向，故表明沉积物源于盆地西北侧的龙门山地区，该冲积扇沉积体系是横穿龙门山的近物源河口扇。本区冲积扇是两个构造旋回的产物，而且其发育时间与层序界面 T_3 和 T_2 具有一致性，说明盆地西缘构造抬升派生的冲积扇对盆地层序界面形成具有明显的控制作用。

11.4.4　构造运动

构造运动是控制陆前陆相盆地最重要的因素，它不仅控制着盆地的形成、发展和消亡，而且控制着盆地的升降。

(1)构造运动控制着大部分层序界面的形成。层序界面 T_4 是四川盆地西南部广泛分布的一个平行不整合面，在界面上下的盆地分布范围、沉积中心和盆地轴向均有较大区别(徐星棋，1982)，在界面之上的晚白垩世—古近纪陆相前陆盆地是一个单独的成盆期。因此，该层序界面显然是构造活动的产物，并导致四川盆地西南部晚白垩世—古近纪陆相前陆盆地的形成。层序界面 T_3 为四川盆地西南部区域性的相转换面，也是一个区域性水进面，由于与大溪冲积扇发育时间一致，故而也是一个构造活动面，同时也与湖平面首次上升有关。层序界面 T_2 与大溪冲积扇第二个旋回的底界一致，同时也与湖平面下降点相对应，就是构造活动和湖平面升降叠加的产物。层序界面 T_0 为角度不整合面，显然是构造活动产物。此外，层序界面 T_1 仅与湖平面下降点对应，故该层序界面是由区域性湖平面下降所造成的。

(2)构造运动控制着层序内部结构的形成。本区陆相前陆盆地层序内部结构有明显的变化，一个完整的层序一般由下部的退积基本层序组、中部的加积基本层序组和上部的进积基本层序组构成(如层序Ⅲ)，其顶界面的形成主要与湖平面下降有关；而一个不完整层序仅由退积和进积基本层序组构成(如层序Ⅰ和层序Ⅳ)或仅由退积和加积基本层序组构成(如层序Ⅱ)，其顶界面均是构造作用或构造作用和湖平面升降周期叠加的产物。因此，层序内部结构是否完整主要与构造运动和湖平面升降对层序界面的控制程度有关。此外，在构造活动期，盆地的沉降速率和沉积速率的关系较复杂，如果前者大于后者，则地层记录多为退积基本层序组；如果前者小于后者，则地层记录多为进积基本层序组。在构造间歇期，沉积速率接近于沉降速率，基本层序组内部结构的形成主要受湖平面升降周期控制，多为加积基本层序组。

第12章 龙门山前陆盆地大邑砾岩的沉积特征

中外地质学者对龙门山前陆盆地的形成时间、形成机制、成因类型等已做过很多工作，但对成都盆地底部晚新生代以来沉积的大邑砾岩的物质来源、形成演化、时代归属等观点不一，产生很多分歧。大邑砾岩的沉积和沉积相往往作为四川盆地西部地质历史演变转折的一个标记。笔者通过搜集整理相关资料及大量野外实地考察，对成都盆地大邑砾岩的沉积特征及其形成进行了初步探讨，供广大地质工作者参考、指正。

12.1 区 域 背 景

龙门山前陆盆地(成都盆地)位于青藏高原东缘，介于龙门山逆冲带与龙泉山褶隆带之间，呈"两山夹一盆"的构造格局，北起安州秀水，南抵名山、彭山一带，面积约为 8400km^2，具明显的不对称结构，宏观上表现为西部边缘陡，东部边缘缓，沉积基底面整体向西呈阶梯状倾斜(图 12-1)。成都盆地为典型的前陆盆地，根据盆地基底断裂和沉积厚度及时空展布，成都盆地内部可进一步分为 3 个凹陷区，即西部边缘凹陷区、中央凹陷区和东部边缘凹陷区。其中，西部边缘凹陷区位于关口断裂与大邑-广元隐伏断裂之间，第四系沉积最大厚度为 253m，主要由下更新统、上更新统和全新统沉积物构成，中更新统极不发育；中央凹陷区位于大邑-广元隐伏断裂与新津-成都隐伏断裂之间，第四系沉积物厚度巨大，最大沉积厚度为 541m，地层发育齐全，同时也是中更新统厚度最大的地区；东部边缘凹陷区位于新津-成都隐伏断裂与龙泉山断裂之间，第四系沉积厚度小，主要为上更新统，缺失下更新统和中更新统，厚度仅为 20m 左右。

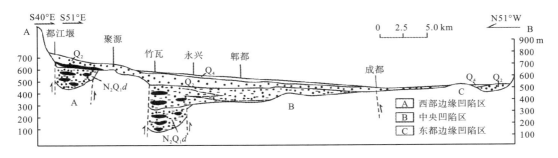

图 12-1 成都盆地结构及大邑砾岩发育层位

12.2　大邑砾岩的分布及时代归属

　　大邑砾岩分布在龙门山中南段以东和新津-成都隐伏断裂以西的地区，介于彭灌断裂与新津-成都隐伏断裂之间，北至都江堰市，南到名山区(图12-2)。大邑砾岩的典型层型剖面位于岷江西岸的大邑氮肥厂附近，该剖面也是大邑砾岩的命名地。1951年西南地质局石油普查队将大邑、邛崃地区不整合于名山组之上的一套中、粗砾岩，缺乏黏土岩及孢粉化石的地层命名为大邑砾岩。

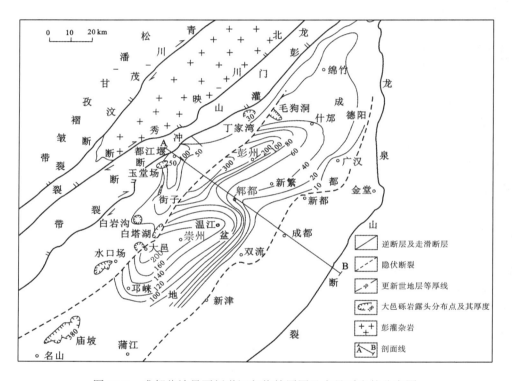

图12-2　成都盆地早更新世沉积物等厚图及大邑砾岩的分布图

　　大邑砾岩出露于龙门山中南段前缘的丘陵地区，埋藏于成都盆地底部。大邑砾岩在平面上的分布西以大邑-广元隐伏断裂为界，在彭灌断裂与大邑-广元隐伏断裂之间为大邑砾岩的剥蚀残留区，出露点并不多，仅在都江堰市玉堂场汤家沟、崇州市街子场及白塔湖、大邑陈家场白岩沟、团结乡、大邑氮肥厂、邛崃水口场及名山万古乡庙坡等地有大邑砾岩出露(图12-2)，其出露厚度为122～380m。大邑-广元隐伏断裂与新津-成都隐伏断裂之间为大邑砾岩的埋藏区。据钻孔资料，在新津以西15km(30°24′N，103°46′E)处，大邑砾岩厚78.51m；郫都区正北2km处，大邑砾岩厚28.92m；广汉西北10km处，大邑砾岩厚4.5m。由此表明，大邑砾岩在龙门山前陆盆地的沉积厚度具有西厚东薄的特点。

大邑砾岩发育在成都盆地的底部，与上覆雅安砾石层呈角度不整合接触。在大邑氮肥厂附近，雅安砾石层呈化石冰楔上覆于大邑砾岩，与下伏古近系名山组红层呈平行不整合接触。大邑砾岩在街子场北约 3km 的大通寺沟与下伏白垩系灌口组呈平行不整合接触，在都江堰市玉堂场汤家沟一带和大邑团结乡何家山附近与下伏白垩系灌口组呈微角度不整合接触，在崇州三郎镇宋家沟附近超覆不整合于白垩系夹关组之上。总体上，大邑砾岩与下伏地层以角度不整合接触为主，少量呈平行不整合接触关系。

对大邑砾岩年代的界定，前人已经做过大量工作，刘兴诗(1983)和原 1∶20 万《邛崃幅》运用区域地层对比将其年代定为中新世；何银武等(1987，1992)将其年代划为第四纪早更新世；1∶20 万《灌县幅》(1975)将其年代划归为新近纪；1955 年西南地质局519 队将其年代定为上新世；1∶5 万《火井幅、夹关幅》区域地质调查报告将其年代定为晚上新世—中更新世；1∶5 万《三江幅、万家坪幅》区域地质调查报告则将其年代划为上新世—早更新世。由此可见，前人对大邑砾岩的年代归属并没有统一意见。笔者等先后在成都平原西缘大邑砾岩若干出露点采集大邑砾岩填隙物或砂质透镜体，选取其中的石英砂，由成都理工大学地学核技术四川省重点实验室用 ESR 法测定其年龄，结果见表 12-1。

表 12-1　大邑砾岩的年龄统计表　　　　　　　　　　　　（单位：Ma）

	庙坡	白塔湖	白岩沟	汤家沟	丁家湾
上部	0.91	1.05～0.95	—	—	—
中部	—	2.1	—	1.7	—
下部	2.7	2.3	2.6	2.5	3.1

从表 12-1 中大邑砾岩的下部年龄来看，总体上，大邑砾岩在龙门山前的沉积年龄是由南向北迁移的。对庙坡大邑砾岩下部深灰色泥岩和含碳质泥岩中的孢粉分析显示，孢粉组合以蕨类为主，时代为第四纪早更新世。根据上述分析，笔者认为将大邑砾岩年代划为上新世—早更新世比较恰当，其年龄为 3.1～0.91Ma。

12.3　大邑砾岩的沉积特征

12.3.1　岩性特征

大邑砾岩由一套黄灰色及褐灰色砂质砾岩及透镜状岩屑砂层组成，风化色调为棕黄、褐黄、灰白。靠近下部层位的新鲜露头多为固结状，上部则较疏松，且风化十分强烈，与下伏地层以角度不整合接触关系为主，是一套以砾岩为主的夹少量砂岩、泥岩的地层。现以笔者在崇州市白塔湖观察到的大邑砾岩剖面为主介绍其岩性特征。

大邑砾岩的砾石成分以石英岩、闪长岩、浅色花岗岩和变质砂岩为主，其次为砂岩、脉石英，并含少量灰岩和燧石，表明大邑砾岩的砾石大部分来自火成岩及变质岩分布区。

　　笔者除对万古乡庙坡及丁家湾大邑砾岩砾石做了成分统计(图12-3)外,还对大邑砾岩各出露点砾石成分进行了对比(表12-2)。

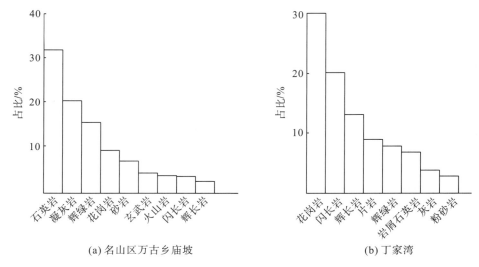

(a) 名山区万古乡庙坡　　　　　　　　　　　　　(b) 丁家湾

图 12-3　　大邑砾岩砾石成分直方图

表 12-2　大邑砾岩的砾石成分统计表

	大邑氮肥厂	陈家场白岩沟	万古乡庙坡	街子场	丁家湾
主要砾石成分	花岗岩、石英岩	粉砂岩、砂岩、石英岩、砂岩	石英岩、凝灰岩、辉绿岩、花岗岩	石英岩、闪长岩、花岗岩、砂岩	花岗岩、闪长岩、辉长岩、片岩
次要砾石成分	砂岩、玄武岩、泥页岩	辉绿岩、辉长岩、脉石英、花岗岩	砂岩、玄武岩、火山岩、闪长岩、辉长岩、脉石英、灰岩	脉石英、砂岩、灰岩、燧石	辉绿岩、岩屑石英岩、灰岩、粉砂岩

　　根据以上大邑砾岩的砾石成分可得出:纵向上,大邑砾岩中各成分分布不均,但砾石成分特征大体一致,无明显变化;横向上,大邑砾岩的砾石成分有一定变化。沿龙门山前由北向南,丁家湾至大邑等地砾石成分以石英岩、板岩、片岩等变质岩和花岗岩、闪长岩为主,物源为变质岩及火山岩分布区;在大邑与名山之间的邛崃水口镇大同乡大邑砾岩以大量的灰岩、白云岩为主,物源主要为沉积岩分布区;名山一带大邑砾岩砾石成分则又以石英岩、火山碎屑凝灰岩等为主,物源也是变质岩及火成岩分布区。可见,大邑砾岩在龙门山新生代前陆盆地的岩性在横向上有一定变化。

12.3.2　沉积相划分

　　由几个剖面均可得出:大邑砾岩的砾石磨圆性较好,多为次圆到圆状,说明砾石在沉积之前经过较长距离的流水搬运,具河流沉积特点;但整体上大邑砾岩分选性差,某些地段含大量漂砾,显示为山前冲积扇相,具短距离搬运、快速堆积的特征(图12-4)。其沉积相又可分为以下 3 种。

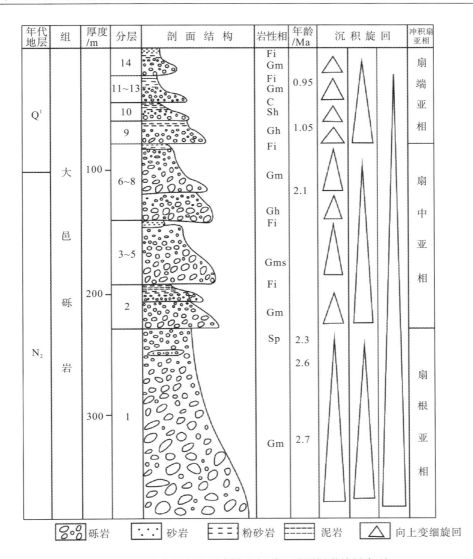

图 12-4　雅安市名山区庙坡上新世—早更新世地层序列

注：Gms 为碎屑流砾岩；Gm 为颗粒流砾岩；Gh 为平行层理砾岩；Fi 为砂、粉砂、泥；C 为煤；Sh 为平行层理砂岩；Sp 为
板状交错层理砂岩。

（1）扇根亚相。大邑砾岩的扇根亚相主要由巨砾岩及少量粗-巨砾岩组成，砾径在
15cm 以上的砾石高达 30%，砾石总量高达 85%以上。碎屑流砾岩、颗粒流砾岩、片流砾
岩、筛积砾岩均可见到。碎屑流砾岩单层厚度大，在庙坡剖面可达 46m，砾石含量为 55%～
70%，填隙物为不等粒砂和少量泥。砾石大小悬殊，分选性差，常见大漂砾"悬浮"于较
细砾石之中，缺乏叠瓦状构造。颗粒流砾岩的砾石分选性、磨圆性较好，砾石排列略具
定向，并见叠瓦状构造。片流砾岩的单层厚度小，砾石最大扁平面顺层排列，具明显的
定向性及叠瓦状构造。筛积砾岩呈层状分布，厚度小，侧向延伸不远，且砾石砾径小，
分选性、磨圆性都较好，排列无定向性。

（2）扇中亚相。大邑砾岩的扇中亚相主要由河道砾岩构成，在白塔湖剖面还包含河道砂岩。河道砾岩的沉积厚度很大，由粗砾及少量中-粗砾岩组成，砾石含量达 85%以上，砾石支撑，分选性、磨圆性中等到较好，砾石定向性排列明显，叠瓦状构造发育，多具下粗上细的正粒序；下部为巨砾-粗砾岩，上部为粗-中砾岩夹砂岩小透镜体或砂岩条带。河道砂岩为岩屑石英砂岩或岩屑砂岩，碎屑含量大于 80%，分选性和磨圆性较好，钙质胶结，砂体呈透镜状，发育冲刷面，具有平行层理及板状交错层理。

（3）扇端亚相。大邑砾岩扇端亚相主要为洪泛沉积物，由数个薄层褐黄色砾岩或灰色、棕灰色及棕红色粗-中粒岩屑砂岩→粉砂岩→泥岩次级旋回组成，分选性差，棕红色泥岩与砾岩呈渐变关系，其中灰色砂岩富含炭屑及碳化植物茎干，顶部还有少量粉砂质泥岩。某些层位泥岩底部有厚约 20cm 的含砾砂岩，且黏土岩内夹薄层褐煤。

12.3.3　河流沉积相及其特点

在成都盆地西缘除发育冲积扇沉积体系外，还发育砾质辫状河沉积体系，一些规模不等的相互叠置的砾石层和砂层组成的巨厚粗碎屑层系，其厚度从数十米至数百米。砾石层一般代表砾石坝和河道滞留沉积相；砂层均为较薄而不稳定的夹层。在层序内部冲刷面、冲刷充填物频繁出现，在垂向上粒度显示不明显向上变细的小旋回层。其上有洪泛期沉积下来的细粒薄层沉积物，显示了向上变细的沉积层序。

12.3.4　垂向相序

大邑砾岩在垂向上由下到上砾径逐渐变小，磨圆性和分选性也逐渐变好，砾岩的单层厚度逐渐变小，泥岩向上增多，砾岩与砂、泥岩的比值减小，显示为一个退积过程。大邑砾岩显示为一个向上变细的大旋回，其内部又可分为 9 个小旋回，砾岩旋回厚度总体向上变小，其基本层序如图 12-5 所示，大邑砾岩即由一系列此基本层序叠置组成。在白塔湖，大邑砾岩由 11 个小旋回组成，白岩沟也由 11 个旋回组成，表明大邑砾岩整体上是由 10个左右的旋回组成的。

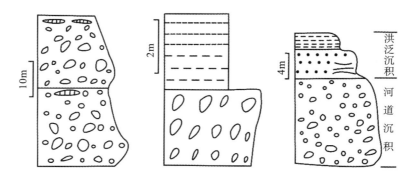

图 12-5　大邑砾岩基本层序

12.3.5　古地理分析

　　大邑砾岩在横向上河口地段砾石粗大，并含大量漂砾，向下游粒度减小，由西向东粒度逐渐变细，厚度也逐渐变小，且砂层有所增加。据大邑砾岩露头推测大邑砾岩沉积时期在龙门山前厚度大于 122m，而钻孔资料表明大邑砾岩在成都平原埋藏区的沉积厚度只有几十米，有的厚度只有 4.5m，由此可进一步推测龙门山前大邑砾岩的露头残余区为大邑砾岩冲积扇的扇根亚相，成都平原埋藏区为大邑砾岩的扇中-扇端亚相，且大邑砾岩在成都盆地的沉积厚度具有西厚东薄的特点。

12.4　大邑砾岩的物源分析

　　由以上沉积特征可以看出，大邑砾岩的砾石成分以花岗岩、闪长岩、辉长岩、火山岩、变质岩和沉积岩为主。由表 12-3 推断，这些砾石主要来自前震旦系彭灌杂岩、宝兴杂岩及黄水河群，少量砂岩、泥质粉砂岩砾石来自下伏名山组、灌口组及夹关组等中-新生代红层。通过对大邑砾岩进行组构测量和筛分析得出：大邑砾岩中变质岩类砾石占 30%～89%，岩浆岩类占 1.3%～50%，火山岩类占 0.02%～14%，沉积岩类占 6%～11%。其中，变质岩砾石主要来自松潘-甘孜褶皱带，火山岩砾石主要来自震旦系火山岩地层，花岗岩砾石主要来自彭灌杂岩体或宝兴杂岩体，沉积岩砾石则来自泥盆系—中三叠系沉积岩。由此表明，大邑砾岩的物源区应为松潘-甘孜褶皱带变质岩区和大邑-广元隐伏断裂以西的龙门山区(李勇等，1995)。

表 12-3　龙门山逆冲带中段各推覆构造带的地层构成

	松潘-甘孜褶皱带（东缘）	青川-茂汶断裂与北川-映秀断裂之间	北川-映秀断裂与彭灌断裂之间	彭灌断裂与大邑-广元断裂之间
地层构成	Smx-T_3^1 浅变质岩夹灰岩	主要为前震旦杂岩体，残留 Z 火山岩和 Z-P_2 沉积岩，由此推测前震旦杂岩体上曾覆盖 Z-T 沉积岩	D-T_3 沉积岩和 T_3-J_2 碎屑岩	J_3-K_1 红色碎屑岩

　　大邑砾岩的砾石成分在横向上的变化显示了大邑砾岩应由 3 种物源的砾石构成，即在大邑砾岩沉积时至少有 3 个物源区出口或河口。据此推断，大邑、都江堰一带的大邑砾岩可能是古岷江带出，而表 12-3 及该区大邑砾岩岩性显示，当时的岷江已切穿青川-茂汶断裂，也已切穿彭灌杂岩的花岗岩体。
　　名山一带的大邑砾岩砾石成分以石英岩、花岗岩、凝灰岩、辉绿岩为主，尤其是其中的石英岩、火山碎屑岩砾石，在现今天全河的砾石中均可见到，其特征别无二致。因此，名山一带的大邑砾岩砾石由青衣江流域而来，当时的青衣江也已切穿北川-映秀断裂，且切穿了宝兴杂岩。在水口场一带大邑砾岩的砾石成分以灰岩为主，夹少许花岗岩、石英岩及砂岩，是再沉积的砾石，而其出露位置的西侧正是侏罗系—古近系冲积扇非常发育的地区，所以当时的搬运介质应该是玉溪河。由此推测，玉溪河的出水口应在水口场一带，而当时的山前河流只切穿了彭灌断裂，其后古玉溪河折向南西沿向斜核部汇入青衣江。根据大邑砾岩的砾石排列具较明显的定向性、呈叠瓦状构造等特点，测量每组砾石的最大扁平面倾斜方向所做的玫瑰图（图 12-6）也表明了古水流的方向集中在北西—南东，少数为南西—北东，与前述的大邑砾岩的物源区相一致。

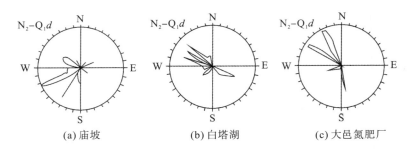

(a) 庙坡   (b) 白塔湖   (c) 大邑氮肥厂

图 12-6   大邑砾岩的砾石组构玫瑰图

据中国地震局四川省第二地震大队所测，在彭灌断裂带上发育的永安镇-白水洞断裂、八角场-白鹿场断裂及灌县断裂都显示了右旋特征，对龙门山主断裂的野外实测也证明了这一结论。测年资料显示，由南向北大邑砾岩底部年代渐新，也说明大邑砾岩的发育是受右旋应力控制；同时，参考成都平原钻孔资料，恢复成都平原新生代大邑砾岩沉积时期的古地貌如图 12-7 所示。

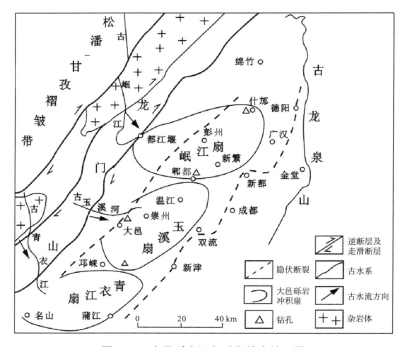

图 12-7   大邑砾岩沉积时期的古地理图

在早更新世，大邑砾岩从龙门山前向东、南东一直延伸到郫都区，在徐汇河至竹瓦一带也有大邑砾岩沉积，但由图 12-7 可看出目前在徐汇河至竹瓦一带并未发现大邑砾岩。分析其原因，可能是龙门山的逆冲推覆导致龙门山前缘大幅度抬升，从而导致前期大邑砾岩的沉积物在后期被抬升剥蚀。由图 12-7 还可看出，大邑-广元隐伏断裂的发育导致龙门山前大邑砾岩出露地表，平原区大邑砾岩被埋藏，这表明大邑-广元隐伏断裂在大邑砾岩沉积后有新的强烈活动。

第 13 章　龙门山造山带构造地层学

　　开展造山带研究的基础是造山带地层学，因此如何开展造山带地层学的研究成为当前我国造山带和大陆地质研究的主要方向和热点之一。根据我国造山带及其地层记录的特征，许多学者开展了造山带地层学研究，并取得了一系列新认识和新经验。已提出的与造山带地层学研究相关的术语有构造地层学、造山带地层学(吴根耀，1998)、构造层序地层学(吴根耀，1996)、造山带沉积地质学和非史密斯地层学(冯庆来，1993；王乃文等，1994；杜远生等，1997)等，但这些术语引发了学者许多争议(方宗杰，1998)。

　　构造地层学是地层学的分支学科，它以现代地层学、构造地质学和变质地质学为理论基础，已有较长时间的研究和应用历史。王鸿祯(1989)系统地阐述了构造地层学的含义，并将构造地层学作为地层学的一个分支学科，指出构造地层学的主要目的是着重研究地层的构造意义，研究内容是区别地层单元和地层序列岩性、岩相、成分、结构及分布特征，用以确定其形成的大地构造环境和大地构造部位，并通过其系列演变、接触关系和变形期次等特征解释地区的构造发展史。我国许多学者采用构造地层学方法研究造山带及变质岩区的地层，对遭受变形、变位和变质作用改造的地层划分、重建变质地(岩)层序列、确定变质构造型式等进行研究。构造地层学在造山带地层学研究中有广泛的应用前景，造山带地层学已成为构造地层学中的一个新的生长点，引起了人们极大的兴趣，因为大地构造对地层记录的影响在造山带表现得最为清楚，换言之，造山带地层学可能是构造地层学最重要的一部分。

　　非史密斯地层学的思想是由许靖华先生在研究弗朗西斯克混杂岩时提出的。国内一些学者先后讨论了非史密斯地层的概念和研究方法，认为非史密斯地层是受构造变形强烈的基本无序地层体，包括造山带古缝合线构造混杂带和强变形带的无序或低序的地层(杜远生等，1997)，并应用于东昆仑造山带、西秦岭造山带(杜远生等，1997)和三江造山带(冯庆来，1993)等碰撞造山带的地层学研究中。

　　自 1988 年以来，成都理工大学在龙门山造山带连续开展了 10 幅 1∶5 万区域地质填图，一直在探索陆内造山带地层学的研究方法和思路。龙门山造山带是一个独立的地层复合体，针对龙门山造山带地层记录的特征和地层的构造变形、变位和变质特征，以及龙门山地层学研究中存在的问题，提出只有将构造地层学的概念引入龙门山造山带地层的研究，才能解决龙门山造山带构造地层的划分问题，真正体现龙门山造山带地层的特征，为龙门山造山带古构造、古地理再造和盆-山转换重塑提供依据。

13.1　龙门山造山带地层记录的特征

龙门山造山带位于松潘-甘孜褶皱带与扬子板块的接合部位，既是青藏高原的东界，又是现今龙门山前陆盆地的西界(图 13-1)。它北起广元，南至天全，长约 500km，宽约 30km，呈北东—南西向展布，北与大巴山造山带相交，南与锦屏山造山带相连，由一系列大致平行的叠瓦状冲断带构成，显示为陆内造山带。龙门山造山带地层研究历史悠久，对前山带的不变质地层研究程度较高，如泥盆系、二叠系、三叠系等剖面已成为扬子板块西缘的典型剖面，而对后山带的变质地层研究不足。在总结和分析前人富有成效的研究成果的基础上，我们认为在龙门山造山带地层学研究中存在 3 个问题。①一直未将龙门山造山带作为一个独立的地层复合体进行地层学研究。在区别古地层单元时，通常将造山带一分为二地划归两侧的地层区〔如以中央断裂(北川-映秀断裂)为界将其西侧划为松潘-甘孜区，东侧划为扬子区〕，或将其作为一条地层分区界线，将其内部地层忽略不计，淡化了龙门山造山带作为一个地层复合体的独特性和独立性。②某些研究者片面简单套用源于构造稳定区经典地层学的研究思路和研究方法，忽略了龙门山造山带内部地层构成的复杂性、混杂性、不连续性和不完整性。③某些研究者片面夸大构造作用对地层的改造，认为龙门山造山带地层已失序，不符合地层层序定律，提倡使用非史密斯地层学。这种观点把龙门山造山带地层学的研究推向另一个极端，而龙门山造山带属于陆内造山带，缺乏与古缝合线相关的构造混杂岩和蛇绿混杂岩带。

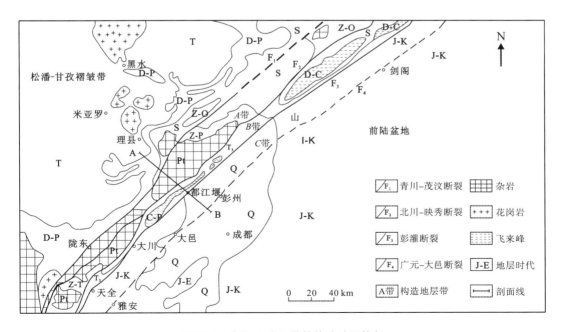

图 13-1　龙门山造山带的构造地层格架

在对龙门山造山带地层进行了十余年系统的研究后,我们发现龙门山造山带地层记录具有以下特征。①龙门山造山带为一个独立的地层复合体,不同于其西侧的松潘-甘孜褶皱带。②地层记录具复杂性,包括沉积岩、变质岩、岩浆岩和杂岩等,虽然广义上它们均属于地层学研究范畴,但其与稳定区或盆地中岩性地层记录的岩性不同。③地层记录具混杂性,龙门山造山带是一个复杂的构造拼贴体,其中包括造山过程和造山之前各阶段的地层记录,如陆内碰撞阶段和碰撞后阶段等。④地层记录具不连续性,龙门山造山带地层记录一般均经历了变形、变位和变质,普遍发育推覆构造、滑覆构造和滑脱构造,因此不可能表现为在时间上的连续性和空间上的可追溯性,地层展布以杂乱和失序为特点。⑤地层记录具不完整性,龙门山造山带造山运动的缩短作用和隆升剥蚀作用导致了地层产生分带性,可将龙门山造山带划分为变形变质构造地层带(A 带)、变形变位构造地层带(B 带)和变形构造地层带(C 带)3 个构造地层带,分别相当于龙门山后山带、前山带和前缘地区3 个构造地貌单元。

基于龙门山造山带地层记录的特征和保存的特点,并结合我国造山带构造研究的实际情况,我们认为造山带地层学研究的关键是区分构造地层带,建立各构造地层带的地层系统,分析它们的形成历史和构造古地理意义。根据龙门山陆内造山带地层记录的变形、变位和变质的"三变"特征和原始层序被破坏的程度,该造山带可分为 3 种构造地层带类型,不同类型构造地层带应使用不同的地层学研究方法,建立每个构造地层带独立的地层系统。这也是龙门山造山带地层学的核心内容和根本所在。

13.2　龙门山造山带构造地层类型及序列

13.2.1　变形变质构造地层带(A 带)

该带为龙门山后山带,位于青川-茂汶断裂与北川-映秀断裂之间(表 13-1、图 13-1、图 13-2),主要由前震旦系黄水河群、志留系茂县群和泥盆系危关群浅变质岩以及前震旦系杂岩体组成,其构造样式主要为斜歪-倒转的相似褶皱,内部面理和线理都比较发育,在杂岩体中发育脆-韧性剪切带,表现为强烈的片理化带。其后缘断裂为青川-茂汶断裂,断面倾向北西,呈犁式向下延伸,具韧性断层特征,其应变矿物一般为绿片岩相;其前缘断裂为北川-映秀断裂,走向北东,倾向北西,断裂构造岩发育,应变矿物具低绿片岩相,具脆-韧性断层特征。显然,该构造地层带属强变形带,由杂岩和变质岩系两种岩系构成,其中杂岩主要是由侵入的强烈变质或高度变形的岩石构成的一种独特构造地层体,如彭灌杂岩、宝兴杂岩等。这些构造地层体缺乏原始层理,不遵循地层层序律,与其他构造地层带呈构造接触;其中变质地层主要由变质岩系构成,表现为强烈的片理化,是经历了多期变形变质作用改造的构造地层带。

表 13-1　龙门山造山带的构造地层序列

地质时代	A带构造地层序列		B带构造地层序列	C带构造地层序列	
新近纪				TS₅	大邑砾岩
古近纪					芦山组
					名山组
白垩纪				TS₄	灌口组
					夹关组
					剑门关组
侏罗纪				TS₃	莲花口组
				TS₂	遂宁组
					沙溪庙组
				TS₁	千佛岩组
					白田坝组
三叠纪	西康群		须家河组		
			小塘子组		
			嘉陵江组		
			飞仙关组		
二叠纪	大石包组		吴家坪组		
			龙潭组		
			阳新组		
石炭纪	磨子沟灰岩		梁山组		
			黄龙组		
			总长沟组		
泥盆纪	危关群		沙窝子组		
			观雾山组		
			养马坝组		
			甘溪组		
志留纪	茂县群	三岩组			
		二岩组			
		一岩组			
震旦纪			开建桥组		
			苏雄组		
元古宙	黄水河群	关防山岩组			
		黄铜尖子岩组			

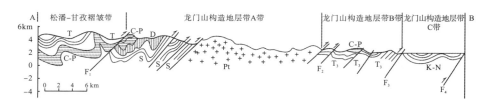

图 13-2　龙门山造山带的构造地层剖面

对变形变质构造地层带的地层学研究是当前构造地层学研究的重要方面之一。目前形成以变形和地质事件研究为主线,采用构造与地层研究相结合的工作方法,对成层有序的变质岩系采用构造-地层法,划分岩石地层单位(群、组、段);对总体有序、局部无序的变质岩系采用构造-岩层法,划分构造地层单位(岩群、岩组、岩段);对片状无序的变质岩系采用构造-岩石法,划分构造岩层单位(岩带、岩片);确定不同类型的变质岩区,划分不同类型的地(岩)层单位,查明变质构造型式和变质变形事件,建立各类地(岩)层序列。在对该构造地层带进行研究时,应特别注意不同时代和不同沉积相带(浅水相和深水相)生物化石的混合,这种混合可能是后期构造强烈挤压缩短的产物,但可以根据不同相带的古生物化石混合,重塑造山带的缩短率以及古海洋地形坡度和盆地性质。

根据上述研究方法,将龙门山造山带前震旦系杂岩体划分为 4 个超单元或岩套,对成层有序的元古界黄水河群变质岩系采用构造-地层法划分为关防山组和黄铜尖子组;对总体有序、局部无序的志留系茂县群变质岩系采用构造-岩层法划分为 3 个岩组(表 13-1、图 13-2)。对变形变质构造地层带的地层学研究部分应相当于当前非史密斯地层学所研究的范畴。

13.2.2　变形变位构造地层带(B 带)

该带为龙门山前山带,位于北川-映秀断裂与彭灌断裂之间(表 13-1、图 13-1、图 13-2),主要由未变质的古生界和三叠系地层构成。该带发育两种构造样式:一种为叠瓦状构造,见于龙门山中北段,由一系列向南东逆冲的近平行的冲断层构成,卷入的地层为上古生界及三叠系中下统碳酸盐岩地层;另一种为飞来峰构造,具双层推覆的性质,见于龙门山中南段,上层为由古生界及中-下三叠统地层构成的飞来峰,底面及地层产状较平缓,变形较弱,而下层主要由上三叠统小塘子组和须家河组构成,褶皱及断裂发育,属"近外来岩"。地震反射剖面显示 2000m 以下才是真正的原地岩系,地层相对平缓。该带的前缘断裂为彭灌断裂,走向北东,倾向北西,倾角较陡,叠瓦状次级断裂发育;断裂构造岩以角砾岩和碎裂岩为主,具浅层次的脆性断层变形特征。因此,该构造地层带属于较强变形带,具变形、变位的"两变"特征,主要由已强烈变形和变位的沉积岩构成,其特点在于构造作用(如推覆、滑覆等)导致原始地层被分割成许多构造片,在每个构造片地层层序仍可分辨。每个构造片均为一个异地系统,可以由一个或多个岩石地层体构成,符合地层层序律。因此,在该构造地层带宏观上原始层序被破坏,不符合地层层序律,但对每个构造片而言,却是符合地层层序律的。

根据该构造地层带的特征，采用构造片-地层分析方法进行研究，首先以构造边界划分构造片，然后对每个构造片进行详细的古生物学、地层学和沉积学研究，恢复其原始地层层序，最终根据各构造片所恢复的地层层序拼接出该构造地层带的地层系统和古地理格局。在研究时要特别注意地层记录的不完整性和变形、变位，一方面构造片的边界均为构造边界，地层常呈断片，保存不完整，因而在建立地层序列时与扬子区典型地区地层序列进行对比，尽可能拼接其地层层序和相序；另一方面每个构造片地层的变形和变位不同，它们是由一系列造山和推覆、滑覆作用叠置在一起的，它们现今的展布并不反映原始的岩相古地理面貌，因此应力求将各个构造片的地层记录复原至原始的位置。

根据上述研究方法，本次将该构造地层带划分为若干个推覆构造片和滑覆构造片，通过对各构造片原始地层层序的研究，划分出 16 个岩石地层单元和若干个非正式岩石地层单元。根据各构造片恢复的地层层序拼接出该构造地层带为震旦系、泥盆系-中三叠统地层系统，其与扬子板块典型地区的地层序列对比，断失和缺失许多地层单元，地层单元间多以断层为界。

13.2.3　变形构造地层带（C 带）

该带位于彭灌断裂和广元-大邑隐伏断裂之间（表 13-1、图 13-1、图 13-2），主要为侏罗系—古近系红层，发育一系列轴向为北东的背、向斜构造，属不对称同心褶皱，并呈左行雁列展布，其前缘断裂为广元-大邑隐伏断裂，地震反射剖面显示该断裂走向北东，倾向北西，呈犁式向下延伸。由此可见该构造地层带的变形特征是背斜、向斜完整，断层较不发育，以脆性变形为特征，属于浅层次变形的中等变形带。地层由弱-中等变形的沉积岩系构成，是造山带内卷入的山前前陆盆地的沉积地层，其特点是构造作用改造较弱，原始层序破坏不大，并能精确恢复原始层序的构造地层带。

该构造地层带地层厚度巨大，在垂向上显示为由海相—海陆过渡相—陆相沉积物构成，总体呈向上变浅、变粗的沉积充填序列。该构造地层带的地层记录具有以下特点：①该带地层记录主要是造山过程中卷入的山前前陆盆地的沉积记录；②造山作用对沉积记录的形成具强烈的控制作用，是造山作用的沉积响应；③沉积记录中常发育多个局部的不整合面，在空间上延伸具不稳定性和迁移性；④地层均呈旋回式沉积，并按规模可分为若干级别；⑤以巨厚层砾岩为特征的粗碎屑楔状体呈幕式出现；⑥变形弱，能够精确地恢复其层序。根据该构造地层带的地层记录的特征，李勇和曾允孚（1994a，1994b）、李勇等（2005）提出以层序地层学与构造地层学相结合的构造层序地层分析方法研究该构造地层带的地层层序，以地层记录中显示的不整合面作为分割盆地充填实体的基本界面，并根据不整合面的规模（包括构造角度、不整合面的时间跨度和空间展布范围等方面）划分为 6 个构造层序，每个构造层序是以不整合面为界的充填实体，具特定的垂向充填层序模式和横向沉积体系配置模式，进而在各构造层序中划分岩石地层单位，共划分出 11 个岩石地层单位。

第 14 章　青藏高原东缘新生代构造
层序与构造事件

　　青藏高原隆升、崛起和地壳加厚是晚白垩世以来发生的最重大的构造事件，形成了由若干个造山带及块体所组成的高原，而其周缘的造山带和相邻沉积盆地的研究可为恢复青藏高原隆升过程提供依据，因为盆地完整地记录和保存了高原隆升和周缘造山带的历史。在青藏高原南麓，经过一个多世纪的努力，已建立了喜马拉雅山前拗陷中西瓦利克群地层、生物地层序列和构造地层演化模式；在青藏高原东北麓，李吉均等(2001)在临夏盆地建立了新生代地层的古地磁年代与演化序列。由于地层记录的不完整性和差异性，人们目前尚不能对青藏高原隆升过程及其不均匀性进行全面的了解。为此，我们试图在青藏高原东麓的关键地区寻找连续的、高分辨率的新生代地层记录，开展与青藏高原隆升过程相关的构造层序研究，而新生代盐源盆地和龙门山前陆盆地就处于这样一个关键地区，是探索青藏高原形成、隆升和青藏高原东缘冲断带造山过程的窗口之一。

　　龙门山-锦屏山冲断带位于青藏高原与扬子板块之间，是一个走向近南北的构造单位，其间被鲜水河断裂截切错断，是我国西部重要的构造-地貌分界线。长期以来，人们普遍认为龙门山-锦屏山冲断带是一个典型的逆冲推覆构造带，由若干个逆冲推覆体构成，并具推覆和滑覆叠置的特征。研究表明，龙门山-锦屏山冲断带发育显著的走滑作用，显示龙门山-锦屏山冲断带不是一个单纯的逆冲推覆构造带，而是一个走滑-逆冲构造系统，在其东侧形成了新生代走滑前陆盆地，并在冲断带内部形成了新生代盐源山间盆地。

　　新生代龙门山前陆盆地位于龙门山-锦屏山冲断带与龙泉山前缘隆起之间，呈近南北向条带状分布于冲断带前缘，是在中生代前陆盆地基础上发育的继承性盆地，盆地中充填了4套地层，即下部的红色地层、中部的含煤地层、上部的大邑砾岩层和顶部的松散砾石层，其间均发育不整合面(表 14-1、图 14-1)。在龙门山-锦屏山冲断带内，新生代地层主要分布于盐源盆地，该盆地是龙门山-锦屏山冲断带上面积最大、保存最好、地层记录最为完整的新生代盆地，面积为 444km^2，盆地中充填了古近系—第四系沉积物，最大厚度为1606m，包括两套地层，即下部的红色地层(丽江组)和上部的含煤地层(盐源组)，其间以角度不整合接触(表 14-1、图 14-1)。

　　从龙门山-锦屏山冲断带内和前缘地区新生代地层分布的特征看，两类盆地的构造位置、盆地类型、成盆时期和盆地充填序列及样式均不相同，沉积记录也不连续，目前在该地区尚难找到一条连续的新生代地层记录，也无法在前陆地区或冲断带内建立该地区的新生代构造地层序列(表 14-1)。在冲断带前缘地层记录相对完整，但缺失渐新统，在冲断带内地层记录相对较新，但缺失古新世地层和中新世地层，显示两类盆地在地层记录上的差

表 14-1　龙门山-锦屏山冲断带内及前陆地区新生代地层记录

地质年代		龙门山前陆地区	龙门山-锦屏山冲断带内	构造层序	地层界面	地层时代/Ma	构造事件
Q	全新世			TS_5		0.65~0	T_5：可能与青藏高原第三次隆升事件相关
	更新世	雅安砾岩			不整合		
N	上新世	大邑砾岩	盐源组	TS_4	不整合	4.6~1.6	T_4：可能与青藏高原第二次隆升事件相关
	中新世	凉水井组		TS_3	不整合	23.3~16.0	T_3：可能与青藏高原第一次隆升事件相关
E	始新世		丽江组	TS_2	不整合	50.3~40.3	T_2：可能与印度次大陆拼合事件相关
	古新世	名山组		TS_1	整合	65~55	T_1：可能与拉萨地体拼合和喜马拉雅地体拼合事件相关

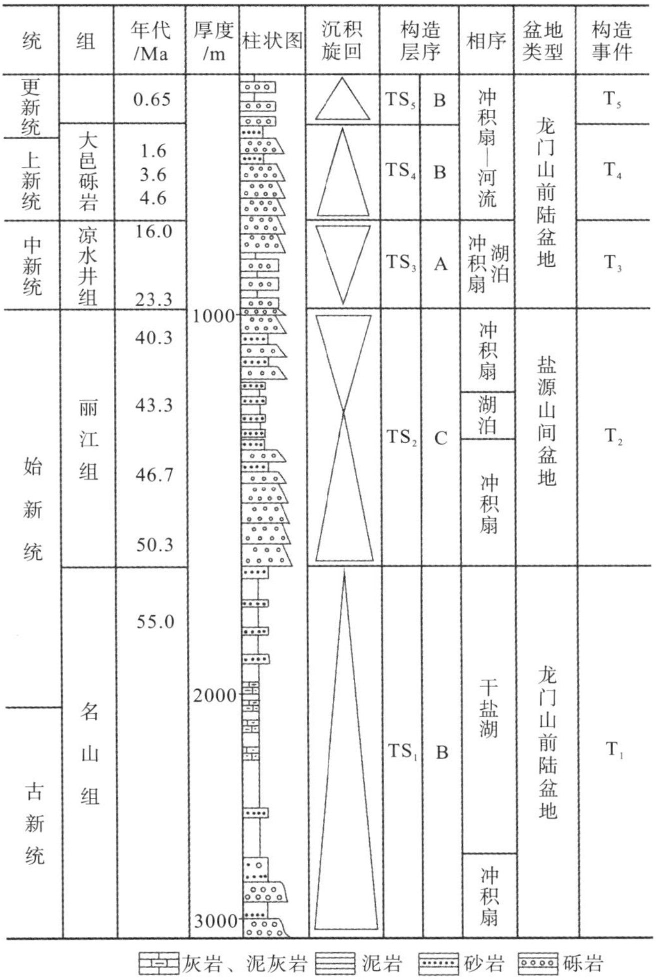

统
组
年代/Ma
厚度/m
柱状图
沉积旋回
构造层序
相序
盆地类型
构造事件
更新统
上新统
中新统
始新统
古新统
大邑砾岩
凉水井组
丽江组
名山组
0.65
1.6
3.6
4.6
16.0
23.3
40.3
43.3
46.7
50.3
55.0
1000
2000
3000
TS5 B
TS4 B
TS3 A
TS2 C
TS1 B
冲积扇—河流
冲积扇
湖泊
冲积扇
湖泊
冲积扇
干盐湖
冲积扇
龙门山前陆盆地
盐源山间盆地
龙门山前陆盆地
T5
T4
T3
T2
T1
灰岩、泥灰岩
泥岩
砂岩
砾岩

图 14-1　青藏高原东缘新生代构造层序序列

异性，即在山前盆地有地层记录，而在山上缺失，如古新世和中新世；反之，在山上盆地有地层记录，而在山前缺失，如始新世，显示了两类盆地沉积记录具有明显的互补性。因此，本章力图对两类盆地进行对比性研究，以地层时代和不整合面为依据衔接该地区的新生代构造地层序列，探索青藏高原东缘新生代构造事件和隆升事件。

根据本次研究获得的大量的测年成果和对两类盆地充填序列的对比性研究成果，本书将该区新生代构造地层序列划分为 5 个构造层序，自下而上分别为：古新世—早始新世构造层序（TS_1）、中晚始新世构造层序（TS_2）、中新世构造层序（TS_3）、上新世—早更新世构造层序（TS_4）和中更新世—全新世构造层序（TS_5）（表 14-1），初步建立了与碰撞后造山和隆升过程相关的新生代构造地层序列。

根据构造层序垂向结构和盆地充填动力学的差异性，可将该区新生代构造层序分为 3 种类型，即 A 型构造层序、B 型构造层序和 C 型构造层序。其中，A 型构造层序表现为一个向上变粗的剖面结构（图 14-1，中新世构造层序 TS_3），B 型构造层序表现为一个向上变细的剖面结构（图 14-1，古新世—早始新世构造层序 TS_1），C 型构造层序总体表现为先向上变细后向上变粗的完整剖面结构（图 14-1，中晚始新世构造层序 TS_2），为本次新确定的构造层序类型。

14.1 古新世—早始新世构造层序（TS_1）与构造事件

古新世—早始新世构造层序仅分布于龙门山-锦屏山冲断带东缘的前陆盆地，呈南北向带状分布于冲断带东缘，位于该区中、新生代红色沉积盆地的最顶部，残存于现今龙门山前陆盆地和西昌盆地。该构造层序以龙门山前陆盆地的名山组为代表，在垂向上，总体表现为一个向上变细的 B 型构造层序（图 14-1），下部为冲积扇沉积体系，上部为干盐湖沉积，厚度为 410~1378m，与下伏白垩纪地层整合接触，与上覆新近系和第四系为角度不整合接触。在空间上，该构造层序分布于冲断带与前缘隆起之间，呈南北向条带状展布，盆地的西缘为冲积扇沉积体系，盆内为河流沉积体系和湖泊沉积体系，西厚东薄。沉降中心位于盆地的西部，因此从东西向盆地的剖面结构看，该盆地为西陡东缓的不对称性盆地，为典型的前陆盆地结构。该盆地充填物中普遍含大量石膏、钙芒硝蒸发岩和风成沉积物，生物化石以半咸水的介形虫和轮藻为特征，水体古盐度为 42.5‰~50.9‰，$\delta^{18}O$ 为-8‰~1‰，显示该时期为炎热干燥的气候条件，湖泊也为干旱气候条件下的间歇性干盐湖，显示了该时期具有气候干燥、地势平坦、海拔较低等特点，青藏高原尚未出现，属特提斯洋东侧的内陆干旱区，是白垩纪干旱沙漠气候的延续。由于该套地层在龙门山前缘雅安一带与下伏白垩系连续沉积，故多数学者认为不存在白垩纪与古近纪—新近纪之间的四川运动。

目前对该构造层序的时代归属分歧较大，介形类古生物组合标定其时代为古新世—早始新世，中法合作古地磁测年获得两个不同的年龄，Enkin 等（1991）认为该套地层早于70Ma，庄忠海等（1988）认为该套地层的古地磁测年时代为 65~45Ma。为此我们测试了该构造层序顶部砂岩和砾岩填隙物中的石英颗粒，获得两个 ESR 测年数据，均为 55Ma，显示该套地层的顶界可延续至早始新世。鉴于该套地层在雅安、天全和芦山一带与下伏白垩系地层连续沉积，该套沉积时代属古新世—早始新世，时限为 65～55Ma。这一研究成果与介形类古生物组合所确定的时限具有一致性，持续时间为 10Ma，沉积速率大致为0.14mm/a。

14.2　中-晚始新世构造层序(TS₂)与构造事件

中-晚始新世构造层序仅分布于龙门山-锦屏山冲断带内的新生代盐源盆地中，在盐源盆地博大乡红崖子村发育最好，总厚 966m，前人称为红崖子组，后改为丽江组。该构造层序与下伏和上覆地层均为不整合接触，显示为一个以顶底不整合面限定的构造层序。底部直接与三叠系以高角度不整合接触，缺失侏罗系和白垩系，界面上发育底砾岩、红土型风化壳和古岩溶。在垂向上，该构造层序显示为粗—细—粗的 C 型构造层序，可明显分为 3 部分，下部为紫灰色块状石灰质粗砾岩、巨砾岩夹砂岩和粉砂岩，以巨厚的冲积扇砾岩为特征；中部为紫灰色粉砂岩夹砂岩、泥岩和砾岩透镜体，以湖泊相为特征；上部为紫色细、中砾岩夹透镜状砂砾岩和砂岩(图 14-1)，以巨厚的冲积扇砾岩为特征。在横向上，盆地西南边缘为冲积扇沉积体系，盆内为湖泊沉积体系，盆地的沉降中心位于盆地的南缘，地层厚度最大，向北东变薄，盆地显示为南陡北缓的不对称结构，沉降中心不在靠近后缘木里冲断带一侧，显然该盆地的类型并非冲断带内的背驮式盆地。

目前对该构造层序的时代归属尚无确切依据，为此我们测试了该构造层序不同层位和不同地点的砂岩和砾岩填隙物中的石英颗粒，获得 7 个 ESR 测年数据，时代分布于 50.3～40.3Ma，显示该套地层的时代为中始新世，持续时间为 10Ma，沉积速率为 0.1mm/a。这一研究成果也表明，该构造层序可与丽江盆地的丽江组和理塘盆地的热鲁组对比，与丽江组的丽江哺乳动物群和热鲁组的桉属植物群的时代具有一致性。

从盆地的生成和沉积特征变化看，在中始新世该区发生了强烈的构造事件，依据在于：①该盆地是在龙门山-锦屏山冲断带内新生的盆地，反映了构造应力场的变化；②发育巨厚的始新世砾岩；③山前前陆地带此时无沉积记录，更没有形成盆地(可容空间为零)，大量来自造山带的物质均溢出山前地带，发生沉积过路作用和剥蚀、下切作用，显示该时期山前以抬升剥蚀为主，并为前陆盆地所获得的裂变径迹冷却年龄(46.7±0.7)Ma 及(45.9±2.3)Ma(伍大茂等，1998)所证实；④该盆地沉积记录以紫色、紫灰色为特征，其中含半咸水介形虫 Sinocypris，在大河一带尚发现典型的风成砂岩，具有大型风成板状交错层理，层系厚度为 1.8～2m，前积层产状为 210°∠45°，显示古气候干旱炎热，从理塘热鲁组所发现的同期桉属植物群和丽江哺乳动物群均显示为亚热带常绿阔叶林，当时该区的海拔为 1000m 左右，显示以龙门山-锦屏山造山带为代表的川西高原与其前缘四川盆地间的古地貌差异已出现；⑤该构造层序已强烈变形，而其上覆地层为中新世或上新世地层，构造变形的确切时间尚不能确定，在冲断带内钾质煌斑岩岩体侵入该套地层中，其产出状态显示钾质煌斑岩岩体是在该构造层序变形后侵入的，该钾质煌斑岩的侵入年龄为40.8Ma(K-Ar)和 39.2Ma(K-Ar)(骆耀南等，1998)，因此可认定在 40Ma 左右存在一次构造变形事件,并伴随有岩浆活动;⑥更为重要的是,在该时期四川盆地西部晚白垩世以来发育的统一的山前红色陆相盆地发生了肢解,具体肢解的时间为中-晚始新世,即该构造层序底部不整合面所显示的构造运动。

因此,可以确认该区存在 50～40Ma 的沉积事件、构造事件,与发生于 55～45Ma 的印-亚碰撞事件具有一致性,表明后者是前者的远源响应。

14.3　中新世构造层序(TS$_3$)与构造事件

中新世构造层序仅分布于冲断带前缘地区,在冲断带内此时尚无沉积记录,以峨眉山—什邡一带的凉水井组为代表,厚度为数米至 104m,与上覆雅安砾石层和下伏名山组皆为不整合接触,为一个单独的构造层序。

该构造层序厚度较小,岩性为砾岩和黏土岩,其中砾岩累计厚度为82m,半成岩,黏土岩中含碳化树干、植物碎片和孢粉化石,在垂向上显示为砾岩与黏土岩不等厚互层,向上砾岩层增厚,砾石变粗且成分变得复杂,表现为向上变粗的进积型构造层序(A 型),是冲积扇砾岩与湖沼黏土岩交替堆积的产物。在横向上,在都江堰—名山一带沉积了河流相灰色碎屑岩,在荥经、什邡等地区分布了湖沼相,并含大量碎屑岩。

目前对该构造层序的时代归属有明显分歧,有学者认为该组的孢粉组合与山东山旺中新世地层的孢粉组合有某些相似之处,将凉水井组的时代定为中新世。也有学者认为该套地层属上新世或第四系,与大邑砾岩的时代相当。为此我们测试了该构造层序不同层位的砂岩和砾岩填隙物中的石英颗粒,获得 2 个 ESR 测年数据,时代分布于 23.3～16Ma,显示该套地层的时代为早—中中新世,其与孢粉组合所确定的时代一致,持续时间为 7.3Ma,沉积速率为 0.01mm/a。

此外,该构造层序还记录了青藏高原东缘最重要的由干变湿的古气候剧变。剖面下部(1～8 层)的岩石以紫灰色为主,未见化石,ESR 年龄为 23.3Ma,显示早中新世古气候较干燥,而剖面上部(9～15 层)岩石以蓝灰色为特征,ESR 年龄为 16Ma,在泥岩中含大量碳化树干和植物碎片,孢粉以被子植物花粉和蕨类植物孢子为主,含少量裸子植物花粉,植物面貌以石松、松、云杉、柳、杨梅、桤、榆等占优势,属温带落叶阔叶-亚热带常绿阔叶的混合类型,反映中新世为暖温带到亚热带的过渡气候。显然与中新世早期相比,气候发生了巨大变化,即中新世早期为干燥炎热的气候,而中新世中-晚期为温暖潮湿的气候,其与 15Ma 全球产生渐新世以来第一次最显著的降温相当。因此,该构造层序的 8 层与 9 层之间代表了青藏高原东缘最重要的气候变冷事件。

该构造层序底部的角度不整合面和巨厚层砾岩显示一次重要的构造事件,其发育的时间应在 23Ma 左右,其不仅与龙门山及前陆盆地磷灰石裂变径迹计时显示的中新世冷却年龄具有一致性,而且与冲断带西侧的丹巴公差变质岩出现 20Ma(许志琴等,1992)的变质年龄具有可比性,同时与青藏高原南部喜马拉雅地区、藏南和北部天山出现的 25～17Ma 的隆升事件也具有一致性。该构造运动不仅使冲断带全面隆升剥蚀,缺乏中新世沉积,而且使造山带前缘大部分地区也处于隆升剥蚀,仅在峨眉山—名山—都江堰—什邡一带的川西地区沉积了厚度不大的凉水井组，从盆地可容空间小、堆积物薄、堆积物以冲积扇砾岩和湖沼泥岩为主、进积型垂向层序等特征判断，该时期的这些不连续的小盆地可能是一些小型走滑盆地。

14.4　上新世—早更新世构造层序(TS₄)与构造事件

上新世—早更新世构造层序在龙门山-锦屏山冲断带内和前陆地区均有分布，是冲断带内和前陆盆地中同时分布的唯一构造层序，均由半固结-松散沉积物构成。在冲断带内该构造层序可以盐源盆地的盐源组为代表，最大厚度为 640m；在前陆地区该构造层序可以成都盆地的大邑砾岩和西昌盆地的昔格达组为代表，它们均与下伏地层以角度不整合接触，与上覆中更新统也以角度不整合接触，其中在冲断带内盐源组的时代根据在该组中发现的中国乳齿象动物群标定为上新世，大邑砾岩根据 ESR 测年标定为上新世，时限为 4.6～1.6Ma，昔格达组根据磁性地层学标定为上新世，时限为 4.29～1.782Ma，显示它们为同一构造事件的产物。

该构造层序的发育表明青藏高原东缘晚中新世与上新世之间曾发生了一次强烈的构造运动，该构造运动由沉积记录所限定的最大时间范围为 16～4.6Ma，其中下界由中新世构造层序的最新年龄标定，上界由上新世构造层序的最大年龄标定，这一构造事件与冲断带内生成于 15～10Ma 的壳源型花岗岩组合具有很好的对比性，构造环境以平移剪切作用为主(许志琴等，1992)，显示了沉积盆地的沉积记录和岩浆岩组合反映的构造事件与构造环境具有一致性。该时期在西部冲断带与东部盆地的植物群面貌具有明显的差异性，在西部造山带以温带针叶、阔叶混交植物为特征，在东部前陆盆地主要为亚热带阔叶常绿植物和少量阔叶落叶植物，表明西部造山带和东部前陆盆地间的高差已较显著，达 1000～1500m。

该构造层序底部不整合面的地质时代跨度应为上新世早中期，时间为 5.2(在该构造层序底界面测定的最早年龄)～2.7Ma，其上发育巨厚砾岩层，代表了一次较强烈的青藏高原隆升事件，而且其与全球此时普遍发生的构造运动及南极冰盖的大规模扩展完全同步。此外，地层记录显示该区古近纪—新近纪与第四纪之间是连续沉积，其间不存在构造事件。

14.5　中更新世—全新世构造层序(TS₅)与构造事件

中更新世—全新世构造层序广泛分布于成都盆地及西部山区阶地，与下伏地层均为不整合接触。成都盆地中更新统—全新统分布面积达 6500km²，最厚达 160m，由龙门山中南段前缘冲积扇沉积物构成，形成联扇平原，沉积物由砂、砾石层，夹黏土层和泥岩层，其中砾石层以中更新统雅安砾石层厚度最大，该砾石层在川西分布较为广泛，多为碎屑流砾岩，而且砾石成分以岩浆岩为主。据对平原边缘台地和丘陵地带的研究，该套沉积物自老而新可划分为雅安组(砾石层)、雷家院组(网纹红土)、黄鳝溪组、蓝家坡组、成都黏土和资阳组(四川省地质矿产局，1991)，含脊椎动物化石。

该构造层序底界面为一区域性角度不整合面，在不整合面以下的地层都是一套成岩-半成岩的河湖、沼泽相沉积，发生了明显的褶皱和挠曲；在不整合面以上的地层都是一套未固结的、水平状分布的冲洪积或冰水沉积物，该界面在大邑氮肥场、名山万古出露较好，在界面上有时可见冰楔(大邑氮肥场剖面)，我们根据大邑砾岩顶部的最新年龄 1.6Ma 限定该不整合面形成的下限，根据雅安砾石层下部的最大年龄 0.65Ma 限定该不整合面形成的上限，即早于中更新世。因此，这一不整合面所反映的构造运动大致限定于早更新世中-晚期，时限为 1.6～0.65Ma，而不是位于早更新世与中更新世之间。

此外，大邑砾岩与雅安砾石层的砾石成分上的变化也显示了这一巨变，在中更新统中砾石成分明显不同于下伏地层的砾石成分，在中更新统以下的地层中，砾石成分以灰岩和硅质岩为主，而中更新世以来的砾石以岩浆岩等为主，显示冲断带于早更新世发生了强烈隆升作用，导致前震旦系杂岩体隆升至地表，成为前陆盆地沉积物的物源。

第三部分

龙门山前陆盆地物源分析与原型盆地分析

第15章 晚新生代成都盆地物源分析

长期以来，青藏高原东缘是国际地学界研究青藏高原隆升与变形过程的理想地区，其原因在于该地区地质过程仍处于活动状态，变形显著，露头极好，地貌和水系是青藏高原碰撞作用和隆升过程的地质记录。因此，对该地区新生代构造作用与地貌和水系响应的研究，不仅可验证 Tapponnier 等(1986)提出的向东挤出模式及 England 和 Molnar(1990)提出的右旋剪切模式，而且可能提出新的模式。目前急需定量化的数据来检验和约束这些模式，真实地理解青藏高原及东缘地区的地球动力学过程及其对地貌和水系等的控制作用。但迄今为止，对龙门山晚新生代水系演化与地貌响应的动力学过程并不清楚或知之甚少，但这些资料却是认识龙门山地貌和水系演化的关键。

李勇和曾允孚(1994a)对龙门山逆冲推覆作用的沉积响应模式做了研究，认为龙门山是成都盆地沉积的主要物源区，成都盆地沉积物的碎屑成分能够反映龙门山冲断带的物质构成。Burchfiel 等(1995)认为在晚新生代龙门山强烈构造活动期间，成都盆地没有经历大的构造沉降，因而没有为地层的沉积提供足够的可容空间，使晚新生代河流搬运的大量碎屑物质绕过成都盆地，首次认识到盆地类型与水系发育的内在关系。但就水系、地貌与构造作用、剥蚀作用之间的相互关系而言，则有两种截然不同的认识。Kirby 等(2000)在对青藏高原河流特征的研究中，提出青藏高原东缘的地貌特征主要受构造活动的控制，并通过 ^{40}Ar/^{39}Ar 法和 U-Th 法研究了青藏高原东缘新生代的地貌演化。李勇等(2005a，2005b，2006a，2006b)通过对河流阶地的研究，发现龙门山地区的地表隆升主要受剥蚀作用的控制，而现代地貌特征是构造隆升和剥蚀作用的产物。

针对青藏高原边缘古水系的研究现状，考虑到龙门山山前地区在晚新生代时期以近物源区的碎屑岩为主，本章以物源区分析作为切入点，以岷江和青衣江水系为重点，开展青藏高原东缘晚新生代以来的古水系重建工作，研究古水系演化与地貌演化的相互关系。

15.1 区域地质背景

青藏高原东缘是我国西部地质、地貌、气候的陡变带和重要的生态屏障。在区域地质构造上，该区自西向东由川藏块体、龙门山构造带和四川盆地 3 个构造单元组成了一个彼此有成因联系的构造系统。在地貌上，该区自西向东由 3 个地貌单元构成(图 15-1)，即青藏高原地貌区、龙门山高山地貌区和山前冲积平原区(成都盆地)。

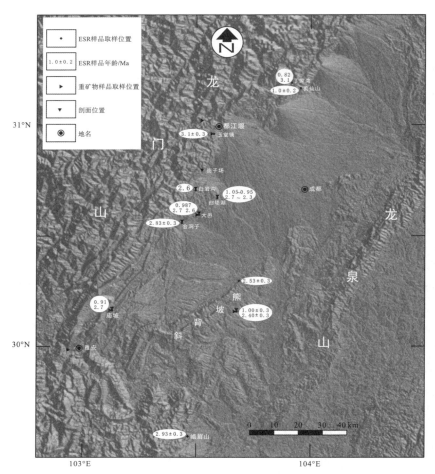

图 15-1　成都盆地数字地貌图及样品分布图

　　龙门山是青藏高原东缘边界山脉,位于青藏高原和四川盆地之间,处于我国西部地质、地貌、气候的陡变带,前接成都平原,后邻青藏高原,北起广元,南至天全,长约 500km,宽约 30km,呈北东—南西向展布,北东与大巴山相交,南西被鲜水河断裂相截。活动构造研究结果表明,晚新生代龙门山具有逆冲和走滑作用。

　　成都盆地位于青藏高原东缘,西以龙门山为界,东以龙泉山为界,呈"两山夹一盆"构造格局,并显示为狭窄的线性盆地(图 15-1)。该盆地的长轴方向为北东—南西向(30°~40°NNE),平行于龙门山断裂带,长度为 180~210km;盆地的短轴方向为北西—南东向,垂直于龙门山断裂带,宽度为 50~60km,盆地的西部已卷入龙门山造山带。盆地基底断裂和沉积厚度的时空展布特点表明,在成都盆地的短轴方向,盆地具明显的不对称结构,宏观上表现为西部边缘陡,东部边缘缓,沉积基底面显示为整体向西呈阶梯状倾斜,表明盆地的挤压方向垂直于龙门山断裂方向,属走滑挤压盆地(李勇等,2006a,2006d),其充填实体为晚新生代半固结-松散堆积物,并与下覆地层呈角度不整合接触,在界面上存在厚约 10cm 的古风化壳,分布十分稳定,并被钻孔资料证实,从而表明晚新生代成都盆地形成之前,该地区曾出现一个相当长的剥蚀夷平时期,而晚新生代成都盆地是在中生代前陆盆地的基础上于晚新生代再次下沉后形成的新生盆地，是一个单独的成盆期，并非在中生代前陆盆地上连续接受沉积的继承性沉降盆地。

青藏高原东缘现代水系以横向河为主，流向与龙门山的走向垂直，显示以深切河谷为特征，均汇流于长江。以龙门山和岷山的山顶面为分水岭，该区河流可分为两种类型，一种为贯通型河流(如岷江、涪江、嘉陵江)，它们起源于青藏高原东部的川藏块体，流经并下切龙门山，进入四川盆地；另一种为龙门山山前水系，它们起源于龙门山中央断裂以东，流经并下切龙门山山前地区(如湔江、石亭江等)，进入成都盆地。现代地貌显示，成都盆地的地表沉积物主要由横切龙门山的横向河流产生的冲积扇和扇前冲积平原沉积物构成(图 15-1)。在成都盆地中陆源碎屑沉积物主要来自龙门山，冲积扇总体上分布于盆地西侧沿龙门山断裂一线，山前发育数量众多的横向河，在出口处以冲积扇沉积为主。河流的流向和碎屑物质的搬运方向均垂直于龙门山断裂和成都盆地长轴方向，并以横向水系为特征。由北向南依次为绵远河冲积扇、石亭江冲积扇、湔江冲积扇、岷江冲积扇和两河冲积扇，其中以岷江冲积扇规模最大(李勇等，1994a，1994b)。各扇体均位于横切龙门山的横向河谷的河口地带，地势均自北西向南东倾斜，连缀成群，并在扇前缘犬牙交错地叠置于上更新统地层之上。扇间为洼地，一般为砂质黏土沉积物。以上特征显示了成都盆地具有单向充填特征，即物源区位于成都盆地的短轴方向，在盆地中充填的碎屑物质均来自盆地西侧的龙门山(图 15-1)，充填方向垂直于龙门山断裂和成都盆地长轴方向。

15.2　物　源　分　析

物源区分析是古水系重建的重要方法之一，它可以提供母岩区的位置和性质，判断古陆或侵蚀区的存在，分析古地形起伏，恢复古河流体系，是盆地分析、古地理分析和古地貌分析不可或缺的方法。针对青藏高原东缘古水系的研究现状，考虑到龙门山山前地区晚新生代以近物源区的碎屑岩为主，本节研究以物源区分析作为切入点，以岷江和青衣江水系为重点，采用砾岩成分分析、砂岩岩屑成分分析、重矿物分析和砂岩的地球化学分析等基本方法，开展青藏高原东缘晚新生代以来的古水系重建工作，研究古水系演化与地貌演化的相互关系，探索剥蚀作用在晚新生代龙门山成山过程中的作用，对青藏高原东缘龙门山的隆升机制进行约束。

15.2.1　碎屑成分

根据地表区域地质调查和钻井勘探资料，晚新生代成都盆地充填实体均为半固结-松散堆积物。该套沉积物在垂向上表现为由 3 个不整合面分割的 3 个向上变细的退积序列，并分为 3 套砾石层。其中，下部为大邑砾岩，中部为雅安砾石层，上部为上更新统—全新统砾石层。

为了对成都盆地陆源碎屑中最粗的砾石成分开展物源分析，选择了 5 个大邑砾岩剖面对砾石成分进行统计。其中，4 个剖面位于龙门山山前的成都盆地西部，由北到南分别是玉堂镇剖面、白塔湖剖面、大邑剖面和庙坡剖面；另一个是位于盆地东南部的熊坡东剖面（表 15-1、图 15-1）。为了与现代岷江和青衣江的砾石成分进行对比，对现代岷江和青衣江的沉积物也进行了砾石统计，其中岷江的统计点位于都江堰西约 5km 处的现代岷江的河漫滩上，青衣江的统计点位于雅安市区内青衣江河漫滩上（图 15-2）。统计面积均为 $1m^2$，统计砾石的直径均大于 3cm。为了能够通过砂岩岩屑成分开展物源分析，对上述大邑砾岩剖面的砂岩透镜体进行了取样，并进行了磨片和鉴定。

表 15-1　成都盆地大邑砾岩的砾石成分统计

	成都盆地北部（都江堰及邻区）	成都盆地南部（名山及邻区）
典型剖面	崇州街子场、崇州白塔湖、大邑白岩沟、大邑氮肥厂、彭州丁家湾、彭州葛仙山	庙坡、熊坡东
砾石成分	花岗岩31%，闪长岩22%，辉长岩14%，片岩9%，辉绿岩8%，岩屑石英岩7%，灰岩5%，粉砂岩4%	石英岩32%，变质火山碎屑岩20%，辉绿岩15%，花岗岩9.5%，砂岩7%，玄武岩3.5%，基性火山岩3%，闪长岩2.7%，辉长岩2.6%，脉石英1.2%，灰岩1%，流纹岩0.65%，变粒岩0.5%，少许硅质岩、花岗细晶岩、片岩、千枚岩、粗面岩、粉砂质泥岩
砾石来源	变质岩砾石主要来自松潘−甘孜褶皱带变质岩，花岗岩砾石主要来自彭灌杂岩体，沉积岩砾石则来自龙门山泥盆系—白垩系沉积岩	变质岩砾石主要来自前震旦系黄水河群，花岗岩砾石主要来自宝兴杂岩体，沉积岩砾石则来自龙门山泥盆系—白垩系沉积岩
古水系	古岷江	古青衣江

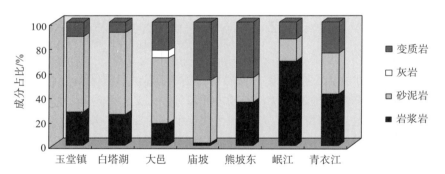

图 15-2　成都盆地大邑砾岩的砾石成分统计及其与现代河流砾石沉积物的对比

对大邑砾岩中的砾石成分和砂岩岩屑成分的统计结果表明：成都盆地的砾石成分和砂岩岩屑成分可被明显地分为两个区域，其中成都盆地北部的崇州街子场、崇州白塔湖、大邑白岩沟、大邑氮肥厂、彭州丁家湾、彭州葛仙山等剖面砾石层的砾石成分相似，其共同的特点是砾石成分以花岗岩类为主，应为同一物源的产物；而成都盆地南部的庙坡剖面和熊坡东剖面砾石层的砾石成分相似，其共同的特点是砾石成分以变质岩类为主，可能为同一物源的产物（表 15-1）。因此，推测大邑砾岩应由两个物源的砾石构成，在大邑砾岩沉积时至少有两个物源区出口或河口，其中成都盆地北部的大邑、都江堰一带的大邑砾岩可能是古岷江的产物；成都盆地南部的名山至熊坡一带的大邑砾岩砾石可能是古青衣江的产物。

　　为了能够了解砾石层沉积物反映的古水系与现今水系的关系,将大邑砾岩的砾石成分与现代岷江和青衣江沉积物的砾石成分进行了对比(图 15-2),结果如下。

　　(1)现代岷江沉积物中岩浆岩砾石的含量占绝对优势(68%),其与都江堰及邻区的大邑砾岩的砾石成分具有一定的相似性,均以岩浆岩砾石为主。但现代岷江沉积物中的岩浆岩砾石的含量比大邑砾岩中岩浆岩砾石的含量高出 25%,显示了大邑砾岩的物源区和现代岷江的物源区可能存在一定的差异。此外,从这些剖面的分布位置看,均位于现代岷江的南北两侧,推测这些剖面沉积物的物源可能就是古岷江。

　　(2)在庙坡剖面和熊坡东剖面大邑砾岩的砾石成分与现代青衣江的砾石成分和松散沙的碎屑成分最为相似。因此,推测庙坡剖面和熊坡东剖面砾岩的物源受古青衣江流域的控制,但庙坡剖面和熊坡东剖面之间的连线反映古青衣江的流向为南西—北东向,且明显不同于现代青衣江的流向,显示了青衣江在大邑砾岩沉积之后曾改道。此外,以上特征也显示了介于庙坡剖面和熊坡东剖面之间的地貌高地——熊坡背斜在大邑砾岩沉积时并未形成。

　　(3)根据大邑砾岩的砾石排列具较明显的定向性和叠瓦状构造等特点,测量了每组砾石的最大扁平面倾斜角度,并制作了玫瑰图(图 15-3),表明古岷江的古水流方向为北西—南东向,其与现代岷江的流向一致[图 15-1、图 15-3(b)、图 15-3(c)]。而古青衣江的古水流方向为南西—北东向,其与现代青衣江的流向不一致[图 15-1、图 15-3(a)],也显示了青衣江曾改道,即由原来的南西—北东向改道为现今的北西—南东向。

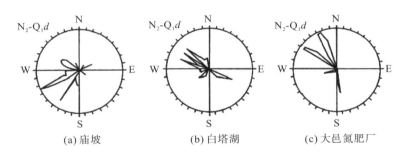

(a) 庙坡　　　　　　　(b) 白塔湖　　　　　　(c) 大邑氮肥厂

图 15-3　成都盆地大邑砾岩砾石的最大扁平面倾向玫瑰图

15.2.2　重矿物分析

　　重矿物在砂岩中的含量一般小于 0.1%,多赋存于粉砂-细砂岩内。本次研究采集的重矿物分析样品共 6 个,其中 4 个采自大邑砾岩中的砂岩透镜体,采样点分别位于都江堰、大邑、庙坡和熊坡东剖面。为了把这些砂样和现代河流的砂样进行对比,又从现代河流中采集了两个松散砂样,其中一个采自岷江的河口,另一个采自青衣江。根据重矿物粒度分布和赋存特点,本次统计的粒度范围是 63～400μm。通过一个 63μm 的筛进行湿筛,砂的粒级被区分为粉砂级和黏土级,然后用 H_2O_2 和盐酸对样品进行处理。在此基础上,对透明重矿物进行了鉴定,辨别出的透明重矿物包括锆石、电气石、磷灰石、金红石、榍石、石榴子石、绿帘石、绿纤石、硬绿泥石、蓝晶石、角闪石组(特别是角闪石)以及辉石类组矿物;并对各种重矿物的含量、丰度进行了统计(表 15-2),绘制重矿物在平面上的分布图

（图 15-4）。对统计结果进行了初步分析，结果如下。

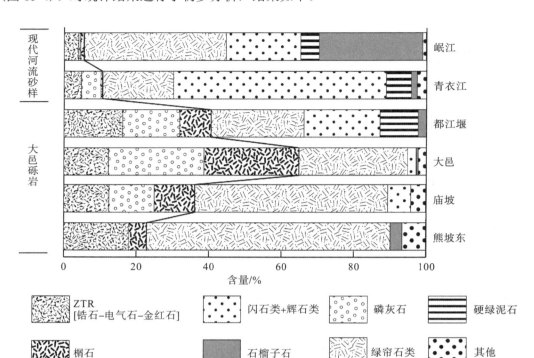

图 15-4　现代河沙和龙门山山前晚新生代大邑砾岩中砂岩的重矿物丰度图

注：粗线将锆石-电气石-金红石共生组合（ZTR）、磷灰石和榍石与其他重矿物区别开来，突出了颗粒共生组合的差异性。

表 15-2　龙门山前缘现代河沙以及大邑砾岩中砂岩的重矿物丰度

重矿物	现代河流松散沙		大邑砾岩中的砂岩			
	岷江	青衣江	都江堰	大邑	庙坡	熊坡东
锆石	3	3	9	7	13	8
电气石	2	0	5	4	0	10
金红石	0	2	2	2	0	0
磷灰石	1	5	16	26	13	0
榍石	1	1	9	26	11	5
绿帘石组	39	20	26	30	54	67
角闪石组	21	54	21	0	6	0
辉石类组	0	5	0	2	0	0
硬绿泥石	5	7	11	0	0	0
十字石	0	1	0	0	0	7
蓝晶石	1	2	0	0	0	0
石榴子石	29	2	2	1	0	3
绿纤石	0	0	0	2	4	0

注：数字是透明碎屑重矿物的丰度（%）。

（1）在两个现代河流的砂岩样品中，重矿物存在较大差异。其中，石榴子石在岷江沉积物中的重矿物几乎占 30%，而在青衣江沉积物的重矿物中它只是一种副矿物（图 15-4）。角闪石在青衣江沉积物中丰富得多，而在岷江沉积物中较少。此外，在青衣江沉积物中磷灰石很普遍，而在岷江沉积物中几乎没有。

（2）熊坡东的砂岩样品中 80% 以上的矿物是不透明的，在整个样品中只计算了 60 颗透明重矿物颗粒。其中，绿帘石含量比较稳定，锆石和电气石的含量也较高。值得注意的是，在庙坡的砂岩样品中同样含有大量的绿帘石组矿物，反映了庙坡砂岩样品和熊坡东砂岩样品属于同一物源，属古青衣江的产物。

（3）将大邑砾岩的砂岩样品和现代河砂样品的重矿物含量进行对比，结果表明，虽然岷江和玉堂镇的采样点距离很近，但二者的重矿物存在两个明显的差异。现代岷江河砂中的石榴子石数量比大邑砾岩的砂岩中要多得多（图 15-4），而在大邑砾岩的砂岩中，锆石、电气石、金红石、磷灰石和榍石等岩浆岩矿物的含量要高得多。由于石榴子石数量的变化和岩浆岩矿物数量的转变无法用分选或风化过程来解释，推测这些变化是晚新生代水系和源区的变化引起的。

以上特征显示了晚新生代青藏高原东缘水系在物源区方面的两个重要变化。第一个重要变化是在岷江沉积物中石榴子石含量显著增加，这可以解释为现代岷江逆源侵蚀并切穿松潘-甘孜褶皱带的志留系—上三叠系复理石建造中的石榴子石变质带，而青衣江流域中没有石榴子石变质带发育，因此其砂样中的石榴子石含量也低。第二个重要变化是现代岷江的沉积物与晚新生代砾石层在重矿物成分上有重大转变，即：在晚新生代沉积物中含有较多的岩浆岩矿物共生组合（锆石-电气石-金红石、磷灰石、榍石），而在现代河砂中则含有较多的变质岩矿物。这种变化反映了晚新生代龙门山地区的古岷江已切入了结晶基底的岩体，而现代岷江则切穿松潘-甘孜褶皱带的志留系—上三叠统复理石建造（含石榴子石变质带）。

15.2.3　常量元素分析

为了使碎屑岩中的常量元素能够反映晚新生代青藏高原东缘水系的变化，避免分析结果的多解性，本书研究仅使用花岗岩的常量元素特征作为区别不同流域来源花岗岩砾石的标志。为了便于对比和分析，一方面，采集了龙门山及川西高原出露的主要花岗岩的基岩样品 13 件（样品位置见图 15-5），并把研究区的花岗岩区分为元古宙、中生代及新生代花岗岩区，分别以不同的颜色表示。其中，橙黄色区为元古宙花岗岩区、橘红色区为中生代花岗岩区、粉红色区为新生代花岗岩区，彭灌杂岩体和宝兴杂岩体均为元古宙花岗岩（图 15-5）。另一方面，采集了大邑砾岩中的花岗岩砾石 20 个，采样的剖面包括玉堂剖面（5 个）、大邑剖面（4 个）、庙坡剖面（6 个）及熊坡西剖面（2 个）和熊坡东剖面（3 个）。在此基础上，采用 X 射线荧光分析法对花岗岩和花岗岩砾石进行了常量元素分析，并利用 SPSS 11 软件对获得的 33 个样品的数据进行了谱系聚类法分析（图 15-6），确定基岩样品与碎屑样品的相似性，然后根据相似性判断大邑砾岩沉积区与物源区的联系。

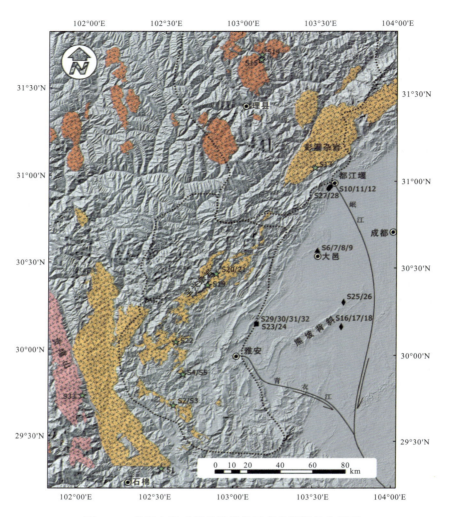

图 15-5 龙门山及成都盆地常量元素分析样品位置图

注：①背景是根据数字地面模型（digital terrain model，DTM）（90m 精度）做出的山阴图；②橙黄色区代表元古宙花岗岩、橘红色区代表中生代花岗岩、粉红色区代表新生代花岗岩；③大邑砾岩采样点中：圆圈代表都江堰附近玉堂剖面、菱形代表熊坡东剖面、正方形代表庙坡剖面、三角形代表大邑标准剖面、星形代表基岩样品；④虚线分别代表现代岷江和青衣江的流域范围。

　　现将谱系聚类树的含义初步解释如下。

　　（1）在谱系聚类树上，树状图可被分为两个主要的聚类，即聚类 A 和聚类 B（图 15-6）。聚类 A 包含树状图上部的样品，这些样品均来自成都盆地北部岷江的南北两侧。聚类 B 包含树状图底部的样品，这些样品均来自成都盆地的南部。另外，所有采自成都盆地南部的庙坡、熊坡东以及龙门山南部的元古宙花岗岩样品只在聚类 B 中出现。而相比之下，所有采自宝兴杂岩体、彭灌杂岩体和中生代花岗岩的样品都只在聚类 A 中出现。

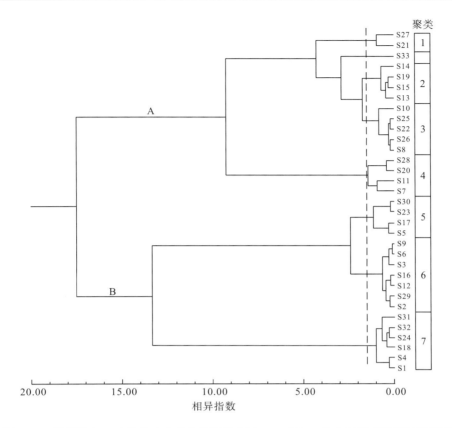

图 15-6　用华德(Ward)的最小方差作为聚类方法、Euclidean 作为远程式计算的树状图

注：①虚线显示了用于确定聚类的相异指数为 1.5；②图右侧的聚类为以虚线为界细分的 7 个聚类；

③对应的样品位置见图 15-5。

(2)聚类 A 和聚类 B 可以再被细分为 7 个聚类，其中聚类 7 把雅安西南的基岩样(S1和 S4)、庙坡剖面的砾石样(S24、S31 和 S32)以及熊坡东剖面的砾石样(S18)联结了起来，这说明庙坡剖面和熊坡东剖面的砾石至少部分是来自龙门山南部基岩，而不是龙门山北部。由此推测：①熊坡东剖面和庙坡剖面具有相同的碎屑类型，且都受古青衣江的控制；②熊坡背斜是在熊坡东大邑砾岩沉积之后形成的，它的形成使古青衣江向南改道(图 15-6)。

(3)在聚类树状图中，样品 S33(贡嘎山新生代花岗岩的基岩样)与其他样品之间没有相似性，所以该样品与其他样品之间不存在聚类关系(图 15-6)，说明大邑砾岩的砾石中没有来自贡嘎山新生代花岗岩的砾石。可以推测，贡嘎山花岗岩在晚新生代不是大邑砾岩物源区的一部分，其间发育分水岭，分离了大渡河流域与青衣江流域。

聚类 2 由一个采自彭灌杂岩体的基岩样(S13)和两个采自龙门山北部的中生代深成岩的基岩样(S14 和 S15)构成，它们没有和大邑砾岩中的样品聚类，而只和宏观上不同的碎屑聚类。因此，可以推测龙门山北部的中生代花岗岩也不是晚新生代大邑砾岩物源区的一部分(图 15-6)。

15.3   对晚新生代青藏高原东缘水系演化与变迁的讨论

通过对成都盆地沉积物中的砾石进行成分分析、重矿物分析和地球化学特征的综合分析,本书初步总结了青藏高原东缘晚新生代水系(古岷江流域和古青衣江流域)演化的过程(图 15-7、图 15-8)。

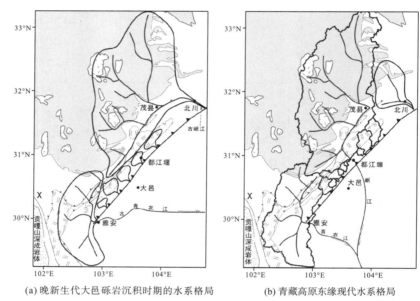

(a) 晚新生代大邑砾岩沉积时期的水系格局   (b) 青藏高原东缘现代水系格局

图 15-7   青藏高原东缘晚新生代水系变化略图

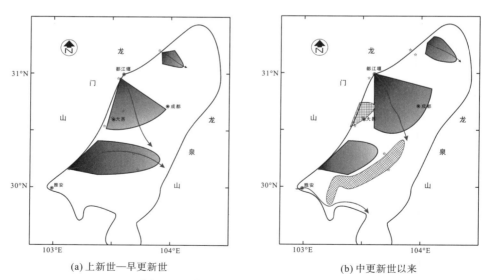

(a) 上新世—早更新世   (b) 中更新世以来

图 15-8   晚新生代成都盆地水系演化图

注:灰色填充区域为冲积扇,网格填充区域为隆起区,箭头表示河流方向,
粗线箭头分别代表古岷江(北)和古青衣江(南),☆表示样品位置。

15.3.1　晚新生代青衣江的演化与变迁

根据地球化学分析统计结果,在庙坡剖面和熊坡东剖面大邑砾岩的物源区为龙门山南部的基岩区, 其与 S1(现位于现代青衣江流域之外, 见图 15-6)的聚类表明,古青衣江在晚新生代大邑砾岩沉积时期已相当发育, 其流域范围至少包含 S1 样品所在位置, 表明其流域面积可能比现代的流域面积要大一些。另外,采自贡嘎山深成岩体的样品 S33 没有与其他样品聚类,表明古青衣江流域在大邑砾岩沉积时期没有封闭贡嘎山深成岩体,而分水岭的界线应该在 S33 和 S1 样品所在位置之间, 相当于地表显示的二郎山, 表明在晚新生代早期二郎山及其相关的大渡河断裂、鲜水河断裂业已存在, 古青衣江与古大渡河之间的分水岭就是古二郎山。

在成都盆地内,熊坡东剖面与庙坡剖面的大邑砾岩具有很好的聚类,表明熊坡背斜是在大邑砾岩沉积之后隆起的, 它的隆起迫使古青衣江向南改道。此外, 在成都盆地的数字地貌图上, 该区域在地貌上发育一个北东方向的古冲积扇, 在古冲积扇的中心位置可看到清晰的古河道(图 15-1),而且该古河道的河谷宽度比现代青衣江的要大得多,推断这个先向北东再转向东流的古河道就是大邑砾岩沉积时期的古青衣江河道。

15.3.2　晚新生代岷江的演化与变迁

据大邑砾岩的砾石大小、砾石层厚度和冲积扇面积等特征, 判断在大邑砾岩沉积期间古岷江的流域范围已经相当大, 其物源区应该包括龙门山和其西侧松潘-甘孜褶皱带的志留系-上三叠统复理石建造, 但是为什么龙门山北部的中生代深成岩和松潘-甘孜褶皱带的志留系-上三叠统复理石建造没有为大邑砾岩提供碎屑?推测有两种可能性:第一种可能性是与古岷江的改道有关; 另一种可能性是龙门山地区的古岷江尚未溯源侵蚀到松潘-甘孜褶皱带, 其物源区仅限于龙门山。类似情况尚见于龙门山山前水系,如湔江、石亭江等,这些水系均起源于龙门山中央断裂以东,流经并下切龙门山山前地区,进入成都盆地。

李勇等(2003,2006c)曾利用阶地高程和热释光年代学定量计算了岷江的下切速率, 并据此计算岷江达到最大切割深度所需的时间为 3.48Ma, 显示龙门山区的古岷江至少在 3.48Ma 以前就存在。大邑砾岩中缺乏石榴子石,说明流经松潘-甘孜复理石带(富含石榴子石)的古岷江不是在都江堰附近注入成都盆地,而可能是在其他地方。因此,推测龙门山区发育的"古岷江"尚未溯源侵蚀到松潘-甘孜褶皱带, 而松潘-甘孜褶皱带发育的古岷江可能在位于都江堰北东 150~200km 处北川的湔江河口注入四川盆地(图 15-7),两条古岷江可能以古龙门山主峰为分水岭,古岷江的改道和贯通很可能是晚新生代茂汶以北岷山断块的隆升速率增大, 都江堰附近的古岷江发生溯源侵蚀导致的。

岷江在茂县至汶川显示为高山峡谷地貌, 其两侧发育 I ~VI 级河流阶地, 其中在茂县石鼓见到的VI级河流阶地拔河高度为 220m, 其上沉积物的年龄为 157600±11800a(TL), 表明早更新世早期松潘-甘孜褶皱带发育的古岷江已向南流。因此,推测龙门山区发育的古岷江与松潘-甘孜褶皱带发育的古岷江贯通的时间可能是在早更新世早期。

第16章 龙门山中、晚三叠世之间的物源转换与构造反转

中、晚三叠世古特提斯洋的关闭见证了扬子板块西缘由被动大陆边缘盆地向前陆盆地的转变。为了研究区域性的沉积物搬运路径是否随着这些变化发生调整以及如何调整，本章通过对四川盆地西南缘代表性地层中的碎屑锆石进行 U-Pb 地质年代分析，判别物源是否发生变化。结合古流向数据以及前人关于四川盆地其他地区碎屑锆石年龄数据，发现上三叠统碎屑岩与中–下三叠统碎屑岩物源明显不同：中–下三叠统碎屑锆石年龄主要为新元古代(900～700Ma)，物源主要来自康滇古陆，而上三叠统碎屑锆石年龄较复杂，可能主要来自松潘-甘孜地体。这种物源变化反映了水系的巨大调整，是对晚三叠世古特提斯洋闭合和龙门山冲断带、松潘-甘孜地体巨大缩短的响应。本章研究突显了构造运动对重塑前陆盆地的水系和沉积物供给的重要性。

四川盆地位于我国西南部，与 3 个重要的构造带相邻(图 16-1)。大量的构造、地质年代和沉积学研究表明这些区域在三叠纪经历了重大的地壳缩短和岩石隆升(Burchfiel et al.，1995；Yin and Nie，1996；Li et al.，2003；Jia et al.，2006)，四川盆地的构造环境经历了由被动大陆边缘向前陆盆地的转变。在这些变化的大背景下，前人做了大量的关于

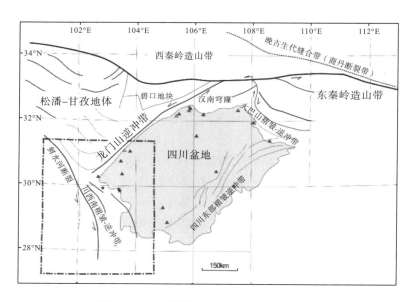

图 16-1 四川盆地和周边地区的构造简图

四川盆地沉积物源的分析，大部分都是基于对碎屑锆石 U-Pb 的地质年代研究(邓飞等，2008；陈杨等，2011；Luo et al.，2014；Zhang et al.，2015；Shao et al.，2016；Li et al.，2016)。前期的研究结果显示盆地中的沉积物大部分来自北部的秦岭-大别造山带以及西部的龙门山逆冲带和松潘-甘孜地体。但是前人主要对四川盆地西部和北部的晚三叠世前陆盆地沉积物物源开展了大量研究工作，而对晚三叠世之前被动大陆边缘碎屑岩物源的研究相对薄弱。通过对晚三叠世构造反转前后的沉积物物源进行约束，能为研究沉积物的搬运传输系统是否受构造反转时间影响提供重要的启示。

前期的沉积和地层研究表明，早–中三叠世四川盆地西南部存在一个高地，由盆地边缘的碎屑岩向盆地内部逐渐过渡为碳酸盐岩(Tan et al.，2013；韦一等，2014)。这一高地主要由新元古代的基底组成，我国学者常称之为康滇古陆或者康滇地轴(骆耀南等，1998；Tan et al.，2013)(图 16-2)。四川盆地西南部晚三叠世的沉积物岩石学特征同盆地其他地方的沉积物很相似，物源主要来自龙门山逆冲带和秦岭-大别造山带。这就意味着在晚三叠世盆地倒转阶段，碎屑物质的来源可能发生了显著变化。为了证明这点，本章对四川盆地西南部三叠系的 9 个砂岩样品和 1 个火山凝灰岩样品进行了 U-Pb 地质年代分析，结合

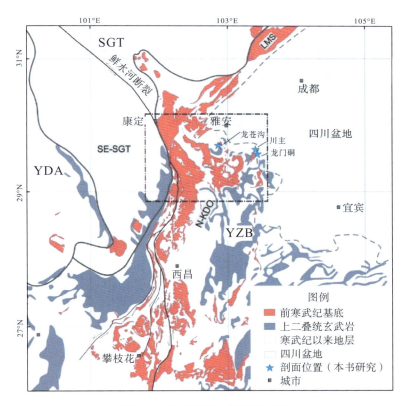

图 16-2　扬子板块西缘的地质图

注：LMS 为龙门山逆冲带；N-KDO 为康滇古陆北部；SE-SGT 为松潘-甘孜地体东南部；SGT 为松潘-甘孜地体；
YZB 为扬子板块；YDA 为义敦岛弧。

地层对比图和古流向数据进行综合分析,进而对四川盆地西南部早三叠世—晚三叠世古地理演化过程进行约束,并验证构造事件对盆地边缘沉积物供给系统的影响。

16.1 地 质 背 景

与四川盆地西南部相邻的构造单元主要包括康滇古陆、松潘-甘孜地体和龙门山逆冲带(图 16-1、图 16-2)。这些构造单元的地质演化综述如下。

16.1.1 四川盆地

四川盆地的地质演化可分为 3 个主要阶段:古生代至中三叠世以碳酸盐台地为特征的被动边缘(许效松和徐强,1996)、晚三叠世是以陆源碎屑沉积物为主的前陆盆地以及侏罗纪到第四纪的陆相前陆盆地或克拉通盆地(Li et al.,2003)。热年代学的研究表明晚白垩世以来,四川盆地的东部和中部遭受了长期的剥蚀。本章的研究对象是四川盆地西南部三叠系的地层,自下而上分别是飞仙关组、嘉陵江组、雷口坡组、马鞍塘组、小塘子组和须家河组。

(1)飞仙关组广泛分布于四川盆地内部,但在侧向上岩相多变。在四川盆地西部,该组地层包括紫色页岩和砂质页岩,夹有灰色灰岩、鲕粒灰岩、泥灰岩和砂岩,但往盆地东部过渡为灰岩。这些地层的生物地层年代为早三叠世。地层底部的几层火山灰与含有火山灰夹层(约 252Ma)的全球标准层型剖面(煤山剖面)的火山灰序列对比性很好,为飞仙关组的地质测年提供了时间依据。

(2)嘉陵江组上覆于飞仙关组,呈整合接触,主要由灰岩和白云岩组成。在这套岩层中,发现了早三叠世的双壳类化石、菊石、有孔虫和牙形石(辜学达和刘啸虎,1997)。在该地层顶部有一套广泛分布的薄层蚀变凝灰岩(在早期的中文文献中被定名为"绿豆岩")作为标志层,年龄为 247Ma。

(3)雷口坡组主要由白云岩和泥质白云岩组成,夹有灰岩和石膏层。它包含中三叠世的双壳类化石(辜学达和刘啸虎,1997)。雷口坡组和嘉陵江组的分界线是这套蚀变凝灰岩。

(4)马鞍塘组分布于四川盆地西部,主要由海相的黑色泥岩和页岩组成,夹有粉砂岩、泥灰岩、鲕粒和生物碎屑灰岩及海绵礁(Li et al.,2003)。根据化石组成认为其属于卡尼期,化石组成包括菊石、双壳类和牙形石群(Shi et al.,2017)。在四川盆地的西南边缘发育垮洪洞组,与马鞍塘组属于同一时期形成的地层,主要由砾岩、泥岩、泥质灰岩和泥质白云岩组成。垮洪洞组中识别出的海相化石有双壳类、腕足类和菊石(辜学达和刘啸虎,1997)。

(5)小塘子组(等同于须家河组第一段),由黑色海相页岩、泥岩、石英砂岩、岩屑砂岩和粉砂岩组成,可以分为 3 个部分:底部由黑色页岩和夹层石英砂岩组成、中部由岩屑砂岩和黑色页岩组成、顶部由长石砂岩组成。该套地层往上粒度不断加粗,有人认为其代表的是从大陆架到三角洲环境的过渡。根据其化石组成(Li et al.,2003),判断该地层属于早诺利期。

(6)在四川盆地西部,须家河组以地层整合的形式上覆于小塘子组,但在四川盆地的中部和东部,却以地层不整合的形式上覆于中三叠统雷口坡组的灰岩。该套地层广泛分布于盆地内部,地层的岩相变化是从粗粒沉积物(包括龙门山逆冲带前的冲积砾岩体)过渡到盆地内部的细粒湖相沉积物。沉降中心位于龙门山逆冲带前缘,须家河组的地层厚达4km(Meng et al.,2005)。根据其化石组成(包括植物化石、孢粉化石和双壳类),判断该地层的沉积时期为晚诺利期和瑞替期(Li et al.,2003)。

先期的研究表明四川盆地西南边缘的飞仙关组、嘉陵江组和雷口坡组地层的碎屑沉积物来自南方,可以从盆地边缘到盆地内部的碎屑岩到碳酸盐岩的相变观察出来(Tan et al.,2013)。碎屑矿物组成、沉积系统和砾岩组分的研究(谢继容等,2006;姜在兴等,2007;施振生等,2010)表明,康滇古陆就是晚三叠世沉积物的来源。然而,晚三叠世的非海相沉积物以地层不整合的形式上覆于康滇古陆(四川省地质矿产局,1991),表明这个地区更像是沉积区,而不是剥蚀区(韦一等,2014)。

16.1.2　康滇古陆

康滇古陆位于扬子板块的西缘,从北部的康定到南部的元谋,长度超过 700km(图 16-2)。它主要包括前寒武纪基底,被海相古生界覆盖,局部被晚三叠世至新生代的陆源沉积物覆盖(图 16-2)(四川省地质矿产局,1991)。大范围的新元古代岩浆活动(主要是 870~740Ma)很可能跟罗迪尼亚超大陆裂解有关(Li et al.,2003),罗迪尼亚超大陆的裂解有可能是地幔柱导致的,或者是莫桑比克大洋板块俯冲至扬子板块西缘底部导致的。

康滇古陆从古生代到中生代的地质演化一直存有争议。一种观点认为该古陆是介于奥陶纪和石炭纪的一片剥蚀区,紧接着的是从晚二叠世到侏罗纪的断裂期;另一种观点则认为古生代—中生代的地质演化过程分为 3 个阶段:从寒武纪到早二叠世的稳定海相台地阶段、晚二叠世到中三叠世受峨眉山地幔柱影响的隆升阶段以及晚三叠世到侏罗纪的前陆盆地阶段。

16.1.3　龙门山逆冲带

龙门山长约 500km,宽约 30km,是青藏高原东缘强切割地区的主要组成部分。新元古代的基底岩石被古生代的沉积地层包围。对基底岩石的锆石 U-Pb 地质年代分析表明,它们的年龄为 890~770Ma(Fu et al.,2011)。

龙门山逆冲带在早中生代至晚新生代经受了三个阶段的陆内造山收缩(Burchfiel et al.,1995;Yan et al.,2011)。地质年代数据表明,地质变形的第一个阶段出现在 237Ma 之前或 237~190Ma:①最早的 U-Th-Pb 独居石和 Sm-Nd 石榴子石的年龄为 204~190Ma,它们来自紧挨着龙门山南部的丹巴背斜的变质岩;②龙门山北部早古生代片岩的白云母

$^{40}Ar/^{39}Ar$ 测年表明其年龄为 237～208Ma，这个年龄被解释为中生代地壳缩短约束的最小年龄（Yan et al.，2011）。

16.1.4 松潘-甘孜地体

超过 80%的松潘-甘孜地体被三叠系的浊积岩覆盖,物源主要来自东北的秦岭-大别造山带和北部的地体(Enkelmann et al.，2007)。在晚三叠世，松潘-甘孜盆地变浅，这可以由同期含煤的碎屑沉积物的记录体现出来。古特提斯洋的闭合使复理石盆地演化成了褶皱带(许志琴等，1992；Roger et al.，2011)，出现上新世—第四纪的冰川和河流沉积物，在地体内缺少侏罗纪—新生代的沉积物(图 16-1、图 16-3、图 16-4)。

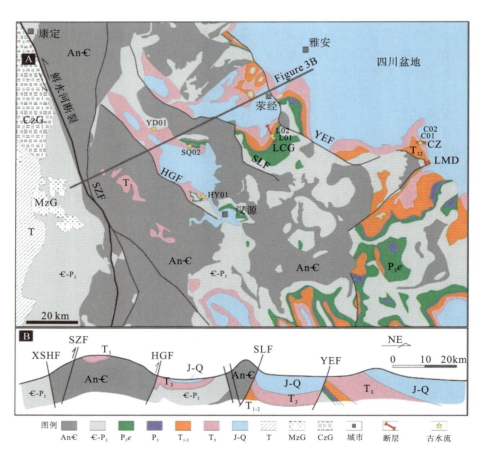

图 16-3 扬子板块西南缘地质简图(A)和康滇古陆北部的构造剖面(B)

注：位置见图 16-2；An-€ 为前寒武纪基底；€-P₂ 为寒武系-中二叠统；P₃e 为上二叠统峨眉山玄武岩；T₁₋₂ 为下-中三叠统；T₃ 为上三叠统；J-Q 为侏罗系-第四系；T 为三叠系；CzG 为新生代花岗岩；HGF 为汉源-甘洛断裂；MzG 为中生代花岗岩；SLF 为三河-雷波断裂；XSHF 为鲜水河断裂；YEF 为荥经-峨眉断裂。红实线和字体标注了龙苍沟(LCG)、川主(CZ)和龙门硐(LMD)，这些地点是样品采集点。

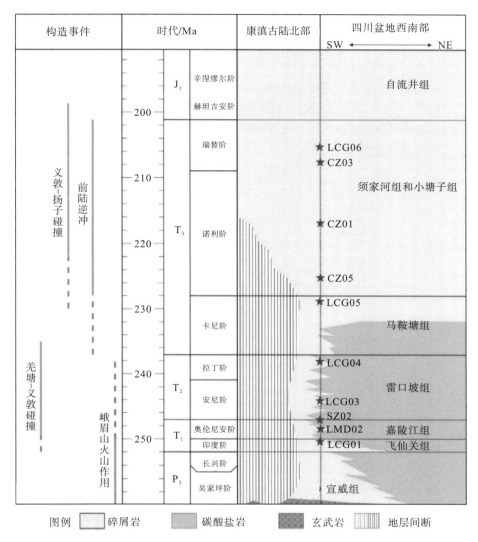

图 16-4　四川盆地和康滇古陆北部的地层单元和时代

注：P_3 为晚二叠世；T_1 为早三叠世；T_2 为中三叠世；T_3 为晚三叠世；J_1 为早侏罗世。后同。

受晚三叠世—侏罗纪花岗岩类的侵入（Roger et al.，2011），松潘-甘孜地体内的变质程度很大。总体而言，沿地体边缘的变质叠加作用相对更强，因为泥岩都变质成了千枚岩，但在地体内部，变质叠加作用较弱。

16.2　取样和分析方法

本次研究共采集了 10 个样品。其中，两个样品来自下三叠统的飞仙关组（T_1f）和嘉陵江组（T_1j）、1 个火山凝灰岩样品来自嘉陵江组（T_1j）和雷口坡组（T_2l）的界线、两个样品来自中三叠统的雷口坡组（T₂l），另外 5 个样品来自上三叠统的小塘子组（T₃xt）和须家河组（T₃x）。这些样品是从 3 个地方采集的，分别是峨眉山地区的龙门硐剖面、川主剖面和荥经地区的龙苍沟剖面（图 16-3、图 16-5、图 16-6）。

利用 LA-ICP-MS 设备进行锆石 U-Pb 地质年代测定，每个样品尽可能获得超过 100 个年龄，这套设备包括一套 New Wave NWR193 准分子激光熔样系统和一套 Agilent 7700x 四级质谱仪。根据设置，激光可以持续 25s 以 8Hz 的重复率产生约 2.5J/cm² 能量密度。所有分析的光斑直径都设置为 25μm。

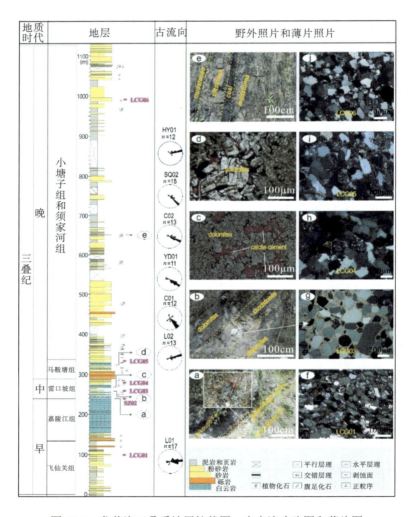

图 16-5 龙苍沟三叠系地层柱状图、古水流玫瑰图和薄片图

注：古水流测量点在图 16-3 中有标注。(a)下三叠统嘉陵江组和中三叠统雷口坡组地层界线（"蚀变凝灰岩"）；(b)砂岩中的白云岩夹层（样品 LCG03）；(c)雷口坡组白云岩薄片鉴定照片；(d)马鞍塘组上部的白云岩；(e)须家河组上部的粉砂岩和泥岩以及煤夹层；(f)、(g)、(h)、(i)和(e)分别为 LCG01、LCG03、LCG04、LCG05 和 LCG06 砂岩样品的薄片鉴定照片，分别来自飞仙关组（LCG01）、雷口坡组（LCG03、LCG04）、马鞍塘组（LCG05）和须家河组（LCG06）。

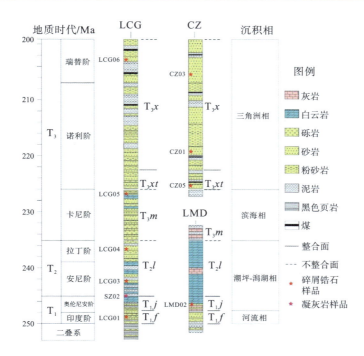

图 16-6　四川盆地西部三叠系地层剖面对比图

16.3　结　　果

16.3.1　地层和沉积特征

以下对每套研究地层的沉积特征进行简要描述，大部分地区是通过古生物定年，局部地区是通过同位素地质年代定年。值得注意的是，前人已经做了大量关于峨眉山地区龙门硐和川主剖面的研究。

1. 下三叠统（飞仙关组和嘉陵江组）

下三叠统地层资料来自龙苍沟剖面和龙门硐剖面（图 16-5、图 16-6）。飞仙关组地层（130～180m 厚）整合上覆于上二叠统的宣威组，其由紫色砂岩、细砂岩、砾岩和砂质砾岩夹层组成。沉积构造包括槽状交错层理、板状交错层理、平行层理和冲刷构造，指示该套地层为河流相沉积物（图 16-6）。根据砂岩层中的交错层理可以判断飞仙关组地层的古流向是向东方向（图 16-5）。

嘉陵江组（110～240m 厚）在四川盆地西南部由白云岩、灰岩、泥岩、砂岩及砾岩夹层组成。这套岩石特征同四川盆地主要地区同时期的碳酸盐岩沉积物（白云岩和灰岩）区别很大。这套地层可以分为两个部分：底部由紫灰色、绿灰色岩屑砂岩夹灰岩组成，上部由白云岩和灰岩（图 16-6）组成。沉积特征指示地层从下往上由河流相变为潮坪相。

2. 中三叠统(雷口坡组)

中三叠统雷口坡组的地层资料也来自龙苍沟剖面和龙门硐剖面。该套地层(50～160m厚)整合上覆于蚀变凝灰岩,其在龙门硐剖面上由白云岩和灰岩组成,在龙苍沟剖面上则由白云岩、夹层砂岩和泥岩组成(图 16-5、图 16-6)。前期的研究表明,雷口坡组地层指示的是潮坪相,但受陆源碎屑供给的影响。

3. 上三叠统(马鞍塘组、小塘子组和须家河组)

上三叠统包括马鞍塘组、小塘子组和须家河组,地层资料来自龙苍沟剖面和川主剖面。在龙苍沟剖面,马鞍塘组厚 40m,岩性为砾岩、砂岩、泥岩和夹层白云岩(图 16-5);而在川主剖面只有 26m 厚,岩性为灰黑色泥岩和夹泥质灰岩(图 16-6)。马鞍塘组与下伏地层呈平行不整合接触,下伏地层为雷口坡组(Li et al., 2014a)。

小塘子组和须家河组在龙苍沟剖面和川主剖面的厚度分别为800m 和730m(图 16-5)。岩性主要是灰色砂岩、灰黑色粉砂岩、黑色泥岩和煤层。前期的研究表明这两套地层的沉积相为三角洲相(姜在兴等,2007;Li et al.,2014b)。

古水流数据是从龙苍沟剖面(L02)、川主剖面(C01,C02)和汉源地区(YD01,SQ02,HY01)砂岩地层中的交错层理和波痕中测量的,数据表明小塘子组和须家河组的古水流方向分别为向东和向东南方向(图 16-3、图 16-5)。

16.3.2 锆石 U-Pb 同位素年龄结果

本次研究一共分析了 9 个岩屑样品中的 1132 颗碎屑锆石,我们仅讨论在-15%～5%范围内相吻合的年龄。

1. 蚀变凝灰岩

蚀变凝灰岩的样品 SZ02 取自龙苍沟剖面雷口坡组和嘉陵江组的界线。34 次分析中的30 次得到了谐和年龄(在-15%～5%范围内)。这些数据在分析误差内是一致的,而且得出了 $^{206}Pb/^{208}Pb$ 的一个加权平均年龄为246.5±1.7Ma(n=26)(图 16-7),这与扬子板块其他地区前期的研究成果是相似的。平均值=246.5±1.7[0.7%];合格率为95%,30 个样品中 5 个不合格;平均宽度为 0.78,可靠率为 0.77。

2. 下三叠统飞仙关组和嘉陵江组

样品 LCG01 为灰绿色细粒砂岩,是从龙苍沟剖面的飞仙关组地层中采集的。156 次分析中的 99 次得到了谐和年龄(-15%～5%),但体现出了宽频谱,为 2400～(243±3)Ma,其中 92%为 1050～240Ma,该样品的核密度估计曲线图在 800Ma 左右出现了一个主要高峰,还有 3 个次峰,分别出现在 248Ma、510Ma 和 950Ma [图 16-8(a)]。

样品 LMD02 为灰紫色粗砂岩,是从龙门硐剖面的嘉陵江组地层中采集的。129 次分析中的 123 次得到了谐和年龄(-15%～5%)。几乎所有的年龄都为 880～730Ma,核密度估计曲线图的主峰出现在 800Ma 左右［图 16-8（b）］。

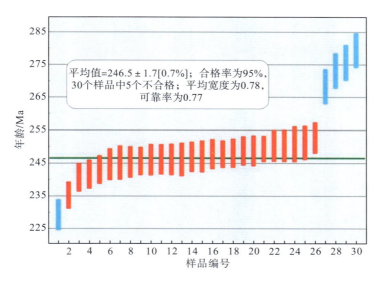

图 16-7　蚀变凝灰岩（SZ02 样品）的 U-Pb 锆石年龄

注：蓝色为年龄不合格，并未被 ISOPLOT 用来计算加权年龄。

3. 中三叠统雷口坡组

样品 LCG03 和 LCG04 为灰色粗砂岩，是从龙苍沟剖面的雷口坡组采集的（图 16-6）。样品 LCG03 的 153 次单锆石年龄中有 136 次是谐和的。年龄段范围较宽，为 2500～（242±3）Ma，其中 74% 为 880～730Ma，核密度估计曲线图的主峰出现在 800Ma 左右［图 16-8（c）］，与嘉陵江组的 LMD02 样品很相似。样品 LCG04 的 157 次单锆石年龄中有 152 次是谐和的，年龄段范围较宽，为 3000～（233±3Ma）Ma，但大多数为 1050～230Ma（89%）。该样品的核密度估计曲线图的主峰出现在 800Ma 左右，还有 3 个次峰，分别出现在 248Ma、510Ma 和 950Ma［图 16-8（d）］。

4. 上三叠统马鞍塘组和须家河组

样品 LCG05 和 LCG06 为灰色砂岩，是从龙苍沟剖面的马鞍塘组和须家河组上部采集的（图 16-6）。样品 LCG05 的 154 次单锆石年龄中有 149 次是谐和的，大多数的年龄集中在 1800Ma 左右，另外几个次峰分别是 250Ma、800Ma 和 2500Ma［图 16-8（e）］。它们的年龄谱和其下的地层有显著区别［图 16-8（a）～图 16-8（d）］。LCG06 的 110 次单锆石年龄中有 99 次是谐和的。核密度估计曲线上出现了 5 个峰，分别出现在 246Ma、440Ma、758Ma、1870Ma 和 2480Ma［图 16-8（f）］。

样品 CZ05、CZ01 和 CZ03 为灰色砂岩，是从川主剖面的须家河组上部采集的（图 16-6）。这些样品的核密度估计曲线都非常类似，几个峰分别出现在 276Ma、429Ma、1030Ma、1860Ma 和 2470Ma［图 16-8（g）～图 16-8（i）］。

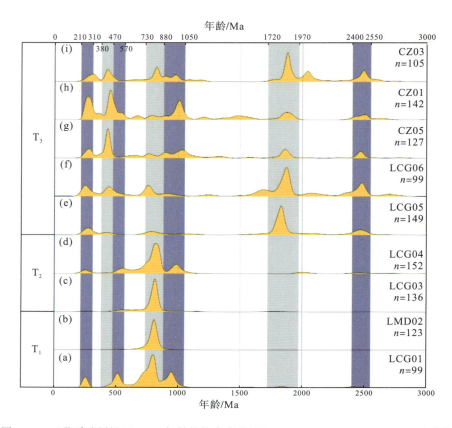

图 16-8　三叠系碎屑锆石 U-Pb 年龄的核密度估计（kernel density estimation，KDE）曲线

16.4　讨　　论

16.4.1　碎屑物源

1. 潜在物源的锆石能谱

　　四川盆地上三叠统碎屑沉积物的物源一直是研究的热点，尤其是碎屑锆石地质年代研究，但存在很多争议。邓飞等（2008）报道了从四川盆地西部和松潘-甘孜地体东部采集的 4 个上三叠统的砂岩样品的年龄谱，表明上三叠统须家河组的地层物源来自松潘-甘孜地体和龙门山逆冲带。与之相反的是，陈杨等（2011）对四川盆地东部和西部的研究结果表明北部的秦岭造山带才是沉积物的主要来源。Luo 等（2014）、Zhang 等（2015）和 Shao 等（2016）的研究表明，西部的龙门山逆冲带、松潘-甘孜地体和北部的秦岭造山带分别是四川盆地西部和北部上三叠统沉积物的主要来源区。Zhang 等（2015）和 Shao 等（2016）同时指出北部的扬子板块对四川盆地北部沉积物的供给是非常少的。Shao 等（2016）指出四川盆地西部、南部和东部拥有共同的物源区，包括华北地块的南部、秦岭

造山带和经过龙门山逆冲带的松潘-甘孜地体三个物源区。Zhu 等(2017)发表了采自四川盆地西南部中三叠统的 4 个砂岩样品的年龄谱，结果表明中三叠统沉积物的物源区主要为南部的康滇古陆和峨眉山大火成岩省，上三叠统沉积物的物源区主要为西部的松潘-甘孜地体和义敦岛弧，还有少部分物源区为北部的秦岭造山带和东部的江南-雪峰逆冲带(扬子板块东南部)。

四川盆地前期的碎屑锆石研究(邓飞等，2008；Weislogel et al.，2010；陈杨等，2011；Luo et al.，2014；Zhang et al.，2015；Shao et al.，2016；Zhu et al.，2017)表明三叠系的潜在物源区包括松潘-甘孜地体东南部(SE-SGT)、康滇古陆北部(N-KDO)、康滇古陆南部(S-KDO)、龙门山逆冲带(LMS)、秦岭造山带(QL)和扬子板块东南部(SE-YZB)(图 16-9)。本次将暴露在这些潜在物源区(图 16-9)的结晶岩和碎屑岩的锆石 U-Pb 年龄进行整合，结果表明：松潘-甘孜地体东南部的碎屑锆石年龄谱有 4 个主峰，分别位于 255Ma、435Ma、760Ma、1860Ma，还有两个次峰，分别在 1020Ma、2450Ma[图 16-9(f)]。康滇古陆北部的典型特征是有两个主峰，分别在 800Ma 和 930Ma，以及一个次峰，位于260Ma[图 16-9(g)]；而康滇古陆南部就稍显复杂，主峰出现在 810Ma 和 1840Ma，3 个次峰分别出现在 265Ma、2310Ma 和 2430Ma[图 16-9(h)]。龙门山逆冲带有 3 个主峰，分别位于 520Ma、760Ma 和 945Ma[图 16-9(i)]。秦岭造山带有 3 个主峰，分别位于 440Ma、815Ma 和 1995Ma，还有 3 个位于 260Ma、1835Ma 和 2465Ma 的次峰[图 16-9(j)]。扬子板块东南部只有 1 个位于 815Ma 的主峰[图 16-9(k)]。

2. 下三叠统和中三叠统地层的碎屑物源

下三叠统和中三叠统 4 个样品(LCG01、LCG03、LCG04、LMD02)的碎屑锆石年龄谱都很类似，主要特征表现在主峰位于 810Ma，3 个次峰分别位于 255Ma、535Ma 和970Ma(图 16-8)。

下-中三叠统样品的 KDE 曲线同康滇古陆北部和扬子板块东南部的曲线很类似[图 16-9(a)]、图 16-9(g)、图 16-9(k)]。此外，下-中三叠统样品的碎屑锆石年龄谱还包括一个位于 535Ma 的次峰，而只有龙门山逆冲带年龄谱才有这样的特征，因此表明龙门山有可能是下-中三叠统沉积物的物源区。考虑到这些地层的古水流为向东(图 16-5)，判断康滇古陆北部为早-中三叠世形成的砂岩的主要物源区，但是不能排除扬子板块东南部作为物源区的可能性。同期扬子板块东南部与四川盆地西南部之间为深水区，沉积物主要由碳酸盐岩、页岩和泥岩组成，仅含少量砂岩(Tan et al.，2014)，如果存在扬子板块东南缘源区的话，就需要有很长的水系才能将沉积物经由康滇古陆北部搬运至四川盆地西南部。

3. 上三叠统的碎屑物源

与下-中三叠统样品截然不同的是，上三叠统的样品(LCG05、LCG06、CZ05、CZ01、CZ03)的主要特点是有多个主峰，分别位于 270Ma、435Ma、775Ma、1010Ma、1840Ma和 2480Ma[图 16-9(b)]，而且指示的古水流向为东南向(图 16-5)。根据前期的研究，来自四川盆地西南部、西部和北部的同期沉积物的碎屑锆石数据具有类似的年龄谱

［图 16-9（c）～（e）］，表明它们可能具有相同或者类似的物源区，包括秦岭造山带、龙门山逆冲带和松潘–甘孜地体的东部（陈杨等，2011；Luo et al.，2014；Zhang et al.，2015；Shao et al.，2016）。

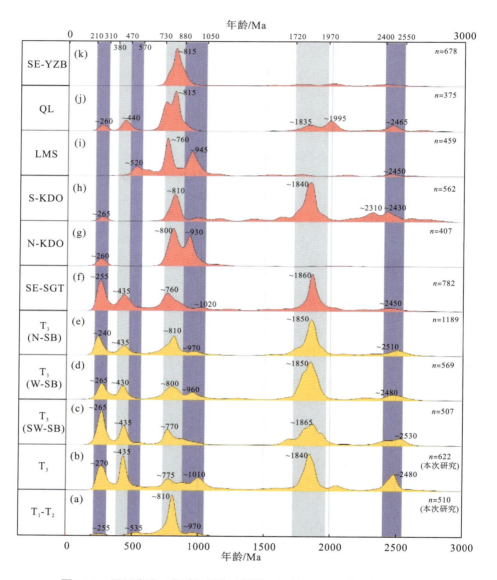

图 16-9　四川盆地三叠系沉积物碎屑锆石年龄 KDE 曲线和潜在物源区

注：（a）、（b）为四川盆地西南部下–中三叠统和上三叠统沉积物的年龄谱。（c）～（e）为前期的研究成果展示的四川盆地西南部（SW-SB）、西部（W-SB）和北部（N-SB）上三叠统沉积物的年龄谱。潜在物源区的年龄谱，包括（f）SE-SGT（松潘–甘孜地体东南部），由沉积岩的年龄谱汇集而成；（g）N-KDO（康滇古陆北部），由结晶岩和沉积岩的年龄谱汇集而成；（h）S-KDO（康滇古陆南部），由沉积岩的年龄谱汇集而成；（i）LMS（龙门山逆冲带），由结晶岩和沉积岩的年龄谱汇集而成；（j）QL（秦岭造山带），由结晶岩和沉积岩的年龄谱汇集而成；（k）SE-YZB（扬子板块东南部），由沉积岩的年龄谱汇集而成。

　　松潘-甘孜地体东南部三叠系的浊积岩显示出类似的年龄谱，其与四川盆地具有相似的来源。另一种可能是，松潘-甘孜地体东南部在晚三叠世沿着龙门山逆冲带的陆内造山活动中经历了一段时间的构造缩短，从这个角度来讲，推断松潘-甘孜地体东南部可能是四川盆地上三叠统碎屑的物源区。

16.4.2　古地理和构造指示意义

　　上三叠统碎屑锆石年龄谱的变化很可能是因为扬子板块西缘由被动大陆边缘转为前陆盆地。根据碎屑锆石年龄和古水流数据[图 16-10（a）]，下-中三叠统的岩屑主要来自康滇古陆北部。康滇古陆北部的隆升和剥蚀是对峨眉山大火成岩省喷发造成的动态地形的响应，峨眉山大火成岩省的锆石 U-Pb 测年数据为 260Ma。根据二叠系宣威组的峨眉山玄武岩岩屑，康滇古陆北部的剥蚀可能要追溯到晚二叠世。

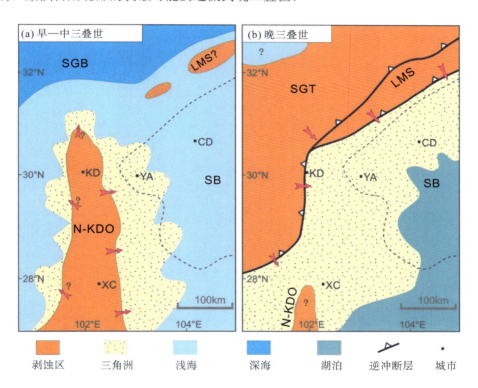

图 16-10　四川盆地西南部三叠系沉积物不同物源区和方向的示意图

注：（a）早一中三叠世，康滇古陆北部到南部的岩屑被搬运到四川盆地西南部。（b）在晚三叠世，龙门山逆冲带为四川盆地西南部提供了大量的碎屑沉积物，西部的松潘-甘孜地体东部也有可能是物源区。CD 为成都，SGT 为松潘-甘孜地体，KD 为康定，LMS 为龙门山逆冲带，N-KDO 为康滇古陆北部，SGB 为松潘-甘孜盆地，SB 为四川盆地，XC 为西昌，YA 为雅安。

　　根据前期的研究，四川盆地上三叠统的沉积物主要来自同期盆地周围的造山带和褶皱-逆冲带。松潘-甘孜地体也可能被显著缩短和剥平，为四川盆地的西部和南部提供了碎屑物源，因为造山带和盆地沉积物相似的年龄谱支持了这种推断。晚三叠世松潘-甘孜浊积岩体的缩短可能与以下几个因素有关：①晚三叠世甘孜-理塘海西部的沉降；②三叠纪末期义敦岛弧和松潘-甘孜地体之间的碰撞(Wang et al.，2013)；③松潘-甘孜地体东部和四川盆地之间的陆内收缩，形成了龙门山逆冲带(如 Li et al.，2003)。

前人对晚三叠世龙门山逆冲带和周边地区的地壳缩短做了大量的研究。首先，在龙门山逆冲带的三叠系沉积物之上覆盖了由古生代和前寒武纪岩石组成的飞来峰，表明这些构造是在晚三叠世或者之后形成的。其次，紧挨着龙门山逆冲带的南部是丹巴背斜，从这个背斜的变质岩中获取的最早的 U-Th-Pb 独居石和 Sm-Nd 石榴子石年龄可以对此次构造变形活动有关的变质作用进行定年。最后，在龙门山逆冲带北部早古生代片岩的白云母 $^{40}Ar/^{39}Ar$ 测年为 237～208Ma，新元古代彭灌杂岩的白云母 $^{40}Ar/^{39}Ar$ 测年是 235～226Ma，它们被解释为是中生代地壳缩短的最小年龄控制(Yan et al.，2011；Zheng et al.，2016)。

第17章 龙门山前陆盆地须家河组物源分析

对龙门山前陆盆地内须家河组的物源方向,赵玉光和肖林萍(1994)认为须家河组须一段、须二段古流向是由东向西的,物源来自东部的扬子板块,为陆源碎屑海岸沉积体系;须三段、须四段的古流向是由北向南的,物源来自大巴山和米仓山。陈杨等(2011)通过碎屑锆石LA-ICP-MS U-Pb定年研究后认为龙门山前陆盆地的物源主要来自北部的秦岭造山带。邓飞等(2008)通过对龙门山前缘须家河组诺利期和瑞替期样品进行碎屑锆石LA-ICP-MS U-Pb定年,认为须家河组物源来自西部松潘-甘孜褶皱带的再旋回沉积物和龙门山前陆冲断带,其中诺利期的物源并无龙门山的显示,直至瑞替期才有少量显示。郭正吾等(1996)依据轻、重矿物的组合及含量分布,认为须二段沉积时西侧的龙门山开始活动并成为前陆盆地主要的物源,同时分析岩屑成分后认为早在小塘子组沉积期龙门山地区应有一部分地段已上升成为岛屿,为什邡金河地区小塘子组提供陆屑物质。李勇等(2010)指出从小塘子组沉积开始,龙门山前陆盆地已存在两个物源区,分别为西部边缘造山带(松潘-甘孜褶皱带、龙门山冲断带)和东部扬子板块前缘(李勇和曾允孚,1995)。

对龙门山前陆盆地早期形成演化的争论焦点主要在晚三叠世诺利期,以及该时期沉积的须家河组下部(须一段至须三段)的物源及构造背景。前人研究表明,对龙门山前陆盆地上三叠统须家河组的物源分析,根据不同的研究方法就可能得出不同的结论。目前物源分析的方法很多,任何单一的方法都有其局限性,物源分析应运用多种方法进行综合分析,相互验证,才能获得准确的沉积物源信息。本章将通过岩石学和地球化学等多种研究方法,对龙门山前陆盆地上三叠统须家河组下部的物源及构造背景进行综合分析,并结合前人的研究成果,形成对龙门山前陆盆地的早期物源、形成时间、盆地性质和演化过程的综合认识。

17.1 地 质 背 景

青藏高原东缘自北西向南东由松潘-甘孜褶皱带、龙门山造山带和龙门山前陆盆地形成了一个完整的构造系统(许志琴等,1992;刘树根,1993;李勇等,1995;Burchfiel et al.,1995;Li et al.,2003)。其中,龙门山造山带是我国最典型的推覆构造带之一,具有42%～43%的构造缩短率,形成的主要时期为印支期(刘树根,1993)。本章的研究区域主要位于龙门山中段及其邻区(图17-1),在晚三叠世该区域位于古特提斯洋的东缘和扬子板块的西缘。

晚三叠世龙门山前陆盆地内的主要沉积地层为须家河组,是一套海陆过渡相到陆相的碎屑岩沉积地层,在龙门山前陆盆地及四川盆地内分布广泛,是记录龙门山及前陆盆地初期形成过程的重要地层。须家河组在川西地区地表主要出露于龙门山前缘、北川-映秀主

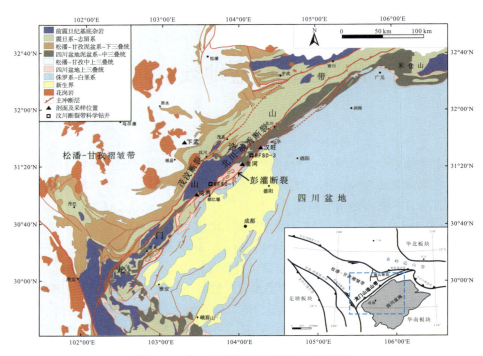

图 17-1　龙门山前陆盆地构造和地质简图

断裂以东区域。汶川地震断裂带科学钻探工程首次在北川-映秀断裂以西区域发现须家河组下部地层。须家河组可划分为六段,上部地层为须四段至须六段,形成于瑞替期,下部地层为须一段至须三段。其中,须一段又称马鞍塘组和小塘子组(表 17-1)。本章的研究对象为须家河组下部地层,主要指小塘子组至须三段(以下统称为须家河组下部),为一套形成于晚三叠世诺利期的海陆过渡相碎屑岩沉积物。由于研究分析的需要,本章研究的对象还涉及松潘甘孜马尔康分区的杂谷脑组、侏倭组和新都桥组,这三套地层也合称为西康群,是形成于中一晚三叠世的一套巨厚的海相复理石沉积物。

表 17-1　龙门山前陆盆地地层系统及采样层位

地层系统		四川盆地分区	松潘甘孜马尔康分区
(199.6 ± 0.6)Ma	瑞替阶	自流井组	
		须四段至须六段	
(203.6 ± 1.5)Ma		须二段至须三段	
	诺利阶	小塘子组	新都桥组
(216.5 ± 2.0)Ma			
	卡尼阶	马鞍塘组	侏倭组
(228.0 ± 2.0)Ma			
	拉丁阶	雷口坡组	杂谷脑组
	安尼阶		
(245.0 ± 1.5)Ma			

17.2　样品采集与分析

本次采集的上三叠统须家河组样品来自龙门山前缘的 3 条地表剖面和 2 个钻井，分别为绵竹汉旺剖面、什邡金河剖面、汶川映秀剖面和 WFSD-1 井、WFSD-3 井(图 17-1)，所有样品均为新鲜样品，风化作用影响较小。其中，砂岩组分统计采用点计数法，统计样品均为平均粒径大于 0.1mm 的砂岩，共统计岩石薄片 401 片。统计内容为：石英颗粒总数 Q_t，包括单晶石英总数 Q_m 与多晶石英总数 Q_p；长石颗粒总数 F；不稳定岩屑总数 L，所有岩屑总数 $L_t = L + Q_p$。由于镜下未见火成岩岩屑，因此统计中没有将不稳定岩屑区分为火成岩岩屑 L_v 与沉积岩或变质岩岩屑 L_s，陆源白云母计入岩屑组分。地球化学分析样品主要为粉砂岩和细砂岩，粒径为 0.01~0.13mm，样品加工及测试在澳实矿物实验室(ALS Minerals-ALS Chemex)完成。

此外，还对理县下孟剖面上的松潘-甘孜褶皱带中-上三叠统杂谷脑组、侏倭组及新都桥组地层进行样品采集和地球化学测试分析，并引用松潘-甘孜地体中-上三叠统和川中须家河组的稀土元素分析数据，与龙门山前缘须家河组下部进行对比研究。

17.3　岩石组分分析

Dickinson 和 Suczek(1979)建立了砂岩碎屑颗粒组成与物源区构造环境的系统关系，并依据大量的统计数据提出了 Q_m-F-L、Q_m-F-L_t、Q_t-F-L、Q_p-L_v-L_s 等经验判别图解。Dickinson 的三角判别图解得到了广泛的应用，并成功地解释了很多物源区的构造背景。但有研究指出 Dickinson 的三角判别图解对某些区域的解释与实际不符，其主要原因在于这些判别图解是依据经短距离搬运进入盆地沉积而形成的砂岩建立的，其对长距离搬运的、多物源的、风化程度较高的砂岩可能并不适用。本次研究所有样品的采集位置均靠近龙门山造山带，距离其潜在物源区距离较近，砂岩风化程度较低，岩屑含量较高，沉积物应来自较近的物源区，没有经过长距离的搬运，适用于 Dickinson 的物源区构造环境三角判别图解。

本次依据 Dickinson 和 Suczek(1979)提出的点计数法，对 WFSD-1 井、WFSD-3 井和龙门山前缘 3 条地表剖面的须家河组下部 401 个砂岩样品进行碎屑颗粒成分统计。结果表明，须家河组下部砂岩主要为岩屑砂岩。其中，石英含量为 25%~70%，平均含量约为 43%。石英颗粒在偏光显微镜下以单晶石英为主，表面干净，另有少量多晶石英。长石含量较少，含量为 1%~10%，平均含量为 4%。岩屑含量较高，为 20%~65%，平均含量为 35%。岩屑成分主要以泥岩和粉砂岩为主，并含少量变质岩岩屑、碳酸盐岩岩屑和火成岩岩屑，其中泥岩和粉砂岩岩屑有轻微变质，岩屑成分表明源岩主要为碎屑岩。

将统计结果投影到 Q_m-F-L、Q_m-F-L_t、Q_t-F-L 判别图解(图 17-2)中，须家河组样品均落入再旋回造山带物源区范围内，没有任何样品投点表明其物源来自克拉通内部、陆块物源区或基底隆起。在 Q_t-F-L 图解中，大多数投点落在大洋组分与大陆组分之比增加的方向，表明其物源区可能为大洋环境下的再旋回造山带。上述图解分析表明须家河组砂岩物源主要来自再旋回造山带。再旋回造山带物源区可分为 3 种：第一种是板块俯冲带的混杂岩物源区，由已有构造形变的蛇绿岩和大洋中其他物质组成；第二种是碰撞造山带物源区，即两个板块相接的地区，大部分由沉积岩、沉积变质岩组成的推覆体和冲断岩席构成；第三种是前缘隆起物源区，为前陆（岩石类型为沉积岩序列）所形成的高地，被侵蚀后产生的碎屑可直接流入相邻的前陆盆地。此外，盆地还接受克拉通内部隆起提供的碎屑物质，因而砂岩的成熟度也相对高一些（Dickinson and Suczek，1979）。在须家河组砂岩中石英与长石的比值高，普遍含有沉积岩（低级变质）岩屑，不含火山岩岩屑，这些特征指示其物源区可能为前缘隆起区和碰撞造山带。

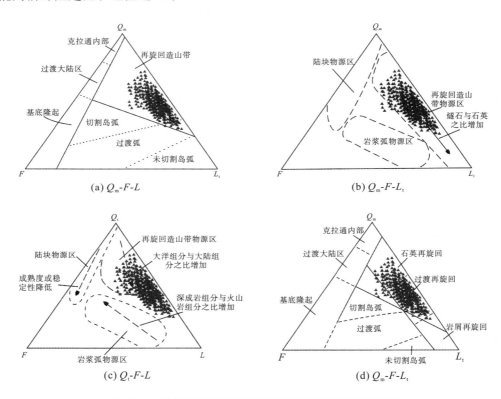

图 17-2　须家河组下部砂岩的物源区构造背景判别图解

　　重矿物组合分析是物源分析的重要手段之一，矿物之间有着严格的共生关系，重矿物通常在风化和搬运过程中稳定性强、耐磨蚀。因此，在碎屑岩中重矿物组合特征可以反映源岩性质，不同的重矿物组合代表了不同的源岩（表 17-2）。龙门山前缘须家河组下部样品的重矿物分析结果表明，重矿物组合主要为锆石、金红石、电气石、重晶石以及少量磷灰石、黄铁矿、石榴子石、尖晶石、独居石。从重矿物的组合上可以判断，源岩应为再旋回沉积岩。

表 17-2 常见重矿物组合与源岩类型

源岩	重矿物组合
酸性岩浆岩	磷灰石、角闪石、独居石、金红石、榍石、锆石、电气石(粉红)
微晶岩	锡石、萤石、白云母、黄玉、电气石(蓝色)、黑钨矿
中性及基性岩浆岩	普通辉石、紫苏辉石、普通角闪石、透辉石、磁铁矿、钛铁矿
变质岩	红柱石、石榴子石、硬绿泥石、蓝晶石、夕线石、十字石、绿帘石、黝帘石、镁电气石
再旋回沉积岩	锆石(圆)、电气石(圆)、金红石、重晶石
须家河组下部	锆石、金红石、电气石、重晶石

17.4 地球化学分析

17.4.1 微量、稀土元素与物源分析

Nb、Ta、Zr、Hf、Th、Sc、Cr、Co 等微量元素以及稀土元素(REE)对物源区特征的分析非常有效,这些元素的地球化学性质一般较稳定,受风化作用、搬运和沉积过程的影响较小,即具有非迁移性,而且这些元素只随陆源碎屑沉积物搬运,因而能反映物源区的地球化学性质。但一些学者对 REE 的示踪意义持怀疑态度,主要观点认为在沉积物形成过程中 REE 会发生分馏,在沉积物形成时 REE 分馏似乎更明显地表现为水动力分选等造成粒度与矿物不同,从而使 REE 组成产生差异。学者们详细研究了 REE 在黏土粒度中及其他粒度中的富集规律,认为在沉积物中黏土粒度具有与物源最近似的 REE 组成,其 REE 配分形式可近似地代表源岩中 REE 的组成特征。同源区的、粒度不同的沉积岩其化学成分相差较大,一般认为用粗粒沉积岩指示源区是不可靠的,细粒碎屑沉积岩则最能反映源区陆壳的平均组成。本次研究在地球化学分析中所取的须家河组砂岩样品的粒度为 0.01～0.13mm,平均粒径为 0.05mm,主要为粉砂岩和细砂岩,其地球化学特征能够有效反映物源信息。

龙门山前缘须家河组碎屑岩的微量元素和稀土元素分析数据见表 17-3。高场强元素(U、Ta、Zr、Hf、Th 等)和大离子亲石元素中 Rb、Pb、Cs 与上地壳值相近,但 Ba、Sr 含量明显低于上地壳平均值,过渡族元素 Cr、Co、Sc、V、Ni 平均含量相对上地壳均呈现弱亏损。所有稀土元素含量与上地壳平均值相近。

表 17-3 龙门山前缘须家河组碎屑岩微量元素和稀土元素分析数据表($\times 10^{-6}$)

样品号	JH11-QY1	JH14-QY1	JH15-QY1	HW24-QY1	HW26-QY1	YX28-QY1	YX29-QY1	YX30-QY1	须家河组平均值
地层	须一段	须二段	须三段	须三段	须二段	须三段	须二段	须一段	
岩性	粉砂岩	细粒砂岩	细粒砂岩	粉砂岩	粉砂岩	细粒砂岩	粉砂岩	粉砂岩	
Pb	20.90	12.50	15.20	20.80	20.20	6.60	14.40	16.00	15.83
Rb	113.00	46.20	78.50	119.50	106.50	46.20	34.70	100.00	80.58
Sr	94.10	92.60	121.00	87.50	96.30	187.00	129.00	48.10	106.95

续表

样品号	JH11-QY1	JH14-QY1	JH15-QY1	HW24-QY1	HW26-QY1	YX28-QY1	YX29-QY1	YX30-QY1	须家河组平均值
地层	须一段	须二段	须三段	须三段	须二段	须三段	须二段	须一段	
岩性	粉砂岩	细粒砂岩	细粒砂岩	粉砂岩	粉砂岩	细粒砂岩	粉砂岩	粉砂岩	
Ba	365.20	300.30	239.00	448.20	337.00	256.50	338.90	323.20	326.04
Th	11.30	7.06	9.17	13.25	11.35	7.85	8.99	11.05	10.00
U	2.74	1.50	2.30	3.50	2.71	1.87	1.88	2.62	2.39
Nb	12.80	8.40	10.80	14.90	13.00	8.10	7.60	12.00	10.95
Ta	1.00	0.70	0.90	1.20	1.00	0.70	0.60	0.90	0.88
Zr	151.30	154.10	165.80	212.00	169.50	248.60	219.20	281.10	200.20
Hf	4.50	4.10	4.60	6.30	5.00	6.70	5.90	7.60	5.59
Co	15.10	7.50	8.20	14.00	11.10	6.20	8.00	10.20	10.04
Ni	40.60	28.20	28.30	40.10	35.30	15.50	19.00	32.10	29.89
Cr	69.00	76.50	56.30	67.10	62.30	42.30	51.40	66.10	61.38
V	96.30	66.10	75.30	110.50	99.60	49.90	50.70	81.00	78.68
Sc	12.90	6.20	9.10	12.10	11.20	5.20	6.00	9.10	8.98
Cs	6.47	1.03	4.18	7.33	5.59	1.61	1.22	5.02	4.06
Ga	18.70	10.90	14.60	20.80	18.50	10.20	11.60	17.30	15.33
La	32.50	35.00	28.30	40.40	32.50	27.70	27.30	31.40	31.89
Ce	65.30	69.70	57.50	80.80	64.90	53.70	54.10	64.10	63.76
Pr	7.64	7.85	6.79	9.31	7.65	6.12	6.14	7.33	7.35
Nd	28.00	27.30	24.90	33.70	28.60	21.00	21.40	27.20	26.51
Sm	5.94	5.78	5.35	7.47	5.92	3.97	4.63	5.51	5.57
Eu	1.06	1.02	1.01	1.31	1.15	0.69	0.70	0.89	0.98
Gd	5.38	4.25	5.07	6.27	5.68	3.28	3.63	4.93	4.81
Tb	0.84	0.60	0.70	0.89	0.84	0.52	0.46	0.72	0.70
Dy	4.85	3.42	4.53	5.68	5.07	3.09	3.01	4.33	4.25
Ho	0.91	0.61	0.79	1.06	0.94	0.59	0.53	0.81	0.78
Er	2.77	1.82	2.55	3.33	2.70	1.89	1.80	2.78	2.46
Tm	0.40	0.22	0.34	0.46	0.39	0.26	0.26	0.36	0.34
Yb	2.75	1.65	2.53	3.13	2.59	1.77	1.77	2.67	2.36
Lu	0.34	0.23	0.32	0.40	0.38	0.24	0.24	0.36	0.31
Y	25.10	15.80	24.00	28.70	25.10	15.60	14.50	22.40	21.40
ΣREE	158.68	159.45	140.68	194.21	159.31	124.82	125.97	153.39	152.06
LREE/HREE	7.70	11.46	7.36	8.15	7.57	9.72	9.77	8.04	8.72
La_N/Yb_N	7.99	14.33	7.56	8.72	8.48	10.58	10.42	7.95	9.50
δEu	0.56	0.60	0.58	0.57	0.60	0.57	0.50	0.51	0.56
δCe	0.95	0.95	0.95	0.95	0.94	0.93	0.95	0.96	0.95

注：下标 N 表示元素相对球粒陨石标准化；$\delta Eu=2 \times Eu_N/(Sm_N+Gd_N)$；$\delta Ce=2 \times Ce_N/(La_N+Nd_N)$。LREE/HREE、$La_N/Yb_N$、$\delta Eu$ 和 δCe 为无量纲变量。

对源岩岩性的反演，不同的沉积岩反映其源岩的程度不同，其中硅质碎屑沉积岩是灵敏的源岩来源和风化的指示。镁铁质会引起碎屑沉积物中 Sc、V、Cr、Co 富集，而 La、Zr、Th 等则富集在长英质岩石中，其中很多元素的比值能很好地区分源岩岩性。将须家河组的特征元素比值放入表 17-4 中进行对比，发现须家河组所有的特征元素比值均表明源岩应为长英质岩石。在 La/Th-Hf 判别图解上，大多数样品的投点均落入上地壳长英质源岩的范围，与特征元素的分析结果一致（图 17-3）。

表 17-4 须家河组下部与源岩的特征元素比值范围对比

类别	Th/Cr	Th/Sc	δEu	La/Sc	Th/Co	La/Co
源岩为长英质	0.13～2.7	0.84～20.5	0.4～0.94	2.5～16.3	0.67～19.4	1.8～13.8
源岩为铁镁质	0.018～0.046	0.05～0.22	0.71～0.95	0.43～0.86	0.04～1.4	0.14～0.38
须家河组	0.16～0.20	0.88～1.51	0.50～0.60	2.52～5.65	0.75～1.28	2.15～4.68

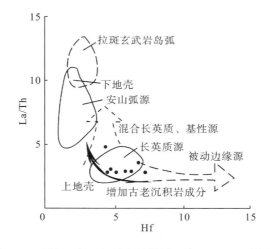

图 17-3 须家河组下部砂岩的微量元素 La/Th-Hf 判别图

此外，稀土元素的配分模式也可以反映沉积物物源性质。若 LREE/HREE 小，无 Eu 异常，则物源可能为基性岩石；若 LREE/HREE 大，有 Eu 异常，则物源多为长英质岩，须家河组 LREE/HREE 大，平均值为 8.72，有明显的 Eu 负异常，所有样品的稀土元素配分模式相似，均属轻稀土富集型，并显示出相互平行的特点，与上地壳稀土元素配分模式相似。上述分析表明，龙门山前缘须家河组下部的源岩性质应属于上地壳长英质岩石。

17.4.2 微量元素、稀土元素与构造背景

沉积岩的地球化学成分与碎屑矿物构成存在一定的关系,在不同的构造环境下具有不同的特征,据此可以根据化学成分变化特征来判定物源区的性质和构造背景。Bhatia(1985)

通过对已知构造背景的砂岩和砂质泥岩的地球化学特征分析，认为 La、Ce、Nd、Y、Th、Zr、Hf、Nb、Ti、Co 和 Sc 等元素能够有效判别构造背景和物源区类型，提出一系列利用微量元素比值和判别图来鉴别被动大陆边缘、活动大陆边缘、大洋岛弧和大陆岛弧等构造背景，这些不同判别图的相互校正使用已被大多数学者采用。

根据 Bhatia(1985)提出的不同构造背景下微量元素和稀土元素的特征元素比值参数值，本次将其与龙门山前缘须家河组下部的相关元素比值进行对比(表 17-5)，分析得出须家河组下部的特征元素比值总体接近大陆岛弧。其中，Rb/Sr、Zr/Th、Sc/Cr、δEu 同时显示了具有被动大陆边缘的特征，这与沉积盆地所处的特殊构造位置有关。大陆岛弧与被动大陆边缘的部分地球化学特征具有相似性，这与两者共同对应再旋回造山带的物源类型存在一定关系。

表 17-5　须家河组砂岩与不同构造环境中砂岩的特征元素比值对比

	大洋岛弧 A (未切割岩浆弧)	大陆岛弧 B (切割岩浆弧再旋回造山带)	活动大陆边缘 C (基底抬升)	被动大陆边缘 D (再旋回造山带碰撞造山带克拉通内部)	须家河组 (平均值)
Rb/Sr	0.05 ± 0.05	0.65 ± 0.33	0.89 ± 0.24	1.19 ± 0.40	0.92
Th/U	2.1 ± 0.78	4.6 ± 0.45	4.8 ± 0.38	5.6 ± 0.7	4.25
La/Th	4.26 ± 1.2	2.36 ± 0.3	1.77 ± 0.1	2.20 ± 0.47	3.28
La/Sc	0.55 ± 0.22	1.82 ± 0.3	4.55 ± 0.8	6.25 ± 1.35	3.92
Th/Sc	0.15 ± 0.08	0.85 ± 0.13	2.59 ± 0.5	3.06 ± 0.8	1.19
Zr/Th	48 ± 13.4	21.5 ± 2.4	9.5 ± 0.7	19.1 ± 5.8	20.71
Zr/Hf	45.7	36.3	26.3	29.5	35.74
Sc/Cr	0.57 ± 0.16	0.32 ± 0.06	0.30 ± 0.02	0.16 ± 0.02	0.14
ΣREE	58 ± 10	146 ± 20	186	210	152.06
LREE/HREE	3.8 ± 0.9	7.7 ± 1.7	9.1	8.5	8.72
La/Yb	4.2 ± 1.3	11.0 ± 3.6	12.5	15.9	11.81
La_N/Yb_N	2.8 ± 0.9	7.5 ± 2.5	8.5	10.8	9.50
δEu	1.04 ± 0.11	0.79 ± 0.13	0.6	0.56	0.56

利用建立的 La-Th-Sc、Th-Sc-Zr/10 和 Th-Co-Zr/10 三角判别图解以及 La-Th 判别图解，对须家河组砂岩样品进行投点分析(图 17-4)，可以进一步验证龙门山前缘须家河组下部的沉积构造背景。结果表明，除个别点有些偏离外，多数样品点落入大陆岛弧区及其附近。对微量元素与稀土元素进行的综合分析表明，龙门山前缘须家河组下部的沉积构造背景为大陆岛弧。

17.5　讨　　论

晚三叠世龙门山前缘须家河组下部在区域上应有 5 个潜在物源区，西侧为龙门山和松

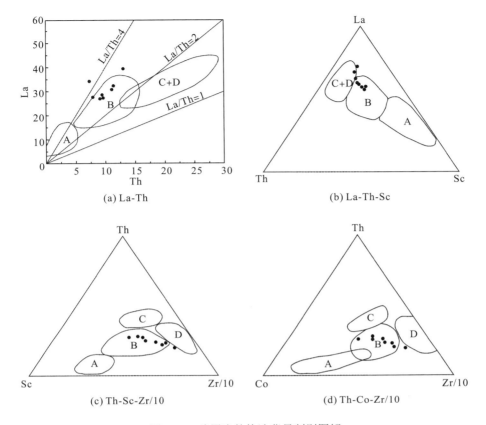

图 17-4　碎屑岩的构造背景判别图解

潘-甘孜褶皱带，物源组分以沉积岩和浅变质岩为主，偶见岩浆岩；东北—北侧为米仓山—大巴山和秦岭—大别山，物源组分较复杂，以变质岩为主，以岩浆岩、沉积岩为辅；东侧为扬子板块和雪峰物源区，以浅变质岩、沉积岩为主；西南侧为康滇古陆物源区，以变质岩(变质程度高)、沉积岩为主；南侧为峨眉-瓦山古隆起物源区，以火山岩、沉积岩为主。龙门山前缘须家河组下部的砂岩骨架颗粒成分分析和岩屑成分分析表明，其源岩应来自再旋回造山带的一套浅变质碎屑岩。重矿物组合分析再次表明，其源岩应为再旋回沉积岩。微量元素特征、稀土元素配分模式以及 La/Th-Hf 图解均表明，其源岩为上地壳长英质岩石。因此，据上述分析，须家河组下部物源可能来自西侧的龙门山和松潘-甘孜褶皱带，或东侧的扬子板块。晚三叠世龙门山位于扬子板块西缘，早期隆起提供的物源应含有大量的碳酸盐岩，但岩屑分析和微量元素分析表明，须家河组下部地层碎屑岩中碳酸盐岩成分很少，因此须家河组下部地层的物源应来自西侧的松潘-甘孜褶皱带，或者东侧的扬子板块。

　　细粒碎屑岩的 REE 配分模式具有很好的物源示踪作用，通过对比 REE 配分模式，能够有效地判别龙门山前缘须家河组下部与东西两侧潜在物源区的关系。图 17-5 为龙门山前缘诺利阶须家河组下部、川中地区须家河组下部及松潘-甘孜中-上三叠统的 REE 球粒陨石标准化配分模式图。从图 17-5 可以看出，龙门山前缘须家河组下部的 REE 配分模式与川中的须家河组存在明显差异，表明两者的物源存在差异，同时也表明龙门山前缘须家河组下部物源不应来自东侧或受东侧物源的影响较小。松潘-甘孜中-上三叠统复理石沉积物的 REE 配分模式与龙门山前缘须家河组下部几乎一致，这表明两者具有密切关联。地球化学分析表明，松潘-甘孜中-上三叠统碎屑岩的微量元素及稀土元素特征与龙门山前缘须家河组非常相似。由岩石组成和地球化学分析判断，龙门山前缘须家河组下部地层的物源应主要来自西侧的松潘-甘孜褶皱带。

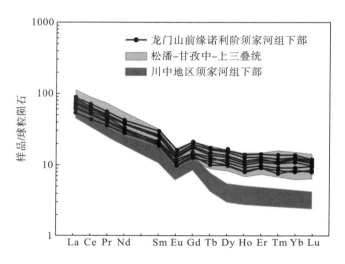

图 17-5　稀土元素球粒陨石标准化配分模式图

碎屑锆石 U-Pb 测年是目前碎屑岩物源研究的主要方法，但在某些情况下需要注意：岩屑分析表明龙门山前缘须家河组下部物源来自另一套碎屑岩，如果一套碎屑岩的物质来自另一套碎屑岩，那么依据碎屑锆石年龄来判别物源就不适宜。本次依据前人的研究成果，对靠近龙门山两侧的这两套碎屑岩的碎屑锆石年龄分布特征进行了对比。从图 17-6 可以看出，两套地层单元的碎屑锆石年龄分布特征基本相似，但须家河组碎屑岩中年龄集中在 1900～1750Ma 的锆石数量相对较多，而松潘-甘孜中-上三叠统碎屑岩中这个年龄范围的锆石相比较少。1900～1750Ma 这一年龄阶段对应的物源区应来自东北部扬子板块北缘和秦岭-大别造山带，但前述已经说明这并不能表明其物源来自东北部。需要指出的是金深 1 井和石深 1 井位于龙门山前陆盆地内部，MR-18 样品则采自靠近龙门山一侧的都江堰附近，样品 MR-18 的锆石年龄分布特征与松潘-甘孜中-上三叠统的基本一致，而来自盆地内部两个钻井的样品出现一些差异。因此认为造成锆石年龄分布差异的主要原因是前陆盆地具有双物源的特征，前陆盆地内主要沉积物的物源来自造山带一侧，少量物源来自前缘隆起。李勇等(2010)指出从小塘子组沉积开始，龙门山前陆盆地就存在两个物源区，分别为西部边缘造山带和扬子板块前缘。上述分析表明，龙门山前缘须家河组下部物源主要来自松潘-甘孜褶皱带，并有少量来自扬子板块西缘。

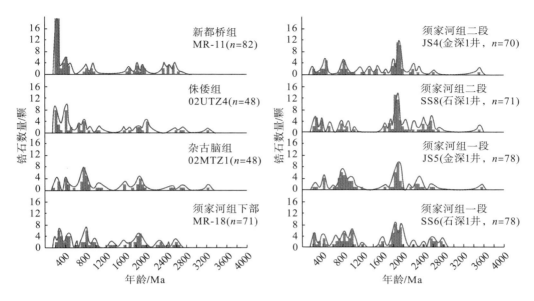

图 17-6　须家河组下部与松潘-甘孜中-上三叠统碎屑锆石年龄分布概率曲线

根据 Dickinson 的砂岩三角判别图解分析，须家河组砂岩的物源区构造背景为大洋环境下的再旋回造山带(图 17-2)。微量元素及稀土元素相应的元素比值特征和构造背景判别图解则表明，须家河组的沉积构造背景与大陆岛弧相关(表 17-4、图 17-4)。根据 Bhatia(1985)对大陆岛弧的定义，大陆岛弧为形成于陆壳或大陆边缘之上的岛弧，相应的物源区类型包括切割岩浆弧和再旋回造山带。在 Dickinson 的三角图解里样品投点多数落在再旋回造山带的范围，而切割岩浆弧与俯冲作用和火山活动有关，在龙门山及邻近的松潘—甘孜地体并没有相关发现。虽然在龙门山及邻近区域没有发现火山活动，但在松潘-甘孜褶皱带东侧靠近龙门山的区域有大量高钾钙碱性花岗岩出现，年龄为(215±3)Ma，处在卡尼期末和诺利早期，对应于小塘子组开始沉积的时间。因此认为在卡尼期末或诺利早期，龙门山地区西侧古特提斯洋东缘已经出现古岛弧，并为须家河组下部提供物源，当时的须家河组沉积环境为弧后前陆盆地。

刘树根等(2001)通过多种研究方法对川西前陆盆地系统的构造特征进行了综合分析，提出龙门山造山带-前陆盆地系统自印支期以来共发生了 7 次挤压收缩-走滑构造事件，第一次构造事件发生在卡尼期末，是使松潘—甘孜地体形成褶皱带的首次构造运动，也是最重要的一次构造运动，这次构造运动还使龙门山西侧形成茂汶断裂。从卡尼期末开始，扬子板块西缘由碳酸盐岩沉积转为碎屑岩沉积，而靠近龙门山西侧最新的一套沉积地层新都桥组在诺利早期结束。李勇等(2011a)指出卡尼期马鞍塘组底部不整合面是扬子板块西缘由被动大陆边缘向前陆盆地转换的标志，在卡尼期末龙门山逆冲楔已经形成，但在该时期仅为水下隆起，无剥蚀作用。李勇等(2010)在小塘子组发现来自松潘-甘孜褶皱带的砾石和岩屑，表明松潘-甘孜褶皱带已经开始构造挤压抬升并接受剥蚀。笔者在龙门山的中段和南段均发现有这套小塘子组中的砾石。小塘子组在龙门山前缘为西厚东薄的楔状体，并沿龙门山前缘出现不连续的大套砂体(施振生等，2012)。这些证据有力地表明在诺利早期前陆盆地系统已经形成，并在西侧形成古岛弧链。

上述分析表明，古特提斯洋东缘在卡尼期末发生大规模挤压褶皱，松潘-甘孜复理石沉积物逆冲负载在扬子板块西缘被动大陆边缘之上，逆冲断裂为茂汶断裂。到诺利早期逆冲楔抬出海平面形成古岛弧并遭受剥蚀，为须家河组下部提供物源。龙门山地区沉积环境由被动大陆边缘转为弧后前陆盆地，当时的前陆盆地西侧边界位于茂汶断裂。

第 18 章　晚新生代大邑砾岩的物源分析

关于大邑砾岩的沉积特征，曾有简要的野外地质描述和沉积相研究（王凤林等，2003），而区域性的沉积学研究尚无相关报道。本章结合野外考察和室内研究，着重研究大邑砾岩的沉积学特征、时空演化并恢复其物源区，进而探讨古岷江和古青衣江的水系演化，这对反演青藏高原东缘晚新生代的构造演化和成都盆地的地貌演化具有重要的意义，并有助于深化对青藏高原隆升动力学过程的理解。

18.1　大邑砾岩的沉积特征

大邑砾岩分布于彭灌断裂和成都-新津隐伏断裂之间，北至都江堰，南到名山。彭灌断裂与大邑-广元隐伏断裂之间为大邑砾岩的剥蚀残留区，其出露厚度为 122～380m，其中以位于盆地南部的庙坡剖面厚度最大（380.6m），其次为位于盆地北部的玉堂镇剖面（厚250m）。大邑-广元隐伏断裂与成都-新津隐伏断裂之间为大邑砾岩的埋藏区。钻井资料显示，大邑砾岩在成都盆地的沉积具西厚东薄且呈楔状的特征。

大邑砾岩为黄灰、灰黄、浅黄色砂质砾石夹透镜状岩屑砂岩，砾石分选性差，磨圆性好，具冲积扇相特征。在垂向上，由下往上磨圆性和分选性逐渐变好，砾径总体变小，砾岩的单层厚度变小，砾岩与砂泥岩的比值减小，显示为一个退积过程。大邑砾岩可分为 9个左右向上变细的小旋回（图 18-1）。接近下部层位的新鲜露头多为半固结-固结状，多为泥质胶结或钙质胶结，上部未固结且多被风化，呈松散状。

大邑砾岩的年代研究程度较低，仅对大邑砾岩的部分剖面进行过 ESR 测年。在收集这些测年资料的基础上，在典型的大邑砾岩剖面中采集砂岩透镜体样品，选取其中的石英砂，用 ESR 定年法测定了更多的年龄数据，测定其年龄为 3.1～0.9Ma（表 18-1），属上新世—早更新世。

18.2　砾石成分对比

本次选择了 5 个典型的大邑砾岩剖面底部地层进行砾石成分统计，并对现代岷江和青衣江河道沉积物中的砾石也进行了统计和对比，其中岷江的统计点位于都江堰西约 5km现代岷江的河漫滩上，青衣江的统计点位于雅安市区内青衣江河漫滩上。统计点的统计面积均为 1m²，仅统计砾径大于 3cm 的粗砾，统计结果见表 18-2 和图 18-2。

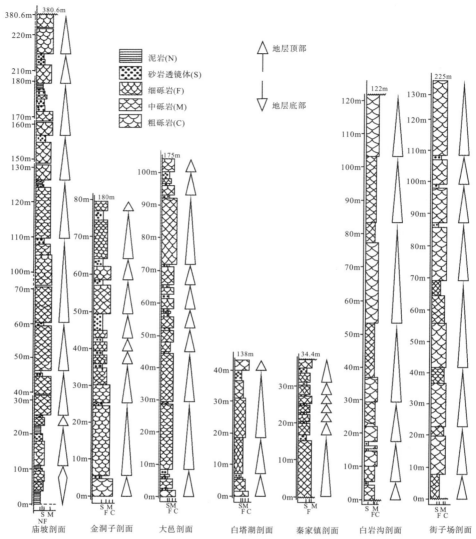

图 18-1 大邑砾岩的典型剖面柱状图

表 18-1 大邑砾岩的剖面位置及样品年龄

剖面名称	经度	纬度	底部年龄/Ma	顶部年龄/Ma
玉堂镇	103°34′33.6″E	30°57′45.36″N	3.1	—
白岩沟	103°29′47.76″E	30°42′39.6″N	2.6	—
白塔湖	103°35′25.44″E	30°40′14.52″N	2.7~2.3*	1.05*~0.95*
大邑	103°30′42.84″E	30°35′45.96″N	2.7*~2.6	0.987
金洞子	103°26′13.2″E	30°33′35.28″N	2.83	—
庙坡	103°7′55.2″E	30°9′46.8″N	2.7*	0.91*
秦家镇	103°40′25.32″E	30°9′38.88″N	2.4	1.0±0.2
曹家林	103°41′7.08″E	30°17′57.84″N	2.53	—

注: *据王凤林等 (2003), 剖面位置见图 18-1。

表 18-2　大邑砾岩与现代河流砾石统计表　　　　　　　　　　（单位：个）

岩屑类型	大邑砾岩					现代河流	
	玉堂镇	白塔湖	大邑	庙坡	秦家镇	岷江	青衣江
岩浆岩	21	24	18	3	35	30	20
砂泥岩	47	64	54	75	20	8	16
灰色灰岩	0	0	6	0	0	0	0
变质岩	9	8	24	69	45	6	12

　　统计发现，大邑砾岩中的砾石含量为 80%～90%，填隙物以杂基为主（主要为中粒砂），为泥质胶结或钙质胶结（表 18-2），砾石磨圆性良好，分选性差，砾径从细砾到巨砾均有发育，自北向南平均砾径变小。与其他剖面相比，玉堂镇剖面的砾岩胶结最好（泥质胶结），整个露头的风化程度最低，砾石的粒径最大，分选性极差，最大的砾石直径达 50cm，说明它们沉积在紧邻山前带的地方。该露头附近的砂岩透镜体的产状最陡，为 115°∠66°，反映地层沉积后经历了强烈的构造变形，其变形程度比其他任何相关剖面都更高。

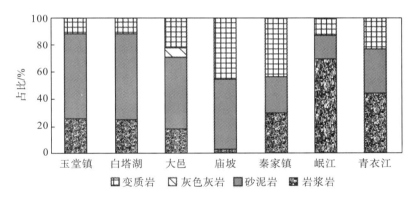

图 18-2　大邑砾岩与现代河流的砾石成分对比

　　统计结果表明：①各剖面砾石成分相近，以岩浆岩、变质岩和砂泥岩为主，其中岩浆岩砾石中主要为灰白色花岗岩（>80%），变质岩砾石中以石英岩为主（>80%），砂泥岩砾石中有砂岩、粉砂岩和泥岩，一般呈黄色，另外在大邑剖面中出现灰色灰岩是一个例外；②在靠近山前的大邑砾岩剖面中自北向南岩浆岩含量逐渐减少、变质岩含量逐渐增大，而砂泥岩的含量变化不大。与庙坡剖面相比，玉堂镇、白塔湖和大邑剖面的变质岩含量明显更低，为 8%～24%（庙坡剖面为 47%），岩浆岩含量明显更高，为 18%～27%（庙坡剖面为 2%）；③在庙坡剖面和秦家镇剖面中变质岩含量相近；④在岷江沉积物中的岩浆岩含量占绝对优势，不能和任一大邑砾岩剖面进行对比；⑤现代青衣江沉积物的砾石成分和秦家镇剖面的砾石成分最为相似。

18.3 砂岩碎屑组分

18.3.1 砂岩碎屑特征

本次对玉堂镇、白塔湖、大邑、金洞子、庙坡、曹家林和秦家镇等典型大邑砾岩剖面中的砂岩透镜体以及现代岷江和青衣江中的河沙进行了取样并磨片鉴定。

砂岩薄片中的碎屑成分以岩屑占绝对优势,其在碎屑中的含量一般为 50%～80%,石英含量一般为 10%～40%,长石含量一般为 4%～13%。砂岩碎屑的粒度变化较大,细砂岩至粗砂岩均有发育,分选性中等至差,磨圆性差,一般呈棱角状至次棱角状,结构成熟度和成分成熟度都很低。碎屑物的成分以及成熟度受控于源区和沉积环境,能够反映源区及沉积环境的特征。上述特征说明当时物源区和沉积区的构造环境均不稳定,岩石为近源快速堆积的产物。

砂岩碎屑的接触方式以点接触为主,指示岩石的压实作用不强。胶结方式主要为泥质胶结和钙质胶结,其中庙坡剖面的砂岩多呈泥质胶结,碎屑表面普遍见铁染现象,反映较强的氧化作用。金洞子剖面和大邑剖面的砂岩均呈钙质胶结,溶蚀作用发育,碎屑呈点或线状接触,压实中等,成岩作用较强。玉堂镇剖面底部砂岩呈泥质胶结,中部呈钙质胶结,而白塔湖剖面砂岩呈铁泥质胶结。

18.3.2 砂岩岩屑特征

大邑砾岩中的大部分碎屑有轻微成岩作用,没有后期变质作用改造,各种颗粒都很完整,不影响碎屑含量。由于在观察的砂岩中岩屑含量均大于 30%,用 Dickinson 和 Suczek 三角判别图解反映岩石的物源区意义不大,而砂岩中的不稳定岩屑组分对反映岩石的物源区有重要的意义(Dickinson and Suczek,1979),因此统计了大邑砾岩中的砂岩透镜体和现代河沙中不稳定岩屑的百分含量。统计方法为 Gazzi-Dickinson 计点法(Dickinson and Suczek,1979),统计个数大于 100 个。发现晚新生代大邑砾岩和现代河沙中的岩屑组分有泥岩、粉砂岩和碳酸盐岩等沉积岩岩屑,石英岩、片岩和千枚岩等变质岩岩屑以及火山岩和花岗岩岩屑(表 18-3 和图 18-3)。

研究对比发现:①晚新生代大邑砾岩中的砂岩和现代河沙岩屑组分的主要差异在于大邑砾岩中砂岩的泥岩岩屑含量明显高于岷江和青衣江沉积物,反映了大邑砾岩为快速堆积的产物,至少其堆积速率较现代岷江和青衣江中的泥沙更快,这使大部分泥质碎屑未被冲走而沉积下来;②青衣江现代河沙中的火山岩岩屑多达 56.3%,而岷江现代河沙中未见火山岩岩屑发育,岷江现代河沙中的片岩和千枚岩岩屑发育(达 19.7%),而青衣江中则没有;③大邑砾岩中砂岩岩屑组分的差异较小,都有片岩和千枚岩岩屑发育。最异常的是只有大邑和金洞子剖面中的砂岩发育碳酸盐岩岩屑,而其他大邑砾岩剖面中均未见发育。

表 18-3 大邑砾岩中的砂岩和现代河沙的岩屑统计表（%）

剖面	泥岩	粉砂岩	碳酸盐岩	火山岩	花岗岩	石英岩	片岩	千枚岩
青衣江	11.3	4.2	18.3	56.3	2.8	4.2	—	—
庙坡底部	70.0	10.0	—	—	—	—	4.0	8.0
庙坡中部	66.7	11.7	—	—	—	5.0	5.0	6.7
庙坡顶部	64.5	11.3	—	6.5	—	—	6.5	8.1
曹家林	66.2	4.1	—	2.7	—	6.8	6.8	5.4
秦家镇	75.3	4.9	—	2.5	—	3.7	4.9	3.7
金洞子底部	65.0	5.0	10.0	—	—	1.7	3.3	8.3
金洞子中部	58.1	10.8	13.5	—	—	—	12.2	2.7
大邑	52.6	8.8	8.8	3.5	—	14.0	7.0	5.3
白塔湖	71.4	7.8	—	—	—	3.9	6.5	7.8
玉堂镇	69.6	7.1	—	3.6	—	5.4	4.0	4.9
岷江	19.7	18.0	24.6	0.0	0.0	11.5	14.8	4.9

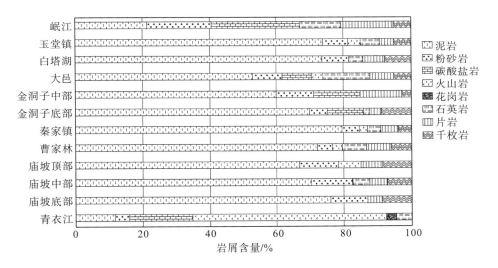

图 18-3 晚新生代大邑砾岩中的砂岩与现代河沙中的岩屑含量

18.4 重矿物分析

18.4.1 重矿物分析方法

重矿物在砂岩中的含量很少超过 1%，一般小于 0.1%。重矿物粒度多属细砂至粉砂级，且多数在粉砂级内，它们多赋存于粉砂-细砂岩内。根据重矿物粒度分布和赋存特点，统计的粒度应为 0.05～0.40mm（即 50～400μm）。本次统计的粒度是 63～400μm。通过 63μm 的筛进行湿筛，砂的粒级被分为粉砂级和黏土级，然后用 H_2O_2 和 10% 的盐酸对样品进行处理，把有机物和碳酸盐溶解掉。碳酸盐除去以后，粒度为 63～400μm 的砂被分选出来，这就减少了依赖分选的尺寸和形状的影响。

重矿物分析的样品共有 6 个，其中 4 个采自大邑砾岩中的砂岩透镜体，采样点分别位于玉堂镇、大邑、庙坡和秦家镇剖面。从现代岷江和青衣江中又采集了两个现代河沙样品作为参照（图 18-1 和图 18-4）。

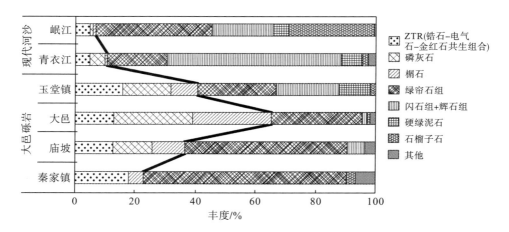

图 18-4   现代河沙和大邑砾岩中砂岩的重矿物丰度对比图

注：粗线将锆石-电气石-金红石共生组合（ZTR）、磷灰石和榍石与其他重矿物区别开来，突出了颗粒共生组合的走向。

18.4.2   重矿物分析结果

辨别出的透明重矿物包括锆石、电气石、磷灰石、金红石、榍石、石榴子石、绿帘石组矿物、绿纤石、硬绿泥石、十字石、蓝晶石、角闪石组矿物（特别是角闪石）以及辉石类组矿物。样品的重矿物丰度见表 18-4。

表 18-4   现代河沙以及大邑砾岩中砂岩的重矿物丰度（%）

重矿物	现代河沙		大邑砾岩			
	岷江	青衣江	玉堂镇	大邑	庙坡	秦家镇
锆石	3	3	9	7	13	8
电气石	2	0	5	4	0	10
金红石	0	2	2	2	0	0
磷灰石	1	5	16	26	13	0
榍石	1	1	9	26	11	5
绿帘石组	39	19	26	30	53	67
角闪石组	20	53	20	0	6	0

重矿物	现代河沙		大邑砾岩			
	岷江	青衣江	玉堂镇	大邑	庙坡	秦家镇
辉石类组	0	5	0	2	0	0
硬绿泥石	5	7	11	0	0	0
十字石	0	1	0	0	0	7
蓝晶石	1	2	0	0	0	0
石榴子石	28	2	2	1	0	3
绿纤石	0	0	0	2	4	0

　　两个现代河沙样品的重矿物丰度差异显著：石榴子石在岷江沉积物中的重矿物约占 28%，而在青衣江沉积物中它只是一种副矿物；角闪石组矿物以角闪石为主，和岷江相比，青衣江样品中的角闪石丰富得多；在青衣江河沙中磷灰石很普遍，而在岷江河沙中极少发育（图 18-4）。

　　大邑砾岩中重矿物丰度之间的差异较小，以秦家镇剖面的样品最突出，在整个样品中只统计了 61 个透明重矿物颗粒，而 80% 以上的矿物是不透明的。除了绿帘石组以外，只有锆石和电气石较多，绿帘石比较稳定，而石榴子石和角闪石在一定条件下不稳定，这些观测结果与其野外露头的强烈风化一致。另外，庙坡的野外露头也风化强烈，其同样含有大量的绿帘石组矿物。因此，至少在这 6 个样品中，不透明矿物的数量和绿帘石的含量可作为衡量风化程度的指标。

18.5　大邑砾岩的古流向恢复

　　古流向恢复是沉积岩物源区分析的重要手段。通过测量并统计叠瓦状砾石的产状，并根据地层产状校正为其沉积时的水平产状可恢复古水流方向，这种方法要求被统计砾石的扁平面均呈叠瓦状排列，且其长轴（a 轴）明显大于短轴（b 轴），每个露头统计的砾石产状超过 30 组。通过砾石的叠瓦状构造恢复古流向的方法为：①野外测量叠瓦状砾石的扁平面产状和地层产状，以砂岩透镜体的产状代表地层产状；②用 StereoNett V2.45 软件根据地层产状校正砾石扁平面产状；③根据叠瓦状砾石产状和地层产状用 StereoNett V2.45 软件绘制玫瑰图。

　　我们在玉堂镇、街子场、白岩沟、白塔湖、大邑和邛崃西白鹤以及庙坡等大邑砾岩剖面中恢复了古流向。显然，盆地北部的玉堂镇、街子场、白岩沟、白塔湖和大邑剖面的古流向总体向南，在单个剖面中古流向东西方向发生偏差可能是因为水道迁移造成的小范围水流方向变化，并不影响全区的古水流分布模式的判断和分析，表明盆地北部大邑砾岩的沉积主要受控于出口在玉堂镇附近的同一条向南流的河流。盆地南部的庙坡剖面和邛崃剖面的古流向为东向，表明盆地南部地层的物源区为其西部的山地。

18.6　讨　　论

18.6.1　成都盆地北部大邑砾岩的物源分析

砾石成分统计对比发现,玉堂镇、白塔湖和大邑剖面的砾石含量相近,在岷江河沙中的岩浆岩含量占绝对优势,反映了盆地北部大邑砾岩的物源区和现代岷江的流域范围存在较大差异。在砂岩岩屑上,只有大邑和金洞子剖面中的砂岩发育碳酸盐岩岩屑,其他大邑砾岩剖面中均未见发育。这与大邑剖面中出现灰岩砾石以及玉堂镇剖面中部、大邑剖面和金洞子剖面的砂岩均呈钙质胶结,而其他剖面中的大邑砾岩均以泥质胶结为主是一致的。

重矿物对比发现,现代岷江河沙中的石榴子石比大邑砾岩中要多得多。石榴子石的补给输入岷江可以解释为现代岷江流域扩张并切穿三叠系复理石建造。因为在现代岷江流域中,上三叠统复理石的出露面积约占岷江流域面积的50%,其在晚三叠世有不同程度的变质,且在汶川附近发育规模不等的石榴子石矿床。在青衣江流域中没有三叠系复理石建造发育,因此其样品中的石榴子石含量也低。

结合古流向恢复得到的认识以及盆地北部以玉堂镇剖面的地层厚度最大(250m)、变形最为强烈的事实,推断成都盆地北部的大邑砾岩受出口在玉堂镇附近、向南流的河流控制,而且其流域范围在汶川-茂汶断裂以东、玉堂镇以西的流域范围内。随着青藏高原东缘的隆升,花岗岩暴露地表后的一定阶段,汶川附近的志留系-泥盆系中的灰岩区开始暴露并被位于玉堂镇附近的古代河流(向南流,但未必是古岷江)剥蚀搬运,使玉堂镇剖面中部、大邑剖面和金洞子剖面中的砂砾岩均呈钙质胶结,而在灰岩物源区被剥蚀搬运前,盆地北部的大邑砾岩呈泥质胶结(玉堂镇剖面底部和白塔湖剖面),反映玉堂镇附近的古河流在该区形成的古冲积扇规模较小,其南缘在大邑和白塔湖之间。

18.6.2　古岷江的水系变迁

有学者对岷江水系进行过研究。现代岷江流域面积较成都盆地北部大邑砾岩物源区的面积要大得多,岷江流域面积增大是岷江在晚更新世改道的结果:随着龙门山北部的强烈隆升,玉堂镇附近的河流不断向北溯源侵蚀并在晚更新世袭夺了出口位于北川附近向东流的古岷江,使岷江向南流。其证据有:①茂汶附近现代岷江的陡度指数和凹度指数的突变;②在都江堰北部的岷山断块在晚更新世的强烈活动;③与川西高原和成都盆地相比,龙门山的地表隆升速率最大,被认为是相对最大的剥蚀速率导致的(被称为剥蚀造山作用),这为现代岷江的溯源侵蚀提供了条件。

1991～1997 年高精度 GPS 测量表明,龙门山北部的 ZHM2 测站(32°28′12″N,104°30′00″E)和 CGP2 测站(32°36′36″N,105°18′36″E)相对成都盆地的水平运动速率为4.3～5.0mm/a,运动方向分别是 182.2°和 195.1°,龙门山北部具有向南较大速率的水平运动与我们获得的岷江水系向南变迁的认识是相吻合的。

18.6.3　成都盆地南部大邑砾岩的物源分析

砾石成分统计发现，秦家镇剖面的变质岩含量与庙坡剖面相近，而岩浆岩含量明显更高，其与现代青衣江沉积物中的砾石成分和含量均很接近。在砂岩碎屑组分上，熊坡背斜两翼的大邑砾岩剖面(秦家镇和曹家林剖面)中的砂岩碎屑与现代青衣江松散砂的成分和特征极其相似。另外，砾石古流向恢复表明，成都盆地南部在大邑砾岩沉积期间的流向为东。结合庙坡剖面的地层厚度最大(380.6m)，其年龄较秦家镇更老，推测盆地南部的大邑砾岩受古青衣江的控制，且古青衣江和现代青衣江流域的范围变化不大，其在成都盆地的出口在庙坡附近。随着龙门山南部物源区的不断隆升，流域内的花岗岩体不断被剥蚀并在成都盆地南部堆积下来，使后沉积的熊坡背斜东部(秦家镇)剖面底部的花岗岩碎屑含量明显高于先沉积的庙坡剖面底部的花岗岩碎屑含量。

18.6.4　古青衣江的水系变迁

成都盆地南部的数字高程图显示其具冲积扇的地貌特征，高程自南西西向北东东方向降低，结合盆地南部大邑砾岩的物源区分析，推断古青衣江在晚更新世从庙坡附近向东流入成都盆地，并在熊坡背斜隆起后改道经过雅安向南流，而熊坡背斜隆起的时间应该在其东部大邑砾岩剖面顶部年龄 1.0 ± 0.2 Ma(表 18-1)之后。

龙门山南部 GPS 测站 SWS3(30°04′48″N，102°09′36″E)相对成都盆地的水平运动速度为 2.3mm/a，方向为 145.2°(陈智梁等，1998)，和龙门山北部测站相比，较小的水平运动速度与青衣江流域面积在晚新生代变动很小是一致的，同时其向南东的运动方向与古青衣江在盆地内迁移的方向也吻合。

第四部分

龙门山前陆盆地构造作用
与沉积响应

第19章 造山作用与沉积响应

当代地球科学界把大陆动力学研究视为建立新的地球观的突破口，其中最重要和最直观的研究内容就是大陆构造，而大陆上最基本的构造单元为盆地和造山带，因此新的大陆构造研究必须建立在对造山带与沉积盆地精细研究的基础上。

20世纪60年代兴起的板块构造学说认为造山带是岩石圈板块在其侧向运动中相互作用的结果，是洋壳与洋壳、洋壳与陆壳或陆壳与陆壳碰撞的构造产物，即造山带的形成与演化主要取决于岩石圈板块的相对运动及相互作用，为板块间碰撞造山。20世纪80年代以来，学者们逐渐认识到大陆上的许多造山带不仅分布于板块消减带，而且在大陆内、板块内也发生大规模侧向位移而形成推覆堆置，形成山脉。

前陆盆地位于与造山带毗邻的地区，是研究盆-山耦合关系的首选盆地。Price(1981)在分析逆冲岩席位移的均衡反应后提出了前缘连续形成和推移发展的概念；Gretener(1981)基于造山带逆冲推覆作用提出了前陆盆地连续形成和波浪式发展模式，为研究前陆盆地与造山带的相互关系奠定了基础。其后许多地质学家研究了世界上主要的前陆盆地与造山带的相互关系，在盆-山关系研究中注重与造山带走向近于垂直的挤压作用对造山作用的贡献，强调了造山带逆冲推覆作用产生的构造负载是前陆盆地生长的构造动力，控制了前陆盆地的沉降，产生可容空间和构造沉降，并提供物源。

虽然与造山带走向平行的走滑运动在20世纪早期就被人们认识，20世纪60年代地学界普遍接受了这种运动，并将它们作为造山作用的组成部分，但它们在造山带演化中所起的关键作用却被忽视或估计过低。20世纪80年代以来，古地磁和其他证据证明在一些造山带中发生过大规模的走向滑动(如北美科迪勒拉造山带、阿巴拉契亚造山带、喜马拉雅造山带)(Sinclair et al.，1991)。Sengör(1984)提出了走滑挤压造山作用，强调了与造山带平行的走滑断层对造山作用的贡献，板块的斜向俯冲和斜向碰撞是形成走滑断裂的动力。Alpine走滑断裂的研究表明斜向的走滑碰撞不仅造成大规模平移，也造成与断裂带垂直的缩短，显示沿大型走滑断裂的隆升作用。与此同时，与走滑挤压作用相伴生的走滑挤压盆地也成为一种新类型的盆地，受到人们重视。显然，在盆-山耦合关系的研究中，人们已注意到走滑作用对造山过程和盆地形成的控制作用。

我国发育众多的造山带，其中最具特色的是环绕青藏高原的造山带。青藏高原隆升、崛起和地壳增厚是晚白垩世以来发生的最重大的构造事件，形成了由若干个造山带及块体组成的高原，对其周缘的造山带和相邻盆地的研究可为恢复青藏高原隆升过程提供依据，因为盆地完整地记录和保存了高原隆升和周缘造山带的历史。从环绕青藏高原的造山带内的地壳增厚、缩短和其前缘前陆盆地的形成机制看，大型逆冲推覆作用有着重要地位，如喜马拉雅造山带(Burbank and Reynolds，1984)、西昆仑山造山带、祁连山造山带、龙门山-锦屏山造山带（Burchfiel et al.，1995；许志琴等，1992；李勇等，1995）。在环绕青藏高原的造山带中已发现与造山带平行的走滑作用，如阿尔金断裂具左行走滑-逆冲作用，龙门山-锦屏山造山带也具走滑-逆冲作用（Burchfiel et al.，1995；许志琴等，1992；李勇和曾允孚，1995）。显然对走滑作用和逆冲作用的重新认识是研究高原边缘造山带碰撞后造山作用与其前陆成盆作用的关键，这是我国西部大陆地壳运动的特色，也是青藏高原边缘造山带及盆地发育的重要特征。因此，不仅要研究与造山带走向近于垂直的逆冲作用对造山作用的贡献，而且要研究与造山带平行的走滑作用对造山作用的贡献。基于上述认识，应当通过造山带前缘和造山带内沉积盆地的沉积记录来研究造山带的逆冲作用和走滑作用，重塑造山带的造山过程和地貌演化，探索造山作用对资源、能源、地貌、气候和环境等方面的控制作用。

19.1　逆冲作用与沉积响应

Price（1981）在分析逆冲岩席运移引起的均衡反应后提出了前渊连续形成和推移发展的概念。Gretener（1981）基于造山带逆冲推覆作用提出了前陆盆地连续形成和波浪式发展模式，认为前陆盆地的弯曲下沉主要与造山带的逆冲推覆构造负荷有关，逆冲推覆的构造负荷不仅造成了持续的异常压力带，而且引起地壳的均衡反应。随着逆冲推覆体向前推进和扩展，构造负荷也随之向前推移；地壳对地面负荷的增加和减少的反应敏感，表现为均衡沉降和隆起，而且这种反应在地质上是瞬时的，并具间歇性发展的特点；前陆盆地的形成是造山带及其逆冲推覆作用的自然结果。

Covey（1986）基于前陆盆地沉降与沉积作用的关系提出了前陆盆地稳态发展模式，解释了台湾前陆盆地的形成和演化，认为造山带与前陆盆地是一个动力系统，二者受均衡作用的调节。造山带逆冲推覆作用控制前陆盆地的沉降，提供沉积物源，同时造山带迁移引起盆地沉积物抬升、侵蚀及与其相匹配的盆地远端沉降。一旦造山带达到稳定状态，构造负荷保持不变，盆地生长的构造动力也就不再发生作用。

随着岩石圈流变系统研究的不断发展，人们注意到前陆盆地沉降及沉积充填与岩石圈流变特性相关。Flemings 和 Jordan（1989，1990）用弹性流变模型模拟了岩石圈随负荷作用而发生的变形、盆地沉降和沉积演化，成功地解释了北美落基山前陆盆地的沉积和构造演化，并认为通过前陆盆地沉积记录和沉积体分布可以确定冲断运动的时间和解释岩石圈弹性流变。Beaumont 等（1988）则用黏弹性流变模型证明了岩石圈应力松弛是造山时期内前缘隆起迁移的主要因素。Tankard（1986）将前陆盆地黏弹性流变变形分为 3 个阶段，并解释了阿巴拉契亚前陆盆地与科迪勒拉前陆盆地的构造-沉积演化。以上两个模型具有明显的差异，区别在于：在黏弹性流变模型中，在冲断负载期间（岩石圈假定为刚性），盆地宽而浅，冲断带与前缘隆起的距离较大；在平静期，岩石圈松弛导致邻近逆冲断裂处发生沉降，前缘隆起向逆冲断裂迁移，盆地变窄。在弹性流变模型中，在变形开始时，盆地变窄，前缘隆起向逆冲断裂带迁移；在变形停止后，盆地变宽，前缘隆起向远离逆冲断裂带方向迁移。

上述前陆盆地沉积-构造演化模式的提出，一方面显示前陆盆地沉降和沉积演化与毗邻造山带逆冲推覆构造负载密切相关，可以根据前陆盆地充填地层推断毗邻造山带的变形历史。另一方面也显示前陆盆地具有复杂性和特殊性，尚不能用单一的模式概括所有前陆盆地随构造负载作用发生的变形、沉降和沉积演化。值得指出的是，上述研究均肯定了逆冲作用在前陆盆地演化中的中心地位，前陆盆地沉积作用是对造山带构造作用的响应，造山带每次挤压逆冲均导致相应的前陆盆地沉降和沉积物充填，并直接控制前陆盆地的沉积响应。造山带周期性逆冲推覆事件在前陆盆地中造成幕式沉积作用，活动期和相对静止期不仅在剖面上显示粗碎屑沉积楔的周期性出现，而且在横向上显示沉积体系配置模式和古流向体制的根本改组。因此，构造地层分析成为前陆盆地分析的基本内容，研究前陆盆地中构造对沉积的控制作用和沉积对构造的响应这两个相互制约、相互关联的领域。

在上述理论指导下，人们利用前陆盆地沉积记录研究了世界上主要造山带的逆冲推覆作用，如比利牛斯造山带（Puigdefabregas，1986）、阿巴拉契亚造山带（Tankard，1986）、落基山造山带（Flemings and Jordan，1989，1990）、喜马拉雅造山带（Burbank and Reynolds，1984）、龙门山-锦屏山造山带（许志琴等，1992；Burchfiel et al.，1995；李勇和曾允孚，1995）、台湾造山带（Covey，1986），逐渐形成了从前陆盆地沉积记录确定和再造造山带逆冲推覆作用的方法，提出了造山带逆冲推覆作用的沉积响应模式和地层标识（李勇和曾允孚，1995），肯定了造山带逆冲推覆作用产生的构造负载是形成前陆盆地的构造动力，没有构造负载就没有前陆盆地，造山带与前陆盆地是一个动力系统，二者受均衡作用的调节。

19.2　走滑作用与沉积响应

走滑作用是造山带造山作用的第二种重要形式。板块的斜向俯冲和斜向碰撞是形成走滑断裂的动力学机制，板块内的变形可通过断块旋转和走滑变形进行调整。Reading（1980）在研究加利福尼亚圣安德列斯断裂的基础上提出了走向滑移造山模式，认为大多数造山带都会有俯冲作用和走滑作用，只用简单俯冲作用解释某些造山带是有困难的，而且走滑构造的显著特征是缩短与扩张同步，伴生的冲断或推覆构造的倾斜方向不一。与此同时，与走滑挤压作用相伴生的走滑挤压盆地也成为一种新类型的盆地，受到人们的重视。走滑挤压盆地是在走滑和挤压联合作用下形成的，其发育特征有时与前陆盆地相似，位于圣安德列斯断裂带上的里奇（Ridge）盆地是世界上研究较为详细的一个走滑挤压盆地，具有一系列独特的沉积和构造特征，均经历了走滑拉张和走滑挤压两个阶段，其与区域性拉张或挤压作用形成的盆地均不相同。这类盆地在我国也有很好的代表，如下扬子地区沿江走滑挤压盆地和滇西南景谷-镇沅走滑挤压盆地。

就造山带走滑作用与沉积盆地而言，从所获资料来看可能存在以下 5 个方面的成因关系。

(1)造山带走滑作用导致造山带内形成走滑挤压盆地，北欧斯匹次卑尔根造山带内走滑盆地、龙门山-锦屏山造山带内发育的盐源走滑挤压盆地均是典型的例证。

(2)造山带走滑作用与逆冲作用的联合作用导致造山带的前缘形成走滑前陆盆地。造山带逆冲推覆作用是盆地形成的构造动力，控制了其前缘前陆盆地的沉降，产生可容空间，并提供物源，而走滑作用控制了盆地沉降中心和物源的侧向迁移。

(3)造山带走滑作用可导致盆地粗碎屑楔、沉降中心、沉积相带等沿造山带走向迁移，故可根据盆地边缘粗碎屑楔、沉降中心、沉积相带的迁移研究走滑作用的方式和走滑速率。

(4)造山带走滑作用可导致前陆盆地的抬升、侵蚀以及沿走滑方向的盆地远端沉降，台湾造山带走滑作用显示了这种特点(Covey,1986)。青藏高原班公湖-怒江造山带走滑作用也显示了类似的特征。

(5)造山带走滑作用可导致造山带隆升。对这一过程和机制一直没有给予充分的认识。Alpine 走滑断裂不仅发育大规模平移，也产生强烈隆升，启发了学界对走滑造山作用的认识。龙门山-锦屏山造山带中许多断块山的形成均与新生代走滑作用和逆冲作用的联合作用有关。近年来地形变形测量资料显示九顶山正以 0.3～0.4mm/a 的速率持续隆升，同时青藏高原东部地壳运动的 GPS 测量证实龙门山虽然不存在明显的向东运动，但存在顺时针转动趋势，表明现在九顶山的强烈隆升是顺时针走滑作用(右旋)形成的，而不是逆冲缩短造成的。以上资料均证实造山带走滑作用可导致造山带强烈隆升。

19.3　重塑造山带造山过程的地层标识

造山带古构造活动的确定和原始面貌的恢复一直是地学研究中难度较大、探索性较强的课题。沉积盆地与造山带是大陆上两个最基本的构造单元，具有盆-山转换和盆-山耦合的地质特征，因此根据沉积盆地沉积记录重塑造山带古造山作用具有指导性理论和可行方法。根据笔者等的研究，造山作用主要表现为逆冲作用和走滑作用，其中逆冲作用产生的构造负荷是盆地生长的构造动力，控制前陆盆地的沉降和可容空间的形成，提供物源，并可导致盆地的沉降和物源在垂直造山带方向发生迁移。造山带走滑作用不仅控制造山带走滑挤压盆地的形成，而且控制前陆盆地的沉降和物源在平行造山带方向的迁移，并可导致盆地的抬升与侵蚀。根据前人和笔者等的研究，前陆盆地和走滑挤压盆地地层记录是研究和再造造山作用的窗口，利用沉积响应再造造山带造山作用的不同尺度的地层标识为：盆地充填地层格架、不整合面、构造层序、粗碎屑楔状体、相及沉降中心的迁移、沉积物特征碎屑组分、沉积通量和沉积速率、河流梯度、前缘隆起，以及放射性测量与裂变径迹计时。应用上述不同尺度的地层标识时一定要注意综合对比，减少结论的或然性。

19.3.1　盆地充填地层格架

随着盆地露头、钻井、重力、航磁资料的积累，特别是地震反射剖面为研究大尺度盆-

山关系提供了重要途径,已能展现时间地层关系和确定盆地几何形态和充填体的内部几何
形态,这为大尺度研究盆地充填地层格架奠定了基础。

盆地充填地层格架是沉积盆地最基本的和最重要的特征,由沉积盆地的外部和内部几
何形态以及充填盆地的地层堆积性质等要素组成。盆地的外部形态可由盆地充填体的空间
形态反映,包括平面几何形态和剖面几何形态,盆地的内部几何形态由盆地内部单个地层
单元和单元序列的充填体的空间几何形态反映。因此,根据盆地充填地层格架可以确定盆
地的几何形态和构造样式,进而确定盆地性质和盆地形成机制。研究表明,不同性质和类
型的盆地具有不同的盆地充填地层格架(Blair and Bilodeau,1988),即使是同一种性质的
盆地,由于具体构造背景不同,亦可形成不同的盆地充填地层格架,如对称性前陆盆地
(Muñoz-Jiménez and Casas-Sainz,1997)与不对称性前陆盆地(Heller et al.,1988)的地层格
架不同,反映的盆-山关系也不相同。就与造山带相关的前陆盆地和走滑挤压盆地而言,
前陆盆地充填地层格架以阿尔卑斯山和比利牛斯山南北两侧前陆盆地以及喜马拉雅山南
侧前陆盆地为典型代表(Sinclair et al.,1991;Allen et al.,1991;Ori and Friend,1984),
走滑挤压盆地充填地层格架以北美 Ridge 盆地为典型代表。因此,盆地充填地层格架为深
入研究构造作用和沉积作用的总体关系提供了重要途径。

19.3.2　不整合面

不整合面不仅是与造山带相关的沉积盆地沉积记录中重要的地质特征,而且是分割盆
地充填序列的界面(李勇和曾允孚,1994a)。根据不整合面的特点可将前陆盆地中地层不
整合面分为两类:一类为角度不整合面(包括微角度不整合面),其特点是界面上、下地层
具角度相交,下伏地层具不同程度的变形,上覆地层则相对平缓,构造削蚀现象明显,界
面上普遍发育黏土型风化壳或古土壤层和底砾岩,显然这种界面属于水平挤压型构造、侵
蚀不整合面;另一类为平行不整合面,其以下伏地层被不均衡剥蚀为特征,在界面上有时
发育黏土型风化壳、古土壤层或底砾岩,属于抬升型构造侵蚀不整合面。此外不整合面多
分布于盆地边缘,一般向盆内过渡为整合面。前陆盆地中每一个地层不整合面应是相邻造
山带一次逆冲推覆事件和走滑事件的沉积响应与地层标识,因此可根据前陆盆地充填序列
中不整合面的层位和性质,确定造山带的逆冲推覆事件和走滑抬升事件。

19.3.3　构造层序

与造山带相关的沉积盆地充填实体厚度巨大,在垂向上表现为由以不整合面为界的巨
型沉积旋回层构成,并伴有以砂砾岩为代表的巨厚粗碎屑楔状体,在横向上则表现为不同
巨型沉积旋回层具有不同的沉积体系配置模式和古流向体制。根据层序地层学提出的对盆
地充填实体进行三维解析的方法和前陆盆地层序地层学的特殊性(李勇和曾允孚,1994a),
笔者以盆地内分布的不整合面作为盆地充填序列的界面,并将其划分为构造层序和层序。
其中构造层序是以不整合面为界的充填实体,具特定的垂向充填模式和横向沉积体系配置
模式,是一个成盆期的产物,相当于二级层序,可以与不整合面界定单位对比;层序是构

造层序内以不整合面、相转换面和海泛面为界的充填地层,是一个成盆期内不同发育阶段的产物,相当于三级层序(Blair and Bilodeau,1988)。根据构造层序边界特征和内部层序构成,将前陆盆地的构造层序分为两种类型。其中,A 型构造层序为进积型构造层序,垂向上由 2 或 3 个进积型层序构成,总体呈向上变粗的沉积序列,分布于前陆盆地充填序列的最下部,应与冲断带的主冲断幕同龄,是冲断后早期形成的,因此 A 型构造层序是冲断带雏形时的沉积响应。B 型构造层序为退积型构造层序,垂向上由 2~4 个退积型层序构成,总体呈向上变细的沉积序列,位于前陆盆地充填序列的中上部,它们之间多为角度不整合面和平行不整合面,并伴随着巨厚砾质粗碎屑楔状体的出现,因此 B 型构造层序是造山带冲断和抬升作用的沉积响应。根据前陆盆地充填序列中的构造层序可划分逆冲推覆幕,根据层序可划分逆冲推覆事件(李勇和曾允孚,1994a)。

19.3.4 造山带地层的脱顶历史分析

造山带是前陆盆地主要物源区,它的逆冲推覆活动直接控制着前陆盆地的沉积物类型和沉积物供给量,因此前陆盆地碎屑岩的物质成分能够反映造山带地层构成和古逆冲推覆活动。一方面可根据砂岩碎屑成分确定造山带的构造背景,另一方面可根据特征岩屑成分的首次出现时间及在时间上的变化,推测造山带推覆体前进的年龄和造山带内地层脱顶的年龄。基于这一认识,李勇和曾允孚(1994a,1996b,1995)详尽研究了龙门山前陆盆地西缘中段 3 条实测地层剖面中 200 余件砂岩薄片,并对其中的砂岩岩屑成分及其在时间上的变化进行了统计,编制了龙门山前陆盆地西缘中段中-新生代砂岩岩屑垂向分布特征图,确定了龙门山造山带地层脱顶顺序和各逆冲推覆构造带向盆地扩展的顺序和时间。

19.3.5 盆地构造沉降曲线

在利用地层记录进行盆地沉降分析时,通常利用构造沉降曲线来研究盆地经历的整体沉降和构造控制的沉降。前陆盆地是大陆岩石圈受上叠地壳加载发生挠曲变形形成的边缘拗陷盆地,是逆冲推覆体推进的自然结果(Gretener,1981),造山带每次挤压逆冲均导致相应的前陆盆地产生新的沉降,增加容纳空间,因此前陆盆地构造沉降历史是反映造山带逆冲推覆构造历史的良好标志。根据上述原理,还可利用前陆盆地沉积厚度粗略地估算造山带冲断推覆抬升高度(李勇和曾允孚,1994a)。

19.3.6 前缘隆起的迁移

前缘隆起是前陆盆地的重要组成部分,它是岩石圈受上叠地壳加载于克拉通侧发生挠曲的结果,其向上挠曲的幅度与前陆盆地沉降中心的下沉幅度成正比,即下沉幅度大,前缘隆起幅度就高。因此,前缘隆起的幅度是前陆盆地边缘构造负载的均衡响应,构造负荷越大,前缘隆起幅度也越大。显然前陆盆地前缘隆起的发育和迁移是相邻造山带构造负载强度的标志。

前缘隆起一般呈线状构造分布于盆地远离造山带的一侧，走向平行于造山带，按其地层抬升和暴露的特征可将隆起分为剥蚀型隆起和沉积型隆起(如西藏羌塘盆地和塔里木盆地的中央隆起)。前缘隆起一般显示为构造、地貌高地，直接控制了相邻盆地一侧的沉积物源、古水流体制、沉积相带、地层厚度和地层界面。对中生代羌塘前陆盆地和中-新生代龙门山前陆盆地前缘隆起的地质特征研究表明，前缘隆起一般具有以下特征。

(1)前缘隆起是一个构造、地貌高地，不同地段以及同一地段的不同时期，其隆起幅度不同，因此出现了山地、低平陆地和水下隆起 3 种地貌景观。当前缘隆起表现为山地时，其起着蚀源区的作用，出现在扇砾岩为特征的边缘相；当前缘隆起表现为低平陆地时，其也起着蚀源区的作用，出现以潮坪-潟湖相为特征的边缘相；当前缘隆起表现为水下隆起时，盆地的水体与外海相通，前缘隆起接受沉积，以富含砾屑、砂屑、生物屑等各种碎屑和颗粒为特征的碳酸盐浅滩相沉积物为特征，它标志着水体浅而动荡，在一定程度上相当于边缘相。因此，以浅滩相为特征的碳酸盐缓坡沉积物的出现和发育是前缘隆起初始形成时期最重要的沉积相标志，这一特征在龙门山前陆盆地的前缘隆起和羌塘盆地的前缘隆起于晚三叠世初始形成时表现最为明显。

(2)前缘隆起一般显示为一个低厚度带，向盆地一侧，厚度逐渐增大，显示了前缘隆起作为构造高地对沉积厚度的控制作用。

(3)前缘隆起上常发育多重不整合面，如在龙门山前陆盆地前缘的开江-泸州隆起上发育典型的多重不整合面，上覆层为上三叠统瑞替阶地层(须四段或香溪组)，下伏层为中三叠统嘉陵江组和雷口坡组，显示该隆起形成于诺利期，其隆升幅度达 600~700m(李勇和曾允孚，1994a)。因此，在前缘隆起上发育的多重不整合面是研究隆起形成和隆升幅度最重要的地质依据。

(4)我国西部中-新生代前陆盆地多为复合前陆盆地，周边多由造山带环绕，前缘隆起多表现为中央隆起，如四川盆地、塔里木盆地、羌塘盆地的中央隆起是几个子前陆盆地共有的前缘隆起(如四川盆地中央隆起是龙门山前陆盆地、大巴山前陆盆地和川东前陆盆地共有的前缘隆起)。因此它的形成、隆升、沉降、几何形态方面均有别于简单型前缘隆起，而这种复杂型前缘隆起正是具有我国特色的地质现象，同时它也是我国西部大型含油气盆地中油气聚集的最有利区带，值得深入研究。

(5)前缘隆起在空间上的迁移及其规律在前陆盆地研究中十分重要，目前人们分别用弹性流变模型和黏弹性流变模型研究了造山时期前缘隆起的迁移规律，但以上两个模型具明显的差异，区别在于：在黏弹性流变模型中，在冲断负载期间(岩石圈假定为刚性)，盆地宽而浅，冲断带与前缘隆起的距离较大；在平静期，岩石圈松弛导致邻近逆冲断裂处发生沉降，前缘隆起向逆冲断裂迁移，盆地变窄。在弹性流变模型中，当变形开始时，盆地变窄，前缘隆起向逆冲断裂带迁移；当变形停止后，盆地变宽，前缘隆起向远离逆冲断裂带方向迁移。

就大尺度盆-山转换而言，前缘隆起具有向造山带方向迁移的特征，导致前陆盆地变窄，直至消亡，龙门山前陆盆地即是典型代表。

第20章 龙门山前陆盆地底部不整合面与构造转换

龙门山冲断带的构造变形始于晚三叠世印支期造山作用,以前展式逆冲推覆作用为特征,具有强烈构造缩短,持续地在扬子板块的西缘形成造山负载体系,并导致扬子板块岩石圈弯曲形成龙门山前陆盆地(刘和甫等,1994;李勇和曾允孚,1995;郭正吾等,1996;李勇等,2006a,2010;Li et al.,2001a,2001b,2003,2006)。Li 等(2003)采用逆冲楔形体推进速率、冲断体表面坡度、沉积物搬运系数、弹性厚度和挠曲波长等参数对龙门山前陆盆地与逆冲推覆作用进行模拟,建立了龙门山前陆盆地沉降与逆冲构造负载之间的动态模型。结果表明盆地形成机制为构造负载,挠曲刚度为 $5\times10^{23}\sim5\times10^{24}$N·m(相当的弹性地层厚度为 $43\sim55$km),逆冲楔负载系统向扬子克拉通的推进速率为 $5\sim15$mm/a。Crampton 和 Allen(1995)把在前陆盆地底部形成的不整合面归属于前缘隆起形成的不整合面,并称为前陆盆地底部不整合面或挠曲不整合面等,并认为挠曲理论不仅适用于对前陆盆地的地层结构形成机制的模拟,同样也适用于对前陆盆地的前缘隆起和底部不整合面形成机制的解释。

在龙门山前陆盆地,晚三叠世构造层序与下伏古生代—中三叠世被动大陆边缘构造层序之间的不整合面十分明显,应该是一个挠曲前缘隆起不整合面的典型实例。因此,本章以逆冲构造负载构造作用与前陆盆地沉降和前缘隆起抬升的耦合关系为理论依据,以晚三叠世龙门山前陆盆地的底部不整合面为切入点,分析印支期龙门山逆冲构造负载导致的扬子板块西部的挠曲沉降及其形成的前陆盆地和前缘隆起。利用晚三叠世龙门山前陆盆地底部不整合面上的风化壳、残留厚度、地层缺失、剥蚀厚度、地层超覆、迁移速率等特征,计算底部不整合面的迁移速率、前缘隆起的迁移速率和地层上超速率,分析印支期龙门山逆冲楔构造负载的推进作用与底部不整合面的关系,为扬子板块西缘逆冲构造负载系统驱动的前陆盆地动力学、盆-山耦合关系及其与前缘隆起不整合面型油气成藏系统预测等方面提供科学依据。

20.1 龙门山前陆盆地底部不整合面的识别标志

龙门山前陆盆地是在晚三叠世早期扬子板块西缘被动大陆边缘的基础上形成的,充填地层厚度巨大,包括上三叠统至第四系,在垂向上显示为由海相—海陆过渡相—陆相沉积物构成,具有向上变浅、变粗的序列,具有不整合面发育、旋回式沉积和粗碎屑楔状体幕

式出现等特点(李勇和曾允孚,1995)。根据不整合面,将龙门山前陆盆地充填序列分割为
6 个构造层序,并划分为楔状构造层序和板状构造层序(Li et al.,2001a;李勇等,2006b),
其与下伏地层为不整合接触,并覆盖于厚度达 5km 的古生界至中三叠统以碳酸盐岩为主
的扬子板块沉积岩之上。

　　晚三叠世龙门山前陆盆地为典型的楔状前陆盆地(图 20-1;Li et al.,2001a,2003),
显示为西厚东薄的楔形体,充填地层序列包括晚三叠世卡尼期至瑞替期的马鞍塘组
(T_3m)、小塘子组(T_3xt)和须家河组(T_3x),厚度超过 3km,可细分为 4 个向上变粗或向上
变细的层序(构造地层单元)(图 20-2;李勇等,2010),显示为由次级的楔状层序和板状层
序组成(图 20-1)。该套地层显示为一个顶、底均以区域性不整合面为界的构造层序,其中
底部不整合面位于中三叠世雷口坡组(T_2l)与晚三叠世马鞍塘组之间,顶部不整合面位于
晚三叠世须家河组和早侏罗世白田坝组之间(图 20-2;李勇等,2010)。

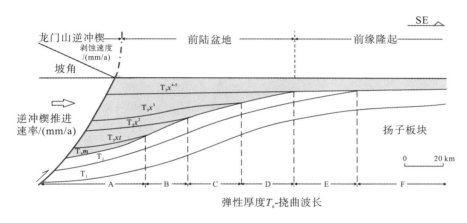

图 20-1　晚三叠世龙门山前陆盆地的地层格架与地层超覆

　　晚三叠世马鞍塘组与下伏中三叠世雷口坡组之间的区域性不整合面为晚三叠世龙门
山前陆盆地底部不整合面(表 20-1)。在地表剖面上,在川西绵竹汉旺观音岩、什邡金河燕
子岩、峨眉山等处,底部不整合面位于马鞍塘组与下伏雷口坡组之间,显示为平行不整合
接触或微角度不整合接触(图 20-2),在接触面上发育冲蚀坑、古喀斯特溶沟、溶洞、溶岩
角砾,古风化壳、褐铁矿、黏土层及石英、燧石细砾岩等底砾岩。在钻孔剖面上,该底部
不整合面表现为平行不整合面,界面凹凸不平,发育古岩溶,并见残留黏土、氧化铁帽,
以及充填下伏层的角砾和上覆层碎屑、煤屑的溶洞等(如在马 201 井中马鞍塘组与雷口坡
组显示为微角度不整合接触和古喀斯特作用面),下伏中三叠统雷口坡组具不同程度的缺
失(如在中 24 井中,缺失雷四段和雷三段);在测井曲线上显示为岩性和电性的突变面(如
川合 100 井、川科 1 井)(图 20-2)。在地震反射剖面上,该底部不整合面为地震反射剖面
T_6,显示为向东上超型不整合面(表 20-1)。

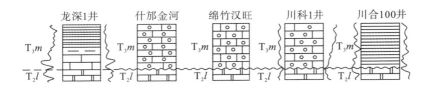

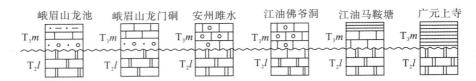

图 20-2   龙门山前陆盆地的底部不整合面对比图

表 20-1   龙门山前陆盆地底部不整合面的界面特征

界面类型	典型特征
不整合面	马鞍塘组与下伏雷口坡组之间表现为微角度不整合面和平行不整合面
地层间断面	马鞍塘组与雷口坡组之间显示为不连续沉积,有明显的地层缺失,缺失马鞍塘组下部地层,缺失地层厚度为几十米到几百米
古喀斯特作用面	雷口坡组被抬升遭受剥蚀,形成较大范围的古喀斯特作用面,发育岩溶角砾岩、溶蚀孔洞和外来物的充填作用、大气淡水胶结物、铁泥质氧化壳,古岩溶发生在距雷口坡组顶 $150\sim230\mathrm{m}$ 处,岩溶发育厚度一般小于 $100\mathrm{m}$
底冲刷面	表现为界面上有滞留砾石或下伏地层的扁平砾石存在,石英质砾石、燧石细砾岩分布于不规则冲刷面和雷口坡组碳酸盐岩之上
暴露面	发育古土壤层和古风化壳,显示经历过短暂的间歇暴露和风化作用
超覆面	在地震反射剖面上显示 $\mathrm{T_6}$ 上超终止反射,马鞍塘组与下伏地层之间为上超接触关系,代表海水水域连续扩张和海平面不断上升的海侵沉积过程
岩性岩相转换面	显示为测井曲线突变面,界面上、下的岩性特征及沉积相类型具有明显的变化

值得注意的是,在该底部不整合面上广泛发育风化壳型缝洞体系(如川科 1 井、马 201井),表明雷口坡组碳酸盐岩曾被抬升,遭受剥蚀形成较大范围的侵蚀面。在侵蚀面上的残丘(滩)成为大气水循环作用带,发育溶蚀作用、混合水白云石化作用等一系列成岩作用,形成岩溶角砾岩、大气淡水胶结物、铁泥质氧化壳等岩溶型堆积物。据统计,古岩溶发生在距雷口坡组顶 $150\sim230\mathrm{m}$ 处,岩溶发育厚度一般小于 $100\mathrm{m}$。古残丘是经过长期风化淋滤、溶蚀而形成的。这类储层发育的深度取决于古潜水面,古潜水面越深,岩溶储层发育越厚。古残丘为古地形高处,是油气运移的指向,因此易捕集其上生油气层中的油气,从而形成气藏。因此,雷口坡组顶部的古残丘型和不整合面型油气藏是四川盆地不可忽视的勘探领域。综上所述,龙门山前陆盆地底部不整合面的识别标志可归纳如下:①由侵蚀作用形成,分布广泛,具区域对比意义;②在不整合面下的地层具有强烈的剥蚀作用;③在不整合面上风化壳型缝洞体系广泛发育,古残丘型和不整合面型油气藏是重要的勘探领域;④分别显示为不整合面、地层间断面、古喀斯特作用面、底冲刷面、暴露面、超覆面和岩性岩相转换面等多种界面类型(表 20-1)。

20.2　龙门山前陆盆地底部不整合面的分带性与迁移规律

龙门山前陆盆地底部不整合面及其与上覆地层和下伏地层之间具有三层结构特征 (图 20-1)。其中，底部为下伏地层，由古生代—中三叠世地层组成，最高残留层位为雷口坡组，其沉积时代属中三叠世拉丁期；中间为超覆构造层，覆盖于盆地西部的底部不整合面之上，由晚三叠世卡尼期和诺利期地层组成，包括马鞍塘组、小塘子组和须家河组二段和三段，最早的层位为马鞍塘组，其沉积时代属于晚三叠世卡尼期；顶部为披覆构造层，覆盖于盆地东部的底部不整合面之上，由须家河组四段和五段组成，属于瑞替期，以须家河组四段以微角度不整合面覆盖于嘉陵江组和雷口坡组不同层位之上为特征(李勇和曾允孚，1995)。因此，底部不整合面开始隆升和剥蚀的初始年龄介于中三叠世拉丁期和晚三叠世卡尼期之间，时间约为230Ma；底部不整合面开始沉降和被埋藏的时间应在瑞替期早期，时间约为210Ma。综上所述，龙门山前陆盆地底部不整合面侵蚀作用的时间应为230～210Ma，持续时间约为20Ma。因此，推测晚三叠世卡尼期底部不整合面的初始形成标志着龙门山逆冲楔与扬子板块开始汇聚。

根据前缘隆起残留地层出露情况和被剥蚀地层的厚度，可编制底部不整合面的基本几何形态和剥蚀作用的分带性剖面图，并将其划分为 5 个带(图 20-2、图 20-3)，代表从前陆盆地前渊地带的整合接触关系过渡到前缘隆起区域的侵蚀不整合接触关系，表明从整合面到不整合面的横向迁移和变迁是底部不整合面的一个重要特征。

第 1 带位于现今的龙门山区，以龙深 1 井为代表。马鞍塘组与雷口坡组之间为连续沉积，表现为整合面，未见风化壳、古土壤等暴露标志，也缺乏表生成岩作用形成的暴露溶蚀作用，表现为无侵蚀作用和地层缺失，表明该区域有继承性的大陆边缘水深，使该地区覆盖于海平面以下，未发生陆地上的侵蚀作用。因此，推测在龙门山及其以西地区，马鞍塘组与下伏地层雷口坡组为整合接触，表明该地区覆盖于海平面以下，位于初始前陆盆地西侧和水下逆冲楔前缘，因继承性海水覆盖，未发生陆地上的侵蚀作用，只经受了连续的沉降过程和沉积作用(图 20-1～图 20-4)。该带距映秀-北川断层现在所处位置以东约 10km。

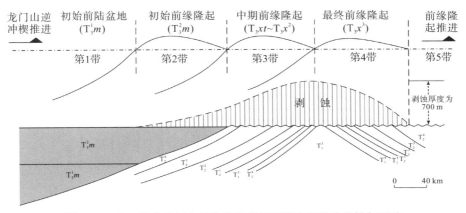

图 20-3　晚三叠世龙门山前陆盆地底部不整合面的分带性与迁移

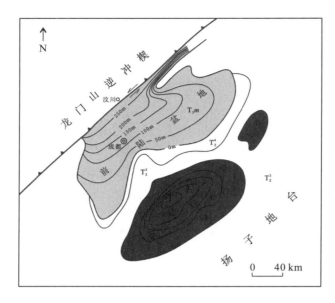

图 20-4   龙门山前陆盆地晚三叠世卡尼期古地质图与残留地层分布

第 2 带位于现今的龙门山前缘地区和四川盆地的西部边缘地区，以安州雎水、绵竹汉旺等地表剖面为代表，该带距映秀-北川断层现在所处位置以东约 20km。该地层界面显示为不整合面，马鞍塘组与雷口坡组之间为不连续沉积，缺失马鞍塘组下部地层，具侵蚀作用，侵蚀量向着前陆迅速增加。换言之，该区域曾暴露地表，接受剥蚀作用，因此该地区是陆地上侵蚀作用的起始点(图 20-1～图 20-4)，应相当于前缘隆起脱离沉降和开始隆升的时间。因此，该带为初始前缘隆起的位置，因挠曲抬升而暴露出海平面，处于剥蚀状态(图 20-3)。

第 3 带位于现今四川盆地的西部地区，以川科 1 井为代表，马鞍塘组与下伏雷口坡组为不整合接触，具有地层缺失，并显示上超不整合面，具强烈侵蚀作用。上覆的小塘子组和须家河组二段、三段向南东方向逐次超覆于雷口坡组或嘉陵江组之上，下伏地层具有明显的缺失，并向南东方向逐次缺失雷口坡组，嘉陵江组三段、四段(图 20-1～图 20-4)，侵蚀厚度为 500～1600m。该带距映秀-北川断层现在所处位置 60～80km。因此，该区域均曾暴露地表，接受剥蚀作用，是中期陆地上侵蚀作用分布的地区。以上特征显示，底部不整合面侵蚀间断的年龄由北西向南东方向逐次变新，据此推测该带为中期前缘隆起所在的位置，这些地区经历了较长时间的抬升和侵蚀作用(图 20-3)。

第 4 带位于现今四川盆地的中部地区，以川合 100 井为代表，距映秀-北川断层现今所处位置层约 180km。须家河组四段以微角度不整合面覆盖于下伏雷口坡组和嘉陵江组之上，缺失马鞍塘组，小塘子组和须家河组二段、三段。该界面为角度不整合面，相当于地震反射剖面 T_5^2，并被钻孔资料(王金琪，1990)和地表剖面(李勇和曾允孚，1995)所证实，为安县运动(王金琪，1990)的产物，界面凹凸不平，切割深度达 1m，有根土岩和黏土风化壳(李勇和曾允孚，1995)，表明在晚三叠世卡尼期和诺利期该地区强烈隆升，具强烈侵蚀作用，侵蚀厚度为 500～1600m，成为前陆盆地的主要物源区之一。据此，推测这一带为前缘隆起的最终位置，这时造山逆冲楔的推进作用趋于停止(图 20-3)。

第 5 带位于现今四川盆地中部，距映秀-北川断层现今所处位置约 220km。须家河组四段以微角度不整合面覆盖于下伏雷口坡组和嘉陵江组之上，缺失马鞍塘组、小塘子组和须家河组二段、三段，具侵蚀作用，侵蚀厚度约为 300m。这一带为前缘隆起的扬子板块一侧，一直位于海平面之上，处于剥蚀状态，导致地层缺失或不整合面向前陆板块延伸(图 20-4)。

综上所述，底部不整合面侵蚀间断的年龄由北西向南东方向逐次变新，侵蚀间断的持续时间变长。本次利用 5 个分带与龙门山中央断裂带之间的距离和时间(约 20Ma)计算晚三叠世早期龙门山前陆盆地底部不整合面的迁移速率，结果表明龙门山前陆盆地底部不整合面的迁移速率约为 9mm/a。其与龙门山逆冲楔负载系统向扬子克拉通的推进速率(5～15mm/a)(Li et al.，2003)相似，表明可用前陆盆地的底部不整合面迁移速率代表造山带逆冲楔的推进速率。

20.3　龙门山前陆盆地埋藏型前缘隆起的几何形态与剥蚀速率

20.3.1　前缘隆起的几何形态

为了恢复龙门山前陆盆地前缘隆起的几何形态，本次利用地震反射剖面和钻孔剖面资料编制了晚三叠世卡尼期龙门山前陆盆地早期古地质图(图 20-4)和盆地结构图(图 20-5)，图中显示了自北西向南东方向的龙门山前陆盆地的结构。北西部属于陡坡带，位于龙门山逆冲楔的前缘。中部为前渊凹陷，是卡尼期沉积物分布的主要区域，地层西北部较厚，东南部较薄，显示地层厚度由南东向北西增大，呈西北厚东南薄的楔形体。东南部属于缓坡带，介于前缘隆起剥蚀区与前渊凹陷之间，表现为由南东向北西剥蚀厚度逐层减小的缓坡带。

值得注意的是，在缓坡带的南东方向存在一个北东—南西向展布的古剥蚀区，地层剥蚀厚度大，剥蚀地层线呈椭圆状，中心线呈北东—南西向展布，被剥蚀的地层厚度由隆起中心线依次向两侧减弱，在中心线出露最早的地层为下三叠统嘉陵江组三段，然后依次出露嘉陵江组四段、嘉陵江组五段、雷口坡组一段、雷口坡组二段、雷口坡组三段、雷口坡组四段，而须家河组四段以微角度不整合面覆盖于嘉陵江组和雷口坡组不同层位之上(李勇和曾允孚，1995)。因此，该剥蚀区属于埋藏型古隆起，前人将其称为开江-泸州隆起(李勇和曾允孚，1995)，该隆起具有以下特点：①在剖面上呈现为北西—南东向对称的、等厚的背斜状或穹隆状，可能是上拱作用形成的横弯褶皱。西翼倾角为 10°～30°，东翼倾角为 17°～42°。②在平面上呈北东—南西向展布的椭圆状，中心线呈北东—南西向展布，北西—南东向的宽度为 80～100km，北东—南西向的长度为 240～280km，总体上呈窄长的线形隆起，面积达 19200～24000km²。该隆起由两个剥蚀高点组成，分别为南侧的泸州隆起和北侧的开江隆起，其走向线与龙门山冲断带的走向线大致平行(图 20-3)。③具 3 层结构特征，即由前中三叠统下伏构造层、晚三叠世卡尼期和诺利期超覆构造层和须家河组四段以来的披覆构造层组成，发育多重不整合面，须家河组四段以微角度不整合面覆盖于嘉陵江组和雷口坡组不同层位之上(李勇和曾允孚，1995)，表明该隆起带存在于晚三叠世卡尼期和诺利期，属于埋藏型隆起，具有基岩潜山背景。④构造活动相对较弱，古地形斜率较小，物源区与汇水区的势能差较小，形成了坡度小的缓坡带地貌特征。

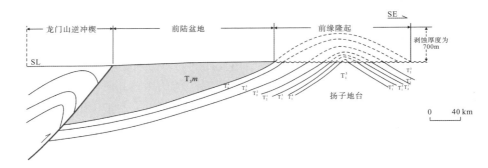

图 20-5　晚三叠世卡尼期龙门山逆冲楔–前陆盆地–前缘隆起剖面结构图

　　综上所述，开江–泸州前缘隆起的地层剥蚀厚度大，剥蚀地层线呈椭圆状，中心线呈北东—南西向展布，被剥蚀的地层厚度由隆起中心线依次向两侧减小，呈北西—南东向对称的、等厚的背斜状或穹隆状，缺乏大型断裂，可能是上拱作用形成的横弯褶皱。这表明开江–泸州前缘隆起是被动隆升的结果，而非主动的构造运动所致，因此我们认为开江–泸州隆起是与晚三叠世龙门山逆冲楔和前陆盆地相伴生的挠曲抬升型前缘隆起。

20.3.2　前缘隆起的剥蚀厚度与剥蚀速率

　　计算和预测古代埋藏型前缘隆起的剥蚀厚度和剥蚀速率是相当困难的，主要表现在被剥蚀的厚度和剥蚀的范围难以精确标定和预测，本次试图利用底部不整合面下伏残留地层的被剥蚀厚度推测前缘隆起被抬升的高度和剥蚀速率。剥蚀作用发生的时期应该是在前缘隆起形成并暴露出海平面直至被海平面覆盖或被上覆地层覆盖之间，剥蚀作用的发生时间就是埋藏型前缘隆起存在的时间，因此可利用剥蚀作用恢复埋藏型前缘隆起。根据这一理论假定，本次根据须家河组四段覆盖层之前的古地质图揭示的前缘隆起上的地层出露层位和残留地层厚度，计算和恢复了晚三叠世早期前缘隆起的剥蚀厚度、剥蚀量和剥蚀速率。

　　开江–泸州前缘隆起上的地层剥蚀厚度大，由隆起中心线依次向两侧，残留地层的时代越来越新，具有对称性展布的特征。假定在剥蚀作用发生之前，地层序列是完整的，其顶部必然出露最新的地层，即雷口坡组四段，那么出露的地层层位越早，其逻辑性的推理结果就是被剥蚀的地层厚度越大，即在中心线出露最早的地层为下三叠统嘉陵江组三段，其上的嘉陵江组四段，嘉陵江组五段，中三叠统雷口坡组一段、雷口坡组二段、雷口坡组三段、雷口坡组四段均已被剥蚀掉，以此类推，可分别确定各残留地层出露区被剥蚀的地层单元和地层厚度。根据川科 1 井揭示的地层厚度资料，嘉陵江组四段和五段的地层厚度分别为 392.5m、204.5m，雷口坡组一段、二段、三段和四段的地层厚度分别为 204.5m、407m、247m、352m。据此，初步确定前缘隆起的最大总剥蚀厚度为 1603m（表 20-2），其中 T_1^{4+5}、T_2^1、T_2^2、T_2^3、T_2^4 残留地层区域的剥蚀厚度分别为 1602m、1210m、1006m、599m、

352m（图 20-6）。剥蚀厚度由隆起中心线依次向两侧对称性减小（图 20-6）。

表 20-2　龙门山前陆盆地前缘隆起剥蚀数据统计表

残留地层单元	最大剥蚀厚度/m	剥蚀面积/km^2	剥蚀量/km^3	平均剥蚀厚度/m
T_2^4	352	47255.13	13263.98	280.69
T_2^3	247	36281.20	5843.02	161.05
T_2^2	407	12576.54	3722.34	295.97
T_2^1	204.5	5558.95	940.27	169.15
T_1^{4+5}	392.5	3289.41	491.97	149.56
合计	1603	104961.23	24261.58	1056.42

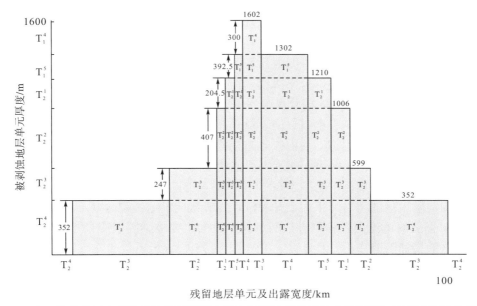

图 20-6　晚三叠世龙门山前陆盆地底部不整合面上残留地层单元的出露宽度与被剥蚀地层单元厚度

在此基础上，根据 T_1^{4+5}、T_2^1、T_2^2、T_2^3、T_2^4 地层被剥蚀地层空间展布情况及其最大剥蚀厚度数据，本次利用 Surfer8.0 软件计算出各残留地层区的剥蚀厚度和剥蚀量。计算结果表明，前缘隆起的剥蚀量达 24261.58km^3，平均剥蚀厚度为 1056.42m（表 20-2）。根据 T_1^{4+5}、T_2^1、T_2^2、T_2^3、T_2^4 残留地层区域的剥蚀厚度（1602m、1210m、1006m、599m、352m）和前缘隆起持续隆升和剥蚀的时间（约为 20Ma），初步计算开江-泸州前缘隆起上的剥蚀速率。结果表明：①剥蚀速率较小，最大剥蚀速率为 0.08mm/a（中心线），最小剥蚀速率为 0.02mm/a（边缘线），平均剥蚀速率为 0.05mm/a。②剥蚀速率由隆起中心线依次向两侧减弱的变化规律是抬升速率变化驱动的，即前缘隆起中心线区域的剥蚀速率最大，反映其抬升速率最大，前缘隆起边缘区域的剥蚀速率最小，反映其抬升速率最小。据此，可得出一个重要认识，即前缘隆起的剥蚀速率与抬升速率或海拔成正比，可以用剥蚀速率间接地表示抬升速率。③根据挠曲理论，前缘隆起的剥蚀速率应与逆冲楔构造负载驱动的挠曲抬升量相关，前缘隆起的剥蚀速率和迁移速率应该是逆冲楔构造负载推进速率的响应，但是本次研究获得的前缘隆起剥蚀速率(0.02~0.08mm/a)太小,仅约为龙门山逆冲楔负载系统向扬子克拉通推进速率的 1/100,因此尚不能直接用前缘隆起的剥蚀速率标定造山带逆冲楔的推进速率。

20.4　晚三叠世龙门山前陆盆地地层上超速率与逆冲楔推进速率

在晚三叠世龙门山前陆盆地充填地层格架中显示的最重要的特征之一就是超覆面发育(图 20-1,图 20-7),表现为马鞍塘组、小塘子组、须家河组二段和三段向前缘隆起方向逐次上超。这一现象在地震反射剖面上反映明显,显示了前陆地区可容空间的不断增大,沉积物分布范围也不断扩大并逐次向前缘隆起方向扩展的过程,形成这一现象的主要原因可能是全球海平面上升或盆地沉降幅度增加。基于这一假定,首先考察了 Haq 等(1987)编制的全球海平面曲线(图 20-7),图中显示了两个主要特征:其一,在晚三叠世与中三叠世之间只有小幅度的海平面下降,下降幅度在 50m 以内,而以中三叠统雷口坡组为代表的下伏地层有 300~1600m 的地层曾受强烈侵蚀,显然全球海平面的下降幅度不足以导致上三叠统马鞍塘组与下伏中三叠统之间不整合面的形成和强烈的剥蚀作用,因此该不整合面应该是逆冲楔推进过程中驱动的前缘隆起挠曲抬升作用导致的;其二,在晚三叠世卡尼期,龙门山前陆地区的相对海平面显示为巨幅的上升过程,但在此期间全球海平面仅有 3次小幅度的上升和下降旋回,幅度均在 50m 以内,因此全球海平面升降并不足以引起卡尼期龙门山前陆地区的相对海平面上升和沉积物逐次向前缘隆起方向上超。据此认为,该地区相对海平面的迅速上升和可容空间迅速增大的主要控制因素应该是逆冲楔推进驱动的前渊地区的挠曲沉降作用,因此假定在此期间沉积物搬运系数和弹性厚度保持不变,可以用地层上超速率标定逆冲楔推进速率。

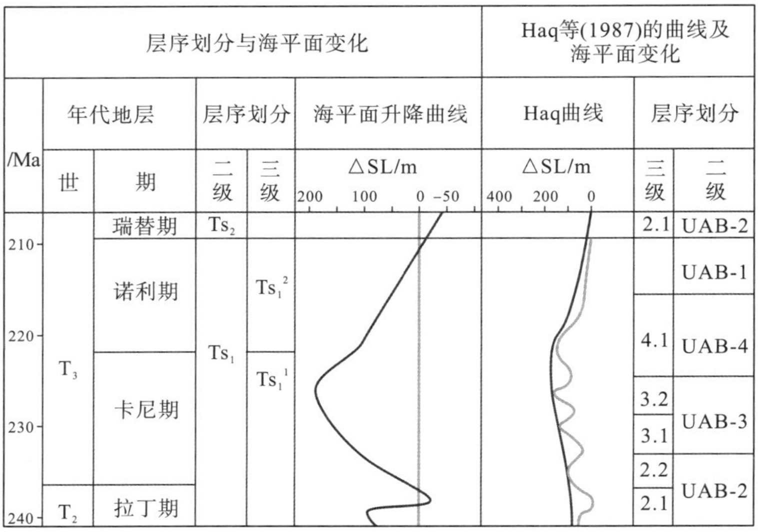

层序划分与海平面变化				Haq等(1987)的曲线及海平面变化		
年代地层		层序划分	海平面升降曲线	Haq曲线	层序划分	
		二级 / 三级	$\triangle SL/m$	$\triangle SL/m$	三级	二级
/Ma 世	期	二级 / 三级	200　100　0 -50	400　200　0		
210 T₃	瑞替期	Ts₂			2.1	UAB-2
	诺利期	Ts₁ / Ts₁²				UAB-1
220		Ts₁ / Ts₁¹			4.1	UAB-4
230	卡尼期				3.2 / 3.1	UAB-3
240 T₂	拉丁期				2.2 / 2.1	UAB-2

图 20-7　龙门山前陆盆地中—晚三叠世相对海平面升降与全球海平面对比

　　根据钻孔和地震反射剖面资料，本次编制了晚三叠世龙门山前陆盆地早期地层的分布范围及其向前缘隆起超覆的距离图。图 20-1 和图 20-8 均展示了晚三叠世龙门山前陆盆地早期地层的分布范围及其向前缘隆起超覆的距离，表明早期地层的年龄由西北向南东逐渐变新、分布范围越来越大。卡尼期(马鞍塘组)仅分布于盆地的最西部区域，诺利期小塘子组、须二段、须三段的分布范围越来越大，并逐次向南东方向超覆于前缘隆起之上，这些次级上超面的逐次发育表明在卡尼期—诺利期海岸线是向南东方向逐次扩展和迁移。其中，马鞍塘组(时间跨度约 10Ma)超覆的距离约为 102km，小塘子组(时间跨度约 3Ma)超覆的距离约为 37km，须二段(时间跨度约 3Ma)超覆的距离约为 47km、须三段(时间跨度约 4Ma)超覆的距离约为 45km。在此基础上，利用地层超覆的距离和估算的时间分别计算了晚三叠世早期龙门山前陆盆地的地层上超速率，结果表明地层上超速率为 10.20～15.66mm/a，平均为 12.36mm/a。其与龙门山逆冲楔负载系统向扬子克拉通的推进速率(5～15mm/a)(Li et al.，2003)相似，因此可用地层上超速率直接标定造山带逆冲楔的推进速率。

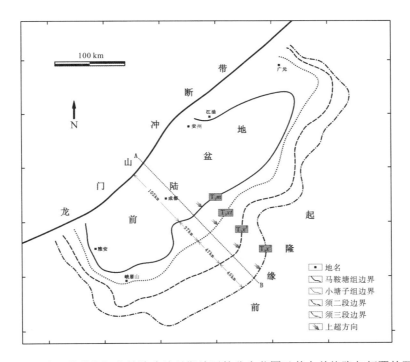

图 20-8　晚三叠世龙门山前陆盆地早期地层的分布范围及其向前缘隆起超覆的距离

第21章 龙门山前陆盆地早期碳酸盐缓坡型礁滩的淹没过程

青藏高原东缘以 500km 长的龙门山为边界山脉，其主峰海拔达 5000m。现今龙门山地区又位于晚三叠世羌塘板块与华北板块和扬子板块碰撞和会聚的边缘，导致古特提斯洋关闭（Yin and Nie，1996；Zhou and Graham，1996；Li et al.，2001a，2003）。龙门山仍以 0.3～0.4mm/a 的速率持续隆升。该区自北西向南东由松潘-甘孜造山带、龙门山冲断带和前陆盆地构成了一个完整的构造系统（许志琴等，1992；李勇和曾允孚，1995，2006a，2006b，2006c；Li et al.，2003）。

龙门山冲断带的构造变形始于晚三叠世印支运动，并经历了燕山运动和喜马拉雅运动，龙门山幕式逆冲作用的构造驱动力主要来自青藏高原地区中生代以来的基麦里大陆加积碰撞和印-亚碰撞作用（Li et al.，2001a）。龙门山及邻区的均衡重力异常显示龙门山地区的地壳尚未达到均衡（李勇等，2006a，2006b，2006c），处于强烈的剥蚀阶段（李勇等，2006a，2006b，2006c；Richardson et al.，2008，2010），活动断层发育，具有明显的地震风险性（Kirby et al.，2000；李勇等，2006a，2006b，2006c；Densmore et al.，2005，2008，2010）。2008 年 5 月 12 日汶川 8.0 级特大地震就发生在龙门山，属于逆冲-走滑型浅源地震，破坏性巨大。

龙门山前陆盆地位于龙门山冲断带前缘的扬子板块西部，其中充填了上三叠统至第四系，厚度超过 10km（郭正吾等，1996；李勇和曾允孚，1995；Li et al.，2003）。该地区的盆地构造演化可划分为 3 个阶段，第一个阶段为震旦纪至中三叠世被动大陆边缘盆地阶段，以碳酸盐台地沉积物为主；第二个阶段为晚三叠世前陆盆地阶段，以海相沉积物到陆相碎屑岩沉积物为特点；第三个阶段为侏罗纪至第四纪陆相前陆盆地或陆内盆地阶段，以陆相碎屑岩沉积物为特点。其中处于第一个阶段的上三叠统超层序位于该前陆盆地充填序列的底部，介于两个区域性不整合面之间，自下而上被划分为马鞍塘组、小塘子组和须家河组，并被标定为 3 个构造地层单元（Li et al.，2003）。晚三叠世超层序与下伏古生代—中三叠世被动大陆边缘超层序之间的底部不整合面十分明显，显示为一个典型的挠曲前缘隆起不整合面（Li et al.，2003；李勇等，2010，2011a），而在该底部不整合面之上的马鞍塘组中出现了一套硅质海绵礁和鲕粒滩（Wendt et al.，1989；Li et al.，2003；吴熙纯，2009；杨荣军等，2009；刘树根等，2009），在地表已确认了 22 个硅质海绵礁，分布于龙门山前缘地区的安州—绵竹一带，呈南西—北东向条带状展布，主要为群体六射海绵（Wendt et al.，1989；吴熙纯，2009）。Li 等（2003）在地震反射剖面和钻孔剖面中也发现了硅质海绵礁和鲕粒滩（如龙深 1 井、川科 1 井等），这些硅质海绵礁带和鲕粒滩带的延伸方向与龙门山冲断带的走向大致平行，表明这些硅质海绵礁带和鲕粒滩带的形成可能与龙门山造山楔构造负载导致的扬子板块西部挠曲沉降有关。因此，在底部不整合面之上发育的前陆型马鞍塘组硅质海绵礁和鲕粒滩，也应该是一个挠曲前缘隆起不整合面上发育的硅质海绵礁和鲕粒滩的典型实例。

碳酸盐缓坡和生物礁是前陆盆地早期典型的沉积物类型之一，如在阿尔卑斯前陆盆地（Crampton and Allen，1995；Sinclair，1997；Sinclair et al.，1998；Allen et al.，2001）、纳米比亚纳马前陆盆地（Saylor et al.，1995）和北美阿巴拉契亚前陆盆地（Castle，2001）的早期阶段均存在前陆型碳酸盐缓坡或生物礁。这些碳酸盐缓坡和生物礁均被解释为位于克拉通边缘透光带的生物骨架灰岩因挠曲沉降作用被海水淹没的过程，显示了造山楔逆冲作用与前陆型碳酸盐缓坡在成因机制上存在耦合关系。因此，本章以造山楔构造负载作用与前陆盆地沉降作用的动力耦合关系为理论依据，以晚三叠世龙门山前陆盆地的底部硅质海绵礁和鲕粒滩为切入点，通过对硅质海绵礁和鲕粒滩的残留厚度、地层序列、海绵礁和鲕粒滩沉积序列等特征进行分析，研究本区卡尼期前陆型碳酸盐缓坡和硅质海绵礁沉积特征，定量计算卡尼期龙门山前陆盆地的构造沉降速率、沉积速率、相对海平面变化速率和硅质海绵礁生长速率，建立龙门山前陆盆地早期碳酸盐缓坡和海绵礁生长并被淹没的模式，探索龙门山造山楔构造负载作用驱动的挠曲沉降作用导致的相对海平面上升及其淹没碳酸盐缓坡和海绵礁的过程，为印支期龙门山造山楔初始形成时间并向扬子板块推进事件的标定提供科学依据。

21.1　卡尼期马鞍塘组的沉积序列

晚三叠世龙门山前陆盆地充填地层的剖面几何形态呈不对称状，显示为北西厚、南东薄的楔形体，由南东向北西逐渐变厚（图 21-1）。在盆地的西部地区，上三叠统的最大厚度超过 3km，表明靠近造山带边缘的盆地西部具有很高的沉降速率（约 0.2mm/a）（Li et al.，2003），属于典型前陆盆地的近缘部分和前渊地区（图 21-1、图 21-2）。晚三叠世龙门山前陆盆地的充填序列已被划分为 3 个构造地层单元（Li et al.，2003）或 4 个构造地层单元（SQ$_1$～SQ$_4$）（李勇等，2010），其中马鞍塘组位于构造地层单元 1 的底部，自下而上可被分为 3 段：下段为鲕粒滩和生物碎屑滩，中段为海绵礁，上段为黑色页岩，显示为向上变细的沉积序列。其中含大量菊石，可与国内外已知的卡尼阶菊石群完全对比，表明马鞍塘组属于晚三叠世卡尼期（Li et al.，2003），持续时间为 8.5Ma（Haq et al.，1987）。

21.1.1　底部不整合面

上三叠统马鞍塘组与下伏中三叠统雷口坡组之间的区域性不整合面为龙门山前陆盆地的底部不整合面（图 21-1、图 21-2；李勇等，2011a）。在地表剖面上，该不整合面出露于绵竹汉旺观音岩、什邡金河燕子岩、峨眉山等处，显示为平行不整合面或角度不整合面，发育冲蚀坑、古喀斯特溶沟、溶洞、溶岩角砾、古风化壳、褐铁矿、黏土层、石英及燧石

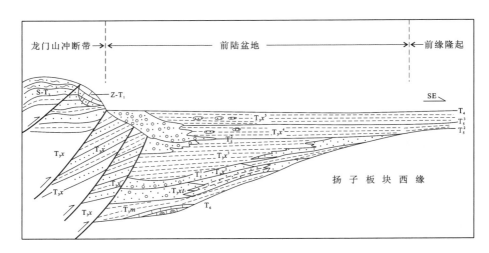

图 21-1　晚三叠世龙门山前陆盆地的地层格架

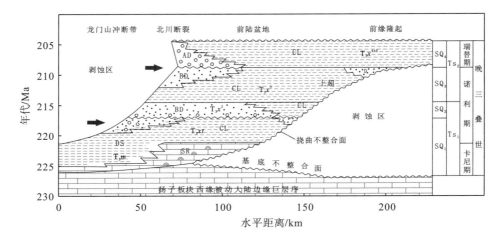

图 21-2　晚三叠世龙门山前陆盆地的年代地层格架

注：AD 为扇三角洲沉积体系；BD 为辫状河三角洲沉积体系；DS 为深水陆棚沉积物；

CL 为湖泊沉积体系；SR 为海绵礁和鲕粒滩；D 为三角洲沉积体系。

细砾岩等底砾岩。在钻孔剖面上，该底部不整合面表现为平行不整合面，界面凹凸不平，发育古岩溶，并见残留黏土、氧化铁帽，以及充填下伏层的角砾和上覆层碎屑、煤屑的溶洞等（如在马 201 井中马鞍塘组与雷口坡组显示为角度不整合面和古喀斯特作用面），下伏中三叠统雷口坡组具不同程度的缺失（如在中 24 井中，缺失雷四段和雷三段）；在测井曲线上，该底部不整合面显示为岩性和电性的突变面（如川合 100 井、川科 1 井）。在地震反射剖面上该底部不整合面为地震反射剖面 T_6，显示为向东上超的不整合面。因此，该底部不整合面是扬子板块西缘从被动边缘盆地到前陆盆地转换的标志性界面（李勇等，2011）。

21.1.2　下段

该段由下部的鲕粒灰岩和上部的生物骨屑灰岩组成(图 21-3)。鲕粒灰岩为深灰色中-厚层亮晶含骨屑藻鲕灰岩，显示为鲕粒滩，鲕粒含量为 50%～70%。鲕粒核心常为生物碎屑，鲕粒直径为 0.2～2mm，其中普遍含核形石和凝块石，核形石的直径为 0.2～2cm，凝块石的直径小于 2mm。生物屑含量占岩石的 15%～30%，包括棘屑、双壳、腕足、腹足、有孔虫、介形虫、海绵骨针、蠕虫、苔藓虫及海绵屑，大部具泥晶套。亮晶胶结，反映了形成于潮下高能搅动环境。生物骨屑灰岩主要为黑灰色中-厚层含骨屑泥微晶灰岩，夹薄层钙质泥岩。骨屑含量可达 50%以上，以蓝藻、腕足、双壳、海百合和单体海绵为主，其次为棘皮动物、有孔虫、介形虫、菊石、腹足、苔藓虫、蠕虫等。常含有保存完整的单体海绵、腕足、双壳类和蠕虫等，具有原地堆积的性质，表明海水搅动能量较弱。

21.1.3　中段

该段由硅质海绵礁组成(图 21-3)，成礁方式主要以群体海绵的障积式为主，辅以蓝-绿藻的黏结式。每个礁体由礁核、礁顶、礁翼 3 个部分构成。礁核由青灰色块状含海绵微晶灰岩(障积岩)组成，其中海绵含量为 5%～15%，局部可达 20%～30%，显示为原地碎裂再固结的簇状。礁翼相带或礁塌积相带位于礁核周围，占礁体体积的 90%，由暗灰色块状礁屑角砾岩及角砾状礁灰岩组成，为含藻及海绵的礁屑角砾岩和角砾状礁灰岩形成的礁翼塌积物；角砾大小一般为 1～5cm，大者可达 30cm，分选性和磨圆性差，分布不均，角砾多为崩裂成因；填隙物为含有砂屑及骨屑的灰泥。礁顶部相带为暗灰色块状含骨屑和海绵的藻泥晶灰岩，藻团大量出现，海绵迅速减少且海绵中央腔多被泥质充填。

21.1.4　上段

该段主要由黑色页岩和泥岩组成，其中夹粉砂岩和泥灰岩(图 21-3)，含菊石、双壳、腕足类等游泳型和浮游型海相化石，其与马鞍塘组中、下段在岩性、古生物、古生态上明显不同，主要表现在马鞍塘组下段和中段广泛可见的海绵、海百合、苔藓虫、珊瑚等底栖型海相化石基本消失，而游泳型和浮游型的双壳和菊石相对增多，黄铁矿丰富，海绵绝迹，代表了较深水或闭塞海湾相沉积环境。

综上所述，马鞍塘组总体显示为向上变细、变深的沉积序列，由下至上显示为鲕粒滩—硅质海绵礁—黑色页岩的垂向沉积序列，总体显示为欠补偿的充填过程。目前观察到的马鞍塘组最大厚度为 250m(龙深 1 井)，位于现今前陆盆地以西的龙门山地区，向南东前陆方向地层厚度逐次减小，显示马鞍塘组的几何形态为北西厚、南东薄的楔形体(图 21-1)，因此卡尼期盆地显示为不对称的楔状前陆盆地。在平面上(图 21-2)，盆地的西部为深水相盆地，主要由黑色页岩和泥岩组成，其中夹粉砂岩和泥灰岩，底部见鲕粒灰岩，厚度仅为2.7m（龙深1井），盆地的中东部为碳酸盐缓坡和硅质海绵礁，表明马鞍塘组的沉积样式以深水泥页岩和点礁、鲕粒滩为主，显示盆地处于欠补偿阶段，其与欧洲阿尔卑斯山前陆盆地的欠补偿阶段（Sinclair，1997）具有相似性。

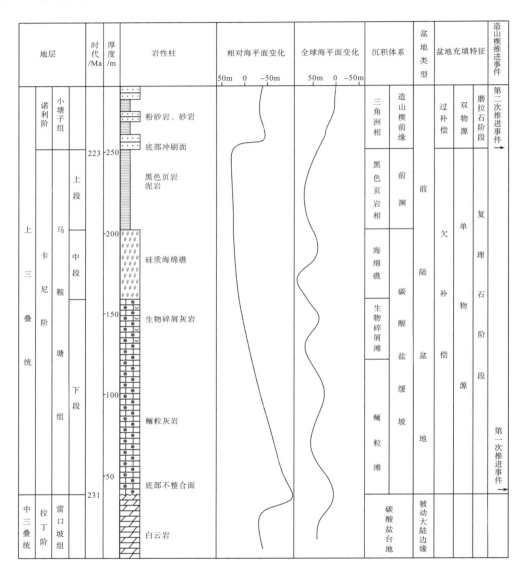

图 21-3　龙门山前陆盆地早期（卡尼期）马鞍塘组的地层序列

21.2　卡尼期前陆型碳酸盐缓坡和硅质海绵礁的基本特征

在卡尼期龙门山前陆盆地存在一套以硅质海绵礁和鲕粒滩为标志的碳酸盐缓坡型

沉积物。在地表剖面上，已发现有 20 余个碳酸盐缓坡型鲕粒滩和海绵礁，由广元向南经江油、绵竹至峨眉山龙门硐一带，断续分布，主要由峨眉山龙门硐、什邡金河、绵竹金花、绵竹汉旺、安州雎水、安州罐子滩、安州观音崖、江油黄连桥、江油佛爷洞和江油马鞍塘等地的硅质海绵礁和鲕粒滩组成（图 21-4）。海绵礁群的高度一般为 2～80m，其中最高的礁出露在安州雎水一带，高度达 80m。这些地表出露的碳酸盐缓坡和海绵礁呈北东走向的条带状展布，其走向线与龙门山冲断带的走向大致平行。在龙门山冲断带内的龙深 1 井发现有鲕粒灰岩，但厚度仅为 2.7m。在盆地内部的钻孔剖面中（如川科 1 井）也发现了一系列的鲕粒滩，表明在前陆盆地早期存在一个向北西倾斜的碳酸盐缓坡带，构成了沿着扬子克拉通西缘分布的前陆型碳酸盐缓坡带，并向西相变为以黑色页岩为代表的前渊深水盆地相，表明从前陆克拉通向造山楔一侧由碳酸盐缓坡向黑色页岩的相变过程。

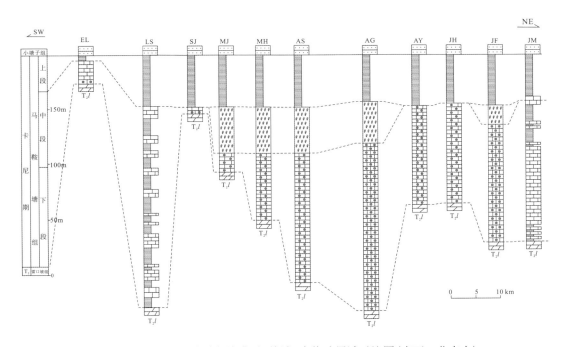

图 21-4　马鞍塘组硅质海绵礁–鲕粒滩–生物碎屑滩对比图（南西—北东向）

注：EL 为峨眉山龙门硐剖面；LS 为龙深 1 井；SJ 为什邡金河剖面；MJ 为绵竹金花剖面；MH 为绵竹汉旺剖面；

AS 为安州雎水剖面；AG 为安州罐子滩剖面；AY 为安州观音崖剖面；JH 为江油黄连桥剖面；JF 为江油佛爷洞剖面；

JM 为江油马鞍塘剖面。

碳酸盐缓坡鲕粒滩和生物礁是前陆盆地早期典型的沉积物类型之一，如在欧洲新生代阿尔卑斯前陆盆地发育类似的碳酸盐缓坡沉积物，主要由货币虫灰岩构成（Crampton et al.，1995；Allen et al.，2001）；在非洲纳米比亚新元古代纳马前陆盆地发育以 Namacalathus-Cloudina 生物礁为代表的碳酸盐缓坡型沉积物（Saylor et al.，1995）；在北美阿巴拉契亚前陆盆地也发育碳酸盐缓坡沉积物，并显示了从前陆克拉通向造山楔一侧由碳酸盐缓坡向黑色页岩的相变过程(Castle，2001)。鉴于卡尼期碳酸盐缓坡和海绵礁的产出状态与上述前陆盆地发育的远端碳酸盐缓坡型沉积物非常相似，因此认为本区卡尼期鲕粒滩和硅质海绵礁属于前陆型碳酸盐缓坡和生物礁。

21.3　卡尼期相对海平面上升速率的标定

在阿尔卑斯前陆盆地、纳米比亚纳马前陆盆地和北美阿巴拉契亚前陆盆地发育的前陆型碳酸盐缓坡和生物礁均被解释为位于克拉通边缘透光带的生物骨架灰岩因挠曲沉降作用被海水淹没的过程(Allen et al.，2001；Saylor et al.，1995；Castle，2001)，表明相对海平面上升对碳酸盐缓坡和海绵礁的生长和淹没致死具有明显的控制作用。鉴于卡尼期碳酸盐缓坡型沉积物与其他前陆盆地所发育的远端碳酸盐缓坡型沉积物具有一定相似性，推测它们应当具有类似的成因机制。因此，首要的问题是标定卡尼期海水深度的变化与相对海平面上升速率，其次是需要对比卡尼期相对海平面上升速率与海绵礁生长速率的关系。因此，根据马鞍塘组的沉积特征和化石特征，标定卡尼期古水深变化过程，在此基础上定量计算卡尼期相对海平面上升速率。

21.3.1　卡尼期初期的海水深度

本区在卡尼期初期阶段显示为不整合面。该底部不整合面广泛分布于前陆盆地，界面凹凸不平，发育冲蚀坑、古喀斯特、古风化壳和底砾岩，表明在该时期前陆地区位于暴露带，处于长期风化、剥蚀状态，填平补齐，无明显的下切，形成坡度较小的前陆缓坡带。因此，推测在卡尼期初期阶段前陆缓坡带的大部分地区暴露于海平面之上，海水深度应该为零。

21.3.2　卡尼期早期的海水深度

本区在卡尼期早期阶段以鲕粒滩和生物碎屑滩为特征(图 21-3、图 21-4)，其中含有大量的生物化石和钙藻类。其中，钙扇藻最多，该藻具有明确的水深指示意义。钙扇藻一般在 2～30m 水深的环境中最常见，指示生存的海水深度可能为 2～30m。此外，鲕粒滩也具有明确的水深指示意义，鲕粒滩一般分布于极浅水地区，发育的最大水深可达 15m。因此，推测本区卡尼期早期阶段的海水深度可能为 2～15m，水体较浅。

21.3.3　卡尼期中期的海水深度

本区在卡尼期中期以硅质海绵礁为特征，是以六射海绵为主的硅质海绵动物与以凝块石为主的蓝藻细菌共同形成的生物礁丘。

海绵是一种最低等的多细胞动物，营底栖固着生活，约 600Ma 前就已出现，一直繁衍到现代，是一种重要的造礁生物。其中硅质海绵(特别是六射海绵)在中生代以前都生存于浅水环境，直到白垩纪以后才迁移至水深 200～6000m 的深海，显示了硅质海绵具有从浅水向深水转移的趋势。其中现代深水型海绵以西加拿大不列颠—哥伦比亚外海岸发育的硅质海绵礁为代表，其分布于 165～240m 水深区，礁高度一般为 2～10m，最高可达 21m(Krautter et al.，2006)。中生代及其以前的浅水型硅质海绵以欧洲晚侏罗世硅质海绵-钙菌礁（Brunton and Dixon，1994；Krautter，2006；Leinfelder，2001）为代表，其分布于同斜缓坡的外缓坡地区(Leinfelder，2001)，礁顶带水深至少为 30m(Brunton and Dixon，1994)。

鉴于本区卡尼期中期的硅质海绵礁体与欧洲晚侏罗世硅质海绵-钙菌礁丘具有相似性，可初步确定本区硅质海绵-钙菌礁丘的生活水深应为 15～30m，其中底部水深为 15m(据鮞滩礁体的深度标定)，顶部水深为 30m(Brunton and Dixon，1994)。

此外，塔状硅质海绵礁可生存于较深水环境。在欧洲晚侏罗世生物礁中出现高度达 100m 的大礁体，Leinfelder(2001)推测这种大礁体的存活深度超过 150m。本区卡尼期最高的海绵礁出露在安州雎水一带，高度达到 80m。如果碳酸盐岩在成岩期的机械压实作用减小的厚度为 40%，那么该礁的原始高度可达 112m，其与欧洲晚侏罗世 100m 的大礁体相似，其存活水深也应超过 150m。因此，推测本区卡尼期生物礁丘在生长期各阶段礁顶相的水深具有变深的趋势，早期水深可能为 30m，晚期至高礁长成以后水深达 150m以上。

21.3.4　卡尼期晚期的海水深度

本区在卡尼期晚期以黑灰色泥(页)岩为主，生物化石以游泳型和浮游型菊石、双壳、腕足类为主，表明此时的水体深度增加。根据游泳型和浮游型菊石的水深分布特点，推测卡尼期晚期的海水深度较大，可能超过 300m。

21.3.5　卡尼期相对海平面上升速率

基于对卡尼期初期、早期、中期和晚期海水深度标定的结果，可以初步确定卡尼期初期的相对水深为零，卡尼期早期的相对水深为 2～15m，卡尼期中期的相对水深为 30～150m，卡尼期晚期的相对水深超过 300m，显示了卡尼期海水由浅变深的趋势，表明本区卡尼期相对海平面变化处于持续的上升过程。根据卡尼期持续的时限(8.5Ma；Haq et al.，1987)和海水深度的变化幅度(0～300m)，计算结果表明该区卡尼期平均的相对海平面上升速率为 0.03mm/a。

21.3.6　卡尼期相对海平面与全球海平面变化

在 Haq 等(1987)的全球海平面曲线上(图 21-3)，卡尼期全球海平面曲线显示为 3 个或

4个次级周期性的升降旋回,而本区卡尼期相对海平面处于持续的上升过程(图21-3)。因此,本区卡尼期相对海平面与全球卡尼期海平面变化规律具有不一致性。

如果全球卡尼期海平面变化控制了龙门山前陆盆地的相对海平面变化,那么结果应该是本区在晚三叠世卡尼期相对海平面也经历了3次升降旋回。但是,据对安州—绵竹一带大量地表礁剖面和钻井资料的分析,马鞍塘组自下而上的岩性序列均显示为鲕粒灰岩滩—生物碎屑滩—硅质海绵礁—黑色页岩的变细、变深序列,没有发生重复现象,表明本区卡尼期相对海平面处于持续的上升过程。鉴于相对海平面升降是全球海平面升降与前陆盆地基底沉降叠加的结果,而卡尼期海水深度又显示为持续的变深过程,推测卡尼期前陆盆地基底沉降速率必定大于全球海平面升降速率,前陆盆地基底沉降速率持续加大直接导致了相对海平面持续上升。

21.3.7 卡尼期相对海平面上升速率

在 Haq 等(1987)的全球海平面曲线上可将卡尼期分为早、中、晚3个时期,持续时间分别为2.2Ma、3.1Ma、3.2Ma。鉴于马鞍塘组上段中所含大量菊石可与国内外已知的晚卡尼期菊石动物群对比,显示该段地层的时代属于卡尼阶晚期,因此可以判定卡尼期早期、中期和晚期在时间上大体对应于全球卡尼期的早期、中期和晚期,持续时间分别为2.2Ma、3.1Ma、3.2Ma。在此基础上,分别计算了卡尼期早期、中期和晚期的相对海平面上升速率,结果表明卡尼期早期的相对海平面上升速率为 0.01mm/a,卡尼期中期的相对海平面上升速率为 0.04mm/a,卡尼期晚期的相对海平面上升速率为 0.05mm/a。因此,根据上述计算结果,认为龙门山前陆盆地卡尼期相对海平面变化速率具有以下特点。

(1)本区卡尼期相对海平面变化处于持续的上升过程,其间不存在海平面下降过程。野外宏观观察、微相分析及成岩作用分析表明,在生物礁顶面及礁间沉积顶面没有发现生物礁-滩的暴露面和明显的大气淡水渗流带的沉积和成岩标志。因此,本区卡尼期相对海平面处于持续的上升过程,其中没有次级的下降事件。

(2)本区卡尼期相对海平面的上升速率具有加快的过程,总体显示早期上升速率较慢(0.01mm/a),中期上升速率较快(0.04mm/a),晚期上升速率最快(0.05mm/a)。

(3)本区卡尼期相对海平面与全球卡尼期海平面变化具有不一致性,表明前陆盆地的基底沉降速率大于全球海平面升降速率,导致该区相对海平面持续上升。

21.4 卡尼期硅质海绵礁生长速率与相对海平面上升速率的对比

本区卡尼期硅质海绵礁生存于浅水环境,因此相对海平面的上升直接控制了硅质海绵礁的生长速率、发育规模和淹没致死。显然,通过对比卡尼期相对海平面上升速率与硅质海绵礁生长速率的比值关系,可以为标定硅质海绵礁生长过程和淹没过程提供基本依据。

21.4.1　硅质海绵礁的生长速率

利用海绵礁体原始高度与生长时间的比值可以计算海绵礁的生长速率。本次以地表出露最高的安州雎水硅质海绵礁为依据，计算海绵礁体原始高度与生长时间的比值。该礁体的残留高度为 80m，恢复的原始高度为 112m。该生物礁生长期的持续时间为 3.1Ma（相当于卡尼期中期），据此计算，该礁体的生长速率（V_R）为 0.04mm/a。

21.4.2　相对海平面上升速率与硅质海绵礁生长速率的对比

通过对卡尼期不同阶段的相对海平面上升速率与硅质海绵礁生长速率的对比和分析，可以初步获得以下认识。

（1）本区卡尼期平均相对海平面上升速率（0.03mm/a）与海绵礁生长速率（0.04mm/a）在同一个数量级上，较为相近，显示两者存在成因关系。

（2）在卡尼期早期，相对海平面上升速率（0.01mm/a）小于海绵礁生长速率（0.04mm/a），因此在该时期本区海水较浅，缺乏海绵礁的基本生存条件。推测这就是卡尼期早期缺乏海绵礁而以鲕粒滩为主的原因。

（3）在卡尼期中期，相对海平面上升速率（0.04mm/a）与海绵礁生长速率（0.04mm/a）相等，礁顶的水深一直可以保持一致，海绵礁可以持续地保持垂直向上的稳定生长状态，生长成高度达 100 余米的塔礁。

（4）在卡尼期晚期，相对海平面上升速率（0.05mm/a）大于硅质海绵礁的生长速率（0.04mm/a），海水处于持续加深状态。硅质海绵礁不能适应水深太深的环境，礁体逐渐被淹溺而死。因此，本区硅质海绵礁可能是被淹没致死的。

综上可以推定，只有当相对海平面上升速率与海绵礁生长速率相等时，海绵礁才可以持续保持垂直向上的生长状态，否则当相对海平面上升速率小于或大于海绵礁生长速率时，海绵礁不会生长或被淹没致死。

21.5　卡尼期碳酸盐缓坡和硅质海绵礁淹没机制

前陆盆地沉降与逆冲构造负载系统的动力学模拟已取得显著进展，其基本理论是利用加载于弹性板片上的构造负载侵位来模拟前陆盆地的沉降（Jordan，1981；Jacobi，1981；Heller et al.，1988；Flemings and Jordan，1989；Allen et al.，1991；Crampton and Allen，1995；DeCelles and Giles，1996；Sinclair，1997；Galewsky，1998；Li et al.，2003）。在模拟过程中，构造负载、弹性板片的岩石圈特征、表面过程以及影响沉积通量的气候、基岩岩性和剥蚀样式等均对模拟结果产生一定程度的影响，使模拟结果具有一定的不确定性。Allen 等（1991）、Crampton 和 Allen（1995）、Sinclair（1997）采用冲断楔形体推进速率、冲断体表面坡度、沉积物搬运系数、弹性厚度（T_e）和挠曲波长等参数对前陆盆地沉降与逆冲推覆作用进行模拟，取得了较理想的结果。

Li 等(2003)采用一维弹性挠曲模式模拟了龙门山幕式构造负载加载于初始弹性板片(扬子板块)之上产生的挠曲沉降,揭示了龙门山前陆盆地沉降与逆冲推覆作用的相互关系,认为晚三叠世龙门山前陆盆地的形成机制为构造负载。模拟的结果表明:龙门山前陆盆地的挠曲刚度为 $5×10^{23}～5×10^{24}$N·m(相当的弹性地层厚度为 43～55km),在晚三叠世龙门山造山楔负载系统向扬子克拉通推进速率为 5～15mm/a,所导致的前陆盆地的构造沉降速率为 0.20mm/a(表 21-1)。

表 21-1 卡尼期龙门山前陆盆地模拟参数值和计算值

参数	计算值	资料来源
逆冲推覆速率	5～15mm/a	Li 等(2003)
弹性厚度	43～55km	Li 等(2003)
沉降速率	0.20mm/a	Li 等(2003)
沉积速率	0.04mm/a	李勇等(2011b)
海绵礁生长速率	0.04mm/a	李勇等(2011b)
相对海平面上升速率	0.01～0.05mm/a	李勇等(2011b)

鉴于前陆盆地相对海平面上升的主要控制因素为盆地的构造沉降速率与沉积速率的比值,该区卡尼期残留地层的最大厚度为 250m 左右,按碳酸盐岩在成岩期机械压实减小的厚度为 40%进行计算,实际沉积物的厚度应为 350m 左右。因此,根据卡尼期持续的时限(8.5Ma,Haq et al.,1987)和沉积物的厚度(350m)进行计算,该区卡尼期沉积速率为 0.04mm/a。结果表明,卡尼期龙门山前陆盆地的沉降速率(0.20mm/a)大于沉积速率(0.04mm/a)(表 21-1),显示在该时期盆地的物源供给不足,处于欠补偿状态,相对海平面处于持续的上升过程,形成了鲕粒灰岩滩—生物碎屑滩—生物礁灰岩—黑色页岩的向上变细、变深序列。

基于这一结果(表 21-1),对卡尼期龙门山前陆盆地而言,盆地的构造沉降速率也大于同期全球海平面升降速率。因此,可以认为该区相对海平面上升是盆地基底挠曲沉降作用的结果,而前陆盆地基底沉降又是造山楔构造负载驱动的挠曲沉降作用的结果(Li et al.,2003),即造山楔构造负载导致前陆盆地强烈的挠曲构造沉降,因此相对海平面的持续上升是龙门山造山楔构造负载驱动的前陆盆地挠曲构造沉降的必然结果。显然,从理论上讲,本书研究的前陆盆地早期碳酸盐缓坡和海绵礁的淹没过程,实际上反映了龙门山构造负载驱动的前陆盆地挠曲构造沉降和相对海平面上升导致碳酸盐缓坡和海绵礁的形成和被淹没过程。

本书提出了龙门山前陆盆地早期前陆型碳酸盐缓坡和硅质海绵礁的淹没模式(图 21-5),其形成的过程为:在印支期,龙门山造山楔形成并加载于扬子板块西缘,显示为水下隆起。造山楔的构造负载导致前陆盆地基底的挠曲沉降,驱动了相对海平面的持续上升,物源供给不足,处于欠补偿状态。当相对海平面上升速率等于海绵礁生长速率时,在前陆盆地缓坡带开始了碳酸盐缓坡和海绵礁的建造和生长。随着海平面上升速率加大，相对海平面上升速率大于海绵礁生长速率，礁顶的水深逐步变大，从而导致礁体逐渐被淹溺而死。因此，海绵礁的生长和淹没过程是龙门山造山楔负载在推进过程中导致扬子前陆板块挠曲下沉和相对海平面上升的产物，表明扬子前陆型碳酸盐缓坡的淹没过程是印支期造山楔构造负载过程的沉积响应，显示造山楔逆冲作用与前陆型碳酸盐缓坡鲕粒滩和海绵礁之间的耦合关系。

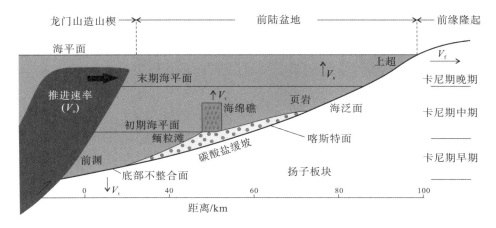

图 21-5　龙门山前陆盆地早期(卡尼期)碳酸盐缓坡和硅质海绵礁的淹没模式与动力学机制

注：V_t 为前陆盆地沉降速率，mm/a；V_r 为海绵礁生长速率，mm/a；V_s 为相对海平面上升速率，mm/a；V_o 为造山楔推进速率，mm/a；V_f 为前缘隆起迁移速率，mm/a。

第 22 章　龙门山造山楔推进作用
与前陆型礁滩的迁移过程

龙门山作为青藏高原东缘的边界山脉，长约 500km，主峰海拔达 5000m，东侧为四川盆地。现今龙门山地区位于晚三叠世羌塘板块与华北板块和扬子板块碰撞和会聚的边缘（Yin and Nie，1996；Zhou and Graham，1996；Li et al.，2001a，2003）。在该地区自北西向南东依次为松潘–甘孜造山带、龙门山冲断带和前陆盆地，构成了一个完整的构造系统（许志琴等，1992；李勇和曾允孚，1995；Burchfiel et al.，1995；Li et al.，2003）。

在前陆盆地中充填最早的地层为晚三叠世卡尼期马鞍塘组，其与下伏中三叠统地层为区域性的微角度–平行不整合接触，显示为底部不整合面，是一个典型的挠曲前缘隆起不整合面（Li et al.，2003；李勇等，2011a，2011b）。马鞍塘组自下而上分为 3 段：下部为鲕粒滩和生物碎屑滩，中部为海绵礁，上部为黑色页岩，显示为向上变细的沉积序列。其中含大量菊石，可与国内外已知的卡尼阶菊石群完全对比，表明马鞍塘组属于晚三叠世卡尼期（Li et al.，2003），持续时间为 8.5Ma（Haq et al.，1987）。

值得注意的是，在底部不整合面之上的马鞍塘组中出现了一套硅质海绵礁和鲕粒滩（本章简称"礁滩"）（Wendt et al.，1989；Li et al.，2003；吴熙纯，2009；杨荣军等，2009；刘树根等，2009），在地表已确认了 22 个硅质海绵礁，分布于龙门山前缘地区的安州—绵竹一带，呈南西—北东向条带状展布，主要为群体六射海绵（Wendt et al.，1989；吴熙纯，2009）。龙门山冲断带内钻孔（龙深 1 井，2007 年完钻，钻深约 7km）和前陆盆地内部钻孔（川科 1 井，2009 年完钻，钻深约 5km）均揭示卡尼期缓坡型碳酸盐岩的存在。此外，在前陆盆地内部的地震反射剖面中发现了 4 个可疑硅质海绵礁，呈现为丘状反射体，可以用来约束在龙门山前陆盆地早期（卡尼期）马鞍塘组硅质海绵礁和滩的空间展布情况。这些硅质礁滩带在走向上的延伸方向与龙门山造山带走向的方向大致平行，表明它们的形成可能与龙门山造山楔构造负载导致的扬子板块西部的挠曲沉降有关。

鉴于此，本章以造山楔构造负载作用与前陆盆地沉降作用的动力耦合关系为理论依据，根据地表露头、钻孔剖面和地震反射剖面资料，在对前陆型礁滩组合显示为鲕粒灰岩滩–生物碎屑滩–硅质海绵礁灰岩–泥页岩的垂向沉积序列及其在相对海平面的持续上升中礁滩被淹没致死的研究（李勇等，2011b）基础上，重点研究龙门山前陆盆地早期前陆型礁滩组合在横向上的分带性和迁移规律，定量计算卡尼期礁滩的迁移速率，并与龙门山造山楔推进速率进行对比，探索印支期龙门山逆冲楔推进速率对前陆礁滩迁移速率的控制作用，进而建立前陆碳酸盐缓坡型礁滩迁移速率及与造山楔推进速率的耦合关系，为印支期龙门山造山楔初始形成时间并向扬子板块推进事件的标定提供科学依据。

22.1 前陆缓坡型礁滩的分带性

在龙门山前陆盆地底部不整合面之上存在一套以卡尼期礁滩为标志的碳酸盐缓坡型沉积物。在地表主要由绵竹汉旺、安州雎水和江油马鞍塘等地的礁滩组成。龙门山冲断带内钻孔和前陆盆地内部钻孔均揭示卡尼期缓坡型碳酸盐岩的存在。此外，通过对研究区地震反射的分析，在前陆盆地内部的地震反射剖面中发现了 4 个可疑硅质海绵礁，呈现为丘状反射体；利用地震的倒谱分析对微弱信号的放大作用，识别出了礁滩相沉积物的空间分布范围，这些礁滩相沉积区呈条带状分布，并且这些条带与北东—南西走向的龙门山冲断带平行（图 22-1）。这些资料可以用来约束在龙门山前陆盆地早期（卡尼期）马鞍塘组礁滩的空间展布情况。

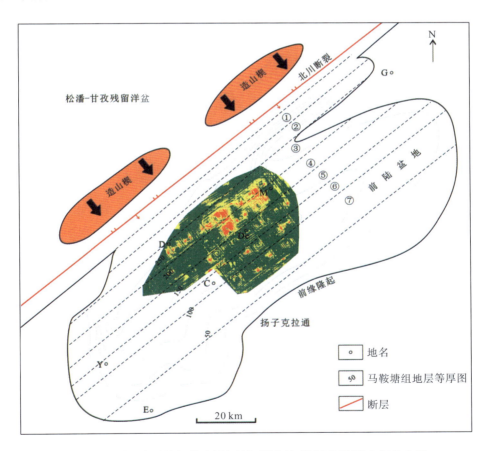

图 22-1 采用地震的倒谱分析方法识别出的礁滩相沉积物空间分布图

注：红色区域是高置信度的礁滩相沉积物分布区域；黄色区域是置信度较高的礁滩相沉积物分布区域；①～⑦为礁滩带的分带序号；地层等厚图据 Li 等（2003）；C 代表成都；E 代表峨眉山；D 代表都江堰；De 代表德阳；M 代表绵阳；G 代表广元；Y 代表雅安。

因此，本次对地表露头、钻孔和地震反射剖面所标定的马鞍塘组礁滩进行了统计和空间标定，结合礁滩的残留厚度、沉积相、测井相和地震相编制了龙门山前陆盆地早期礁滩的平面展布图(图 22-2)。初步研究结果表明，礁滩呈北东向带状分布，其长轴方向平行于龙门山造山带的走向。在垂直于龙门山走向的方向上，可将这些礁滩划分为 7 条礁滩带，自北西向南东分别命名为第 1 带、第 2 带、第 3 带、第 4 带、第 5 带、第 6 带和第7 带，代表了礁滩在前陆缓坡带的空间展布规律和分带性。其中第 1 带根据龙门山冲断带内龙深 1 井标定，第 2 带据地表露头标定，第 3 带和第 4 带根据盆地西缘钻孔资料标定，第 5～7 带根据地震反射剖面标定(图 22-2)。

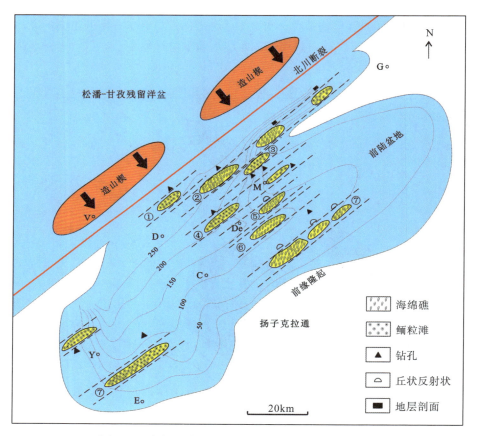

图 22-2　龙门山前陆盆地早期(卡尼期)礁滩的分带性

注：①～⑦为礁滩带的分带序号；地层等厚图据 Li 等(2003)；C 代表成都；E 代表峨眉山；D 代表都江堰；De 代表德阳；M代表绵阳；G 代表广元；Y 代表雅安。

22.1.1　第 1 带

第 1 带位于现今龙门山区彭灌断裂西侧，距现今龙门山中央断裂(北川断裂)约 10km，显示为鲕粒滩带，以龙深 1 井为代表(图 22-1)。龙深 1 井位于龙门山中段彭州地区的飞来峰上，钻深 7180m，打穿了由石炭系灰岩组成的飞来峰、上三叠统须家河组、小塘子组、马鞍塘组和中三叠统雷口坡组和嘉陵江组，其中马鞍塘组见于井深 5532～5775m，厚度为 243m，沉积物为黑色页岩夹深灰色粉-微晶灰岩及灰色粉砂岩。其底部为深灰色鲕粒生物碎屑灰岩，厚度为 2.7m；中部为深灰色粉-微晶灰岩及灰色粉砂岩夹黑色页岩；上部为黑色页岩夹深灰色粉-微晶灰岩及粉砂岩，总体显示了向上变细、变深的沉积序列。该钻孔岩心提供了以下信息。①马鞍塘组与雷口坡组之间为连续沉积，表现为整合面，未见风化壳、古土壤等暴露标志，也缺乏表生成岩作用形成的暴露溶蚀，表现为无侵蚀作用和无地层缺失，表明该区域有继承性的大陆边缘水深，该地区位于海平面以下，未发生陆地上的侵蚀作用。因此，可以推测在龙门山及其以西地区，卡尼期地层与下伏中三叠世地层为整合接触（图 22-2）。②马鞍塘组总体呈向上变细、变深的沉积序列，显示了相对海平面处于持续的上升过程。③在马鞍塘组底部发现了鲕粒滩，厚度仅为 2.7m，表明在现今龙门山区的位置仍存在鲕粒滩，但厚度已非常小。鉴于在缓坡上鲕粒滩最远可分布于中缓坡向外缓坡的转换部位，因此推测第 1 带鲕粒滩可能处于前陆缓坡上中缓坡向外缓坡的转换部位。

22.1.2 第 2 带

第 2 带位于现今龙门山前缘地区，以安州睢水、绵竹汉旺等地表剖面为代表（图 22-2、图 22-3、表 22-1）。该带距北川断裂约 20km，在北东方向上延伸的长度为 149～178km，在北西方向的宽度可能只有 4～5km。马鞍塘组与雷口坡组之间显示为平行不整合接触或角度不整合接触，在接触面上发育冲蚀坑、古喀斯特溶沟、溶洞、岩溶角砾，古风化壳的褐铁矿、黏土层及石英、燧石细砾岩等底砾岩。马鞍塘组可明显分为 3 段，其中下段由鲕粒灰岩和生物骨屑灰岩组成，显示为鲕粒滩和生物骨屑滩，可见海绵、海百合、苔藓虫、

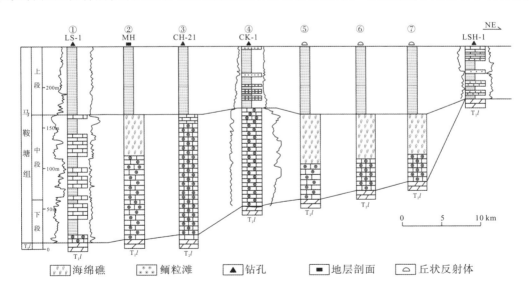

图 22-3 马鞍塘组硅质海绵礁-鲕粒滩-生物碎屑滩对比图（北西—南东）

注：①龙深 1 井；②绵竹汉旺剖面；③川合 21 井；④川科 1 井；⑤据地震丘状异常体解释剖面；

⑥据 229 线地震反射剖面丘状异常体解释剖面；⑦据 213 线地震反射剖面丘状异常体解释剖面。LSH-1 为洛深 1 井。

珊瑚等底栖型海相化石；中段由硅质海绵礁构成，高度一般为 2～80m，其中最高的礁出露在安州雎水一带，达到 80m；硅质海绵礁的成礁方式是以群体海的障积式为主，辅以蓝-绿藻的黏结式，由礁核、礁顶、礁翼 3 个部分构成；上段由黑色页岩夹深灰色粉-微晶灰岩及灰色粉砂岩构成，以菊石、瓣鳃、腕足类等游泳型和浮游型海相化石为主，生物数量大减，海绵绝迹，但游泳型的双壳和菊石增多，黄铁矿丰富，代表较深水或闭塞海湾相沉积物。

表 22-1　第 2 带硅质海绵礁的厚度统计表

序号	剖面位置	礁体厚度/m	序号	剖面位置	礁体厚度/m
1	绵竹汉旺	14.64	10	绵竹马尾	10(?)
2	绵竹汉旺	7.43	11	安州雎水	17.97
3	绵竹汉旺	6.99	12	安州雎水	71.64
4	绵竹汉旺	23.06	13	安州雎水	21.26
5	绵竹汉旺	24.54	14	安州雎水罐子滩	17.35
6	绵竹汉旺	4.58	15	安州雎水	80.00
7	绵竹汉旺观音崖	40.00	16	安州雎水	6.55
8	绵竹金花	10	17	安州雎水	36.53
9	绵竹九龙	10(?)	18	江油佛爷洞	2.36

22.1.3　第 3 带

第 3 带位于现今四川盆地西北部边缘(图 22-2、图 22-3)，显示为鲕粒滩带，该带距北川断裂约 30km。马鞍塘组与雷口坡组之间为不整合面，显示为不连续沉积。马鞍塘组可明显分为两段，其中下段由鲕粒灰岩和生物骨屑灰岩组成，显示为鲕粒滩和生物骨屑滩；上段由黑色页岩夹深灰色粉-微晶灰岩及灰色粉砂岩构成。马鞍塘组总体呈向上变细、变深的沉积序列。鲕粒灰岩的厚度为 20～50m，未见硅质海绵礁。

22.1.4　第 4 带

第 4 带位于现今四川盆地的西部地区，以川科 1 井为代表(图 22-2、图 22-3)，显示为鲕粒滩带，该带距北川断裂约 40km。马鞍塘组与下伏雷口坡组不整合接触，具地层缺失和强烈侵蚀作用。该组由下部和上部构成，下部由鲕粒灰岩和生物骨屑灰岩组成，厚度为 120～130m，其中鲕粒灰岩主要由深灰色中-厚层亮晶含骨屑藻鲕灰岩组成，显示为鲕粒滩，生物骨屑灰岩主要为黑灰色中-厚层泥微晶含骨屑灰岩；上部主要为黑色页岩，夹泥灰岩和粉砂岩，厚度为 70～80m，代表较深水或闭塞海湾相沉积物。

22.1.5　第 5 带

第 5 带位于德阳北东侧，以地震反射剖面（北东向测线）上的丘状反射体为代表（图 22-2、图 22-4），该带距北川断裂约 70km。在地震反射剖面（北东向测线）上的马鞍塘组中发现了 1 个可疑硅质海绵礁，位于川合 140 井东北侧。该地区马鞍塘组埋深为 5200～6000m，其与下伏雷口坡组为平行不整合接触关系。在地震反射剖面上，该界面上、下的速度差异很大，界面本身显示为一套强反射轴，连续性非常好，在整个四川盆地具有良好的可对比性，是区分中三叠统与上三叠统的重要标志。马鞍塘组的厚度为 200m 左右。在马鞍塘组内明显出现了一些丘状异常体，分布不连续，内部为杂乱反射。丘状异常体的底部为一套强反射轴，显示与下伏地层为平行不整合接触关系。在丘状反射体之间和顶部为席状反射层，表明侧翼地层和顶部地层呈超覆和披盖于丘状异常体之上，可能为礁盖和礁间的泥页岩沉积物。丘状异常体的形态呈不对称状，显示为一翼较陡、一翼较缓，具有礁体的形态特征。该丘状反射体的标定表明该区可能存在 1 个条带的可疑硅质海绵礁。

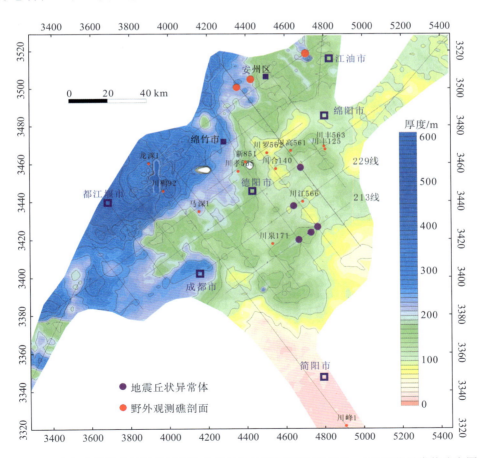

图 22-4　龙门山前陆盆地马鞍塘组和小塘子组地层等厚图（单位为 m）及丘状异常体分布图

22.1.6 第6带

第6带位于德阳东侧（图22-2、图22-5），该带距北川断裂约84km。在地震反射剖面的马鞍塘组中发现了1个可疑的硅质海绵礁，位于川江566井西南侧。在该剖面中马鞍塘组埋深为5200～6000m，其与下伏雷口坡组为平行不整合接触关系，该界面的速度差异很大，在地震反射剖面上反映为一套强反射轴，连续性非常好（图22-5）。这套反射特征在整个四川盆地具有非常好的可对比性，是区分上三叠统与其下伏地层的重要标志。马鞍塘组的厚度为200m左右。该可疑硅质海绵礁呈现为丘状反射体，在空间上呈北东向不连续的带状展布。丘状反射体的内部为杂乱反射，高度为140m左右，宽度为2000m左右。丘状异常体的形态呈不对称状，显示为礁前较陡，礁后较缓且具有礁体的形态特征，在丘状反射体之间为席状反射层，两侧地层披覆其上，可能为礁间泥页岩沉积物。在丘状反射体顶部为席状反射层，可能为礁盖的泥页岩沉积物。该丘状反射体的标定表明该区存在1个条带的可疑硅质海绵礁。

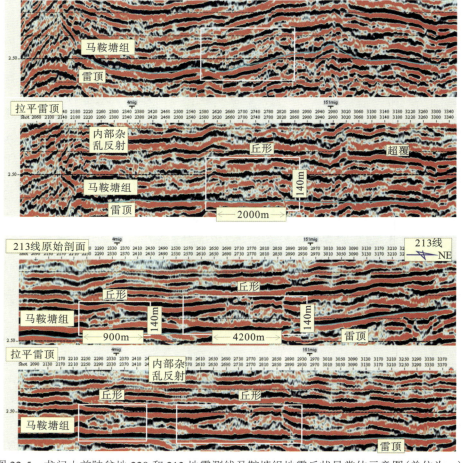

图22-5 龙门山前陆盆地229和213地震测线马鞍塘组地震丘状异常体示意图（单位为m）

22.1.7　第 7 带

第 7 带位于金堂地区(图 22-2，图 22-6)，该带距北川断裂约 98km。在地震反射剖面的马鞍塘组中发现了 3 个可疑硅质海绵礁，位于川泉 171 井东北侧。在该剖面中马鞍塘组埋深一般为 5200～6000m，其与下伏雷口坡组为平行不整合接触关系，该界面的速度差异很大，在地震反射剖面上反映为一套强反射轴，连续性非常好(图 22-5)。这套反射特征在整个四川盆地具有非常好的可对比性，是区分中三叠统与马鞍塘组的重要标志。马鞍塘组的厚度为 200m 左右。该可疑硅质海绵礁呈现为丘状反射体，呈北东向不连续的带状展布，高度为 40m 左右，宽度为 900～4200m。丘状反射体具有对称性。丘状反射体之间为席状反射层，在披覆反射轴之上同相轴强弱相间，反映地层岩性变化关系为砂泥岩互层，可能为礁间沉积物。丘状反射体的顶部为席状反射层，可能为礁盖的泥页岩沉积物。这 3 个丘状反射体的标定表明该区存在 1 个条带的可疑硅质海绵礁。由该带再向南东方向，碳酸盐缓坡型沉积物消失，取而代之的是滨岸相砂泥岩沉积物。

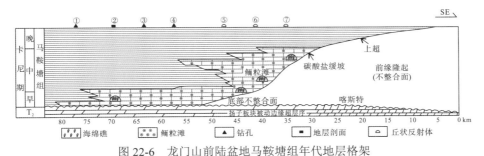

图 22-6　龙门山前陆盆地马鞍塘组年代地层格架

注：据 Lnw07-124 地震反射剖面解释与钻孔标定；①～⑦含义同图 22-1。

22.2　前陆缓坡型礁滩的迁移速率

李勇等(2011b)计算了硅质海绵礁的生长速率(0.04mm/a)和相对海平面上升速率(0.01～0.05mm/a)，结果表明本区卡尼期相对海平面处于持续的上升过程，只有当相对海平面上升速率与硅质海绵礁生长速率相等时，硅质海绵礁才可以持续保持垂直向上的生长状态。在卡尼期中期，相对海平面变化速率为 0.04mm/a，其与硅质海绵礁生长速率(0.04mm/a)相等，硅质海绵礁持续保持垂直向上的生长状态，由于礁顶的水深保持一定的深度，礁体一直稳定地生长。如果相对海平面上升速率小于硅质海绵礁生长速率时，不会有硅质海绵礁生长，如在卡尼期早期仅有鲕粒滩生长；如果相对海平面上升速率大于硅质海绵礁生长速率时，硅质海绵礁会被淹没致死。如在卡尼期晚期，相对海平面上升速率(0.05mm/a)大于硅质海绵礁的生长速率(0.04mm/a)，造礁生物不能适应水深较大的环境，礁体逐渐被淹溺而死。

典型的浅水型欧洲晚侏罗世硅质海绵-钙菌礁丘只能发育在同斜缓坡(Brunton and

Dixon，1994；Leinfelder，2001），而且硅质海绵礁丘主要限制在同斜缓坡中下部到外缓坡之间水深为 15～30m 的位置（Leinfelder，2001）。据此推测本区卡尼期 7 个条带的硅质海绵礁丘也应分布于前陆同斜缓坡水深为 15～30m 的位置，卡尼期前陆缓坡带的宽度为 100～120km，分布于缓坡带上的任何单条鲕粒滩-硅质海绵礁组合都会在相对海平面持续上升过程中被淹没致死。

　　因此，推测在卡尼期相对海平面初始上升过程中海水逐渐覆盖前陆缓坡，向海岸上超，在 15～30m 深的前陆同斜缓坡上发育了鲕粒滩-硅质海绵礁丘组合。在相对海平面持续上升过程中，海水变深，海水不断地向南东的前陆缓坡超覆，迫使礁滩沿不整合面向前陆缓坡浅水方向迁移才不至于淹没致死，所以逐次横向迁移形成了 7 条呈北东—南西向带状展布的礁滩组合。因此，本区卡尼期条带状展布的鲕粒滩-硅质海绵礁组合是相对海平面持续上升背景中不断在前陆缓坡上开启了硅质海绵礁群的生长窗而形成的产物。

　　综上所述，本区卡尼期礁滩呈北东向带状平行分布，可分为 7 个条带。要计算礁滩相沿着与龙门山断层走向垂直的迁移，即沿着北西—南东向的迁移性，就需要确定迁移的距离和时间。根据对 7 个礁滩条带空间位置的标定，以龙门山中央断裂-北川断裂为基准点，可以初步确定 7 个条带分别距北川断裂的距离为 10km、20km、30km、40km、70km、84km、98km（未考虑构造缩短作用对平面距离的影响）。鉴于本区礁滩条带形成于卡尼期早期和中期，持续的时间分别为 2.2Ma 和 3.1Ma，即本区礁滩最大的持续时间为 5.3Ma，因此礁滩相的平均迁移速率为 18.49mm/a。虽然从理论上 7 个礁滩条带的年龄由北西向南东方向逐次变新，但是尚不能确定每一个礁滩条带的持续时间和迁移速率。如果将本区礁滩最大的持续时间（5.3Ma）分为 7 等份，每一等份的时间跨度为 0.76Ma。鉴于每个带之间的距离为 10～14km，据此可计算其迁移速率为 13～18mm/a。

　　此外，7 个礁滩条带的非连续出现必然反映了在此期间至少存在 7 次相对海平面上升的事件，这表明相对海平面上升过程和礁滩条带的横向迁移不是匀速的，而是非连续的幕式，从而间接地说明了龙门山造山楔向前陆缓坡的推移是幕式的，并至少存在 7 次推进事件。

22.3　前陆缓坡型礁滩迁移的动力学机制

　　前陆盆地沉降与逆冲构造负载系统的动力学模拟已取得显著进展，其基本理论是利用加载于弹性板片上的构造负载侵位来模拟前陆盆地的沉降（Jordan，1981；Allen et al.，1991；Crampton and Allen，1995；Flemings and Jordan，1989；Galewsky，1998；Sinclair，1997；Li et al.，2003）。Allen 等（1991）、Crampton 和 Allen（1995）、Sinclair（1997）采用冲断楔形体推进速率、冲断体表面坡度、沉积物搬运系数、弹性厚度和挠曲波长等参数对前陆盆地沉降与造山楔逆冲推覆作用进行模拟，认为前陆盆地的相对海平面上升和前陆型碳酸盐缓坡的淹没是前陆板块挠曲沉降的结果。

　　Li 等（2003）采用一维弹性挠曲模式，模拟了龙门山幕式构造负载加载于初始弹性板片之上产生的挠曲沉降，认为龙门山前陆盆地的形成机制为构造负载。模拟结果表明：挠曲盆地的挠曲刚度为 $5 \times 10^{23} \sim 5 \times 10^{24} N \cdot m$；龙门山冲断带负载系统向扬子克拉通推进速率为 $5 \sim 15mm/a$。基于这一模拟结果，本章试图探讨龙门山造山楔推进速率与前陆盆地礁滩横向迁移速率的定量关系。上述计算结果已表明，前陆盆地中卡尼期礁滩的平均迁移速率为 $18.49mm/a$，其与龙门山造山楔推进速率（$15mm/a$）相比，两种计算结果不仅在同一个数量级上，而且十分相近，显示了计算结果具有一定的可信度，表明本区卡尼期前陆盆地碳酸盐缓坡和礁滩迁移速率与造山楔推进速率存在耦合关系，而且是同一个数量级并同步的，卡尼期龙门山前陆盆地的礁滩的横向迁移速率直接受控于龙门山造山楔推进速率。

根据以上研究成果，我们提出了龙门山前陆盆地早期前陆型碳酸盐缓坡和礁滩的迁移模式与动力机制（图 22-7），其形成的过程为：龙门山造山楔构造负载导致了前陆盆地基底的挠曲沉降，驱动了相对海平面的持续上升，前陆盆地处于欠补偿状态；当相对海平面上升速率等于礁滩生长速率时，在水深 $15 \sim 30m$ 的前陆同斜缓坡上发育了鲕粒滩-硅质海绵礁组合；在相对海平面持续上升过程中，当相对海平面上升速率大于礁滩生长速率时，海水变深，礁顶的水深逐步变大，造礁生物不能适应深水环境，单条带的礁体逐渐被淹没致死。但是，在相对海平面持续上升过程中，海水不断地向南东的前陆缓坡超覆，在前陆缓坡不断开启了新的礁滩生长窗，迫使礁滩向前陆缓坡浅水方向不断迁移，形成了 7 条呈北东—南西向不连续的呈带状展布的礁滩组合，并随着逆冲楔的推进向南东方向的前陆缓坡迁移，表明印支期龙门山逆冲楔构造负载对前陆缓坡礁滩形成具有控制作用，是扬子板块西缘造山楔构造负载挠曲变形的产物。因此，推测本区卡尼期条带状展布的礁滩组合是相对海平面持续上升背景下，不断开启的礁滩生长窗而形成的，礁滩的淹没过程和迁移过程是龙门山造山楔向扬子克拉通推进过程的沉积响应，显示了在卡尼期松潘-甘孜残留洋盆地的迅速闭合和逆冲楔构造负载向扬子板块推进的动力学过程。

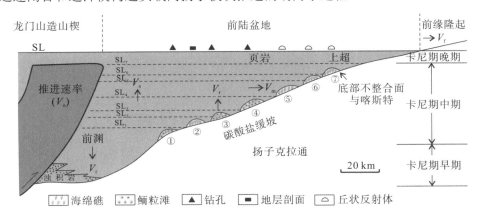

图 22-7　龙门山前陆盆地早期（卡尼期）碳酸盐缓坡和礁滩迁移与造山楔驱动的动力学机制

注：V_o 为龙门山造山楔推进速率；V_t 为沉降速率；V_r 为礁滩生长速率；V_s 为相对海平面上升速率；

V_m 为礁滩的迁移速率；V_f 为前缘隆起的迁移速率；SL 为海平面。

第 23 章　龙门山逆冲推覆作用的沉积响应

前人一直试图建立龙门山前陆盆地演化与龙门山冲断带逆冲推覆作用的关系，虽然做了大量的基础研究工作，但缺乏可以作为对比性研究的实例。本章通过分析现今龙门山前陆盆地(成都盆地)的形成和演化与龙门山冲断带第四纪以来的逆冲推覆作用的内在联系，研究龙门山逆冲推覆作用对现今龙门山前陆盆地(成都盆地)沉积的控制作用和成都盆地沉积物对龙门山逆冲推覆作用的响应，探索龙门山逆冲推覆作用的沉积响应模式和地层标识；进而从现代前陆盆地追溯到古代前陆盆地，揭示龙门山前陆盆地形成演化与龙门山冲断带形成和演化的对应关系。因此，本章是通过龙门山前陆盆地沉积记录研究龙门山冲断带的一种尝试。

23.1　区域构造格架

龙门山冲断带及其前陆盆地在大地构造位置和成矿作用研究的重要性历来为中外地质学家所瞩目，其研究历史已达半个多世纪，积累了大量实践资料。在此基础上，笔者根据收集的野外资料将龙门山及其前缘地区分为 3 个构造区，即龙门山冲断带、龙门山前陆盆地(成都盆地)和龙泉山前缘隆起。龙门山冲断带西侧为松潘-甘孜褶皱带。

23.1.1　龙门山冲断带

龙门山冲断带位于成都盆地西北侧，北起广元，南至天全，长约 500km，宽约 30km，呈北东—南西向展布，由一系列大致平行的叠瓦状冲断带构成，具典型的逆冲推覆构造特征。根据龙门山冲断带构造变形特征、样式和构造层次以及孙肇才等(1991)对褶皱-冲断带的构造分带方案，本章将龙门山冲断带及其前缘地区划分为 A 带、B 带、C 带和 D 带四个构造变形带(图 23-1、图 23-2)。其中，A 带(Ⅱ)位于茂汶断裂与北川-映秀断裂之间，为龙门山后山带，主要由志留系茂县群浅变质岩和前震旦系杂岩体构成，为强变形带；B 带(Ⅲ)位于北川-映秀断裂与彭灌断裂之间，为龙门山前山带，主要由未变质的古生界和三叠系地层构成，为中强变形带；C 带(Ⅳ)位于彭灌断裂与大邑-新津隐伏断裂之间，主要由上三叠统、侏罗系、白垩系、古近系和第四系地层构成，为浅层次变形的中等变形带；D 带位于大邑-新繁隐伏断裂与龙泉山断裂之间，仅具弱变形，为成都盆地的主体部分，是龙门山冲断带的前锋带。

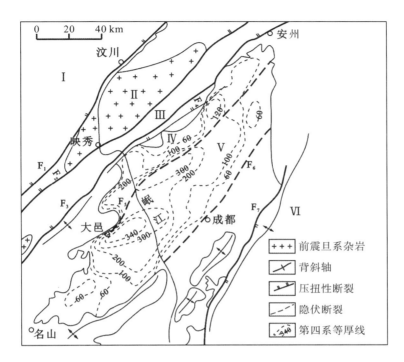

图 23-1　川西区域构造格架简图

注：I 为松潘-甘孜褶皱带；II 为龙门山冲断带 A 带；III 为龙门山冲断带 B 带；IV 为龙门山冲断带 C 带；V 为龙门山前陆盆地（成都盆地）；VI 为龙泉山前缘隆起；F_1 为茂汶断裂；F_2 为北川-映秀断裂；F_3 为彭灌断裂；F_4 为关口断裂；F_5 为大邑-新繁隐伏断裂；F_6 为新津-成都断裂；F_7 为龙泉山断裂。

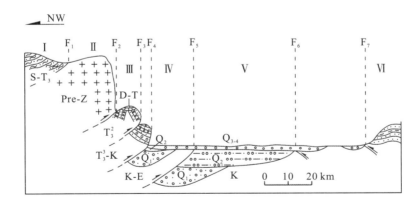

图 23-2　龙门山冲断带-龙门山前陆盆地（成都盆地）-龙泉山前缘隆起地质剖面示意图

注：I～VI 和 F_1～F_7 说明见图 23-1。

23.1.2 龙门山前陆盆地（成都盆地）

成都盆地位于龙门山冲断带与龙泉山前缘隆起之间，北起安州秀水，南抵名山、彭山一线（图 23-1），面积超过 8400km²。盆地轴向为 30°～40°NE，地貌上为成都平原，为第四系覆盖区。成都盆地的表面由北西向东南倾斜，由岷江水系、沱江水系各支流及相应的冲积扇及前缘冲积平原连接而成。盆地的西侧已卷入龙门山冲断带，成为龙门山冲断带 C 带的一部分。

23.1.3 龙泉山前缘隆起

龙泉山前缘隆起位于成都盆地的东侧，北起中江，南至仁寿、乐山一带，呈北东—南西向展布，由龙泉山背斜构成，是一个正在上升的隆起区。西缘主干断裂为龙泉山断裂，走向北东，断面向南东倾斜，并在其西侧尚发育一系列向北西逆冲的、与龙门山冲断带大致平行的反向逆冲断层。以上特征不仅显示龙门山冲断带在此消失，而且也显示龙泉山前缘隆起是成都盆地与川东褶皱-冲断带前锋带的分界。

23.2 成都盆地沉积特征

23.2.1 成都盆地沉积基底

成都盆地充填实体在不同地段分别覆盖于侏罗系、白垩系和古近系的红层上，并与下伏地层呈角度不整合接触；界面上存在厚约 10cm 的古风化壳，分布十分稳定，并被钻孔资料证实，从而表明在成都盆地形成之前，龙门山前陆盆地出现一个相当长的上升夷平期，而成都盆地是在中生代龙门山前陆盆地的基础上于第四纪再次弯曲下沉后形成的盆地。对盆地南部名山庙坡大邑砾岩剖面底部碳质页岩中孢粉化石的研究表明，该孢粉化石所代表的地层时代为早更新世，而大邑砾岩是成都盆地最底部的沉积充填物，故成都盆地形成于早更新世早期（何银武，1992）。

23.2.2 成都盆地结构

成都盆地具明显的不对称性结构，宏观上表现为西部边缘陡，东部边缘缓，沉积的基底面显示为整体向西呈阶梯状倾斜（图 23-2）。西侧为龙门山冲断带，东侧为龙泉山前缘隆起，因此成都盆地为典型的前陆盆地。根据盆地的基底断裂和沉积厚度及其空间展布，成都盆地可进一步分为 3 个凹陷区，即西部边缘凹陷区、中央凹陷区和东部边缘凹陷区。其中西部边缘凹陷区位于关口断裂与大邑-新繁隐伏断裂之间，第四系沉积物最大厚度为253m（何银武，1992），主要由下更新统、上更新统和全新统沉积物构成，中更新统沉积物极不发育(图 23-2);中央凹陷区位于大邑-新繁隐伏断裂与新津-成都隐伏断裂之间,第四系沉积厚度巨大,最大沉积厚度为 541m(何银武,1992),地层发育齐全,同时也是中更新统厚度最大的地区;东部边缘凹陷位于新津-成都隐伏断裂与龙泉山断裂之间,第四系沉积物薄,主要为上更新统沉积物,缺失下更新统和中更新统沉积物,厚度仅为 20m 左右。

23.2.3　成都盆地充填序列

根据地表区域地质调查和钻井勘探资料,成都盆地充填实体均为半固结-松散堆积物。该套沉积物在垂向上表现为以 3 个不整合面分割的 3 个向上变细的退积序列,并伴有砾质粗碎屑楔状体的周期性出现。根据这一特点,本章将成都盆地充填序列作为 1 个构造层序,并将其分为 3 个层序(图 23-3)。

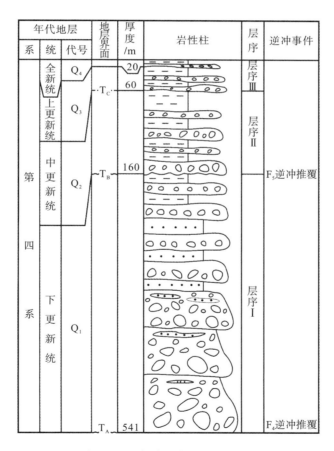

图 23-3　成都盆地充填序列示意图

1. 层序 I

该层序为成都盆地充填序列的下部层序,介于不整合面 T_A 和 T_B 之间,包括下更新统地层，其底界面为 T_A，为成都盆地底部不整合面。该层序下部为大邑砾岩，上部为黄褐、紫黄和杂色黏土砾石层。大邑砾岩为灰褐、黄褐色复成分砾岩夹棕黄色岩屑砂岩透镜体；砾石成分以石英岩、闪长岩、浅色花岗岩和变质砂岩为主，次有砂岩、脉石英，并含少量灰岩和燧石；砾石磨圆性好，分选性差，砾径一般为 $8\sim20cm$，常见大漂砾，最大者近 2m，部分砾石具压裂和扭曲现象；填隙物为砂、泥、钙泥质胶结。该砾岩在垂向上由 10 个以上的砾岩旋回层构成，每个旋回层厚度为 $10\sim30m$，向上砾石变细，分选性变好，顶部常夹岩屑砂岩透镜体；砾岩旋回层厚度总体向上变薄，砾径也向上变小，显示为一个退积过程。在横向上，河口地段砾石粗大，并含大量漂砾，向下游粒度减小，整体上显示大邑砾岩为山前洪积-冲积扇相，具短距离搬运、快速堆积的特征。

2. 层序 II

该层序为成都盆地充填序列的中部层序，与之相当的地层为中更新统，介于不整合面 T_B 和 T_C 之间，T_B 为底界面，是一个区域性角度不整合面。该层序厚度较大，在垂向上由两个向上变细的旋回构成。每个旋回的下部为砾石层，砾石成分以花岗岩、石英岩为主，并含凝灰岩、安山岩、砂岩和板岩等，砾径一般为 $5\sim20cm$，常见大漂砾，分选性差，磨圆性好，填隙物为砂、泥，颗粒支撑；上部为砂质黏土和泥炭层，呈块状，发育白色高岭石条带，并见铁、锰质结核。

3. 层序III

该层序为成都盆地充填序列的上部层序，由上更新统和全新统地层构成，并位于不整合面 T_C 之上。T_C 界面是成都盆地发育的一个典型的超覆平行不整合面，上更新统超覆于中更新统不同层位和基岩之上。该层序在垂向上由两个向上变细的旋回构成，每个旋回的下部为砾石层，上部为黏土层。

现代地貌显示，成都平原主要由冲积扇和冲积平原构成。龙门山山前主要发育冲积扇群，由北向南依次为绵远河冲积扇、石亭江冲积扇、湔江冲积扇、岷江冲积扇以及两河冲积扇，其中以岷江冲积扇规模最大。各扇体均位于横切龙门山的横向河谷的河口地带，地势均自北西向南东倾斜，连缀成群，并在扇前缘犬牙交错地叠置于上更新统地层之上。扇间为洼地，一般为砂质黏土沉积物。该地理景观也基本上反映了成都盆地的古地貌景观，即成都盆地古地貌景观由龙门山的山前冲积扇群及前缘冲积平原构成。

23.3 成都盆地形成演化及其控制因素

23.3.1 成都盆地形成演化阶段

根据成都盆地的结构、充填序列、不整合面和地层与底部断裂切割关系，本次复原了成都盆地的形成演化过程(图 23-4)，并将其分为 3 个演化阶段。

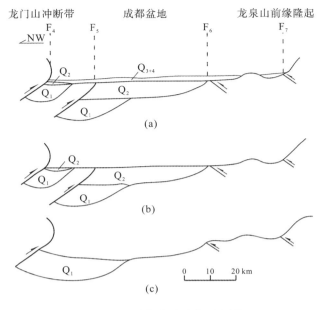

图 23-4　成都盆地演化示意图

1. 早更新世阶段

在早更新世阶段［图 23-4(c)］，成都盆地范围狭窄，仅限于现今成都盆地的西部，沉降中心位于关口断裂东侧，充填以大邑砾岩为代表的层序 I，并以冲积扇沉积为特征。沉积物来自茂汶断裂以东的龙门山冲断带 A 带、B 带和 C 带的西部，盆地具西厚东薄的特点，古流向呈北西—南东向。盆地具明显的西陡东缓的不对称性结构。显然，成都盆地早更新世沉积物的时空展布、厚度变化和沉降中心的位置主要受控于盆地西侧的关口断裂，加之盆地底部不整合面上普遍发育古风化壳，并缺失古近系地层，故成都盆地是在长期剥蚀夷平的中生代龙门山前陆盆地基础上于早更新世初形成的前陆盆地，显然关口断裂(F_4)应形成于早更新世，因此盆地底部不整合面(T_A)和大邑砾岩的形成与该断裂活动有关。此外，盆地的结构和形态明显受控于其西侧的龙门山冲断带、东侧的龙泉山前缘隆起以及底部主干断裂 F_4、F_6 和 F_7［图 23-4(c)］的活动性。

2. 中更新世阶段

在中更新世阶段［图 23-4(b)］，盆地沉积物主要分布于大邑-新繁隐伏断裂东侧，充填以雅安砾石层和名邛砾石层为代表的层序 II，主要为冲积扇及其扇缘的沉积物。沉积物来自茂汶断裂以东和大邑-新繁隐伏断裂以西的龙门山冲断带 A 带、B 带和 C 带，盆地具西厚东薄的变化特点，古流向呈北西—南东向。盆地具明显的西陡东缓的不对称性结构，沉降中心位于大邑-新繁隐伏断裂的东侧。显然，该时期盆地沉积物时空展布、厚度变化和沉降中心的位置主要受控于盆地西侧的大邑-新繁隐伏断裂，加之大邑-新繁隐伏断裂切割了早更新世地层，因此大邑-新繁隐伏断裂形成于中更新世，其西侧上盘逆冲推覆至近地表，形成新的地貌高地，并处于剥蚀状态，成为盆地沉积物的物源区。显然在该盆地中地

层不整合界面 T_B 和中更新世层序 Ⅱ，以及巨厚砾石层的形成应该与该断裂的活动有关。此外，中更新世的盆地范围比早更新世的更大，且较开阔，沉降中心向东迁移，盆地仍具西陡东缓的不对称性结构，而盆地的结构和形态也明显受控于其西侧的龙门山冲断带、东侧的龙泉山前缘隆起以及断裂 F_5、F_6 和 F_7[图 23-4(b)]的构造活动性。

3. 晚更新世—全新世阶段

在晚更新世阶段[图 23-4(a)]，成都盆地充填沉积物分布广泛，厚度较小，但十分稳定，西至关口断裂，东至龙泉山断裂，呈被盖状超覆于下更新统、中更新统不同层位和大邑-新繁隐伏断裂之上，显示大邑-新繁隐伏断裂此时无明显的逆冲抬升。成都盆地也处于相对稳定和均匀下沉阶段。全新世是成都盆地演化的最后阶段，其特点与晚更新世类似。全新世的盆地范围与晚更新世相似，沉积厚度较小，并切割了下伏沉积物，显示该时期成都盆地具有整体抬升的趋势。

23.3.2　成都盆地形成演化的控制因素及成因机制

上述对成都盆地形成演化过程的分析表明，成都盆地的结构和形态主要受控于其西侧的龙门山冲断带、东侧的龙泉山前缘隆起和主干断裂。在盆地充填序列中地层不整合面、向上变细的旋回式沉积物（层序）、巨厚砾质楔状体的周期性出现和盆地沉降中心的迁移则主要受控于关口断裂和大邑-新繁隐伏断裂的形成和发展，而关口断裂与大邑-新繁隐伏断裂的性质和特点与龙门山冲断带其他主干断裂相似，均是向北西倾斜、向南东逆冲的犁式断裂。因此，认为这些断裂是龙门山冲断带由北西向南东前展式向前推进的结果。成都盆地沉积作用是龙门山冲断带第四纪逆冲推覆作用的响应，两者具明显的联系性和统一性，这一点也可从深部物探资料得到证实。均衡重力异常是利用艾里-海斯卡宁均衡（Airy-Heiskanen isostasy）模型得出的，它能够反映一个地区现今的均衡状态。据刘树根等（1993）计算表明龙门山冲断带为正均衡重力异常，龙泉山及其以东地区为负均衡重力异常，而成都盆地则处于两者之间的过渡地带，显示了沿龙门山冲断带—成都盆地—龙泉山前缘隆起均衡重力异常正—零—负的变化特点。龙门山冲断带为正均衡重力异常，壳内质量过剩，受均衡力的作用应下降，龙泉山前缘隆起及其以东地区为负均衡重力异常，受均衡力的作用应上升。由此可见，成都盆地的弯曲下沉主要与龙门山冲断带的逆冲推覆构造负载有关，逆冲推覆的构造负载不仅造成了龙门山冲断带壳内质量过剩，还引起了地壳的均衡反应，表现为成都盆地均衡沉陷和龙泉山前缘隆起区均衡隆升。

23.4　龙门山逆冲作用的沉积响应模式

根据上述对成都盆地沉积特征和形成演化的分析，得出成都盆地的沉积记录具有以下特征。

（1）成都盆地是典型的前陆盆地，其西侧为龙门山冲断带，盆地的西部边缘已卷入龙门山冲断带；东侧为龙泉山前缘隆起，并具有西陡东缓的不对称结构。

（2）盆地充填物为第四系半固结-松散沉积物，主要由横切龙门山的横向河流产生的冲积扇和扇前冲积平原沉积物构成。

（3）在盆地中陆源碎屑沉积物主要来自茂汶断裂以东的龙门山冲断带，显示龙门山冲断带是成都盆地沉积物的主要物源区，因此成都盆地沉积物碎屑成分能够反映龙门山冲断带的物质构成，其主要表现在两个方面。其一，不同冲积扇砾岩（砾石层）的砾石成分反映出龙门山冲断带不同地段的地层组成不同，如在成都盆地西北缘绵远河冲积扇砾石层中砾石以灰岩和砂岩为主，并含变质岩和少量岩浆岩砾石，显示其物源区出露地层应主要为沉积岩，而该物源区地层组成也的确如此。在绵远河冲积扇西南方向的石亭江冲积扇、湔江冲积扇和岷江冲积扇砾石层中砾石种类较多，以岩浆岩砾石为主，并含大量沉积岩和变质岩砾石，显示现今龙门山冲断带中段的物质构成特点。其二，龙门山冲断带各构造变形带的地层构成不同，故可根据前陆盆地沉积碎屑成分在时间上的变化推测推覆体前进的年龄。

（4）成都盆地充填序列由 3 个以不整合面为界的退积型层序构成，每个层序有特定的沉降中心、空间展布和沉积边界。

（5）砾质粗碎屑楔状体具有周期性出现的特点。

（6）成都盆地的形成和演化过程可分为 3 个阶段，盆地范围由窄变宽，沉降中心逐渐向东迁移，显示龙门山逆冲推覆作用直接控制了成都盆地充填序列中地层不整合面和巨厚的退积型层序的形成，以及巨厚砾质楔状体的周期性出现。

（7）成都盆地的弯曲下沉和龙泉山前缘隆起的隆升是岩石圈对龙门山冲断带第四纪以来逆冲推覆所产生的构造负载的弹性响应，成都盆地沉降的幅度和龙泉山前缘隆起的隆升幅度与龙门山冲断带构造负载量成正比关系，因此可以根据成都盆地构造沉降曲线揭示龙门山冲断带第四纪以来的逆冲推覆速率及其变化。图 23-5 显示龙门山冲断带在第四纪的逆冲推覆速率有变化，而且逆冲推覆速率最大时期（即地壳最大缩短时期）为早、中更新世。

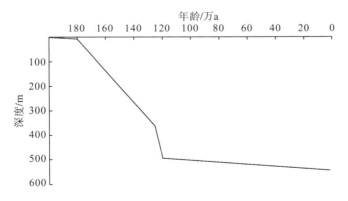

图 23-5　成都盆地构造沉降史

第24章 龙门山逆冲作用的地层标识及特征

24.1 龙门山逆冲作用的地层标识

24.1.1 地层不整合面的层位和性质

地层不整合面不仅是龙门山前陆盆地沉积记录中最重要的地质特征之一，而且是分割盆地充填序列的界面(李勇和曾允孚，1994b)。在龙门山前陆盆地中地层不整合面有两类，一类为角度不整合面(包括微角度不整合面)，属于水平挤压型构造、侵蚀不整合面；另一类为平行不整合面，属于水平挤压、抬升型构造、侵蚀不整合面。这些地层不整合面主要分布于盆地西缘，一般向盆内过渡为整合面，并在地震反射剖面上有良好的响应。根据龙门山逆冲推覆作用的沉积响应模式(李勇和曾允孚，1994a)和地层不整合面分布的具体特点，在龙门山前陆盆地中每一个地层不整合面都是龙门山冲断带一次逆冲推覆事件的沉积响应和地层标识。因此，根据龙门山前陆盆地充填序列中不整合面的层位和性质，至少可以确定龙门山冲断带自晚三叠世诺利期以来存在 9 次逆冲推覆事件(图 24-1)。

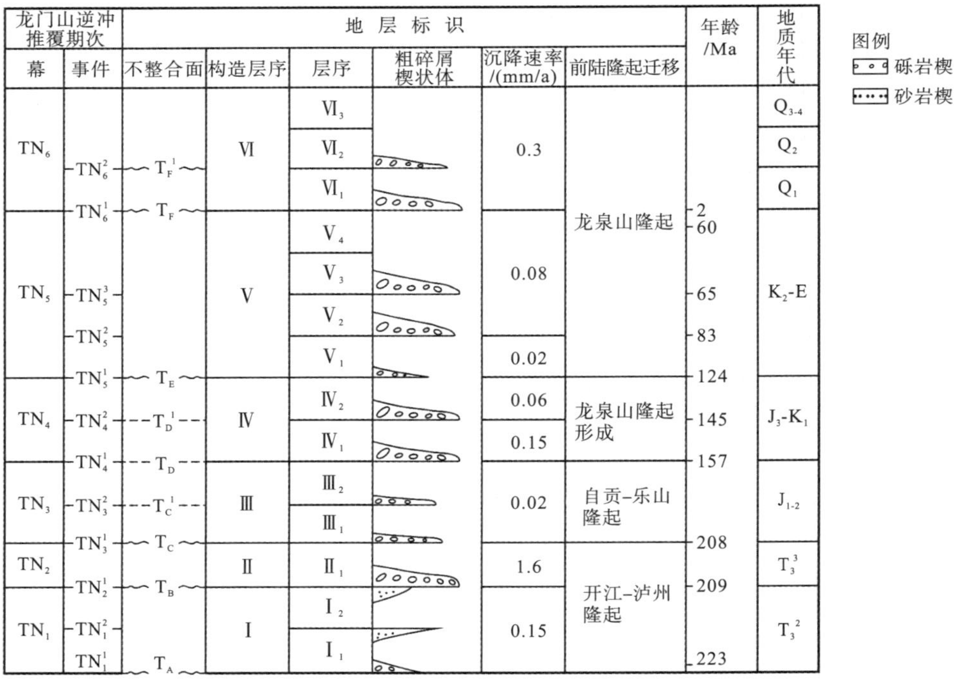

图 24-1 龙门山冲断带的逆冲期次及地层标识

24.1.2　巨型旋回层——构造层序和层序

　　龙门山前陆盆地充填序列的另一个特点是地层呈旋回式沉积,其中以不整合面为界的旋回层为构造层序和层序。构造层序为巨型旋回层,并可分为 A 型构造层序(进积型构造层序)和 B 型构造层序(退积型构造层序),厚度为 1000～3000m,持续时间为 79～1Ma;层序为大型旋回层,厚度为几百至千余米,持续时间最长达 41Ma。它们分别是受天体活动控制的气候变化周期的几十倍至几百倍,显然周期性气候变化不能解释这些旋回层的成因,而且这些旋回层主要由陆相地层构成,同样也不能用海平面升降来解释它们的成因。这些旋回层主要分布于紧靠龙门山冲断带的盆地西缘,并伴随着不整合面和巨厚砾质楔状体的出现,说明它们只能与龙门山冲断带构造活动的脉动性有关。根据龙门山逆冲推覆作用的沉积响应模式(李勇和曾允孚,1994a)和在龙门山前陆盆地充填序列中构造层序和层序的时空分布规模和特征(李勇和曾允孚,1994b),将构造层序作为龙门山逆冲推覆幕的沉积响应,是一个成盆期的充填实体;将层序作为龙门山逆冲推覆事件的沉积响应,是一个成盆期不同演化阶段的充填实体(表 24-1)。根据龙门山前陆盆地充填序列的 6 个构造层序,将龙门山冲断带自诺利期以来的逆冲推覆活动分为 6 个逆冲推覆幕(图 24-1);其中构造层序 Ⅰ(A 型构造层序)是龙门山冲断带雏形时的沉积响应;构造层序 Ⅱ～Ⅵ是龙门山冲断带中晚期冲断、抬升作用的沉积响应,并根据层序将龙门山冲断带的逆冲推覆活动至少划分为 11 个逆冲推覆事件(图 24-1)。

表 24-1　龙门山冲断带各级逆冲事件及其地层标识

逆冲推覆构造事件级别	主要地层识别	辅助性地层标识	时间分布/Ma	起因
一级	盆地充填序列	—	>200	冲断带形成和发展导致的挠曲负载
二级(逆冲推覆幕)	构造层序	①地层不整合面;②盆地构造沉降速率明显变化;③巨厚砾质粗碎屑楔状体及侧向迁移;④前陆盆地宽度变化和结构变化;⑤前缘隆起幅度变化及侧向迁移;⑥沉降中心迁移;⑦沉积体系配置模式和古流向体系改组	50～1	不同逆冲推覆幕导致构造负载增加,驱动前陆盆地构造沉降速率和沉积速率发生变化,并产生新的成盆期
三级(逆冲推覆事件)	层序	①地层不整合面及沉积间断面;②砾质粗碎屑楔状体出现;③盆地构造沉降速率变化	20～1	次级逆冲推覆事件导致构造负载增加,驱动前陆盆地构造沉降速率和沉积速率发生变化,同一成盆期产生不同的演化阶段

24.1.3　砾质粗碎屑楔状体的层位和侧向迁移

　　龙门山前陆盆地充填序列的第三个特征就是其西缘发育数量众多的砾质粗碎屑楔状体,并具周期性出现的特点。根据龙门山逆冲推覆作用的沉积响应模式(李勇和曾允孚,1994a),龙门山冲断带是龙门山前陆盆地的主要物源区,它的逆冲推覆作用直接控制着龙门山前陆盆地的沉积物类型和沉积物供给量。冲断带的每次逆冲推覆作用均导致在前陆盆地中形成相应的粗碎屑楔状体，显然粗碎屑楔状体也是龙门山冲断带逆冲推覆作用的地层标识。根据龙门山前陆盆地西缘砾质楔状体的层位和侧向迁移（图24-2），可获如下认识。

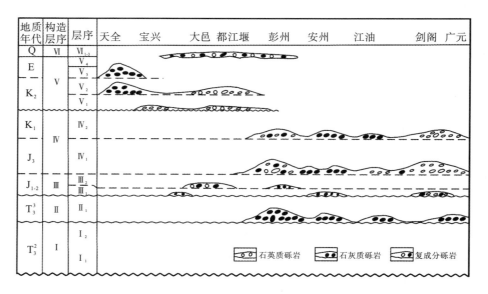

图24-2　龙门山前陆盆地西缘中-新生代砾岩时空分布示意图

（1）在龙门山前陆盆地西缘存在的 10 个主要砾岩层显示，龙门山冲断带自诺利期以来至少存在 10 个逆冲推覆事件（图24-1）。

（2）在龙门山前陆盆地充填序列中底部的砾岩层出现在小塘子组底部（其成分以岩浆岩和火山岩为主，并见于崇州市怀远和都江堰市虹口两地），显示了诺利期龙门山冲断带的形成，并处于逆冲抬升剥蚀状态，为龙门山前陆盆地提供物源。

（3）晚三叠世—早白垩世砾岩主要分布于盆地西缘中北段，而晚白垩世—古近纪和第四纪砾岩分布于盆地西缘中南段，显示龙门山逆冲推覆强度具有随时代变迁由北东向南西迁移的特点，并具左旋剪切的特征。

（4）龙门山前陆盆地西缘的砾质楔状体在空间上还具有随时代变迁由北西向南东迁移的特点，最早的砾岩层位于北川-映秀断裂的东侧，最新的砾岩层位于广元-大邑断裂的东侧，显示了龙门山冲断带具有前展式向盆内推进的特点。

24.1.4　物源区（龙门山冲断带）的地层脱顶历史

龙门山冲断带是龙门山前陆盆地主要的物源区，它的逆冲推覆活动直接控制着龙门山前陆盆地沉积物的类型和沉积物供给量。因此，在龙门山前陆盆地中碎屑岩的碎屑成分能够反映龙门山冲断带的地层构成和古逆冲推覆活动，根据岩屑成分的首次出现时间及其在时间上的变化,可推测龙门山推覆体前进的年龄和冲断带内地层脱顶的年龄。基于这一认识,本次详细研究了龙门山西缘中段的砂岩岩屑垂向分布特征(图 24-3,据 200 个砂岩薄片统计)和砾岩中砾石成分在垂向上的变化特征,并结合现今龙门山中段各推覆构造带的地层构成(表 24-2),建立了龙门山冲断带的地层脱顶顺序(表 24-3)。

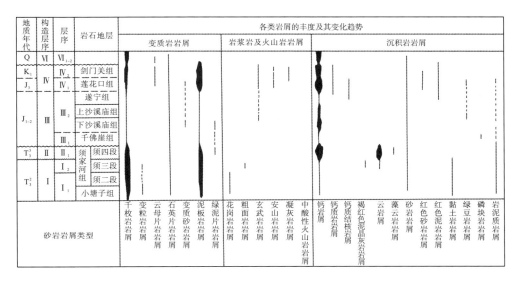

图 24-3 龙门山前陆盆地西缘中段的砂岩岩屑垂向分布特征

表 24-2 龙门山冲断带中段的各推覆构造带及地层构成

推覆构造带	松潘-甘孜褶皱带(东缘)	A 带		B 带	C 带
地层构成	S_{mx}-T_1^1:浅变质岩夹灰岩	主要为前震旦纪杂岩体,下震旦统火山岩和上震旦统-古生界沉积岩		D-T:碳酸盐岩(飞来峰)和 T_2-J_2 碎屑岩	J_3-K_1 红色碎屑岩

表 24-3 龙门山冲断带的地层脱顶顺序

地质年代	构造层序	龙门山冲断带地层脱顶顺序	推测的龙门山各逆冲推覆构造带前进顺序
Q	VI	前震旦系杂岩体脱顶,J_3-E 红层卷入冲断带并脱顶	广元-大邑逆冲断裂(F_1)逆冲推覆,C 带形成
K_2-E	V	—	—
J_3-K_1	IV	早-中侏罗世红层卷入冲断带并脱顶	马角坝-灌县逆冲断裂(F_2)逆冲推覆,B 带形成
J_{1-2}	III		
T_3^3	II	古生代-中三叠世地层脱顶,T_3^3地层卷入冲断带并脱顶	北川-映秀逆冲断裂(F_2)逆冲推覆,A 带形成
T_3^2	I	变质岩脱顶,部分岩浆岩、火山岩脱顶	青川-茂汶逆冲断裂(F_1)逆冲推覆,松潘-甘孜褶皱带(东缘)形成

(1)变质岩岩屑自小塘子组砂岩中首次出现以来,一直是砂岩岩屑的主要构成部分,

显示松潘-甘孜褶皱带浅变质岩自诺利期脱顶以来一直处于抬升剥蚀状态,表明松潘-甘孜褶皱带和青川-茂汶断裂形成于诺利期。

(2)碳酸盐岩岩屑也是本区砂岩和砾岩的主要成分。它在诺利期早期的砂岩中已开始出现,大规模出现于诺利期晚期(须三段)和瑞替期(须四段)的砂岩和砾岩中;其中含大量古生代—中三叠世生物化石和碎片,显示在诺利晚期—瑞替期物源区出露大量古生代—中三叠世碳酸盐岩地层。而现今古生代—中三叠世碳酸盐岩分布于龙门山冲断带 B 带,并以飞来峰的形式覆于诺利期—瑞替期地层之上。因此,砂岩和砾岩中的碳酸盐岩岩屑只能来自更西的龙门山冲断带 A 带,在 A 带上残留的震旦纪—晚二叠世碳酸盐岩也显示该带有过大量的碳酸盐岩地层。因此,碳酸盐岩碎屑于诺利晚期—瑞替期的大量出现标志着古生代—中三叠世碳酸盐岩地层此时已全部脱顶,并成为龙门山前陆盆地的物源,显示龙门山冲断带 A 带已形成。

(3)诺利期小塘子组和须家河组下部的砂岩碎屑和砾石于瑞替期(须四段)首次大量出现,这既标志着诺利期与瑞替期之间存在巨大的沉积间断,也标志着龙门山前陆盆地诺利期地层已卷入龙门山冲断带,并脱顶成为瑞替期龙门山前陆盆地的物源。现今北川-映秀断裂切割的最新地层为诺利期地层,并在断裂西侧和断裂带中残留有诺利期地层,显示北川-映秀断裂形成于瑞替期,龙门山冲断带 A 带形成,并逆冲抬升,使 A 带上的诺利期地层脱顶,成为瑞替期龙门山前陆盆地的物源。

(4)早—中侏罗世红色碎屑岩的砾石和岩屑最早出现于晚侏罗世莲花口组底部,这既标志着中侏罗统与上侏罗统之间存在着大的沉积间断,也标志着龙门山前陆盆地早—中侏罗世沉积物已卷入龙门山冲断带,并脱顶成为晚侏罗世龙门山前陆盆地的新物源。现今马角坝-灌县断裂切割的最新地层为早—中侏罗世地层,显示马角坝-灌县断裂形成于晚侏罗世早期,龙门山冲断带 B 带形成,并逆冲推覆抬升,使 B 带上的早—中侏罗世红色碎屑岩脱顶,成为晚侏罗世龙门山前陆盆地的新物源。

(5)岩浆岩碎屑出现过两次,一次在小塘子组砾岩中,另一次在第四系砾岩或砾石层中,显示龙门山冲断带的岩浆岩脱顶过两次,但作为龙门山冲断带 A 带的前震旦系杂岩可能全部脱顶于第四纪。

(6)从龙门山冲断带卷入龙门山前陆盆地的地层越来越新这一特点可以看出,龙门山冲断带是以前展式向盆内推进的。

24.1.5 龙门山前陆盆地构造沉降历史

研究表明,龙门山前陆盆地的挠曲下沉和前缘隆起的隆升是岩石圈对龙门山冲断带逆冲推覆所产生构造负载的地壳均衡响应,龙门山前陆盆地构造沉降的幅度和速率与龙门山冲断带构造负载量和逆冲推覆速率成正比(李勇和曾允孚,1994a)。因此,龙门山前陆盆地构造沉降曲线可揭示龙门山冲断带的逆冲推覆速率和构造负载量。本次根据实测地层厚度和钻井地层厚度,并经过初步压实校正和均衡补偿校正,编制了龙门山前陆盆地构造沉降曲线(图24-4),从该曲线可获得如下认识。

(1) 龙门山前陆盆地构造沉降曲线由 8 个不同类型的段落构成，显示龙门山前陆盆地不同时期的构造沉降速率不同，也反映了龙门山冲断带逆冲推覆速率在不同时期也不同。其中，晚三叠世、晚侏罗世—早白垩世、晚白垩世—古近纪和第四纪是龙门山前陆盆地沉降速率相对较大的时期，反映了龙门山冲断带在这些时期的逆冲推覆速率较大，是逆冲推覆作用强烈时期；而早-中侏罗世、晚白垩世和古近纪—新近纪是龙门山前陆盆地沉降速率相对较小或抬升时期，反映了龙门山冲断带在这些时期的逆冲推覆速率较小，是相对"平静"时期。

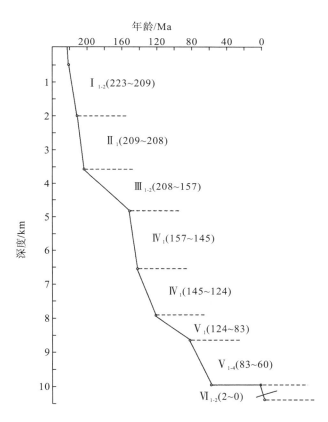

图 24-4 龙门山前陆盆地构造沉降历史

(2) 龙门山前陆盆地沉降速率最大的时期为晚三叠世，反映了该时期是龙门山冲断带地壳缩短最大的时期，逆冲推覆体以最大速率堆积于龙门山前陆盆地西缘。

(3) 龙门山前陆盆地构造沉降曲线上每个段落均与盆地充填序列中的巨型旋回层 (构造层序) 和大型旋回层 (层序) 相对应，显示它们是盆地构造沉降速率变化的沉积响应，同时也是龙门山冲断带逆冲推覆速率变化的地层标识。

前述已指出，龙门山前陆盆地的沉降是龙门山冲断带逆冲推覆构造负载导致地壳弯曲而形成的，这个弯曲度必须由地幔调整而达到平衡。因此，假设沉积物密度平均为 $2.5g/cm^3$，地幔密度为 $3.3g/cm^3$，则逆冲推覆产生的构造负载应为 $2.5h$，地幔产生的沉降应为 3.3δ。理论上这两个数值必须保持平衡，即 $3.3\delta=2.5h$，或 $h=1.32\delta$。其中，h 为冲断推覆体的高度，以前陆盆地的最大沉积厚度为依据推算δ为冲断推覆体的密度。因此，根据该式，利用龙门山前陆盆地各成盆期的最大沉积厚度估算龙门山冲断带在这些时期的抬升高度和抬升速率（表24-4）。由表24-4可知，第四纪龙门山抬升速率为0.35mm/a，而地形变形测量资料表明，以九顶山为代表的龙门山正以0.3～0.4mm/a的速率持续抬升，两个数值基本一致，表明上述估算方法较为可信，同时也再次证实了龙门山前陆盆地是龙门山逆冲推覆构造负载导致地壳弯曲而形成的前陆盆地，龙门山冲断带逆冲推覆作用控制着龙门山前陆盆地沉积-构造演化，而龙门山前陆盆地沉积物是对龙门山逆冲推覆作用的响应这一论断。

表24-4　根据龙门山前陆盆地沉积厚度估算的龙门山抬升高度和抬升速率

时代	持续年龄/Ma	前陆盆地沉积厚度/m	龙门山抬升高度/m	龙门山抬升强烈地段	抬升速率/(mm/a)
Q	2	541	714.12	中南段	0.35
K_2-E	23	2441	3222.1	中南段	0.14
K_2	41	870	1148.4	—	0.03
J_3-K_1	33	3063	4043.2	中北段	0.12
J_{1-2}	51	1390	1831.8	—	0.03
T_3^3	1	1584	2090.9	中北段	2.19
T_3^2	14	2059	2717.9	中北段	0.19

24.1.6　龙门山前陆盆地沉降中心的迁移规律

龙门山前陆盆地的沉降中心宏观上位于盆地的西部并靠近龙门山冲断带的前缘，但是在地质历史时期发生明显的迁移，一方面表现在北西—南东向的迁移，反映了龙门山冲断带具前展式向盆地内推进的特征；另一方面则表现在北西—南东向的迁移（郭正吾等，1986），如晚三叠世盆地沉降中心位于盆地西缘中北段，而早-中侏罗世龙门山前陆盆地与整个四川盆地连为一体，沉降中心向北东迁移至大巴山冲断带前缘；晚侏罗世—早白垩世沉降中心又迁至龙门山前陆盆地西缘中北段，晚白垩世—古近纪沉降中心迁移到龙门山前陆盆地西缘南段。这一方面反映了晚三叠世、晚侏罗世—早白垩世和晚白垩世—古近纪是龙门山冲断带逆冲推覆作用强烈的时期，因为这些时期盆地的沉降中心均位于龙门山前陆盆地的西部，而早-中侏罗世是龙门山冲断带逆冲推覆作用"平静"的时期，该时期沉降中心向北东迁移至大巴山冲断带前缘，显示该时期是大巴山冲断带活动强烈的时期；另一方面反映了龙门山冲断带的逆冲推覆强度具有由北东向南西迁移的特点，并具左旋剪切的特征。

24.1.7　龙门山前陆盆地前缘隆起的迁移规律

前缘隆起是前陆盆地的重要组成部分，它是岩石圈受上叠地壳加载于克拉通侧发生拱曲的结果，其向上挠曲的幅度与前陆盆地沉降中心的下沉幅度成正比，即下沉幅度大，前缘隆起的隆升幅度就高，反之亦然(Beaumont，1981)。因此，前缘隆起的隆升幅度是前陆盆地边缘构造负载的均衡响应，构造负载越大，前缘隆起的隆升幅度就越大，反之亦然。显然龙门山前陆盆地前缘隆起的发育和迁移是龙门山冲断带构造负载强度的标志。

　　龙门山前陆盆地的前缘隆起在晚三叠世和晚侏罗世—第四纪均较发育，而在早-中侏罗世不太发育。晚三叠世龙门山前陆盆地的前缘隆起为开江-泸州前缘隆起，呈北东一南西向展布，即常称的开江-泸州古隆起，分割了龙门山前陆盆地与川东前陆盆地。在前缘隆起上发育多重不整合面，上覆层为瑞替期地层(须四段或香溪组)，下伏层为中三叠统嘉陵江组和雷口坡组，显示该隆起形成于卡尼期—诺利期，其隆起幅度达 600～700m，从而显示晚三叠世是龙门山冲断带构造负载强烈的时期。早—中侏罗世龙门山前陆盆地前缘隆起的隆升幅度不大，地形平缓，龙门山前陆盆地与四川盆地连为一体，均为湖泊和河流沉积物，显示早—中侏罗世是龙门山冲断带相对平静的时期。尽管如此，研究表明自早侏罗世开始，自贡-乐山古隆起逐渐形成，隆起上地层厚度较小，至晚侏罗世，隆起中心出现剥蚀，隆起面积达 38000km^2，闭合幅度达约 400m；在宏观上，古隆起的走向为北东—南西向，并与龙门山冲断带和开江-泸州隆起大致平行(图 24-5)。因此，该古隆起应是早—中侏罗世龙门山前陆盆地的前缘隆起，其与开江-泸州前缘隆起相比，已明显向西迁移。晚侏罗世—第四纪龙门山前陆盆地的前缘隆起为龙泉山前缘隆起，隆起幅度大，地貌显示明显，其与自贡-乐山前缘隆起相比，又向西迁移了。根据龙门山前陆盆地前缘隆起的发育程度和迁移规律，可获如下认识。

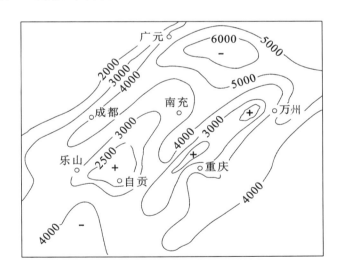

图 24-5　喜马拉雅运动前上三叠统顶面古构造略图(单位：m)

　　(1)龙门山前陆盆地的前缘隆起强烈发育于晚三叠世、晚侏罗世—早白垩世、晚白垩世—古近纪和第四纪，这些时期是龙门山冲断带构造负载强烈的时期。

　　(2)龙门山前陆盆地的前缘隆起具有由东向西迁移的趋势。龙门山前陆盆地越来越窄，显示龙门山冲断带的构造负载越来越大。

24.2　龙门山逆冲作用的特征

根据地层标识，并结合龙门山冲断带变形特征和主干断裂与地层切割关系，以及岩浆岩、变质岩年龄频谱和龙门山主干断裂带的 ESR 年龄值（李勇和曾允孚，1994b），对龙门山冲断带的特征和形成发展历史进行初步分析和总结如下。

(1) 龙门山冲断带逆冲推覆构造负载引起的地壳均衡调整是龙门山前陆盆地挠曲下沉和前缘隆起隆升的直接原因，它们是一个动力系统的产物。龙门山冲断带逆冲推覆作用直接控制着龙门山前陆盆地的沉积-构造演化，龙门山冲断带的每次逆冲推覆均导致龙门山前陆盆地新的沉降和沉积物充填，并直接控制龙门山前陆盆地的沉积响应，而且幕式逆冲推覆造成龙门山前陆盆地中的幕式沉积作用，产生构造层序和层序，以及砾质楔状体的幕式出现和沉积体系配置模式的演变。因此，龙门山前陆盆地充填地层是分析龙门山冲断带变形历史的基础。

(2) 龙门山冲断带主干断裂形成于卡尼期—诺利期以来的不同地质时期，并具有多次活动的特点。根据地层标识和龙门山各主干断裂切割的最新地层，推测青川-茂汶断裂形成于卡尼期—诺利期，北川-映秀断裂形成于瑞替期，马角坝-灌县断裂形成于晚侏罗世，广元-大邑断裂形成于第四纪中更新世。此外，在青川-茂汶断裂带中构造岩石英颗粒的 ESR 年龄值显示，该断裂在早侏罗世和晚白垩世均有活动，具有多期活动的特点。现代大地测量和地震资料也证实了龙门山主干断裂自第四纪以来仍处于活动状态，同样也显示龙门山主干断裂具多期活动的特点。

(3) 龙门山冲断带逆冲推覆作用在时空上具前展式渐进推覆的特点。在时间上，自西向东各推覆构造带形成的时间越来越新。其中，松潘-甘孜褶皱带（东缘）形成于诺利期，龙门山冲断带 A 带形成于瑞替期，B 带形成于晚侏罗世，C 带形成于第四纪中更新世。在空间上，随时代变新各推覆构造带自西向东向盆内推进。

(4) 龙门山冲断带逆冲推覆作用在时间上具多幕性和周期性。现今龙门山冲断带是自诺利期以来经多次逆冲推覆作用叠加而成的（表 24-1）。每个逆冲推覆幕产生的构造负载均导致其前缘挠曲下沉形成新的成盆期，而逆冲推覆事件导致前陆盆地的构造沉降速率和沉积物补给速率发生变化，使同一成盆期产生不同的演化阶段。

(5) 龙门山冲断带逆冲推覆作用的强度随着时代的变迁具有由北东向南西迁移的特点，并具左旋剪切的特征。

(6) 研究表明，龙门山及邻区在中-新生代主要受控于特提斯构造域的演化，特提斯对龙门山乃至整个扬子区先压后挤（Tappneler et al.，1982，1986；孙肇才等，1991）。龙门山前陆盆地的构造沉降历史、前缘隆起发育程度和横向迁移，均显示龙门山冲断带构造负载最大的时期为晚三叠世、晚侏罗世—早白垩世、晚白垩世—古近纪和第四纪，这些时期也是龙门山冲断带地壳缩短强烈的时期，它们分别与特提斯构造域的古特提斯洋、中特提斯洋、新特提斯洋的关闭时期和青藏高原强烈隆升的时期一一对应，而且龙门山冲断带相对平静时期 (J_{1-2}) 与中特提斯洋打开的时期相对应，从而表现为龙门山冲断带和龙门山前陆盆地的形成发展与特提斯构造域晚三叠世以来的主要地质事件具有极好的对应性,显示它们是在同一地球动力学背景下形成的产物。因此,我们认为龙门山冲断带是在特提斯碰撞型山链不断形成过程中,因递进推覆而产生的陆内(板内)山链系统,是一个板缘挤压产生的陆内挤压—剪切系统。

第25章 龙门山走滑作用与走滑方向反转

　　龙门山山脉位于我国大地构造单元的重要部位，处于我国西部(青藏)幔拗区和中部深层构造过渡带，贺兰山-龙门山陡变带斜贯该带，西北为青藏高原厚壳厚幔区(图25-1)，东南部为四川盆地薄壳薄幔区。在区域地质构造上，青藏高原东缘自北西向南东由川藏块体、龙门山断裂带和四川盆地构成；在地貌上，该区处于我国西部地貌、气候的陡变带，具有青藏高原地貌、龙门山高山地貌和山前冲积平原3个一级地貌单元。龙门山与山前地区(成都盆地)的高差大于5km，其地形陡度变化比青藏高原南缘的喜马拉雅山脉的地形陡度变化还要大，显示了龙门山是青藏高原边缘山脉中陡度变化最大的山脉(Densmore et al.，2005)，并且以0.3~0.4mm/a的速率持续隆升(李勇和曾允孚，1994)。

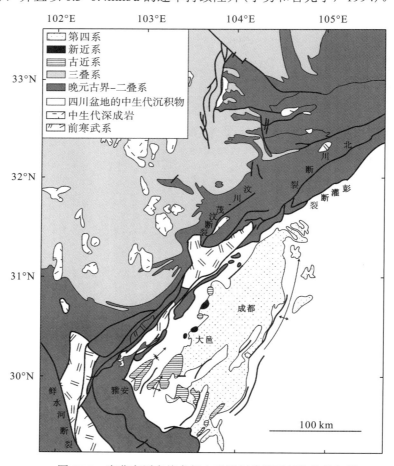

图 25-1　青藏高原东缘龙门山及四川盆地西部构造格架图

在我国众多的造山带中,龙门山造山带的研究历史最长。龙门山构造带由一系列大致平行的叠瓦状冲断带构成,具典型的逆冲推覆构造特征,自西向东发育汶川-茂汶断裂、北川断裂、彭灌断裂和大邑断裂(图 25-1)。其后,许多学者研究了龙门山推覆构造及其与前陆盆地的耦合关系,并将龙门山作为我国典型的推覆构造带。

虽然与龙门山断裂带走向平行的走滑作用早在 20 世纪 80～90 年代就被人们所认知,但是走滑作用在龙门山断裂带演化中的关键作用却被忽视或估计过低。值得指出的是,研究人员在龙门山及前陆地区发现了更多龙门山走滑作用的相关证据,如对雅安地区红层古地磁测定结果表明自古近纪中晚期以来四川盆地逆时针旋转了 7°～10°(Enkin et al.,1991;庄忠海等, 1988),表明龙门山断裂带与四川盆地之间发生过大规模的走向滑动;GPS 测量结果(陈智梁等, 1998)表明龙门山平均缩短率很小,不足 3mm/a;李勇等(1995b)提出了印支期龙门山左行走滑运动,并认为龙门山在印支期发生推覆构造作用的同时还发生了左行走滑运动;Li 等(2000,2001a,2001b)和 Densmore 等(2005)对活动构造的研究结果表明晚新生代以来龙门山断裂带以右行走滑作用为主;Burchfiel 等(1995)首次提出龙门山前缘缺乏与逆冲推覆作用相关的晚新生代前陆盆地,认识到晚新生代龙门山可能不是以构造缩短为主形成的;Li 等(2001)利用龙门山前陆盆地中的楔状体和板状体标定了龙门山构造活动的期次和性质,表明在中—新生代龙门山具有逆冲作用与走滑作用交替发育的特征。以上研究成果均强调和重视走滑作用在龙门山断裂带演化中的关键作用,为研究龙门山及其前缘盆地的形成机制提供了新的视野和依据。

本章以龙门山前陆盆地中生代以来的沉降中心、冲积扇侧向迁移、活动构造地貌和古地磁等标志为切入点,标定和对比龙门山断裂带中生代以来的走滑方向及其变化过程,结合地层记录和古地磁证据,确定龙门山断裂带走滑方向反转的时间,并对龙门山断裂带走滑方向反转的成因进行初步分析。

25.1　晚新生代龙门山走滑作用及运动方向的标定

长期以来,青藏高原东缘是国际地学界研究的热点地区之一,也是研究青藏高原隆升与变形过程的理想地区,其原因在于该地区地质过程仍处于活动状态,变形显著,露头极好,地貌和水系是青藏高原碰撞作用和隆升过程的地质记录。因此,对该地区新生代构造作用与沉积和地貌响应的研究,不仅可验证 Tapponnier 等(1982)的向东挤出模式、England 和 Molnar(1990)的右行剪切模式,而且可能提出新的模式。目前急需定量化的数据检验和约束这些模式,真实地理解青藏高原及东缘地区新生代的地球动力学过程与机制。迄今为止,对龙门山新生代变形的动力学和运动学及其沉积和地貌响应并不清楚或知之甚少,而这些资料却是认识龙门山地质、地貌演化的关键。

25.1.1　晚新生代龙门山走滑作用的地貌证据

本章以青藏高原东缘龙门山活动构造的地貌标志为切入点,在汶川-茂汶断裂、北川断裂、彭灌断裂和大邑断裂等主干活动断裂的关键部位(图25-1)，对断错山脊、洪积扇、河流阶地、边坡脊、断层陡坎、河道错断、冲沟侧缘壁位错、拉分盆地、断层偏转、砾石定向带、坡中槽、弃沟和断塞塘等活动构造地貌和断裂带开展了详细的野外地质填图和地貌测量，利用精确的地貌测量数据和测年数据(李勇等，2006a)定量计算了龙门山主干断裂的逆冲速率和走滑速率(表25-1、表25-2)。

表25-1　龙门山主要断裂的走滑速率对比表　　　　　(单位：mm/a)

序号	汶川-茂汶断裂	北川断裂	彭灌断裂
1	0.95~1.28(汶川高坎)	0.96(北川擂鼓)	0.9(大邑双河青石坪)
2	0.83(汶川草坡)	0.18(彭州白水河)	0.89(大邑双河青石坪)
3	—	0.82(彭州白水河)	0.65~0.70(大邑双河)
4	—	1.3(彭州白水河)	0.91~1.46(彭州通济场)

表25-2　龙门山主要断裂的逆冲速率对比表　　　　　(单位：mm/a)

序号	汶川-茂汶断裂	北川断裂	彭灌断裂	大邑断裂
1	0.84(茂县北)	0.93(擂鼓)	0.14(通济场)	0.13(走石山)
2	0.03(茂县南)	1.1(擂鼓)	0.23(双河油茶树)	0.24(走石山)
3	0.75(茂县石鼓)	0.3~0.4(映秀)	0.23(双河青石坪)	0.18(大邑)
4	—	0.54(映秀)	—	—
5	—	0.079(白水河)	—	—

从获得的有关走滑分量的定量数据(表25-1、表25-2)看，龙门山的4条主干断裂在晚新生代以来均具有显著的右行走滑分量和逆冲分量，其中逆冲速率小于1.1mm/a，走滑速率小于1.46mm/a，表明龙门山断裂带以右行走滑作用为主，仅具有较弱的构造缩短作用。此外，对4条主干断裂的最大走滑速率进行了对比分析，4条主干断裂的最大走滑速率相对稳定，为1.28~1.46mm/a，属同一个数量级。其中，汶川-茂汶断裂的最大走滑速率为1.28mm/a，北川断裂的最大走滑速率为1.3mm/a，彭灌断裂的最大走滑速率为1.46mm/a，表明在龙门山断裂带中各主干断裂的走滑速率具有自北西向南东逐渐变大的趋势，显示了从龙门山的后山带至前山带主干断裂的走滑作用越来越强。鉴于此，推测现今的龙门山及其前缘盆地不完全是构造缩短作用形成的，而主要是走滑作用和剥蚀卸载作用的产物。

25.1.2　晚新生代龙门山走滑作用的沉积证据

成都盆地位于青藏高原东缘，夹于龙门山与龙泉山之间，盆地的长轴方向平行于龙门山，呈现为北东—南西向展布的线性盆地。盆地中充填了3.6Ma以来的半固结-松散堆积物(李勇和曾允孚，1994a)，最大厚度为541m，在垂向上由下部的大邑砾岩、中部的雅安砾石层和上部的上更新统至全新统砾石层组成，其与下伏地层均为不整合接触，显示该盆地是一个单独的成盆期(李勇和曾允孚，1994)。在垂直于龙门山断裂带方向上，成都盆地具有不对称的楔形结构，沉积基底面显示为整体向西呈阶梯状倾斜，盆地中充填的碎屑物质均来自盆地西侧的龙门山，具横向水系和单向充填的特征。盆地的沉降中心具有逐渐向远离造山带方向迁移的特征，显示盆地的挤压方向垂直于龙门山主断裂，造成成都盆地在垂直于造山带方向上的构造缩短。在平行于龙门山断裂带方向上，成都盆地具有一系列北东向延伸的次级凸起和凹陷，凹陷和凸起相间分布，并且在空间上呈斜列式展布于盆地底部(图 25-2)。其中，次级凹陷(沉降中心)和冲积扇具有向平行于龙门山断裂带方向迁移的特征，表明成都盆地西缘的龙门山断裂具有右行走滑的特征。

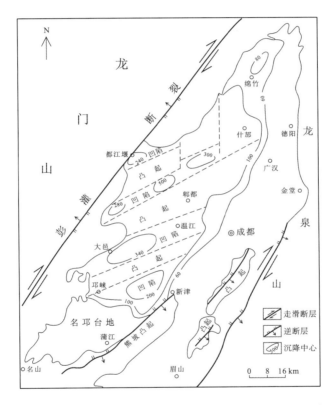

图 25-2　晚新生代成都盆地内次级凹陷和凸起的斜列式展布

注：其中等厚线为晚新生代地层厚度值(单位：m)。

据钻孔资料和遥感解译资料，在盆地中发育一系列北东向延伸次级凸起和凹陷，凹陷和凸起相间分布并且在空间上呈斜列式展布于盆地底部。在凸起和凹陷的两侧均发育有北东东向张性断裂，其与龙门山北东向主断裂的夹角为锐角，断层面较陡，倾向北西西。凸起带一般位于上升盘，凹陷带一般位于下降盘。凹陷的平面延伸方向明显受北东东向断裂的控制，并被北东东向断裂和南北向断裂所分割(图 25-2)。凹陷的长轴方向为北东东向延伸，长度为 30～50km，宽度为 6～10km，因此凹陷的平面形态呈菱形。凹陷的深度明显大于成都盆地的平均深度,凹陷的剖面形态显示为向北西倾斜的楔形,即在凹陷中南东一侧沉积物的厚度较小,在北西一侧沉积物的厚度较大,沉降中心位于凹陷的北西侧(图25-2)。以上特征表明,随着走滑断裂的右行走滑运动,新的次级凹陷不断形成,盆缘的碎屑物在先期形成的次级凹陷就近充填;后期形成的次级凹陷将物源区与先前的凹陷充填区分隔开;先期的次级凹陷只接受后期冲积扇的远端相沉积物,冲积扇的近端相(扇根亚相、扇中亚相等)主要就近充填紧邻物源区新形成的次级凹陷。随着新的次级凹陷形成,先期形成的凹陷依次逐渐远离主物源区,造成明显的主物源区与沉积区的错离(图25-3)。

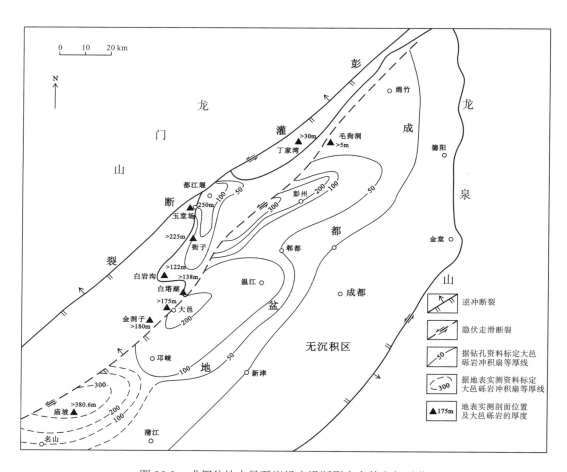

图25-3　成都盆地大邑砾岩沿走滑断裂方向的右行迁移

通过对成都盆地的沉积特征进行研究,本书认为龙门山晚新生代造山作用主要表现为逆冲作用和走滑作用。其中,龙门山逆冲作用产生的构造负荷是晚新生代成都盆地生长的构造动力,控制了成都盆地的沉降和可容空间的形成,并提供物源,导致成都盆地的沉降中心和冲积扇在垂直于龙门山方向的迁移。龙门山走滑作用控制了成都盆地的次级沉降中心(凹陷)和冲积扇在平行于造山带方向的迁移,导致成都盆地西南端抬升与侵蚀,形成了名邛台地,表明走滑作用具有右行走滑的特征(图 25-2～图 25-4)。因此,我们认为在龙门山晚新生代走滑与逆冲的联合作用下，在其前缘地区形成了成都走滑-挤压盆地，成都盆地内的次级断裂、凸起和凹陷呈斜列式展布。

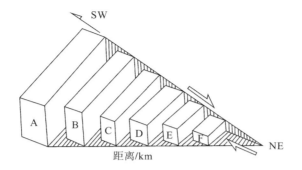

图 25-4　右行走滑作用导致成都盆地内抬升区和沉降中心平行于龙门山断裂带的迁移模式

图 25-4 显示了随着龙门山断裂的右行走滑运动，导致前缘盆地内次级凹陷被抬升和沉降中心迁移的趋势和运动学机制；即沿着右行走滑运动的方向，先期形成的次级凹陷不断被抬升、剥蚀，越早形成的次级凹陷被抬升越高，剥蚀幅度越大。这一右行走滑运动学机制很好地解释了成都盆地西南部名邛台地的形成机制。

25.2　中生代—早新生代龙门山走滑作用及运动方向的标定

造山带古构造活动的确定和原始面貌的恢复一直是地学研究中难度较大、探索性较强的课题。李勇等(1995)利用龙门山前陆盆地中的楔状体和板状体标定了龙门山古构造活动的期次和性质，认为在中-新生代龙门山具有逆冲作用与走滑作用交替发育的特征。其中，在早—中侏罗世、晚白垩世和新近纪—第四纪等时期，龙门山断裂带走滑作用发育强烈，而在晚三叠世、晚侏罗世和晚白垩世—早新生代等时期，龙门山断裂带逆冲作用发育强烈。

李勇等(1995b)认为在晚三叠世龙门山也存在左行走滑运动，并认为龙门山在印支期发生推覆构造作用的同时还发生了左行走滑运动，表明龙门山断裂带逆冲作用与走滑作用伴生，但在地质历史时期逆冲分量与走滑分量的相对比值有变化。

早—中侏罗世是龙门山前陆盆地相对稳定的时期，沉积物像毡子一样平铺在盆地内，是一个典型的板状前陆盆地(李勇等，1995)。剥蚀卸载导致前陆盆地抬升，走滑作用发育，构造沉降速率小，前缘隆起抬升不明显，可容空间减小，沉积速率小，发育线状物源，并以垂直造山带的横向水系为主。大量从造山带剥蚀的物质被搬运出前陆地区，形成厚度较小的板状构造层序(李勇等，1995)。沿龙门山前缘地区，冲积扇具有明显的侧向迁移。例如早侏罗世冲积扇砾岩主要分布于龙门山北段的前缘地区，早—中侏罗世冲积扇砾岩主要分布于龙门山南段的前缘地区，表明早—中侏罗世龙门山断裂具有左行走滑运动，沿走滑断裂的走向（沿北东至南西向），盆地内冲积扇体发生侧向叠置，冲积扇的形成时代由老变新。计算表明，最早的冲积扇砾岩与最晚的冲积扇砾岩的距离约为210km，左行滑动速率约为4mm/a（李勇等，1995）。

在白垩纪至古近纪，沿平行于龙门山主断裂方向的冲积扇砾岩和沉降中心也具有明显的侧向迁移现象。例如早白垩世冲积扇砾岩和沉降中心位于龙门山北段的前缘地区，晚白垩世至古近纪冲积扇砾岩和沉降中心位于龙门山南段的前缘地区，表明冲积扇砾岩和沉降中心具有自北东向南西逐渐迁移的趋势（图25-5），显示沿龙门山断裂的走向（沿北东至南西方向），在盆地内冲积扇体发生了侧向叠置，冲积扇的形成时代由老变新，沉降中心由盆地北部迁移至盆地南部，四川盆地西部的中北段抬升，缺失晚白垩世沉积物，表明沿北东至西南方向，在白垩纪至古近纪，龙门山断裂具有左行走滑运动。

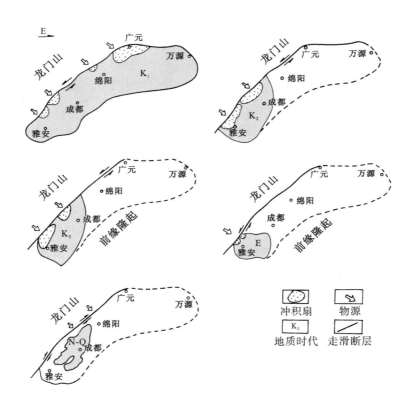

图25-5　龙门山前陆盆地白垩纪以来沉降中心的迁移规律

图25-6显示了随着龙门山断裂的左行走滑运动，在前陆盆地内次级凹陷被抬升和沉降中心迁移的趋势和运动学机制；即沿着左行走滑运动的方向，先期形成的次级凹陷不断被抬升、剥蚀，越早形成的次级凹陷被抬升越高，剥蚀幅度越大，沉降中心随着新形成的凹陷发生迁移。这一左行走滑运动学机制很好地解释了四川盆地西部的中北段缺失晚白垩世至古近纪沉积物的成因机制。

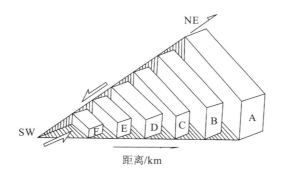

图 25-6　左行走滑作用导致前陆盆地内抬升区和沉降中心平行龙门山断裂带方向的迁移模式

25.3　龙门山走滑方向反转时间的标定

龙门山断裂带活动构造的地貌证据和古地磁研究结果均显示,在晚新生代龙门山以右行走滑作用为特征(表 25-3),而沉积证据、构造证据和盆地充填体的几何形态等标志显示,在中生代至古近纪龙门山断裂带以左行走滑作用为特征(表 25-3)。这表明在中—新生代龙门山断裂带的走滑方向发生过反转。现对龙门山走滑方向反转的时间做如下初步分析。

表 25-3　龙门山走滑方向及其标定的依据

类别	走滑方向的标定依据
晚新生代右行走滑作用	①地貌证据:断层陡坎、边坡脊、河道右行错断、右行边坡脊、坡中槽、弃沟、断塞塘、冲沟侧缘壁右行位错等地貌和断裂带特征 ②古地磁证据:自古近纪中晚期以来四川盆地块体逆时针旋转了 7°～10° ③沉积证据:在成都盆地西缘,沿龙门山走向冲积扇和次级凹陷(沉降中心)具有由南西向北东方向的右行迁移规律 ④盆地充填体几何形态:晚更新世—全新世成都盆地充填几何形态总体显示为板状体,是走滑作用的沉积响应 ⑤盆地性质:龙门山前缘缺乏与逆冲推覆作用相关的晚新生代大型前陆盆地,属小型走滑-挤压盆地 ⑥GPS 测量结果表明该地区没有显著的缩短作用,具有涡旋运动的趋势
中生代至古近纪左行走滑作用	①沉积证据:在中生代龙门山前陆盆地西缘,沿龙门山走向冲积扇和沉降中心具有由北东向南西方向的左行迁移规律 ②构造证据:在汶川-茂汶断裂发育左行韧性剪切带或存在印支期龙门山左行走滑运动 ③盆地充填体几何形态:李勇等(1995)利用龙门山前陆盆地中的楔状体和板状体标定了龙门山构造活动的期次和性质,表明在中-新生代龙门山具有逆冲作用与走滑作用交替发育的特征

上述研究结果显示,活动构造地貌测年资料证明了自晚更新世以来龙门山断裂带以右行走滑作用为特征。在成都盆地中冲积扇和次级凹陷(沉降中心)由南西向北东方向的迁移规律表明,自成都盆地形成以来龙门山断裂带也以右行走滑作用为特征。大邑砾岩是成都盆地中充填的最早的冲积砾石层,其与下伏芦山组为不整合接触。李勇等(1995,2003)对 10 个大邑砾岩剖面下部砂岩电子自旋共振测年结果表明,大邑砾岩形成的时间为 3.6～0.82Ma,因此龙门山走滑方向反转的时间应早于 3.6Ma。

前人对雅安地区红层的古地磁测定表明，自古近纪中晚期（芦山组沉积之后）以来四川盆地块体逆时针旋转了7°～10°（Enkin et al.，1991），即龙门山断裂带右行走滑作用应发生在芦山组沉积之后，从而限定了龙门山断裂带右行走滑作用发生时间的下限，即在芦山组沉积之前以左行走滑作用为特征，在芦山组沉积之后以右行走滑作用为特征。芦山组是四川盆地中-新生代红色沉积的最高层位，据古生物化石资料，芦山组的地质年代为始新世至渐新世；据古地磁测定，芦山组的地质年代为43Ma。因此，龙门山断裂带走滑方向反转的时间应晚于43Ma。

因此，根据地层记录和古地磁证据，我们认为龙门山断裂带走滑方向反转的时间应在芦山组沉积之后和大邑砾岩沉积之前，即龙门山断裂带走滑方向反转的时间应为43～3.6Ma。

值得注意的是，由于缺乏沉积记录，很难在这个跨越近40Ma的时期内进一步确切地约束龙门山走滑方向反转的具体时间。鉴于此，我们收集了龙门山前陆盆地磷灰石裂变径迹计时结果。其中，钻孔砂岩样品的磷灰石裂变径迹计时结果表明（伍大茂等，1998），在60～40Ma龙门山前陆盆地具有强烈的抬升作用，始新世之后则相对稳定。根据前陆盆地沉降与逆冲构造负载系统的动力学理论，在造山带内逆冲-构造负载发育可导致前陆盆地强烈沉降，而在造山带内走滑-剥蚀卸载发育可导致前陆盆地强烈抬升。因此，推测磷灰石裂变径迹计时结果显示的强烈抬升事件应是走滑作用强烈发育的时期。鉴于43Ma前的沉积物仍属于晚白垩世至古近纪楔状前陆盆地的一部分，逆冲作用发育，故进一步推定龙门山断裂带走滑方向反转的时间可能为40～35Ma。

25.4 龙门山走滑方向反转的动力学机制

上述研究结果表明，龙门山断裂带属于北东向断裂带，在中生代以来均具有走滑性质，走滑方向发生过反转，在反转之前以左行走滑作用为特征，在反转之后以右行走滑作用为特征，走滑方向反转的时间可能为40～35Ma。现对其驱动机制做如下初步分析。

众所周知，印-亚碰撞是新生代发生的最重大的构造事件，导致了青藏高原隆升、变形和地壳加厚。这一构造事件及对亚洲新生代地质构造的影响一直是人们关注的焦点，有学者提出了两个著名的端元假说，一个是地壳增厚模式，另一个为侧向挤出模式。前者强调南北向缩短和地壳加厚，后者强调沿主干走滑断裂的向东挤出。就青藏高原东缘而言，也相应存在两种成因模式，即 Tapponnier 等（1982）的向东逃逸模式与 England 和 Molnar（1990）的右行剪切模式。

从现今龙门山和四川盆地西部的活动构造变形看，龙门山和四川盆地西部的构造变形主要受控于青藏高原的隆升、变形及其南侧的印-亚碰撞后作用。构造地貌学、晚新生代成都盆地沉积特征（李勇和曾允孚，1994；李勇等，1995，2003）、GPS测量（陈智梁等，1998）和古地磁（Enkin et al.，1991）的研究结果均表明该地区晚新生代龙门山断裂以北东向的右行走滑作用为主，其与 England 和 Molnar（1990）提出的印-亚碰撞后地壳增厚构造模式在青藏高原东缘表现为大尺度右行剪切作用的推论相吻合。印-亚碰撞作用的时间为

60～45Ma。其中,起始的时间为60～50Ma,最终闭合的时间为45Ma(Allégre et al.,1984)。龙门山走滑方向反转的时间为40～35Ma,即龙门山右行走滑作用开始的时间晚于印-亚碰撞作用的时间,因此我们初步认为晚新生代龙门山右行走滑作用是印-亚碰撞后构造作用的产物。

前人研究成果表明,青藏高原自晚三叠世以来发生了基麦里大陆加积碰撞和印-亚碰撞作用。在晚三叠世,羌塘陆块与欧亚大陆碰撞(Allégre et al.,1984);在晚侏罗世,拉萨陆块与欧亚大陆碰撞(Allégre et al.,1984);在晚白垩世,科希斯坦陆块与欧亚大陆碰撞,碰撞引起的造山时间为100～75Ma。那么,龙门山自晚三叠世至早新生代左行走滑作用是否与青藏高原大陆碰撞作用相关呢? 王二七等(2001)认为龙门山晚三叠世左行走滑作用与松潘-甘孜褶皱带北东—南西向的缩短有关,而松潘-甘孜褶皱带北东—南西向的缩短与南北向大陆碰撞作用有关。因此,我们进一步推测松潘-甘孜褶皱带北东—南西向的持续缩短是青藏高原自晚三叠世以来基麦里大陆加积碰撞和印-亚碰撞作用产生的北东—南西向挤压作用叠加的结果,而龙门山晚三叠世至早新生代左行走滑作用是松潘-甘孜褶皱带北东—南西向的持续缩短的直接效应,它们均是青藏高原晚三叠世以来发生的基麦里大陆加积碰撞和印-亚碰撞作用的远源响应。

第 26 章　晚新生代龙门山走滑-逆冲
作用的地貌标志

长期以来，青藏高原东缘是国际地学界研究的重要地区，也是研究青藏高原隆升与变形过程的理想地区。其原因在于，该地区地质过程仍处于活动状态，变形显著，露头极好，地貌和水系是青藏高原碰撞作用和隆升过程的地质记录。因此，对该地区新生代构造作用与地貌和水系响应的研究不仅可验证 Tapponnier 等(1982)的向东挤出模式与 England 和 Molnar(1990)的右旋剪切模式，而且可能提出新的模式。目前急需定量化的数据来检验和约束这些模式，真实地理解青藏高原及东缘地区的地球动力学过程与机制。迄今为止，对龙门山新生代变形的动力学和运动学及其地貌响应并不清楚或知之甚少，而这些资料是认识龙门山地质、地貌演化的关键，同时也是研究印-亚碰撞作用及四川盆地西部地震灾害的关键。

26.1　龙门山活动断裂走滑-逆冲作用的地貌标志

本章详细研究了龙门山构造带中主干断裂的活动性，其中包括汶川-茂汶断裂、北川断裂、彭灌断裂和大邑断裂。研究方法是结合前人已报道的典型活动断裂，利用 TM 图像、数字高程模型和航片进行大尺度、中尺度和小尺度的构造解译，确定活动断裂的典型地区和关键部位，然后开展关键部位的地貌测量和测年样品的采集，重点研究活动断裂的发育规模、期次、构造组合、地貌错位。总体看来，龙门山构造带的新活动性在汶川-茂汶断裂、北川断裂、彭灌断裂和大邑断裂均可见到，主要表现为断错山脊、洪积扇、河流阶地及边坡脊等构造地貌。在龙门山构造带的中南段，各断裂具有明显的线性影像，贯通性较好，具有明显的活动性；但在龙门山构造带的北段，各断裂的线性影像不明显，贯通性较差，甚至可能无活动性。就龙门山构造带中各断裂的活动性比较而言，以北川断裂的活动性最为明显。

26.1.1　汶川-茂汶断裂走滑-逆冲作用的地貌标志

汶川-茂汶断裂又称龙门山后山断裂，在茂县以南具有明显的活动性，断裂走向为30°NE，线性影像清晰，贯通性较好，显示晚新生代以来该断裂表现为脆性破裂特征，切割了 II～VI 级河流阶地，形成了断层陡坎、河道右旋走滑、冲沟侧缘壁右旋走滑、拉分盆地、断层偏转和砾石定向带等地貌和断裂带特征(表 26-1)。

表 26-1 汶川-茂汶断裂的断错地貌特征

地点	断裂带特征	地貌单元	拔河高度/m	垂直断距/m	水平断距/m
茂县城北	砾石定向带、断裂产状 35°∠63°	III级河流阶地	40	19.9	—
茂县南侧	断层陡坎	V级河流阶地	140	4.5	—
茂县	支流右旋走滑、拉分盆地、断层偏转	—	—	—	—
茂县石鼓	河道右旋走滑	VI级河流阶地	220	—	150
茂县石鼓	断层陡坎	II级河流阶地	—	15~20	—
汶川高坎	河道右旋走滑	III级河流阶地	50	—	40
汶川草坡	冲沟侧缘壁右旋走滑	—	—	—	25
汶川姜维城	压扭性断裂，走向为 30°NE	V级河流阶地	120	—	—
汶川姜维城	4 条砂脉，最宽可达 0.3~0.5cm	冲洪积砂砾石层	50	—	—

汶川-茂汶断裂具有明显的逆冲性质，形成了断层陡坎和砾石定向带等与逆断层相关的地貌特征和断裂带特征。例如，在茂县城北、茂县南侧、茂县石鼓、汶川姜维城等处均发现汶川-茂汶断裂切割了 II~VI 级河流阶地，在冲洪积砂砾石层中形成断裂带，沿断面形成宽 0.3~0.5m 的砾石定向带或砂脉，并在地表形成了 4.5~20m 的垂直断距（表 26-1）。在阶地的冲洪积砂砾石层中部取亚黏土测定，砂砾石层的年龄为 23700±1900a（TL 法，茂县城北的砖瓦厂 III 级河流阶地）、26360±1730a（TL 法，茂县石鼓 II 级河流阶地）、16100±1700a（ESR 法，茂县南侧约 5km 处 V 级河流阶地），计算结果表明汶川-茂汶断裂晚更新世以来的垂直滑动速率为 0.03~0.84mm/a。

汶川-茂汶断裂也具有明显的右旋走滑性质，形成了河道右旋走滑、冲沟侧缘壁右旋走滑、拉分盆地、断层偏转等与走滑断层相关的地貌特征和断裂带特征。在茂县石鼓、汶川高坎、汶川草坡等处，汶川-茂汶断裂切割 II~VI 级河流阶地，并在地表形成了 25~150m 的河道或冲沟侧缘壁的右旋走滑（表 26-1）。在阶地的冲洪积砂砾石层中部取的亚黏土经测定，砂砾石层的年龄为 157600±11800a（TL 法，茂县石鼓 VI 级河流阶地）、42100±3500~31200±2300a（TL 法，汶川高坎 III 级河流阶地）、30300±2500a（TL 法，汶川草坡冲沟侧缘壁堆积物），计算结果表明汶川-茂汶断裂晚更新世以来的水平滑动速率为 0.95~1.28mm/a。

在本次野外考察中，还发现了茂汶第四纪拉分盆地。该盆地处于汶川-茂汶断裂北东尾端的南东下盘，呈北北东向的狭窄条带状，长约 8km，宽约 2km，岷江穿过该盆地，在盆地内充填有第四纪冲洪积砂砾石层，盆地的南北两侧均为深切割的基岩区。一个重要的现象是，汶川-茂汶断裂在该段向东发生了轻度偏转，由区域性的 40°N~50°E 偏转为 50°N~60°E，偏转角度大致为 10°。因此，茂汶第四纪盆地应是汶川-茂汶断裂右旋走滑在断裂弯曲部位产生拉分作用的结果，且叠加有断裂尾端拉分的地貌效应。

通过对汶川-茂汶断裂带活动构造地貌标志的分析，认为在晚新生代时期该断裂总体上具有逆冲和走滑性质，其逆冲速率为 0.03~0.84mm/a，走向滑动速率为 0.95~1.28mm/a。其中，走滑分量的最大滑动速率明显大于逆冲分量的最大滑动速率，前者为后者的 1.5 倍，从而表明汶川-茂汶断裂带的构造缩短率较小，并且在总体上以右旋走滑作用为主。

26.1.2　北川断裂走滑-逆冲作用的地貌标志

北川断裂又称龙门山主中央断裂，断裂西侧为龙门山高山区，海拔为 4000～5000m，东侧为中低山区，海拔为 1000～2000m，地貌反差显著。在 TM 图像、数字高程模型图和航片上，北川断裂的走向为 30°NE，线性影像清晰，贯通性较好，活动构造地貌保存较为完好，显示晚新生代以来该断裂表现为脆性破裂特征，断裂切割了Ⅱ～Ⅳ级河流阶地，形成了断层陡坎、河道右旋走滑、右行边坡脊、坡中槽、弃沟、断塞塘、冲沟侧缘壁右旋走滑等地貌和断裂带特征（表 26-2），具逆走滑运动性质。同时，在龙门山构造带几条主干断裂中，北川断裂显示出最强的活动性。

表 26-2　北川断裂的断错地貌特征

地点	断裂带特征	地貌单元	拔河高度/m	垂直断距/m	水平断距/m
北川擂鼓	断层陡坎、右旋走滑	Ⅱ级洪积扇	50～60	22.5	—
北川擂鼓	冲沟右旋走滑	—	—	—	8
映秀变电站	断层陡坎、坡中槽	Ⅳ级河流阶地	80	40	—
彭州白水河	断层陡坎、河道右旋走滑、右行边坡脊	Ⅳ级河流阶地	60	—	10
彭州白水河	坡中槽、弃沟、断塞塘、右旋走滑	Ⅲ级河流阶地	30	—	20～30
彭州白水河	断层陡坎、河道右旋走滑	Ⅳ级河流阶地	60	4.5	10

在龙门山中北段的北川擂鼓，山前发育有两期洪积扇，北川断裂从Ⅱ级洪积扇面上切过，形成垂直断距为 22.5m 的断层陡坎，洪积扇顶面 TL 年龄为 21000±1600a。此外，断裂将一个小冲沟右旋位错了 8m，沿冲沟两侧形成有较新的洪积物，其下部的 TL 年龄为 8300±650a。据此估计该断裂段晚更新世以来的平均垂直滑动速率为 1.1mm/a，水平滑动速率为 0.96mm/a。

在龙门山中段的彭州白水河镇胥家沟一带，北川断裂在航片上呈现出较好的线性影像特征，斜切山体边坡，形成比较典型的坡中槽地貌、断塞塘和弃沟。其中，胥家沟是一条规模较大的冲沟，由北西向南东汇入湔江，在冲沟内堆积有晚更新世洪积物，其前缘高程与湔江Ⅲ级河流阶地的拔河高度相当，应属同期沉积物 [TL 测龄为（24300±1900）～（23300±1800）a]。北川断裂将该冲沟侧缘陡壁右旋位错了 20～30m。据此估计该断裂晚更新世以来的水平滑动速率应为 0.82～1.3mm/a。

在龙门山中段的彭州白水河镇以北 2km 处，该断裂切割了拔河高度为 60m 的堆积阶地，断层走向为 68°NE，形成了垂直断距为 4.5m 的断坎。该断裂可向北东方向追索 2km，分割了剪切化的彭灌杂岩（花岗岩）与以黏土质砂砾石组成的阶地，形成了鞍状山脊和右行边坡脊。对该阶地顶部砂砾石层中的砂进行了 ESR 测年，测得的年龄为 57000±650a，计算结果表明该断裂的右旋水平错动速率为 0.18mm/a，垂向错动速率为 0.079mm/a。

在龙门山中南段的映秀变电站附近，北川断裂切割了岷江Ⅳ级河流阶地，形成了一条北东向沟槽，长约 100m，宽约 20m，深约 5m，且在阶地面上形成垂直断距为 40m 的陡坎（图 26-1）。在断裂两侧的阶面上，分别采集了 TL 样品，测得的年龄分别为 76360±6490a 和 73000±6200a，两者年龄相近，证实两者为同一阶地面，表明该陡坎为断裂的逆冲作用产生的断层陡坎，并在其后缘形成了地堑形式的沟槽。据此计算，北川断裂的垂直滑动速率为 0.54mm/a 左右。

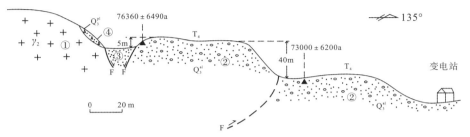

图 26-1　汶川映秀变电站构造变形剖面图（北川断裂）

注：①彭灌杂岩；②砂砾石层；③砂土；④坡积物；▲测龄样品位置。

通过对北川断裂带活动构造的地貌标志进行分析，认为在晚新生代该断裂总体上具有逆冲和走滑性质，其中逆冲速率为 0.079～1.1mm/a，走滑速率为 0.18～1.3mm/a，走滑分量的最大滑动速率与逆冲分量的最大滑动速率大致相等，从而表明北川断裂带的构造缩短率相对较小，而且走滑分量与逆冲分量大体相当。

26.1.3　彭灌断裂走滑-逆冲作用的地貌标志

彭灌断裂又称龙门山主边界断裂。在 TM 图像、数字高程模型和航片上，彭灌断裂走向为 40°NE，在中南段线性影像清晰，贯通性较好，活动构造地貌保存较完好。显示晚新生代以来该断裂表现为脆性破裂特征，断裂在切割了Ⅲ级河流阶地和冲洪积扇后，形成了断层陡坎、边坡脊、河道右旋走滑、右行边坡脊、坡中槽、弃沟、断塞塘、冲沟侧缘壁右旋走滑等地貌和断裂带特征（表 26-3），具逆走滑运动性质。

表 26-3　彭灌断裂的断错地貌特征

地点	断裂带特征	地貌单元	拔河高度/m	垂直断距/m	水平断距/m
彭州通济场	断层陡坎、断裂走向为 40°NE	Ⅲ级河流阶地	30	3	—
彭州通济场	冲沟右旋走滑、断塞塘、次级活动断层	洪积扇顶部	—	—	75～120
大邑双河油茶树	断层陡坎、边坡脊、断塞塘、右旋走滑	冲洪积扇顶部	40	20	—
大邑双河青石坪	河道右旋走滑、冲沟侧缘壁右旋走滑	洪积扇顶部	—	—	78～80
大邑双河青石坪	断层陡坎、断塞塘、冲沟右旋走滑	Ⅲ级河流阶地洪积扇	30	7～8	14～35
大邑双河青石坪	冲沟右旋走滑	—	—	—	14

在龙门山中段的彭州通济场以北 2km 处，彭灌断裂切过了拔河高度为 30m 的阶地，形成了垂直断距为 3m 的断坎，并切割了冲洪积扇，形成了冲沟右旋走滑和断塞塘，平面错断距离为 75～120m。对采自阶地和洪积扇表层之下的粉砂进行了热释光测年，年龄分别为 22300±1800a、82000±6900a。计算结果表明，在通济场一带该断裂晚更新世以来的垂向滑动速率为 0.14mm/a，平面滑动速率为 0.91～1.46mm/a。

在龙门山南段的大邑双河油茶树一带，彭灌断裂在 60°～70°NE 呈羽列状排列延伸。在地表上主要表现为断层陡坎、边坡脊和垭口地貌，伴生有大小不等的断塞塘，并发育有一些冲沟和冲沟侧缘壁的右旋走滑现象。在油茶树，断裂的南东盘相对上升形成垂直断距 20m 的断层陡坎，陡坎出露三叠纪煤系地层（T_3x），在其上覆盖有厚度仅数米的冲洪积物（顶面 TL 年龄为 87800±6900a），表明该断裂晚更新世以来的垂向滑动速率为 0.23mm/a。

在龙门山南段的大邑双河青石坪一带，彭灌断裂切过 4 条规模和长度大致相同的冲沟和洪积扇，形成河道右旋走滑、冲沟侧缘壁右旋走滑和垂直断距为 7～8m 的断层陡坎。其中，冲沟的侧缘壁被右旋位错了 14～35m（图 26-2），冲沟被右旋位错了 78～80m。对采自阶地和洪积扇表层下的粉砂进行了热释光测年，年龄分别为 35500±2900a、87800±6900a。计算结果表明，在大邑双河青石坪一带该断裂晚更新世以来的垂向滑动速率为 0.23mm/a，平面滑动速率为 0.65～0.70mm/a。

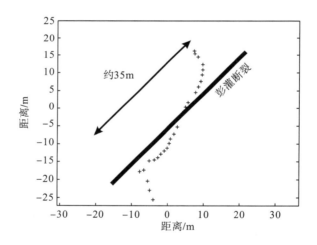

图 26-2　大邑双河青石坪冲沟侧缘陡壁右旋走滑实测平面图（彭灌断裂）

在野外考察中，发现了安州第四纪拉分盆地（图 26-3、图 26-4），该盆地处于彭灌断裂北东尾端的南东下盘，呈北东东向的狭窄条带状，长约 350m，宽 50～100m，盆地的西北边缘发育垂直断距为 3m 的断层陡坎，在盆地内充填第四纪洪积平原砂泥层。彭灌断裂在该段发生了轻度的向东偏转，由区域性的 70°～75°NE 偏转为 85°～87°NE，偏转角度大致为 10°。因此，我们认为安州第四纪拉分盆地应是彭灌断裂右旋走滑在断裂弯曲部位产生拉分作用的结果。

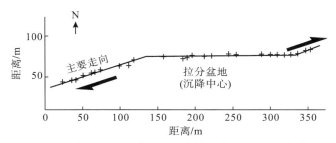

图 26-3　安州第四纪拉分盆地断层偏转的实测平面图（彭灌断裂）

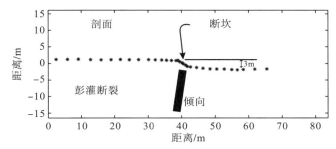

图 26-4　安州第四纪拉分盆地断错地貌实测图（彭灌断裂）

　　通过对彭灌断裂带活动构造地貌标志的分析，我们认为在晚新生代该断裂总体上具有逆冲和走滑性质。其中，逆冲速率为 0.14～0.23mm/a，走滑速率为 0.65～1.46mm/a。走滑速率明显大于逆冲速率，表明彭灌断裂带的构造缩短率较小，总体上以右旋走滑作用为主。

26.1.4　大邑断裂走滑-逆冲作用的地貌标志

　　大邑断裂是龙门山最前缘的断裂，分布于成都盆地的西部，走向呈 60°～70°NE，主要由大邑断裂、竹瓦铺-什邡断裂和绵竹断裂呈左阶羽列组成。断面倾向北西，为隐伏的逆冲断层，控制了成都盆地的北西界。在 TM 图像、数字高程模型和航片上，大邑断裂切割了 II～IV 级河流阶地，形成了断层陡坎、河道右旋走滑、砾石定向带、冲沟侧缘壁右旋走滑等地貌和断裂带特征（表 26-4），具逆走滑运动。

表 26-4　大邑断裂的断错地貌特征

地点	断裂带特征	地貌单元	垂直断距/m	水平断距/m
大邑东关	断层陡坎，断层走向为 40°NE	III 级河流阶地	3～4	—
大邑氮肥厂	砾石定向带，逆断层	大邑砾岩	—	—
大邑县城北东侧	小河错断	—	—	22
崇州白塔湖	砾石定向带，逆断层	大邑砾岩	—	—
郫都走石山	垂直位错，断裂倾向北西，倾角为 30°～40°	—	—	15～20

在大邑东关附近的古近纪名山群（$E_{1-2}m$）砂泥岩中，大邑断裂呈现为基岩断裂，显示由北西向南东的逆冲断层，并将上覆的Ⅲ级阶地垂直位错了3～4m，形成断层陡坎，该地区Ⅲ级阶地的 TL 年龄为 22300+1800a。在大邑县城北东侧，大邑断裂具有明显的右旋走滑性质，3 条小河被错断，平面断距为22m（图 26-5）。此外，在大邑氮肥厂和崇州白塔湖等地的大邑砾岩剖面中，大邑断裂的次级断层切割了大邑砾岩，在砾岩中形成砾石定向带，显示该断裂倾向北西，倾角为 30°～40°，表明大邑断裂是在大邑砾岩沉积后才发育的。李勇和曾允孚（1994）、李勇等（1995，2003）对 10 个大邑砾岩剖面的砂岩夹层开展了电子自旋共振测年研究，认为大邑砾岩形成的时间为 3.6～0.82Ma。因此，大邑断裂是在 0.82Ma 之后形成的，即中更新世之后才形成。因此，我们推测大邑断裂是龙门山前缘最新的断裂，是龙门山构造带前展式向成都盆地发展的产物。

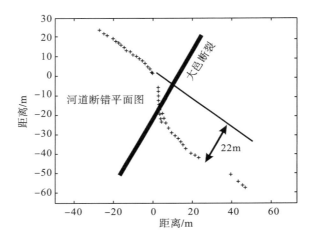

图 26-5　大邑县城北东侧的河道断错实测图（大邑断裂）

此外，在郫都走石山一带，大邑断裂在航摄像片上显示出清晰的线性特征，断裂两侧色差清楚，在地貌上则表现为断续延伸的断层残山。在断裂上盘的走石山直接出露白垩纪灌口组（K_2g）基岩，其上覆盖有厚约 10m 的黄褐色亚黏土夹砾石层［TL 年龄为（113900±9600）～（83600±6800）a］。据浅层地震反射剖面揭示，该断裂倾向北西，倾角为 30°～40°，显示由北西向南东的逆冲，将白垩纪灌口组（K_2g）砂泥岩与上覆的第四系分界线垂直位错了 15～20m。据此估计该断裂的平均垂直滑动速率为 0.13～0.24mm/a。

通过对大邑断裂带活动构造地貌标志的研究，我们认为在晚新生代该断裂总体上具有逆冲和走滑性质，其中逆冲速率为 0.13～0.24mm/a。虽然本次研究未能确定该断裂的走向滑动速率，但上述定量数据至少表明大邑断裂带的构造缩短率较小。

26.2　龙门山活动断裂的逆冲分量与走滑分量对比

26.2.1　龙门山活动断裂逆冲分量的对比

从已获得的有关逆冲分量的定量数据看,龙门山主干断裂自晚新生代以来均具有由北西向南东的逆冲作用。对 4 条主干断裂的逆冲分量滑动速率进行的对比与分析表明(表 26-5),在晚新生代龙门山构造带的最大逆冲速率为 0.23～1.1mm/a,显示龙门山地区的逆冲作用相对较弱,构造缩短率较小,其与 GPS 测量的龙门山地区构造平均缩短率不足 3mm/a 的结论(陈智梁等,1998)相似。而且,在龙门山构造带中,4 条主干断裂逆冲分量的最大滑动速率具有自西向东变小的趋势(图 26-6)。其中,北川断裂逆冲分量的滑动速率最大,其最大速率为 1.1mm/a;汶川-茂汶断裂逆冲分量的滑动速率次之,其最大速率为 0.84mm/a;而彭灌断裂和大邑断裂逆冲分量的滑动速率较小,其最大速率仅为 0.24mm/a。这一特征也显示了北川断裂确实是龙门山主中央断裂,逆冲活动性较大,其逆冲分量滑动速率是龙门山前缘断裂逆冲分量滑动速率的 4～5 倍。

表 26-5　龙门山断裂带的逆冲分量滑动速率对比表　　　　　　　　　　(单位：mm/a)

序号	汶川-茂汶断裂	北川断裂	彭灌断裂	大邑断裂
1	0.84(茂县城北)	0.93(北川擂鼓)	0.14(彭州通济场)	0.13(郫都走石山)
2	0.03(茂县南侧)	1.1(北川擂鼓)	0.23(大邑双河油茶树)	0.24(郫都走石山)
3	0.75(茂县石鼓)	0.3～0.4(映秀变电站)	0.23(大邑双河青石坪)	0.18(大邑)
4	—	0.54(映秀变电站)	—	—
5	—	0.079(彭州白水河)	—	—

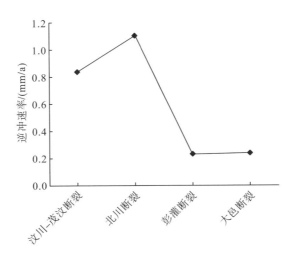

图 26-6　龙门山主干断裂的最大逆冲速率对比图

26.2.2　龙门山活动断裂走滑分量的对比

从已获得的有关走滑分量的定量数据看,龙门山的 4 条主干断裂在晚新生代以来均具有显著的右旋走滑分量。对 4 条主干断裂的最大走滑分量滑动速率进行对比分析表明(表 26-6),晚新生代龙门山断裂总体上均显示为右旋走滑作用,其东侧的四川盆地也应以左旋(逆时针)旋转为特征。这一结论与在四川盆地雅安地区古近系-新近系古地磁标定的自古近纪中晚期以来四川盆地块体逆时针旋转了 7°~10°(Enkin et al., 1991)的结论相符。此外,在龙门山构造带中,4 条主干断裂走滑分量的最大滑动速率(1.28~1.46mm/a)相对稳定,属同一个数量级。其中,汶川-茂汶断裂走滑分量的最大滑动速率为 1.28mm/a,北川断裂走滑分量的最大滑动速率为 1.3mm/a,而彭灌断裂走滑分量的最大滑动速率为 1.46mm/a,进而也表明在龙门山构造带中各主干断裂走滑分量的滑动速率具有自北西向南东逐渐变大的趋势(表 26-6)。

表 26-6　龙门山主要断裂的走滑分量滑动速率对比表　　　　　　　　(单位：mm/a)

序号	汶川-茂汶断裂	北川断裂	彭灌断裂
1	0.95~1.28(汶川高坎)	0.96(北川擂鼓)	0.9(大邑双河青石坪)
2	0.83(汶川草坡)	0.18(彭州白水河)	0.89(大邑双河青石坪)
3	—	0.82(彭州白水河)	0.65~0.70(大邑双河油茶树)
4	—	1.3(彭州白水河)	0.91~1.46(彭州通济场)

26.3　龙门山走滑方向反转的时间

龙门山构造带活动构造的地貌证据和古地磁研究结果均已显示在晚新生代龙门山以右旋走滑作用为特征,然而沉积证据、构造证据和盆地充填体的几何形态等标志显示,在中生代龙门山以左旋走滑作用为特征。以上特征显示,中、新生代龙门山走滑作用方向发生过反转。现对龙门山走滑作用方向反转的时间做如下分析。

地貌标志显示晚新生代龙门山断裂总体上显示为右旋走滑作用,标定了龙门山右旋走滑作用发生时间的上限,即活动构造地貌测年资料证明,龙门山自早更新世以来以右旋走滑作用为特征。

地层记录和古地磁证据表明,龙门山滑动方向反转的时间应介于芦山组沉积后与大邑砾岩沉积前。其中,芦山组是四川盆地中新生代红色沉积的最高层位。据古生物化石资料,芦山组的地质时代为始新世至渐新世(53~43Ma)(李勇等,1995);古地磁年代地层学测定结果表明芦山组的地质时代为 43Ma(庄忠海等,1988)。因此,龙门山滑动方向反转的时间应晚于 43Ma。大邑砾岩是成都盆地中充填的最早的冲积砾石层,其与下伏芦山组为不整合接触。李勇和曾允孚(1994a,1994b)、李勇(1995,2003)对 10 个大邑砾岩剖面下部砂岩开展电子自旋共振测年研究,结果表明大邑砾岩形成的时间为 3.6~0.82Ma,因此龙门山滑动方向反转的时间应早于 3.6Ma。根据地层记录和古地磁证据，我们认为龙门山滑动方向反转的时间应为 43～3.6Ma，即龙门山在早新生代与晚新生代之间走滑方向发生了反转，由中生代–早新生代的左旋转变为晚新生代的右旋，龙门山的构造性质也由中生代–早新生代的以逆冲作用为主转变为晚新生代的以走滑作用为主，相关的沉积盆地也由中生代–早新生代的前陆盆地转化为晚新生代的走滑挤压盆地。

第五部分

龙门山前陆盆地的隆升作用与剥蚀作用

第27章 四川盆地40Ma的冷却事件
与剥蚀作用

青藏高原是现今大陆碰撞过程中具有代表性的区域之一。在过去的几十年中,青藏高原一直是当今地学界研究的热点区域。尽管如此,仍有许多关于青藏高原的地层时序、岩石构造特征及变形样式、运动学特征及动力学机制等未解的科学问题。青藏高原东缘的龙门山及四川盆地西部地区具有丰富的地质现象,被誉为"天然地质博物馆""打开造山带机制的金钥匙""大陆动力学理论形成的天然实验室"(李勇等,2006a),这里正是研究青藏高原未解问题的关键区域。

青藏高原东缘最令人关注的地质问题就是,新生代以来,在较小的逆冲分量下青藏高原东缘这一陡峻的地形地貌是如何形成和保持的(Burchfiel et al.,1995)。GPS的研究成果表明,龙门山构造带上的缩短率仅为4±2mm/a,这一现象在传统的地质构造模型下是难以理解的(Chen et al.,2000)。因此,有学者提出下地壳流观点,以解释青藏高原东缘的构造隆升机制(Royden et al.,1997;Clark and Royden,2000)。当然,众多地质学家也通过对活动断层的类型、运动速率、幅度(Burchfiel et al.,1995;Kirby et al.,2000;Densmore et al.,2008)以及热年代学(Arne et al.,1997;Kirby et al.,2002)的研究来验证下地壳流和其他模式的可靠性。

前人对龙门山及四川盆地西部的研究往往聚焦于活动造山带的剥蚀与隆升机制,认为晚新生代的剥蚀作用发生在青藏高原东缘龙门山。本书利用磷灰石裂变径迹的热年代学数据和镜质体反射数据对四川盆地西部剥蚀事件的侵蚀量和构造变形的时间进行了限定,建立了四川盆地沉积物的剥蚀模式,揭示了晚新生代以来四川盆地西部剥蚀作用,为新生代四川盆地西部以及青藏高原东缘剥蚀作用的量级和发生时间提供了约束条件。

早期大量的研究主要集中在龙门山和鲜水河断裂带的热年代学上,目的是建立与青藏高原隆升相关的剥蚀时间和剥蚀速率。磷灰石裂变径迹研究是依靠 $^{40}Ar/^{39}Ar$ 和(U-Th)/He的热年代辅助完成(图27-1)的。研究结果表明,晚中新世以后龙门山地区迅速冷却,侵蚀量达到8~12km,侵蚀速率达到1~2mm/a(Arne et al.,1997;Kirby et al.,2002)。

侏罗纪以后龙门山地区冷却缓慢,这个区域的剥蚀活动可以在南部的鲜水河断裂带得到验证(Xu and Kamp,2000)。在鲜水河断裂带上,锆石裂变径迹部分退火区和磷灰石裂变径迹热模型表明,更快的冷却发生在11Ma(Kirby et al.,2002)。从中中新世到晚中新世,样品发生冷却的原因是青藏高原东缘发育在相对较高的地形之上,侵蚀量增加,尽管剥蚀可能产生了大量的沉积物,但事实上在四川盆地内只堆积了很小一部分。因此,一个重要问题是如何通过新生代四川盆地内的残留地层来确定沉积物的侵蚀量和侵蚀时间。

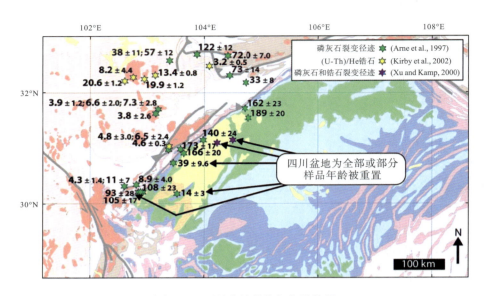

图 27-1　四川盆地的热年代学数据

注：所有的磷灰石裂变径迹计时所得年龄都是中心年龄，误差为±2Ma。

有限的低温热年代学数据表明，在中生代四川盆地发生过沉积物加热情况，Arne 等（1997）认为从三叠纪到白垩纪，在四川盆地边缘大量的样品中磷灰石裂变径迹的年龄比样品的沉积年龄晚。Enkelmann 等（2006）也指出，来自四川盆地西北部侏罗系和三叠系的两个碎屑样品的 AFT 年龄也小于其地层年龄。这一现象表明了在中生代四川盆地边缘地区发生了局部的沉降现象（局部地区加热）。在中生代以后，Xu 和 Kamp（2000）利用四川盆地西部锆石和磷灰石裂变径迹测年资料进行分析，表明在古近纪以来四川盆地的剥蚀厚度达到 2～3km。

27.1　低温热年代学分析原理及方法

27.1.1　裂变径迹

在主要的造岩矿物中，磷灰石的裂变径迹计时是依靠矿物中微量铀衰变引起晶格的损伤产生径迹。裂变径迹在磷灰石中留下的辐射损伤具有不稳定性，这种性质称为退火区（partial annealing zone，PAZ）。退火区的上、下限温度依赖冷却速率，当有效的封闭温度为 110±10℃时，磷灰石的自发裂变径迹退火温度为 60～120℃，可反映出地壳表层深度达 3～4km 的温度变化。因此，磷灰石裂变径迹分析对评估低温热史有非常大的作用。

通过裂变径迹不仅能了解沉积物的热史，而且可探寻内陆地区碎屑磷灰石颗粒的最初来源。存留在样品中的原始裂变径迹保存着物源区的热史，其裂变径迹年龄大于其所处的地层年代。部分被重置的样品由于热复合发生改变，表现在其原始碎屑年代和受热后的径迹长度的变化上。这些被热重置的样品可能包含一定比例的特殊颗粒,部分颗粒的年龄比地层年龄晚,还有部分颗粒的年龄比地层年龄早。单个颗粒分布的概率由卡方统计量评估。

部分重置样品会显示一系列的颗粒年龄:可能早于、接近于或晚于样品的地层年代。一般来说,碎屑样品显示的年龄比主要沉积物的年代要早(尽管有时需要证明沉积物没有遭受低温且仍然保存着早于地层的年龄),原因在于沉积物样品的温度升高到一定程度而无法保留内部的相关信息,其最初的裂变径迹已完全退火,且样品(包含全部的特殊颗粒)显示的年代晚于地层年代。因此,确定完全退火的深度需要借助其他信息,如通过一系列的低温区样品建立与井下退火温度的变化关系。

1. 分析流程

裂变径迹样品的准备工作是采用通用技术来分离磷灰石。除了 JP1 号钻孔外,全部磷灰石裂变径迹蚀刻条件为 7%HNO$_3$、21℃、50s。蚀刻产生的径迹长度约束条件与前人的研究条件相似,墨尔本大学为蚀刻 JP1 号钻孔磷灰石的退火提供了条件。在室温下的蚀刻条件为 40%HF、45min,所有辐射通过澳大利亚的 ANSTO 设备完成。微观分析采用 Zeiss Axioplan2 光学显微镜,所有年龄的测量采用 zeta 方法,根据 CN5 剂量计的 zeta 值为 334±9(Richardson)和 362±8(Fowler)来测定的。zeta 值作为中值年龄(表 27-1、表 27-2)。在可能的情况中,每个样品中至少有 20 个颗粒可以用来测定年龄。用 1250X 放大倍数来确定磷灰石径迹密度和水平封闭径迹长度。

表 27-1　龙泉山构造带(U-Th)/He 测年数据统计表

样品	年龄/Ma	U/(×10^{-6})	Th/(×10^{-6})	He/(nmol/g)	长/ mm	宽/ mm
0835-1.1	154.2	1.35	7.26	1.83	187	189
0835-1.2	15.7	4.45	16.06	0.51	207	135
0835-1.3	11.5	1.37	11.97	0.22	163	148
0835-1.4	15.8	4.62	19.5	0.61	150	108

2. 模型

温度-时间路径是通过 HeFTy 软件中反蒙特卡罗模型得出每个样本的模型。由于这项研究使用的样本都是碎屑沉积物(砂岩和粉砂质砂岩),作为最初的限制条件,将设置高于、等于或低于 PAZ 温度使样品冷却,模拟在沉积环境最初热史中的不确定性,接下来的约束条件被限定为样品在沉积时期所处的环境之内,然后不再限制其他约束条件。

裂变径迹退火的动力学特征在许多情况下与矿物的化学组成有一定的函数关系。在极端情况下退火温度的变化幅度高达±20℃。在本次研究中,磷灰石化学成分的差异导致磷灰石平均径迹直径的变化范围为 1.8~5.0mm。因此,采用了推荐的退火模型,这种模型充分考虑了磷灰石矿物晶体化学成分的差异对其表面蚀刻径迹直径的影响,其也是典型的磷灰石矿物晶体裂变径迹退火的动力学模型。

表 27-2　磷灰石裂变径迹数据统计表

样品编号	代码	地层	剖面名称	位置 (UTM) (Zone 48N, WGS84)	高程/m	颗粒数/颗	RhoD 标准径迹密度/(×10⁵cm⁻²)	ρ_s/(×10⁵ cm⁻²)	$\rho_i^×$/(10⁵ cm⁻²)	$P(\chi^2)$/%	中心年龄(±2σ Ma)
0735-2	Eth310-10	侏罗系	中侏罗统	449439; 3407242	431	19	9.957(5824)	6.614(293)	27.25(1207)	20(35)	40.3±6.0
0835-1	Eth307-2	侏罗系	龙泉山南部	413162; 3340028	569	20	11.59(5074)	5.195(346)	33.83(2253)	49(<1)	32.3±6.0
0935-5	Eth310-2	中-上侏罗统	灌口	385494; 3438535	670	22	12.61(5824)	12.89(678)	18.52(974)	24(31)	145.5±19.4
1024-3	Eth279-2	白垩系	龙泉山北部	385494; 3438535	460	20	13.09(5705)	26.21(616)	34.51(811)	26(13)	165.4±24.8
1024-4	Eth279-4	侏罗系	龙泉山北部	448359; 3407297	461	19	12.48(5705)	11.48(287)	28.48(712)	32(2)	78.7±16.6
1024-5	Eth279-6	白垩系/侏罗系	龙泉山北部	453737; 3399654	421	20	11.87(5705)	21.66(522)	25.02(603)	20(41)	168±26.0
1024-6	Eth279-8	白垩系	龙泉山北部	463521; 3395926	450	40	11.26(5705)	18.82(1547)	22.34(1836)	98(<1)	155.5±20.6
1035-1	Eth309-13	中-上三叠统	灌口	385557; 3441770	765	20	8.451(4211)	9.455(520)	14.55(800)	50(<1)	94.3±18.2
1324-9	Eth280-4	侏罗系	熊坡	367920; 3345295	731	38	12.22(5931)	5.515(391)	30.30(2148)	35(57)	37.2±4.8
1424-1	Eth280-6	白垩系-始新统	雅安	293563; 3321388	618	23	11.52(5931)	11.65(458)	31.60(1242)	40(1)	72.6±12.2
1424-2	Eth280-10	上白垩统	雅安	297061; 3323476	612	16	10.12(5931)	1.884(117)	19.36(1202)	43(<1)	17.9±5.8
1435-1	Eth309-5	三叠系	峨眉山背斜	346114; 3278106	687	17	10.75(4211)	2.96(209)	31.69(2237)	19(28)	16.9±3.0
1624-8	Eth280-11	白垩系灌口组	雅安	282710; 3328748	761	17	9.766(5931)	6.383(120)	18.57(349)	13(71)	55.9±12.2
1735-3	Eth306-3	下侏罗统	威远北斜	458490; 3272623	377	20	10.32(4277)	6.706(454)	36.44(2467)	21(32)	30.8±4.4
1835-3	Eth307-9	侏罗系	重庆	599908; 3310033	329	20	9.910(5074)	7.587(434)	18.58(1063)	44(<1)	62.1±11.6
1835-4	Eth321-8	侏罗系	川中	547441; 3328499	329	20	12.12(4846)	11.879(354)	19.899(593)	18(53)	119.9±17.6
1835-5	Eth321-3	侏罗系	川中	504008; 3345436	467	16	13.40(4846)	11.224(321)	26.993(772)	31(<1)	98.2±20.2
2124-1	Eth278-3	白垩系/始新世?	大邑白塔湖	364954; 3393586	619	25	12.60(5705)	13.70(618)	30.78(1388)	18(81)	93.2±10.6
2495-1	Eth320-14	上三叠统	川东	218723; 3424223 (zone 49N)	440	20	9.760(6757)	6.868(704)	19.66(2015)	50(<1)	54.1±8.8
2495-2	Eth320-10	下-中侏罗统	川东	219513; 3423039 (zone 49N)	275	20	10.76(6757)	10.26(626)	27.79(1695)	28(8)	66.5±8.2

续表

样品编号	代码	地层	剖面名称	位置 (UTM) (Zone 48N, WGS84)	高程/m	颗粒数/颗	RhoD 标准径迹密度 ($\times10^5\,cm^{-2}$)	ρ_s ($\times10^5\,cm^{-2}$)	$\rho_i^{\times}$ ($10^5\,cm^{-2}$)	$P(x^2)$/%	中心年龄 ($\pm2\sigma$ Ma)
2495-3	Eth320-7	中侏罗统	川东	220060; 3422079 (zone 49N)	240	20	11.51 (6757)	7.906 (521)	23.07 (1520)	46 (<1)	72.1±13.2
2595-1	Eth320-3	下侏罗统	川东	677148; 3347814	290	20	12.51 (6757)	11.32 (515)	30.371382	50 (<1)	80.9±14.6
2595-2	Eth320-6	上三叠统	川东	676114; 3348416	360	20	11.762 (6757)	12.675 (725)	29.18 (1669)	38 (<1)	84.9±12
#300303-6	Eth312-11	新近系	白塔山	365043; 3393901	621	30	11.34 (4809)	7.916 (945)	25.257 (3015)	0 (22)	61.4±6.8
X1	Eth280-3	白垩系	熊坡	66337; 3336604	496	20	12.56 (5931)	14.03 (561)	37.00 (1480)	32 (3)	83.5±12.0
X2	Eth310-7	下白垩统	熊坡	364996; 3337503	500	20	10.95 (5824)	7.824 (568)	12.74 (925)	44 (<1)	106.9±19.2
X3	Eth310-9	上侏罗统	熊坡	364310; 3338216	480	20	10.29 (5824)	10.41 (305)	19.49 (571)	15 (75)	91.6±14.2
X4	Eth306-8	上侏罗统	熊坡	363542; 3338535	505	20	9.614 (4277)	10.14 (298)	27.35 (804)	71 (<1)	61.9±16.6
X5	Eth309-4	下—中侏罗统	熊坡	362077; 3340288	692	16	11.15 (4211)	6.250 (185)	29.63 (877)	22 (11)	39.8±7.6
X6	Eth309-10	下侏罗统	熊坡	61101; 3340889	809	20	9.352 (4211)	6.832 (468)	31.14 (2133)	42 (<1)	32.9±6.0
X7	Eth310-12	上三叠统	熊坡	0337; 3341209	622	22	9.295 (5824)	6.193 (327)	34.74 (1834)	25 (26)	27.5±3.8
*JP1FT6	MU149-6	上侏罗统	钻孔	689800; 3486900	-718	40	9.74 (3769)	4.534 (508)	10.41 (1167)	0 (38)	77.8±14.6
*JP1FT5	MU149-5	侏罗统	钻孔	689800; 3486900	-1644	40	9.58 (3769)	3.72 (463)	15.05 (1873)	0 (32)	47.5±8.0
*JP1FT4	MU149-4	侏罗系	钻孔	689800; 3486901	-2647	40	9.41 (3769)	3.166 (229)	21.14 (1529)	80 (0)	25.5±3.8
*JP1FT32	MU149-3	下—侏罗统	钻孔	689800; 3486902	-3273	14	9.24 (3769)	2.55 (189)	15.18 (1109)	0 (47)	27.6±8.8

27.1.2 （U-Th）/He 测年

（U-Th）/He 测年方法是基于矿物颗粒中 U 和 Th 衰变产生的放射性 He 的积累。正如裂变径迹，保存在晶体中的 He 在一定的温度范围内是变化的，称为部分滞留带，其在一定程度上依赖冷却速率。按照曾经的估算，在磷灰石中 He 的有效封闭温度约为(68±5)℃。测量得到的(U-Th)/He 年龄是原地放射 He 产物与 He 的扩散损失相竞争的反映。这一技术在关于剥蚀和隆升的研究中十分重要，因为其记载了地壳中最重要部分的冷却史。

为了得到可靠的(U-Th)/He 分析，足够大(>10μm)的、无杂质的磷灰石晶体只能从一个碎屑样品中选择出来(0835-1)，为此对多种(许多)颗粒进行了分析(表 27-1)。晶体在偏振光下使用 200 倍的双目显微镜进行手工挑选，晶体的长度和宽度经过电子测量以符合 Farley 等对 α－辐射校正的计算。使用红外线 Nd-YAG 激光器(波长 1064nm)对晶体在 1100℃左右加热 3min，其中晶体被包裹在纯铂箔中以使其均匀加热。在激光室中释放的气体与 H_2O 和 CO_2 被导入超高真空，使用液氮冷却冻结，氦被冷碳针捕获，随后被 Ti/Zr 吸附剂清除。然后使用质谱仪对氦进行测定。间隔测量，以便修正。为了保证完全脱气，对磷灰石进行重新加热，随后由等离子体质谱仪确定同一晶体 U 和 Th 的含量。脱气晶体被加入 $^{233}U/^{229}Th$ 溶液并使用 1.5N HNO_3 及少量 HF 在 100℃左右进行加热。U 和 Th 用离子交换树脂分离，用 H_2O_2 处理并溶解在等离子体发生器。考虑到示踪剂中天然同位素的微小影响、仪器的质量偏差以及离子计数器获取的误差，测定的同位素比值将会反复校正。

27.2　磷灰石裂变径迹热年代学结果

在图 27-2 及表 27-2 中列出了磷灰石裂变径迹计时的结果。所有白垩系地层样品的裂变径迹中心年龄都大于其沉积年龄，说明没有或者是只有很少的退火。所有侏罗系和三叠系样品的裂变径迹中心年龄都小于其沉积年龄，表明有部分或者全部都发生了退火，而且在更深的层位出现更小的裂变径迹年龄。这些现象说明在范围内所有沉积层都经历了升温的过程，而且裂变径迹退火现象体现出越早的地层受到的影响越大，这说明造成这一现象最有可能的原因就是沉积埋藏。完全退火的样品主要是在遭受剥蚀的背斜核部发现的，由此说明深埋的三叠系岩层并没有暴露在盆地表面(图 27-2)。值得注意的是，这些样品的受热退火与褶皱作用没有关系，因为除了在三叠系的样品中发现了完全退火现象外，在相对较浅的钻孔 JP1(图 27-2)和位于盆地未变形区域的钻孔中也发现了完全退火现象。

值得注意的是，尽管我们提出了样品未退火及部分退火的中心年龄，但是这些样品的中心年龄并不能代表所有磷灰石单颗粒矿物组群年龄，同时这个年龄的代表意义还存在一定的不确定性。这里大多数年龄都是部分或者完全退火的，而且当与地层时代一起考虑大规模的退火时，磷灰石中心年龄至少能提供一定的指导。

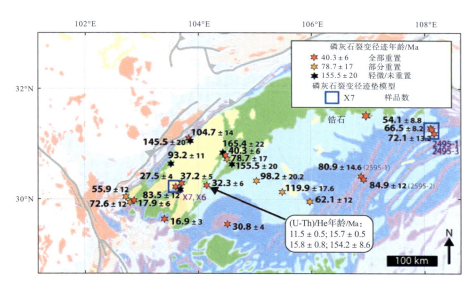

图 27-2　四川盆地的热年代学数据

注：所有的磷灰石裂变径迹年龄都是中心年龄，误差为±2Ma。

27.2.1　熊坡背斜

　　为了能够更好地说明退火模式，以及测量埋藏和剥蚀的幅度及时间，本次选择了保存最好的地层作为研究对象，即四川盆地西部的熊坡背斜（图 27-3 和图 27-4）。在这个地层剖面上，古退火带的顶部和底部都暴露了出来，这使我们能够约束缺失的地层和剥蚀时间。熊坡背斜连续出露从上三叠统须家河组到上白垩统灌口组的地层（与邻近的古近系名山组地层走向一致），与上覆新近系大邑砾岩层（可能是上新世—更新世）为不整合接触。由于模型的地层年代还未能确定，因此假设一个误差为±20Ma 的地层年龄，在这个误差范围内进行讨论是可行的。

　　在这个地层剖面中最年轻的样品所测单颗粒组群年龄普遍大于地层年龄（根据精确的测年），剖面最上部的样品 X2～X4 的单颗粒年龄扩散面大。在地层剖面下部所取得的样品中，比地层年龄更小的单颗粒所占的比例较大（图 27-4、图 27-5），反映出地层越深退火现象越明显。在这个剖面底部取得的 3 个样品（X5、X6 和 X7）的单颗粒年龄值扩散性差，都明显地小于地层年龄（图 27-4、图 27-5）。基于这些发现，有可能估测出古退火带的边界，即退火带顶部位于样品 X1 和 X2 之间（距白垩系-新近系不整合面 400～500m），底部与样品 X5 和 X6 的位置相当（距白垩系-新近系不整合面 2500～2600m），而且底部所有的碎屑年龄都比地层年龄小得多。

　　此外，根据相应的暴露时间，最底部 3 个样品的中心年龄随着深度增加而减小。样品 X5 和 X6 靠近暴露的部分退火带的底部。我们注意到古退火带底部和顶部位置的确定在一定程度上依赖上述提到的还未确定的地层年龄。与这些剖面相关的样品所处的地层年龄前人用古生物法和古地磁法确定过（Enkin et al.，1991）。虽然为地层年龄设定的误差范围

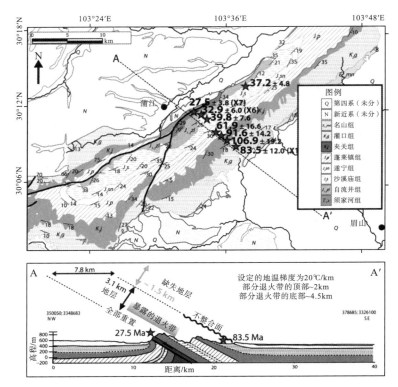

图 27-3 熊坡背斜地区地质剖面及测年样品分布图

注：五角星代表磷灰石裂变径迹样品分布位置并且给出了相应的磷灰石裂变径迹中心年龄，误差为±2Ma（括号内为样品编号）。下半部分图为横穿熊坡背斜构造剖面图 A-A′。

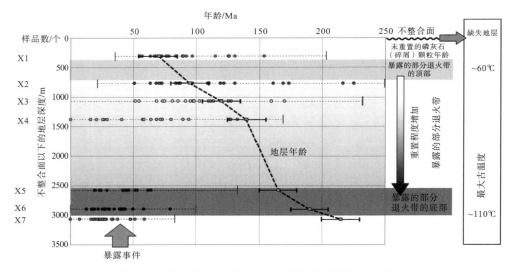

图 27-4 熊坡背斜地区磷灰石单颗粒裂变径迹年龄图

注：样品分布位置见图 27-3。矩形方框代表每个样品的地层年龄。地层年龄的误差为±20Ma，并用黑色实线表示。单颗粒年龄越往下越小，说明随着地层深度的增加，退火现象越明显。用细虚线表示单颗粒年龄（误差±2Ma）。部分退火区域顶部位于样品 X1 和 X2 之间（比地层年龄小的单颗粒年龄数增加的区域）。样品 X5、X6 和 X7 可以限定完全退火区域（因为所有的单颗粒年龄都小于地层年龄）；因此，出露磷灰石裂变径迹古退火带底部大概位于不整合面以下 2500m 处。通过假设不受时间和深度的影响，地温梯度恒定为 25℃/km，地表温度恒定为 15℃，并且磷灰石部分退火区域顶部和底部的温度分别为 60℃和 110℃，可以得出至少有 1.3km 厚的地层被剥蚀。

很大，但是我们能够正确地将磷灰石裂变径迹年龄划分为未退火、部分退火及完全退火。重要的是，这意味着最底层样品的裂变径迹(修正 C 轴方向的影响后)的水平长度相对较长，即样品 X6 的裂变径迹水平长度为 14.09±1.83μm，样品 X7 的裂变径迹水平长度为 14.25±1.49μm。这样的裂变径迹长度很好地支撑了碎屑岩中心年龄发生完全退火，然而依据磷灰石裂变径迹封闭温度可知，在此之后经历了沉积冷却的过程。样品 X5(中心年龄为 39.8Ma)靠近暴露的古退火带底部，很有可能代表快速冷却的起始时间。

1. 剥蚀量

通过熊坡背斜的地层剖面可以估算出剥蚀量，在古退火带底部和顶部所限定范围内，基于横跨此区域的温度范围可以得出地温梯度。根据样品 X1、X2 和 X5 相对的埋藏深度可得出古退火带厚度约为 2km，由于古退火带顶部温度为 60℃，底部温度为 110℃(相差 50℃)，因此可以计算出地温梯度为 25℃/km。

根据这些假设以及设定地表平均温度为 15℃，我们认为 60℃ 表示(古退火带顶部)离地表约 1.8km，110℃(古退火带底部)表示离地表约 3.8km。然而，根据实测的古退火带顶部离不整合面仅 500m，底部离不整合面仅 2500m，因此剖面上部分的地层肯定被剥蚀(图 27-4 和图 27-5)。基于上述，可以得出这个区域被剥蚀的地层厚度约为 1.3km。

计算的地温梯度假设随时间变化是恒定的，但实际上从晚三叠世开始，地温梯度随时间是变化的，且变化范围为 15～35℃/km。根据这个变化范围可以得出剥蚀的最小厚度为 0.25km(地温梯度为 35℃/km，古退火带底部在地表以下 2.75km 处)，最大剥蚀厚度为 4.1km(地温梯度为 15℃/km，古退火带底部离地表 6.6km)。

根据目前的钻孔温度，在这个区域和地热流体上部几公里的地温梯度为 20℃/km。此外，在三叠纪本区域缺乏伸展运动和火山活动，因此和其他前陆盆地相比其热流值要小，从而晚三叠世龙门山前陆盆地地温梯度小于 20℃/km(Allen and Allen，2005)。

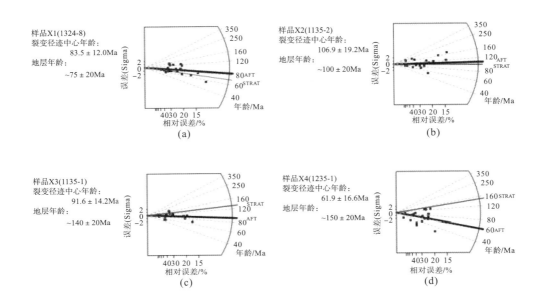

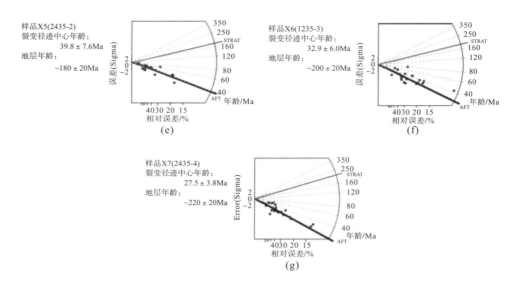

图 27-5　熊坡地区样品的磷灰石裂变径迹放射图

注：标注"AFT"的实线表示磷灰石裂变径迹中心年龄，标注"STRAT"的实线表示每个样品的地层年龄。

　　由于稳定地壳的地温梯度与剥蚀速率呈函数关系，因此在整个中生代沉积盆地中，地温梯度比正常值偏低，即为 20～25℃/km。当板块内部剥蚀速率低于 1mm/a 时，其地温梯度通常低于 25℃/km（如科罗拉多高原）。因此这个区域沉积后的总剥蚀厚度为 1.3km，这是一个保守但很贴近实际的估算值。

2. 剥蚀年代

　　通过测量样品的水平封闭径迹可以约束冷却降温发生的时间（图 27-6）。我们从熊坡背斜完全退火的样品中选取了一组封闭径迹距离相近的样品（样品 X6 和 X7，中心年龄分别是 32.9Ma 和 27.5Ma）。这两组样品的热模型指明了接下来的沉积过程（图 27-6），即这两组样品在古近纪就达到了最大埋藏深度，而且与被侏罗系到始新统地层覆盖这一认识一致。两组样品模型都说明了从冷却降温到暴露出来经历的时间为 40～25Ma。冷却事件并不是因为熊坡背斜被剥蚀而发生，这一观点可以通过熊坡背斜的地层结构得到印证。熊坡背斜东翼和西翼被不整合面切割的中生代地层及不连续的新近纪大邑砾岩层所覆盖。正如 Burchfiel 等（1995）的研究表明，新近纪地层对确定熊坡背斜的变形时间至关重要。在新近纪地层中个别碎屑颗粒的磷灰石裂变径迹年龄可以用来表示沉积的最大年龄。

　　此外，在熊坡背斜西翼倒转的新近纪地层发生变形的时间肯定小于 12Ma。事实上现今熊坡背斜东翼阻隔了来自龙门山的物源，同时在新近纪沉积层中没有发现下伏地层的碎屑，说明熊坡背斜在沉积时期地貌上并没有变化。白垩纪—新近纪不整合面的形成早于背斜，而且肯定早于 12Ma。尽管熊坡背斜在 12Ma 以来有明显的剥蚀作用，但是此处白垩纪—新近纪不整合面形成于一个更早的剥蚀事件，可能为始新世中期到晚期。

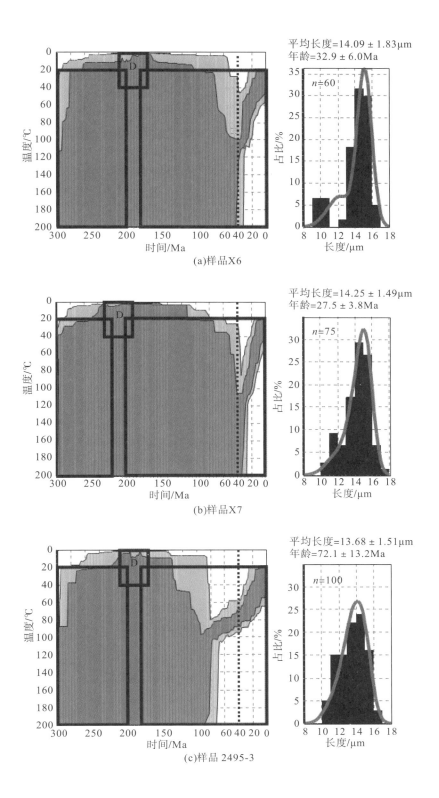

(a)样品X6

(b)样品X7

(c)样品 2495-3

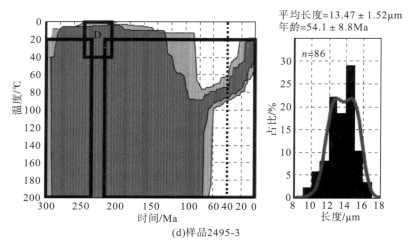

图 27-6　采用 HeFTy 软件得出蒙特卡罗反演温度-时间模型和样品的裂变径迹长度分布直方图

注：新生代快速冷却发生在 40Ma 之后。虽然样品受地表或近地表温度、沉积时间（取样盒 D）和现今温度的制约，但在选择冷却路径和埋藏路径时已经在很大程度上给予了空间。建模过程在前文有所讲述。深灰色区域代表最佳拟合路径，浅灰色区域代表最能接受路径，特征值为 0.5 和 0.05。MTL 指 C 轴校正后的平均长度（误差±1）。年龄指中心年龄，误差为±2Ma。

　　在地层上部所取得的样品中并没有足够的品质和结晶方向都好的颗粒来进行裂变径迹长度分布的分析。在很多事件中，样品的裂变径迹长度分布反映出碎屑颗粒裂变径迹长度具有继承性，再次受热时长度会发生叠加变化，所以根据这些样品所推测的热史具有一定的不确定性。

27.2.2　四川盆地中北部钻孔资料

　　从四川盆地中北部的 JP1 钻孔中取得一组样品，在地理位置上这里远离熊坡背斜和构造变形边缘带。层位最深的样品 JP1FT4 的中心年龄为 25.5±3.8Ma，并且卡方值高达 80，变差值为 0，说明样品经历过完全退火，并且根据取样点的封闭温度可知样品的年龄约等于冷却的时间（图 27-7）。

　　此外，样品 JP1FT5 的表观年龄为 47.5±8Ma，卡方值为 0，变差值为 32%。JP1FT5 某种平均裂变径迹长度为 12.0±2.6mm 的单颗粒年龄比估算的地层年龄要大，说明此样品并未经过完全退火，只是靠近古退火带底部。根据井下剖面可知，现今古退火带底部的范围是 1650～2650m，温度为 48～68℃，又因古退火温度最大值约为 110℃，故这些地层经历了充分的冷却。

27.2.3　四川盆地中部和东部

　　我们分析了侏罗系表层的碎屑岩样品，样品呈东西向分布，横穿四川盆地并且不受变形的影响（样品 1835-3、1835-4 和 1835-5）。这些样品中大多数颗粒的磷灰石裂变径迹年龄都小于地层年龄，中心年龄分别为 62.1±11.6Ma、119.9±17.6Ma 和 98.2±20.2Ma。

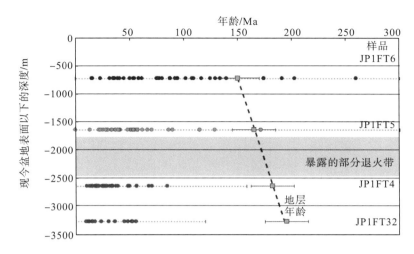

图 27-7 钻孔 JP1 样品的单颗粒磷灰石裂变径迹年龄图

注：方形区域和粗虚线代表每个样品的地层年龄。单颗粒年龄随深度的增加而增大，反映退火程度随深度增大越发明显。细虚线表示单颗粒年龄，误差为±2Ma。地层年龄误差为±20Ma，用黑色实线表示。假设目前的地温梯度 18℃/km 可以代表这些样品历史时期的地温梯度，那么同样经历充分冷却的上覆 2km 厚的沉积层被剥蚀，可以得出冷却的初始时间介于样品 JP1FT4 和 JP1FT5 的表观年龄之间［即(25.5±8)～(47.5±8)Ma］。又因钻孔位于四川盆地未变形的区域，而且剥蚀的时间和剥蚀量与熊坡背斜大致相当，可以进一步确认侏罗系和三叠系样品发生退火不是褶皱局部剥蚀造成的。

假设这里地温梯度与熊坡背斜中钻孔 JP1 所在地层的地温梯度相差不大，那么要再次受热达到部分退火，其埋藏深度需超过 2km。这不是局部剥蚀造成的，因为样品分布位置远离背斜而且横穿盆地中心。

从四川盆地东部背斜面上取得五组样品(2495-1、2495-2、2495-3、2595-1 和 2595-2)，它们的单颗粒年龄都小于样品沉积年龄。尽管这些样品的单颗粒年龄较为分散，但所有单颗粒年龄远小于原来地层年龄，这说明沉积之后发生了完全退火。

放射图中的裂变径迹长度和年龄分布特征都反映出自白垩纪以来古退火带经历了缓慢冷却，通过这两组样品的热模型(样品 2495-1 和 2495-3，中心年龄分别为 54.1±8.8Ma 和 72.1±13.2Ma)同样可以得到相同的结论。这两组热反演模型与熊坡背斜反演模型相比呈现出些许不同的冷却史，古退火带最底部经历相对缓慢的冷却过程，然而根据图中冷却路径的坡折带可知，在之后的 40Ma 冷却速率有所增加。

关于坡折带的变化，有必要建立一个合适的模型对其进行解释。根据这些模型不难看出在约 70Ma 的时间内冷却温度保持恒定。在始新世中期至晚期，在该模型中冷却速率的变化与四川盆地其余地区的冷却温度变化相一致。在盆地东部在始新世之前经历了缓慢的散热过程，印证了湖南-广西-四川东部褶皱带的挤压和剥蚀。

在始新世中期到晚期，四川盆地东部和中部冷却速率的变化证明这里经历了强烈的剥蚀并且延伸面很广，并且使表层的岩石发生退火或部分退火。

27.3 讨 论

本次研究成果表明从始新世中期到晚期，整个四川盆地被剥蚀了至少 1.3km 厚的沉积物，而且在整个晚中生代四川盆地为封闭盆地，沉积物源来自古龙门山。然而，在始新世四川盆地的水系开始与外界水系连通，盆地内的沉积物被长江及其支流侵蚀，盆地表面以剥蚀为主要特征。

因此，从始新世开始四川盆地的水系样式已经发生改变。下面总结在四川盆地存在广泛剥蚀的证据，讨论盆地东部和西部剥蚀作用的潜在机制。

1. 大面积剥蚀的证据

由低温热年代学数据能够了解新生代以来四川盆地发生初始剥蚀的时间、厚度及范围。侏罗系到三叠系地层样品的磷灰石碎屑裂变径迹多次显示 AFT 颗粒年龄小于地层的沉积年龄。退火程度指示了样品经受的最大温度（同样也指示深度）。部分样品的热退火研究指示最大的古温度超过 60℃（约等于埋藏深度为 2km 或更深），这个完全退火指示最大古温度超过 110℃（相当于埋深 4.5km）。

当这些已经退火的样品暴露在现今盆地表面，表明盆地已经有大量的物质被剥蚀，因此必须合理地恢复其剥蚀的厚度。磷灰石裂变径迹计时的退火样品和热年代学模型指示四川盆地内部的剥蚀开始于 40Ma。在持续的石油开发研究中也表明大量的沉积物质从四川盆地移除。尽管最近几十年一些石油地质学家注意到四川盆地中生代地层的镜质体反射率大于预期值，并被认为是古地温比现在高导致的结果，但是我们逐渐认识到四川盆地西缘和北缘自晚三叠世以来仅具有相当低的地温梯度。

我们认为四川盆地西缘和北缘在晚三叠世已经演变为前陆盆地，从这个角度出发，应该选取相匹配的地温梯度。四川盆地在 250Ma 以来没有经历过大的拉张和火山事件，所以地温梯度相对较低，可假定接近于 20～25℃/km，类似典型的欧洲内部环境。最可行的解释是如此广泛的古地温升高必然是因为埋藏加热，随后再侵蚀冷却。钻井回剥分析显示，埋藏最大的时期为晚白垩世到古近纪，最初的侵蚀时间被约束为小于 40Ma。

最后，地质证据支持晚白垩世到新近纪广泛侵蚀的观点。在显生宙，四川盆地发育成一个被造山带包围的沉降中心。除了相对浅的地壳层有弱变形外，盆地基本未发生变形。相应地，从晚三叠世开始，主要的挤压和压扭变形已经发生在四川盆地 4 个边界上。四川盆地由沉积阶段向侵蚀阶段的转变使白垩系和古近系残留于盆地的最东部和最西部，其地层厚度向西减小，其中最东部区域对应了现今三峡河流的出口位置。显然，在四川盆地内较年轻的地层大部分已经被侵蚀，在盆地东部逐渐出露了较早的地层，而现今的盆地表面即为一个侵蚀基准面。

2. 盆地的剥蚀机制

如此大量的沉积物从盆地搬运出去，其搬运机制涉及长江的贯通。长江现今显然还在搬运泥沙，在 1950~1980 年在长江东部出口(宜昌)测得平均泥沙量为 $527.2 \times 10^6 t/a$。这就相当于在近 2Ma 中将面积为 $22.5 \times 10^4 km^2$、厚度为 2km 的沉积物搬运出四川盆地(假设岩石密度为 $2200 kg/m^3$)。同样可以清楚知道的是，在晚中生代四川盆地从封闭的盆地沉积环境到现今贯通的长江水系的转变，可能与新生代河流的溯源侵蚀导致四川盆地内部水系在某点上被袭夺有必然联系。该河流重组可能伴随着地势的降低，虽然我们并不了解大陆的大规模河流重组的触发过程，但自然地理和地质证据表明这次在四川盆地发生的河流重组是可能的。

Clark 和 Royden(2000)推测长江中下游的排水口位于现今的三峡。在该模型中，在青藏高原东部的主要河流最初一般向南流进中国南海。长江下游的河流通过溯源侵蚀至中游的三峡地区，并发生袭夺，从而导致了整个东亚河流系统的重组。河流袭夺由东向西发生，在溯源侵蚀过程中，逐渐使向西流动的河流汇入长江流域。

另一种可能的模式是四川盆地由内流水系向外流水系转变。与最初溯源侵蚀的原因不同，我们认为四川盆地的物质可能通过三峡与长江下游相连并导致在四川盆地内部发生快速下切，为沉积物提供了新的出口。如果四川盆地在中生代和新生代持续沉积，盆地的充填将不可避免地达到一个临界水平，在盆地的东部将形成一个地形屏障，如果湖水冲破这个地形屏障就会使盆地的排水口流量剧增，向东流入长江下游。因此，裂点将会向四川盆地溯源迁移，导致盆地的沉积充填物受到侵蚀。这种溯源迁移可能引起四川盆地内部的河流水系发生袭夺和改道。

这样的充填和排水过程可以通过对沉积盆地沉积环境和模式的改变予以记录。一个很好的例子就是西班牙东北部的埃布罗河盆地，当加泰罗尼亚海岸山脉被埃布罗河切穿，这个以湖泊沉积为主的封闭盆地被切穿，沉积物被剥蚀并被带到了瓦伦西亚海槽，该盆地在 40~11.5Ma 都处于剥蚀状态。在未来可能与外部水系连通的内流水系盆地也可以作为例子，特别是青藏高原西部的塔里木盆地和柴达木盆地。当干热气候转变为湿热气候时，盆地从内到外的排水通道条件也会随之改变。

3. 对青藏高原东部和三峡地区的启示

通过对比四川盆地内地层的侵蚀程度和相邻龙门山造山带出露的地层，可以认识龙门山山前的侵蚀过程。高侵蚀速率会导致四川盆地高程的快速下降，因此在盆—山边缘地形的高差不一定是地壳缩短或下地壳流导致的。

前人研究成果显示，四川盆地(<40Ma)和龙门山(<12Ma)(Arne et al.，1997，Kirby et al.，2002)最初开始快速剥蚀的时间是有所差别的。这个可以解释为：①在山前地区样品的冷却事件只有等更详细的低温热年代学证据揭示；②更早的冷却事件需要在较高温度的热年代学冷却历史中才能观测到(如碎屑锆石的裂变径迹)。

长江三峡出口在四川盆地的东部，这是因为东部代表了在那个时间节点上被山脉环绕的四川盆地地形的最低点。尽管长江水系显示了前陆盆地一些典型的特征，如水系穿越背斜、流向被一些构造所控制，但可以肯定的是湖南-广西南西—北东向聚敛型褶皱带和大巴山北西—南东向褶皱—冲断带形成了三峡地区以东西向为主的构造样式，这些一级构造控制并且导致了其具有东西向的"漏斗式"排水渠道。

　　如果四川盆地内部岩层的冷却事件的确是通过三峡地区的水系侵蚀引起，那么最初的侵蚀和快速冷却事件也会被三峡本身记录。我们预期这次冷却事件的年龄应等同于或者略大于 40Ma，这是由盆地内的磷灰岩裂变径迹数据表现出来的。前人提到过三峡下切作用的时间约束，但也只是提供了三峡地区西部的阶地沉积时间的约束，并没有追溯到渐新世—中始新世 (Li et al., 2001a, 2001b)。未来可以通过三峡下游入海口处被侵蚀沉积物的沉积记录进行相关研究。

　　总的来说，我们认为最初形成的通过三峡的长江就像是四川盆地内陆地区快速剥蚀的搬运机。裂点不断的溯源侵蚀使原先的内流盆地水系被袭夺，从而导致盆地内部的水系重组以及盆地内部的沉积物被快速侵蚀。四川盆地内部基准面的降低 (>2km) 也导致周围造山带河流峡谷侵蚀的加强，并导致水系重新发生溯源侵蚀。三峡下切作用导致了河流发生袭夺，从而使水系网络发生部分调整。在长江水系及其所在的流域，袭夺的结果是长江上游的红河与长江中游连通，并且可以被近海碎屑沉积物所记录。

第 28 章 晚新生代青藏高原东缘的剥蚀过程

剥蚀是各种自然地理作用导致地球表面不断被磨蚀和削低的地质过程的总称，这些过程包括风化、侵蚀、块体坡移和搬运 (Arne et al., 1997)。裂变径迹计时 (fission-track dating) 法是一种通过确定含铀矿物的自发裂变径迹密度与诱发裂变径迹密度的比率来计算地质体年龄的同位素年龄测定方法，它在构造区的剥蚀和隆升速率的计算、沉积盆地的热年代学、断层的活动年龄以及恢复构造发展史上有着广泛的应用。

青藏高原平均海拔超过 5000m，它的形成被认为对全球气候产生过显著的影响 (Molnar and England, 1990)，然而人们对青藏高原的隆升机制和形成年代仍有争议。在青藏高原东缘龙门山地区，传统上人们主要依据沉积相、地貌等外部环境变化记录来推算青藏高原的隆升，而从地球内部过程来研究高原的隆升并不深入，如用裂变径迹计时的方法测定岩体所含矿物通过封闭温度时的年龄，据此计算岩体的剥蚀速率从而反演高原隆升机制的研究。基于此，本章综合已公开或未公开发表的同类成果对该地区的剥蚀问题进行综合分析，为研究青藏高原隆升机制以及由此产生的晚新生代以来全球气候变化问题提供一个新的切入点。

28.1 原理和方法

裂变径迹计时法可以给出地质体的表观年龄，而径迹退火作用一方面让年龄的计算更加困难，另一方面又在地质体中记录了丰富的热历史信息，从而让裂变径迹年龄本身更具有解释的意义。依据径迹长度的分布图和对研究区域地质历史的掌握可以绘制出样品的冷却曲线图。

用裂变径迹法揭示造山带的剥蚀历史可采取两类方法：一类是利用蚀源区基岩矿物热年代计算，包括矿物对封闭温度年龄法、不同海拔单矿物地形高差法和单矿物封闭温度年龄法；另一类是利用与造山带相邻盆地的沉积物信息，由于盆地沉积物是蚀源区长期演化的产物，记录了蚀源区的剥蚀过程，因此来自造山带的沉积物成为极为重要的研究对象。

28.1.1 蚀源区剥蚀速率的计算方法

1. 矿物对封闭温度法

由于磷灰石、锆石和楔石裂变径迹的封闭温度不同，因此对同一个样品中两种不同的矿物可通过各自温度的时间差计算岩石的冷却速度。矿物对封闭温度法就是利用已知研究区的地温梯度，计算岩石的抬升速率。此种方法依赖矿物的裂变径迹封闭温度和研究区的地温梯度。

由于不同的矿物同位素年代测定的封闭温度不同，因而在被抬升冷却过程中，地质体通过其封闭温度面的时间也不同。锆石、楔石等的封闭温度较高，矿物通过封闭温度面必然较早，故较早计时；磷灰石的封闭温度较低，通过封闭温度面较晚，故计时较晚。据此可估算出冷却速率 (V_c)。设两矿物封闭温度年龄差为 Δt，封闭温度差为 ΔT_c，则 $V_c = \Delta T / \Delta t$。假设冷却是剥蚀引起的，地温梯度设为 $\Delta T_c / \Delta h$，则剥蚀速率 (V_e) 为

$$V_e = V_c / (\Delta T / \Delta h)$$
$$V_e = (\Delta T / \Delta t) / (\Delta T_c / \Delta h) \tag{28-1}$$

2. 地形高差法

不同海拔单矿物地形高差法可以不考虑地温梯度，由于磷灰石、锆石或楔石的年龄随海拔变化，因此在不同的海拔取样，根据不同的裂变径迹年龄就可以计算出采样地区的剥蚀速率

$$V = \Delta E / \Delta t \tag{28-2}$$

式中，ΔE 为高程差；Δt 为年龄差。

3. 单矿物封闭温度年龄法

单矿物封闭温度年龄法采用造山带剥露于地表的基岩样品（主要是侵入岩和变质岩）进行裂变径迹计时来估算剥蚀速率，一般假定一个线性地温梯度，并根据试验获得的经验数据给出特定的裂变径迹封闭温度，平均剥蚀速率可通过下式求得

$$V = [(T_c - T_s) / G] / \Delta t \tag{28-3}$$

式中，Δt 为剥露时间；T_c 为封闭温度；T_s 为地表温度；G 为地温梯度。

28.1.2 沉积盆地剥蚀速率的计算方法

川西高原和龙门山基岩区样品（本书中主要是花岗岩）的裂变径迹年龄给出的是样品点通过封闭温度面以来的单一年龄值，在四川盆地，沉积岩样品是具有早期隆升冷却历史的蚀源区岩石经风化剥蚀后的沉积物，是两次剥蚀冷却年龄的混合物。因此，矿物的裂变径迹年龄就不能采取加权平均的办法计算，通常是将沉积物中的单一颗粒年龄用高斯拟合和二项式拟合获得最佳的颗粒年龄分布。

28.2 样品的分析结果

早前的研究者根据其研究目的和地理条件的限制在该区域选取并测定了近 60 个样品的裂变径迹年龄和时间-温度曲线，这些样品的位置比较分散。本书为按区块计算剥蚀厚

度和速率，选择的样品全部是花岗岩和结晶岩，它们大体上沿图 28-1 所示的剖面呈北西—南东向展布，涵盖了从川西高原经龙门山到四川盆地的三级地貌单元。这些样品的数据包括刘树根（1993）、Xu 和 Kamp（2000）、Arne 等（1997）公开发表的、分布于龙门山及川西高原的 21 个磷灰石和锆石采样点的资料，还包括 Xu 和 Kamp（2000）分析的四川盆地西部边缘编号为 125 的钻井分析数据。

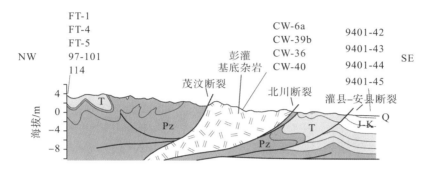

图 28-1　青藏高原东缘地质剖面及采样点位置示意图［修改自 Kirby 等（2000）］

在川西高原选取的采样点有 12 个，都是印支期花岗岩，FT-1、FT-4、FT-5、97、98、99、100、101 和 114 采样点包含磷灰石和楔石两种年龄（表 28-1）。在龙门山区域选取的采样点有 4 个，即 CW-6a、CW-39b、CW-36 和 CW-40，全部是磷灰石，其年龄分别为 4.8±3.0Ma、4.3±1.4Ma、8.9±8.0Ma 和 11.0±7.0Ma。在四川盆地选取的是钻井在不同深度的 4 个岩屑样品 9401-42、9401-43、9401-44 和 9401-45，它们的层位从上至下依次是上白垩统、上侏罗统和中侏罗统沉积物，裂变径迹年龄分别为 96.1±5.9Ma、105.3±6.4Ma、68.6±5.0Ma 和 35.1±4.8Ma。

28.3　剥蚀速率的计算

28.3.1　川西高原剥蚀速率的计算

样品 FT-1、FT-4、FT-5、97、98、99、100、101 和 114 位于汶川–茂汶断裂以西的川西高原，岩石单元为花岗岩，包含磷灰石和锆石两种年龄。根据表 28-1 的年龄数据运用式（28-1）进行计算，并且假定磷灰石和锆石封闭温度的下界分别为 110℃和 255℃，地温梯度为 20℃/km，参照每个样品的年龄得到相应的剥蚀速率（表 28-1）。FT93-144 和 FT93-145 则利用式（28-2）计算得出，其平均剥蚀速率为 0.25mm/a。综合其他 10 个采样点的分析结果，川西高原地表自早白垩纪以来可能经历过一个逐渐加大的剥蚀过程，其中从早白垩纪到中新世剥蚀过程缓慢，从中新世末期开始剥蚀作用加速，这个过程一直持续到近代，其平均剥蚀速率为 0.26mm/a（表 28-1、图 28-2）。

表28-1 裂变径迹分析结果 (Arne et al., 1997)

样品号	海拔或深度/m	磷灰石裂变径迹年龄/Ma	锆石裂变径迹年龄/Ma	年龄段/Ma	地形高差法	矿物对法(地表) 封闭温度差	地温梯度/(℃/km)	时段	时段差/a	矿物对法(AP-SP) 封闭温度差	地温梯度/(℃/km)	时段	时段差/a
FT93-144	1450	72.0±7.0	—	73~72	-0.25	—	—	—	—	—	—	—	—
FT93-145	1200	73.0±14.0	—	—	—	—	—	—	—	—	—	—	—
FT-1	3950	6.6±2.0	—	6.6至今	—	85	20	6.6	0.64393939	—	—	—	—
FT-1	3950	—	68.0±8.0	68~6.6	—	—	—	—	—	110	20	61.4	0.089576547
FT-4	2750	3.9±1.2	—	3.9至今	—	85	20	3.9	1.08974359	—	—	—	—
FT-4	2750	—	49.0±14.0	49~3.9	—	—	—	—	—	110	20	44.1	0.124716553
FT-5	2400	3.8±2.6	—	3.8至今	—	85	20	3.8	1.11842105	—	—	—	—
FT-5	2400	—	38.0±4.0	38~3.8	—	—	—	—	—	110	20	34.2	0.160818713
97	3730	71.0±4.2	103.9±3.0	71至今	103.9-71	85	20	71	0.05985915	—	—	—	—
97	3730	—	—	103.9~71	—	—	—	—	—	110	20	32.9	0.167173252
98	3730	69.6±4.3	105.1±2.9	69.6至今	—	85	20	69.6	0.06106322	—	—	—	—
98	3730	—	—	105.1~69.6	—	—	—	—	—	110	20	35.5	0.154929577
99	3720	84.0±7.0	107.6±3.8	84至今	—	85	20	84	0.05059524	—	—	—	—
99	3720	—	—	107.6~3.8	—	—	—	—	—	110	20	103.8	0.052986513
100	3665	—	98.8±11.9	69至今	—	85	20	69	0.0615942	—	—	—	—

续表

样品号	海拔或深度/m	磷灰石裂变径迹年龄/Ma	锆石裂变径迹年龄/Ma	年龄段/Ma	地形高差法	矿物对法(地表)				矿物对法(AP-SP)			
						封闭温度差	地温梯度/(℃/km)		时段差/a	封闭温度差	地温梯度/(℃/km)		时段差/a
100	3665	69.3±7.0	—	98.8~69.3	—	—	—	—	—	110	20	29.5	0.18640678
101	3660	—	5.7±0.4	85.4至今	—	85	20	85.4	0.04976581	—	—	—	—
101	3660	85.4±6.1	—	85.4~5.7	—	—	—	—	—	110	20	79.7	0.069008783
114	2240	—	23.7±1.3	7.1至今	—	85	20	7.1	0.59859155	—	—	—	—
114	2240	7.1±1.5	—	23.7~7.1	—	—	—	—	—	110	20	16.6	0.331325301
CW-6a	1150	4.8±3.0	—	4.8至今	—	85	20	4.8	0.88541667	—	—	—	—
CW-39b	N/A	4.3±1.4	—	4.3至今	—	85	20	4.3	0.99837209	—	—	—	—
CW-36	1250	8.9±8.0	—	8.9至今	—	85	20	8.9	0.47752809	—	—	—	—
CW-40	N/A	11.0±7.0	—	11至今	—	85	20	11	0.38636364	—	—	—	—
9401-42	30~72	96.1±5.9	—	105.3	—	—	—	—	—	—	—	—	—
9401-43	76~100	105.3±6.4	—	—	—	—	—	—	—	—	—	—	—
9401-44	700~800	68.6±5.0	—	—	—	—	—	—	—	—	—	—	—
9401-45	2866~2912	35.1±4.8	—	—	—	—	—	—	—	—	—	—	—

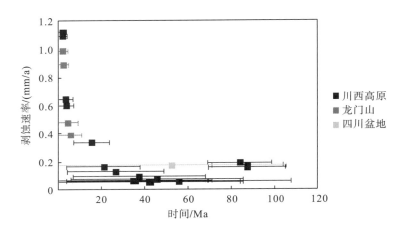

图 28-2　青藏高原东缘裂变径迹分析的剥蚀速率分布图

28.3.2　龙门山剥蚀速率的计算

样品 CW-39b、CW-36、CW-40 和 CW-6a 位于龙门山中段，磷灰石裂变径迹年龄分别为 4.3±1.4Ma、8.9±8.0Ma、11.0±7.0Ma 和 4.8±3.0Ma。假定地温梯度为 20℃/km，地表温度为 20℃，由此得到每个样品在不同时间段的剥蚀速率（表 28-1，图 28-2）。

根据计算结果分析，龙门山自中新世早期以来经历了一个极快的剥蚀过程，平均剥蚀速率高达 0.72mm/a。

28.3.3　四川盆地剥蚀速率的计算

位于四川盆地编号为 9401 系列的样品由三叠纪到白垩纪砂岩和泥岩组成。9401-42 和 9401-43 是上白垩统沉积物，它们的径迹年龄比上白垩统沉积物的地层年龄要小。在盆地内退火作用表现在样品趋向于一个峰值，平均为 12.4±0.16μm 和 12.81±0.20μm 的径迹长度是在合理的范围。这些径迹参数综合在一起指示 70～80℃的古地温在样品 9401-42 和 9401-43 上出现过。样品 9401-44 是上侏罗统砂岩，然而它的裂变径迹年龄是 68.6±5.0Ma。这个样品的地层明显经历过高温，原始年龄已经被抹掉。高温过程也表现在更短的裂变径迹长度（11.45±0.73μm）和短径迹（3～9μm）在长度分布上的百分比。样品 9401-45 是更早的侏罗系砂岩，它的裂变径迹年龄是 35.1±4.8Ma。这些估算值是以平均裂变径迹长度 10.35±0.61μm 和包含了径迹长度 3μm 的径迹分布特征为依据的，暗示了它们的古地温大于 100℃（图 28-3）。

基于样品的地层年代、隆升和侵蚀（30～25Ma）的初始年代、每个地层单元的厚度和最大冷却量，运用专业分析软件估算出从三叠纪到晚白垩纪至少有 3.6km 厚的地层沉积下来。从那以后有 2～3km 厚的沉积地层被依次剥蚀，平均剥蚀速率为 0.17mm/a。

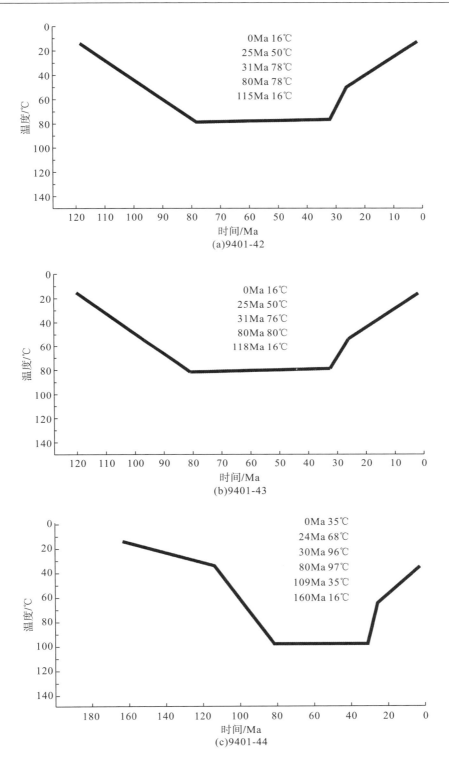

图 28-3　样品 9401-42、9401-43、9401-44 的时间-温度曲线图

第29章 龙门山隆升–剥蚀过程与古地形再造

山脉的隆升与剥蚀过程一直是地学界研究的热点和难点，而与造山带毗邻的前陆盆地真实地记录了山脉的隆升、剥蚀历史(符超峰等，2005)。物质平衡法是一种再造古地形的定量研究方法，根据一定时间内，在封闭的剥蚀–沉积系统内剥蚀总量与沉积总量存在物质守恒的关系，通过将沉积盆地内的物质重新"搬回"物源区，进行古地形再造(Hay et al.，1989；Word and Hay，1990)。

在国内，汪品先和刘传联(1993)、符超峰等(2005)在总结国外运用物质平衡法进行古高度再造的基础上，对此研究方法的基本原理、数据采集、整理与计算、古高度校正等做了系统阐述。王国芝等(1999，2000)利用莺歌海盆地和琼东南盆地的堆积物对滇西高原中新世、第四纪的隆升史进行了恢复。王成善等(2000)根据质量平衡的思想，提出了对新生代青藏高原进行古地形再造的方法：按照物源方向和一定的分配方案，将汇水盆地内的沉积物"回剥"至剥蚀区，重建任一时间段内剥蚀区和沉积区的地形。国内许多研究者也在尝试利用物质平衡法研究剥蚀–沉积系统的剥蚀过程和沉积过程。向芳和王成善(2001)利用质量平衡法对青藏高原新生代的造山作用做了定量恢复。王利等(2007)在大别山及其毗邻盆地的研究过程中，假定大别山毗邻的 10 个盆地内沉积物全部来自大别山，且大别山的剥蚀物质全部沉积于毗邻盆地的情况下，通过对新生界沉积通量和沉积速率的计算，获得了大别山在新生代的剥蚀厚度和剥蚀速率。颜照坤等(2010)在前期的研究过程中，通过对龙门山前陆盆地晚三叠世沉积通量的精确刻画，重塑了龙门山造山带晚三叠世的隆升历史和剥蚀过程。

本章利用物质平衡法恢复古地形的原理，通过对龙门山前陆盆地晚三叠世以来残留地层沉积通量的计算，获得对造山带剥蚀厚度和剥蚀速率的精确刻画，进而重塑龙门山造山带晚三叠世以来的隆升–剥蚀历史。

29.1 地 质 概 况

龙门山冲断带北起广元，南至天全，长约 500km，宽约 30km，处于扬子板块和松潘–甘孜褶皱带的分界线上，既是青藏高原的东界，又是四川盆地的西缘，属于松潘–甘孜造山带的前缘冲断带(许志琴等，1992)。龙门山前山带(北川–映秀断裂以东)主要分布泥盆系、二叠系、三叠系等地层，后山带(北川–映秀断裂以西)分布泥盆系、二叠系、震旦系和前震旦系等地层，包括沉积岩、变质岩、岩浆岩和杂岩，地层构成极其复杂(李勇和孙爱珍，2000)(图 29-1)，反映了这一地区经历了复杂的地质过程。

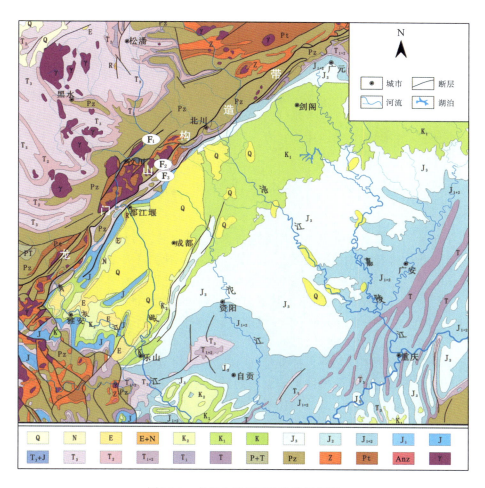

图 29-1　龙门山及邻区构造地质简图

注：F_1 为汶川-茂汶断裂；F_2 为北川-映秀断裂；F_3 为彭灌断裂；Q 为第四系；N 为新近系；E 为古近系；E+N 为古近系+新近系；K_2 为上白垩统；K_1 为下白垩统；K 为白垩系；J_3 为上侏罗统；J_2 为中侏罗统；J_{1+2} 为下侏罗统+中侏罗统；J_1 为下侏罗统；J 为侏罗系；T_3+J 为上三叠统+侏罗系；T_3 为上三叠统；T_2 为中三叠统；T_1 为下三叠统；T_{1+2} 为下三叠统+中三叠统；T 为三叠系；P+T 为二叠系+三叠系；Pz 为古生界；Z 为震旦系；PT 为元古界；Anz 为前震旦系；γ 为火成岩。

　　在晚三叠世，龙门山向东构造逆冲推覆的过程中，扬子板块西缘在龙门山逆冲推覆体构造负载的作用下发生挠曲沉降(郭正吾等，1996；Li et al.，2003)，龙门山构造带由北西向南东冲断的过程具有由北西向南东渐次推进的前展式特征，导致在龙门山前缘地区砾质粗碎屑楔状体周期性出现和前陆盆地幕式沉积(李勇等，1995)。对剑门关地区晚侏罗世沉积体系空间配置和沉积背景的分析表明，晚侏罗世莲花口组沉积早期是龙门山逆冲推覆强烈的时期。龙门山地区锆石和磷灰石的裂变径迹计时分析表明，中—新生代龙门山主要有印支期(约 200Ma)、早白垩世末期(约 100Ma)、早新生代(65～30Ma)以及晚中新世(15～9Ma)等 4 个冷却事件，即龙门山的隆升历史总体上经历了中生代至早新生代的缓慢隆升和晚新生代的快速隆升(李智武等，2010)。因此，龙门山经历了多期次的构造活动，隆升-剥蚀过程较为复杂。

龙门山前陆盆地是我国典型的前陆盆地之一，自晚三叠世以来，龙门山前陆盆地充填了约 10km 的海相至陆相沉积物，包括上三叠统至第四系巨厚的地层，与下伏地层以不整合的形式接触，垂向上具有由海相沉积物到海陆过渡相沉积物，再到陆相沉积物的变化特征，并且具有向上变浅、变粗的序列(李勇等，2006a)，除新近系缺失较多外，上三叠统、侏罗系、白垩系、古近系、第四系均发育。

29.2　基本理论与研究方法

物质平衡法的基本原理是将物源作为连接剥蚀区与毗邻盆地的纽带，根据盆地沉积物增减确定造山带剥蚀掉的物质数量，从而确定剥蚀区山脉的隆升-剥蚀过程(Hay et al.，1989；Word and Hay，1990)。核心思想就是将碎屑沉积过程作为一个封闭系统(包括所有剥蚀区和沉积区)，以目前的剥蚀区海拔为基础，逐步将盆地的沉积物质"剥"下来，重新"搬回"物源区，以恢复造山带不同时期的古地形高度，为再造物源区的剥蚀通量和隆升过程提供依据(汪品先和刘传联，1993)。

根据物质平衡法所需的条件，对研究做出以下假定：①本章研究得出的沉积通量、沉积速率和剥蚀速率均代表各阶段的平均沉积通量、平均沉积速率和平均剥蚀速率，通过对这些平均值变化规律的分析，最终得出晚三叠世以来龙门山与前陆盆地之间剥蚀-沉积系统的演化历史；②晚三叠世至今，整个剥蚀-沉积系统发生了巨大的变化，物源区范围和沉积区范围无法精确确定，但是物源区面积和沉积区面积对研究又是必不可少的。本章研究的主要对象是来自盆地西部(龙门山及其西侧地区)的沉积物，然而盆地内的沉积物并非完全来自其西部地区，来自东部、南部和北部地区的沉积物也是不可忽视的。因此，本章充分考虑剥蚀区与沉积区物源对比分析(主要是锆石年龄)、地层出露情况(主要依据基岩出露情况、下三叠统出露情况)、构造特征(基岩断裂分布)及构造演化特征(由北向南推进表明物源区总体上北宽南窄)等因素对物源区边界进行假定，用于剥蚀-沉积系统的剥蚀区数据计算。

29.2.1　沉积阶段的划分

根据龙门山前陆盆地 6 个构造层序(Li et al.，2001a)，将研究的时间区间划分为 6 个阶段：Ds1、Ds2、Ds3、Ds4、Ds5 和 Ds6，根据各个构造层序内部地层的发育时代对剥蚀-沉积阶段做更进一步的划分(表 29-1)。为了保持研究的剥蚀-沉积过程在时间上的连续性，将渐新世和中新世(33.9~3.6Ma)划入 Ds5 阶段，沉积区面积采用与其时间上相邻、空间上相似的芦山组、名山组的面积。由于无法对马鞍塘期和小塘子期的物源区进行准确标定，研究的第 1 个剥蚀-沉积阶段 Ds1 仅为须家河期(表 29-1)。

表 29-1　龙门山前陆盆地晚三叠世以来剥蚀-沉积阶段划分

地层		岩石地层	底界年龄/Ma	阶段	地层时代/Ma	持续时间/Ma
系	统					
第四系	全新统	第四纪沉积物	—	Ds6	3.6～0	3.6
	更新统		—			
新近系	上新统	大邑砾岩	3.6	Ds5	88.6～3.6	85
	中新统	—	—			
古近系	渐新统	—	33.9			
	始新统	芦山组	—			
	古新统	名山组	65.5			
白垩系	上白垩统	灌口组	88.6	Ds4	112.0～88.6	23.4
		夹关组	112.0			
	下白垩统	城墙岩组	145.5	Ds3	155.6～112.0	43.6
侏罗系	上侏罗统	莲花口组	155.6			
	中侏罗统	遂宁组	161.2	Ds2	199.6～155.6	44
		沙溪庙组	167.7			
		千佛崖组	175.6			
	下侏罗统	白田坝组	199.6			
三叠系	上三叠统	须家河组	210.0	Ds1	210.0～199.6	10.4
		小塘子组	216.5			
		马鞍塘组	228.0			

29.2.2　剥蚀区边界的标定

对现今四川盆地西部物源区的标定较为容易，主要为岷江、涪江和青衣江上游流域，此外还包括龙门山东南坡众多山前小河流域(图 29-2)。然而，对地史时期物源区边界的标定是研究的重点和难点问题，目前尚未发现有效的研究方法。自晚三叠世以来超过 200Ma 的漫长地史时期，龙门山及其西北侧物源区的面积必定发生了变化，而这种变化也是很难进行精确恢复的。本书将基于以下两个方面的依据对物源区边界进行大致标定：①通过地层特征判断古流向，以确定物源方向；②通过对剥蚀区与沉积区岩石的对比分析，判断盆地沉积物的物质来源。具体分析过程如下。

1. 晚三叠世古流向的判别

通过对须家河组斜层理倾向、砂体空间展布、砂岩岩屑成分和轻重矿物组合(邓康龄，1983)的分析，表明上三叠统须家河组陆源碎屑主要来自盆地西北部已经褶皱隆起的松潘-甘孜褶皱带。对前陆盆地内上三叠统须家河组砂岩组分和古流向等资料进行分析，也表明须家河组物源主要来自其西部地区(林良彪等，2006；谢继容等，2006)。此外，对四川盆地上三叠统的砾岩碎屑、砂岩骨架颗粒、碎屑重矿物组分的分析表明，龙门山(特别是北段)在须家河期为前陆盆地提供大量物源(施振生等，2010)。

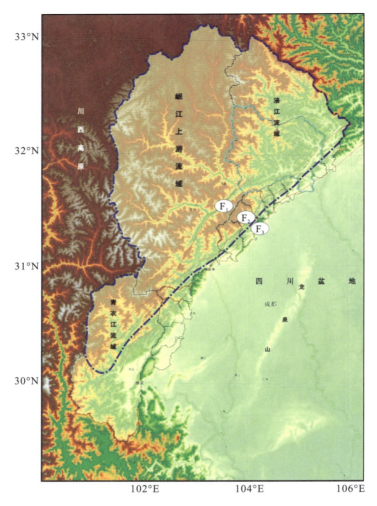

图 29-2 龙门山及其周边地区地貌水系图

注：F₁为汶川-茂汶断裂；F₂为北川-映秀断裂；F₃为彭灌断裂。

2. 晚三叠世物源区与沉积区物源对比分析

四川盆地都江堰地区须家河组下部的灰色长石石英砂岩及其上部的细砂岩中锆石年龄主要集中在 1900～1800Ma、2500～2400Ma、850～720Ma、1200～950Ma 和 450～400Ma（邓飞等，2008）。这一年龄分布区间基本继承了松潘—甘孜地体拉丁期至诺利期地层中碎屑锆石的年龄（Weislogel et al.，2010；苏本勋等，2006；Enkelmann et al.，2007；邓飞等，2008），表明晚三叠世晚诺利期，松潘-甘孜地体经过短暂的沉积以后迅速发生海退，并褶皱隆起，为其东部盆地提供物源。对比分析松潘—甘孜地体卡尼期、诺利期地层和四川盆地须家河组中锆石年龄，其年龄分布区间基本一致（邓飞等，2008）。松潘—甘孜地体上三叠统取样层位为早于须家河组的卡尼期侏倭组石英砂岩和诺利期新都桥组绢云板岩，分布在理县以西、马尔康以东地区。因此，可以推测晚三叠世须家河期，理县以西地区已经开始为其东部的龙门山前陆盆地提供物源,这个位置已经非常接近现今岷江上游流域的南部边界(图 29-2)。因此,可以认为晚三叠世须家河期物源区范围可能接近现今四川盆地西部物源区的范围。

运用物质平衡法分析剥蚀-沉积系统时,对物源区变化不是非常大的剥蚀-沉积系统必须假设剥蚀-沉积系统规模不变。但是晚三叠世以来沉积地层的空间展布有很大差异,主要表现在晚三叠世-早白垩世沉积地层分布较广,晚白垩世以来沉积地层主要分布在龙门山中南段的前缘地区(图 29-3)。因此,假定现今岷江、涪江和青衣江 3 个流域为晚三叠世—早白垩世的西侧物源区(面积为 44074km^2),晚白垩世以来的西侧物源区则为岷江和青衣江两个流域(面积为 31890km^2)。

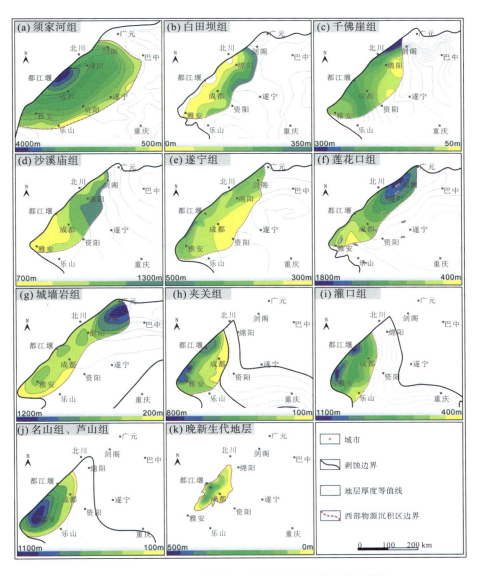

图 29-3 晚三叠世以来龙门山前陆盆地地层厚度等值线图

29.2.3　沉积区边界的标定

对沉积区边界的标定也是研究的重点与难点之一。前陆盆地沉积物充填一般具有双物源的特点，并且主要物源来自冲断带，次要物源来自克拉通(王成善和李祥辉，2003)。在进行沉积区边界标定前，首先必须考虑现今保存在盆地内的地层为残留地层，其次应考虑盆地内的沉积物不仅来自西部物源区。因此，本书通过对不同沉积阶段的地层特征进行详细分析，以确定来自西部物源区的地层分布范围。

1. 晚三叠世沉积区边界的标定

川西地区上三叠统须家河组总体上呈北东—南西向展布，并具有明显的西厚东薄的特征[图 29-3(a)、图 29-4(a)]。对上三叠统须家河组岩相古地理的研究显示，四川盆地物源主要有西部的龙门山、北部的大巴山以及来自东侧和南侧两个方向的物源。各个方向的物源汇集到四川盆地，对研究来自龙门山的沉积物造成了干扰。但是岩相古地理研究表明：川中古隆起在须家河期大部分时期发育混物源的砂坝沉积体系，主要分布在仪陇、南充、遂宁、资阳一线；另外在一小部分时期为剥蚀区，为四周提供物源。因此，来自其他地区的物源很少越过川中古隆起，川中古隆起作为短暂的物源区并未为其西侧提供大量物源。其他对川西地区须家河组岩相古地理的研究也有类似的认识(郭旭升，2010；姜在兴等，2007)。因此，川中古隆起以西地区的须家河组沉积物主要来自龙门山地区。根据须家河组在四川盆地物源体系分布情况，将广元—仪陇—南充—遂宁—资阳—眉山—夹江一线以西地区的须家河组作为来自龙门山的沉积物，即以地层厚度 700m 等值线为界，以西地区沉积物来自龙门山[图 29-3(a)]。

2. 早、中侏罗世沉积区边界的标定

在早、中侏罗世，龙门山前陆盆地充填地层表现为板状地层[图 29-4(b)]，盆地内来自东部克拉通的沉积物与来自龙门山的沉积物混在一起，来自龙门山的沉积物东部边界恢复难度较大。下面将从不同的角度，分别对早、中侏罗世的白田坝组(自流井期)、千佛崖组、沙溪庙组和遂宁组来自盆地西侧物源区的沉积物边界进行标定。

1)白田坝组(自流井组)

四川盆地早侏罗世白田坝组底部砾岩主要分布于米仓山和大巴山前缘的万源、南江、旺苍等地，由广元向南砾岩延伸较远，可达到盐亭东侧。根据砾岩分布形态(等厚图)，可以判断物源主要来自米仓山。据此可以判断广元南部较厚的白田坝组物源并非来自龙门山，因此可以初步判断来自龙门山的沉积物主要集中在龙门山中南段的前缘地区。此外，在龙门山中段(江油南部、安州等地)和南段(芦山、宝兴等地)也发育规模较北部小很多的冲积扇砾岩，并向东至三台、简阳、仁寿一带已经基本过渡为湖泊。因此可以将来自西侧龙门山的沉积物东部边界定在三台、简阳、仁寿一线[图 29-3(b)]。

2)千佛崖组

中侏罗世千佛崖组在米仓山前缘地区地层最厚,具有向上变细的退积型层序特征,下部为冲积扇相,上部为湖泊相。在龙门山南段的东部盆地内向东依次发育来自龙门山的冲积平原相、湖泊相,再往东发育来自东部地区的三角洲,西部冲积平原前端与东部三角洲前端之间的中线大约在仁寿附近。在龙门山中段,都江堰、成都至绵阳等地发育三角洲,前端大概延伸至三台以东地区。在龙门山北段发育冲积平原相。来自江油的物源与来自米仓山、大巴山的物源混在一起,但是从地层厚度可以判断发育两个沉降中心,因此在龙门山北段的前缘地区可以根据地层厚度判断来自龙门山的沉积物的边界[图 29-3(c)]。

3)沙溪庙组

对川西安州至蒲江地区沙溪庙组进行野外剖面古流向测量和测井古流向分析的结果表明,来自西侧龙门山的物源在盆地内可以到达现今龙泉山以东地区[图 29-4(d)]。但是,米仓山、大巴山给盆地提供大量物源对来自西侧龙门山的沉积物边界判别造成干扰,因此还需要结合砂体分散体系、沉积体系展布图进行沉积边界标定。砂体分散体系和沉积体系展布研究表明,来自西侧(龙门山)和北侧(米仓山、大巴山)两个物源体系以仁寿、简阳、三台一线为界,结合龙门山北段前缘的地层厚度特征,将来自龙门山的沉积物边界定在剑阁附近。因此,将来自盆地西侧龙门山的沉积物边界标定在仁寿、简阳、三台、剑阁一线[图 29-3(d)]。

4)遂宁组

在中侏罗世遂宁期,龙门山前缘北起剑阁,南至天泉广泛分布一套砾岩,宽 20~30km[图 29-4(d)]。对遂宁组砂岩厚度和沉积相(以冲积扇-三角洲为主)的分析也表明来自龙门山的沉积物可以延伸到仁寿、简阳、三台一线,甚至可以继续向东延伸一定距离。结合上述分析,将来自盆地西侧龙门山的沉积物边界标定在仁寿、简阳、三台一线的西侧,在龙门山北段,根据沉降中心的分布,将来自龙门山的沉积物边界定在剑阁附近[图 29-3(e)]。

3. 晚侏罗世-早白垩世沉积区边界的标定

1)莲花口组(蓬莱镇组)

在莲花口期,龙门山前沉积地层的底部为冲积扇扇根相砾岩[图 29-4(c)],中部为扇中相辫状河道砂、砾岩,上部为扇端相洪泛平原沉积(李勇等,1995),具有向上变细的退积型层序特征。莲花口组在龙门山前冲积扇较发育,为多个扇体侧向相连接构成的冲积扇群,单个冲积扇最大可以延伸 30km。由龙门山向东侧盆地依次发育冲积扇、三角洲和滨湖。对四川盆地莲花口组的岩相古地理研究表明,从龙门山地区进入盆地的冲积扇-三角洲可以向东延至彭山、金堂附近,而来自东部的三角洲可以向西延伸至资中、射洪、仪陇一线。因此,结合岩相古地理图可以将来自龙门山的沉积物边界确定在名山、彭山、三台、广元一线[图 29-3(f)]。另外,此时可能已经开始发育形成低隆起,将来自龙门山中南段的沉积物限制在现今龙泉山以西地区(李勇等,1995)。对龙门山北段前缘剑门关地区晚侏罗世古水流方向和物源进行分析,结果表明龙门山为主要物源区(徐强等,2001)。

2)城墙岩组

在城墙岩期,龙门山前缘的冲积扇群仍然比较发育。在盆地西北缘,城墙岩组下部为冲积扇相,上部为河流相;在盆地西缘自下向上依次发育扇根相、扇中相和扇端相,具有典型的退积型层序特征;盆地西南缘下部发育辫状河,上部发育曲流河(李勇等,1995)。此时,龙泉山已经定型(李勇等,1995),说明城墙岩期来自龙门山中南段的沉积物被限制在龙门山和龙泉山之间,即龙泉山就是中南段的沉积边界。在龙门山北段,山前地区发育冲积扇和扇三角洲,在梓潼以东地区过渡为滨浅湖。

结合以上分析,将城墙岩期来自龙门山的沉积物东部边界标定在广元、梓潼、金堂、眉山、雅安一线[图29-3(g)]。

4. 晚白垩世早期沉积区边界的标定

在晚白垩世,在川西地区沉积了一套夹关组地层,来自龙门山的沉积物主要分布于龙门山中南段与龙泉山之间,龙泉山以东的乐山-黔北盆地以风成沉积为主(李勇等,1995)。该时期盆地主要发育冲积扇和河流沉积体系,湖泊沉积体系不发育。该时期来自龙门山的沉积物被限制在龙泉山以西地区,因此可以将龙泉山一线作为来自龙门山的沉积物的东部边界[图29-3(h)]。

5. 晚白垩世晚期—中新世沉积区边界的标定

在晚白垩世晚期—中新世,龙门山前陆盆地沉积地层包括灌口组、名山组和芦山组。

1)灌口组

灌口组主要分布在龙门山中南段前缘地区,具有西厚东薄、南厚北薄的特征,发育两个沉降中心,位于芦山和都江堰附近,厚度超过1000m。灌口组大部分遭受不同程度的剥蚀。根据残留地层进行的岩相古地理研究表明,在芦山和都江堰地区发育两个冲积扇沉积体系,并向东过渡为河流、湖泊沉积体系。根据前人的岩相古地理研究(纪相田和李元林,1995),可将龙泉山一线作为来自龙门山的沉积物东界[图29-3(i)]。

2)名山组、芦山组

名山期的沉积物同样在龙门山中南段前缘地区较为发育,沉积特征也继承了晚白垩世的沉积特征,在天全至芦山一带发育冲积扇沉积体系,向东过渡为以泥岩为主含石膏的湖相沉积物。芦山组整合覆于名山组地层之上,空间上分布在芦山、雅安一带,主要为湖泊、河流沉积体系。由于名山期和芦山期的沉积作用主要继承了晚白垩世灌口期的沉积特征,因此将名山期、芦山期来自龙门山的沉积物东部边界也确定在龙泉山一线[图29-3(j)]。

6. 晚新生代沉积区边界的标定

晚新生代沉积物主要分布于成都盆地,自下向上依次发育大邑砾岩、雅安砾石层、网纹状红土层和成都黏土,主要发育河流相和冲积扇相(李勇等,1995,2006a)[图29-4(e)]。

晚新生代地层处于地表是可以直接观测到的，因此沉积区边界较容易标定。由于现今成都盆地并不是封闭性的盆地，在使用沉积物数量进行物源区剥蚀量和剥蚀厚度恢复时必须考虑到盆地内沉积物是不完整的［图 29-3（k）］。

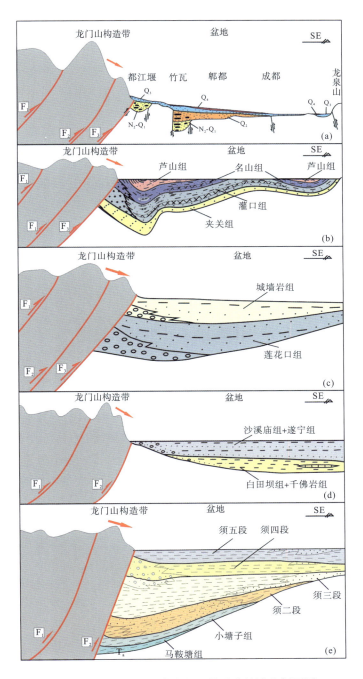

图 29-4　晚三叠世以来龙门山前陆盆地演化剖面图

注：F₁ 为汶川-茂汶断裂；F₂ 为北川-映秀断裂；F₃ 为彭灌断裂。

29.3　前陆盆地沉积通量的计算

29.3.1　沉积通量的初步计算

对前陆盆地内沉积物质量的计算是本书研究的前提。在确定各阶段来自冲断带的沉积物分布范围和沉积物厚度的情况下，可以计算得到各阶段沉积体积。然后，可以计算在任何一个剥蚀-沉积阶段被搬运至沉积区物质的质量为

$$M_s = V \cdot \rho \tag{29-1}$$

式中，M_s 为沉积物质量，t；V 为沉积体积，m^3；ρ 为岩石密度，t/m^3。

此外，为了体现各剥蚀-沉积阶段从剥蚀区被搬运到沉积区物质的差异性，还需要对各阶段的沉积通量进行计算。沉积通量是指在一定单位时间内，单位面积上沉积的固体物质总量，本章中的沉积通量是指龙门山前陆盆地晚三叠世在各沉积时期单位时间单位面积上沉积物的质量。计算公式为

$$AR = M_s / (S \cdot \Delta t) \tag{29-2}$$

式中，AR 为沉积通量，t/(m^2·Ma)；M_s 为沉积物质量，t；S 为沉积区面积，m^2；Δt 为沉积持续时间，Ma。

上述已对各剥蚀-沉积阶段来自龙门山的沉积物边界进行了标定，下一步就可以对各阶段的沉积物质量进行定量计算。为了精确计算各剥蚀-沉积阶段的沉积物质量，本书搜集了各阶段沉积地层的厚度等值线图，并根据实测剖面、钻井和地震反射剖面等资料揭示的地层厚度，对地层厚度等值线进行调整。以这些地层厚度数据为基础，利用 Surfer8.0 软件自动生成等厚线图，可以计算出各阶段的沉积量(沉积体积)，其基本原理为：在图面上布置若干水平和垂直交错并等距的网格，把每个单位网格作为微元，然后根据每个微元的面积及其所对应的地层厚度计算该微元范围内地层的体积，逐个计算，最后累加的结果即是各组段残留地层的总体积。这种方法的优点是：计算原理是微积分的原理；Z 轴(表示地层厚度)数据存在负值；给出盆地沉积物总体积，且计算体积包括正体积和负体积，可取正值作为沉积通量的基本数据。这种方法还可以避免手工计算的繁杂和较大的人为误差(颜照坤等，2010)。

另外，利用 Surfer8.0 软件还可以得出盆地残留地层的覆盖面积，于是可以获得各阶段残留地层沉积体积及其覆盖面积等数据。将沉积体积(V)、岩石密度(ρ)代入式(29-1)，即可以计算出各阶段的沉积物质量(表 29-2)。

29.3.2　沉积通量的矫正

在计算沉积通量的过程中，必须考虑两点：①现今的成都盆地为外流盆地，从物源区剥蚀下来的沉积物并未完全保留在盆地内；②新生代地层存在大量的缺失，如果忽视缺失

地层对剥蚀-沉积系统的影响，对物源区剥蚀过程进行恢复就会造成剥蚀过程不连续，进而无法实现对古高度的恢复。

表 29-2　晚三叠世以来龙门山前陆盆地沉积物质量统计

阶段	岩石地层	沉积体积/m³	沉积区面积/km²	平均厚度/m	岩石密度/(10⁹t/m³)	沉积物质量/10⁹t
DS6	大邑砾岩、第四系	685	9102	75.3	2.51	1719.35
DS5	名山组、芦山组	10851	21227	511.2	2.51	27236.01
	灌口组	14602	20643	707.4	2.63	38403.26
DS4	夹关组	7225	21106	342.3	2.63	19001.75
DS3	城墙岩组	15182	37328	406.7	2.64	40080.48
	莲花口组	28997	27538	1053	2.64	76552.08
DS2	遂宁组	13037	39700	328.4	2.66	34678.42
	沙溪庙组	23543	30540	770.9	2.66	62624.38
	千佛崖组	3694	32261	114.5	2.68	9899.92
	白田坝组	3311	26403	125.4	2.68	8873.48
DS1	须家河组	76577	65734	1165	2.68	205226.36

针对以上问题，从以下几方面进行解决。

(1)由于现今的成都盆地并非一个封闭的盆地，因此对晚新生代(3.6Ma)以来成都盆地内沉积物的计算结果应该远小于实际从物源区剥蚀下来的物质。根据岷江紫坪铺站1955～1974年的水文资料，获得岷江上游年输沙量，并计算出晚新生代(3.6Ma)岷江上游剥蚀厚度约为1150m(李勇等，2006a)，这一数值远大于根据成都盆地内沉积物数量获得的物源区剥蚀厚度(14.5m)。此外，1150m的剥蚀厚度与其他方法(岷江下切速率、裂变径迹计时、宇宙成因核素、数字高程模型等)获得的结论较为一致。于是，假设岷江上游流域的剥蚀厚度1150m适用于所有物源区，即晚新生代(3.6Ma)物源区剥蚀厚度为1150m，计算出的晚新生代物源区的剥蚀量为36673.5km³(31890km²×1.15km)，总质量为92052Gt。

(2)由于晚白垩世至中新世存在较多的地层缺失(以渐新世和中新世为主)(表29-1)，因此本书研究必须进行半定量的恢复，否则将对后期总隆升幅度和总剥蚀厚度的计算造成极大干扰。对这部分地层的缺失，前人已经做了大量的研究工作，利用裂变径迹和镜质体反射率获得四川盆地新生代(65.5Ma)剥蚀量为2～3km。利用古地温方法获得新生代(65.5Ma)川西地区剥蚀最厚的地方位于龙门山南段的前缘地区，最厚可以超过3000m，到成都减少到2100m，平均约为2500m(朱传庆等，2009)。利用裂变径迹测得晚白垩世(88.6Ma)以来川西地区剥蚀厚度为2000～4000m(邓宾等，2009)。上述研究结论较为一致，本章采用2500m作为88.6～3.6Ma这一阶段盆地内沉积物的剥蚀厚度，面积参考名山期、芦山期的沉积面积21227km²，于是计算出88.6～3.6Ma盆地内沉积物被后期剥蚀掉了53068km³，质量为138221Gt，在计算Ds5阶段剥蚀量时需要增加这部分物质。

综合上述分析和计算结果，可以利用式(29-2)获得晚三叠世以来 6 个剥蚀-沉积阶段的沉积通量(表 29-3)。

表 29-3   晚三叠世以来 6 个剥蚀-沉积阶段沉积通量统计

阶段	残留地层质量/Gt	校正质量/Gt	总质量/Gt	面积/km^2	持续时间/Ma	沉积通量/[kg/(m^2·ka)]
Ds6	1719.35	+90333	92052	21227	3.6	1204.6
Ds5	65639.27	+138221	203860	21227	85	113.0
Ds4	19001.75	—	19002	21106	23.4	38.5
Ds3	116632.56	—	116632	37328	43.6	71.7
Ds2	116076.2	—	116076	39700	44	66.5
Ds1	205226.36	—	205226	65734	10.4	300.2

29.4   龙门山隆升幅度与剥蚀厚度的估算

剥蚀厚度是指龙门山前陆盆地物源区被剥蚀物质的平均厚度。剥蚀速率是指龙门山前陆盆地物源区单位时间内被剥蚀的量(颜照坤等，2010)。根据物质平衡法原理，从物源区剥蚀下来的物质质量等于盆地内沉积物的质量，于是可以计算出 6 个剥蚀-沉积阶段的剥蚀厚度和剥蚀速率(表 29-4)。通过对沉积通量和剥蚀速率的变化趋势进行分析，发现晚三叠世以来，物源区的剥蚀速率和沉积区的沉积速率均具有先减小后增大的变化规律(图 29-5)。

在获得晚三叠世以来每个阶段剥蚀厚度数据的基础上，便可获得晚三叠世以来剥蚀区的总剥蚀厚度约为 7.06km(表 29-4)，由于龙门山地区与其西侧川西高原出露地层表明龙门山地区出露地层较早(图 29-1)，反映了龙门山地区具有比其西侧川西高原地区更大的剥蚀速率，因此龙门山地区的剥蚀厚度应该大于平均剥蚀厚度(7.05km)。

表 29-4   晚三叠世以来 6 个剥蚀-沉积阶段剥蚀速率统计表

阶段	总体积/km^3	面积/km^2	剥蚀厚度/km	持续时间/Ma	剥蚀速率/(mm/ka)
Ds6	36674	31890	1.15	3.6	319.4
Ds5	62127	31890	1.95	85	22.9
Ds4	7225	31890	0.23	23.4	9.8
Ds3	44179	44074	1.00	43.6	22.9
Ds2	43585	44074	0.99	44	22.5
Ds1	76577	44074	1.74	10.4	167.3

某一阶段剥蚀区的地表隆升幅度主要受两方面因素的影响，分别为地壳隆升幅度和该阶段的剥蚀厚度，即"地表隆升幅度=地壳隆升幅度－剥蚀厚度"(李勇等，2006a)。上述

已获得晚三叠世以来剥蚀区的总剥蚀厚度约为 7.06km（表 29-4），由于现今剥蚀区平均海拔为 2.75km，于是可以获得晚三叠世以来剥蚀区平均地壳隆升幅度大于 10km，又由于现今龙门山的最大海拔约为 5km，因此可以判断晚三叠世以来龙门山部分地区的地壳隆升幅度大于 12km。

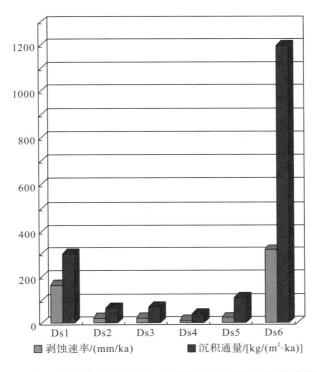

图 29-5　晚三叠世以来龙门山盆-山系统剥蚀速率与沉积通量对比图

龙门山的正均衡重力异常模拟反演的结果表明，龙门山地区地壳隆升幅度达到 11.2～12.6km（李勇等，2006a）。利用磷灰石裂变径迹计时法研究龙门山地区的剥蚀作用，其结果表明龙门山至少有 5～6km 或 7～10km 的地层被剥蚀（刘树根等，2003；Xu and Kamp，2000）。上述两种方法获得的结论与本章计算结果（龙门山地壳隆升幅度大于 10～12km，剥蚀厚度大于 7.05km）十分吻合，说明本章对龙门山与前陆盆地之间剥蚀-沉积系统的基本假定是合理的，通过这一方法进一步限定了龙门山自晚三叠世以来的隆升幅度和剥蚀厚度。

第30章　龙门山源-汇系统的剥蚀量- 沉积通量对比

任何一条河流的流域均存在物源区的剥蚀作用和沉积区(或盆地)的沉积作用,它们构成了一个相对独立的源-汇系统(剥蚀-沉积系统)。在这种系统内,河流水系模式控制了剥蚀作用的空间分布、沉积物传输和扩散以及盆地的沉积作用,表明剥蚀作用和沉积作用形成于统一的流域水动力学系统,是一对孪生体,具有在空间上相互依存、物质上相互转化、能量上相互交换等特点,其实质在于源-汇系统是一个物质的循环系统和能量的交换系统,其间的传输媒介主要为河流水体,因此剥蚀作用与沉积作用存在耦合关系。对发源于大型山脉或高原水系的源-汇系统的研究不仅是解决山脉或高原隆升和环境变迁等问题的最佳途径之一,而且也为理解山脉的形成和盆地的沉积机理提供了新的线索。同时这一研究方向也成为大陆岩石圈动力学和地球表面过程研究中最前沿的科学问题之一,具有重要的理论意义。

长期以来,对山脉或高原物源区(或汇水区)剥蚀作用的研究一直没有可靠的技术方法和手段,多数研究是从概念或逻辑推理出发,认定剥蚀作用的影响。在短周期剥蚀作用的研究方面,主要通过实际测量年降水量、汇水量和输沙量的变化,精确定量地刻画剥蚀作用(Burbank et al.,2003,Lamb and Davis,2003;Reiners et al.,2003;Molnar,2003);在长周期剥蚀作用的研究方面,以裂变径迹计时法、宇宙成因核素法等热年代学数据(Bierman,1994;Granger et al.,1996;Lal,1991)为主要手段,研究剥蚀速率和剥蚀量。此外,高精度数字高程模型(Mayer,2000;李勇等,2005a,2006a)、地壳均衡模拟技术(李勇等,2006a)和剥蚀卸载模拟技术(李勇等,2005a;Densmore et al.,2005)已成功地应用于山脉剥蚀作用的研究。

在一个相对独立的剥蚀-沉积系统中,剥蚀作用可分为面状剥蚀作用和线状剥蚀作用,其中河流下切作用是线状剥蚀作用的主要类型,也是控制表面剥蚀作用最为重要的因素,只有真正地认识了以水蚀作用为主的剥蚀作用的自然规律,才能精确地刻画剥蚀作用与沉积作用的关系。因此,一些研究者试图通过一定时期内盆地沉积物充填体积的计算恢复其物源区流域的平均剥蚀速率(Einsele et al.,1996;Einsele,2000),在计算时需要确定的参数包括汇水量、沉积区面积、沉积形态、流域面积、沉积总量或沉积通量等。由于盆地有封闭盆地(如非洲中部乍得盆地)和半封闭盆地(如黑海盆地、加利福尼亚湾、孟加拉湾等)两种类型(Einsele et al.,1996;Einsele,2000),因此利用盆地沉积物充填体积恢复其物源区流域的平均剥蚀速率显得十分复杂。

鉴于此，本章将青藏高原东缘的岷江流域和成都盆地作为一个独立的剥蚀-沉积系统，以物源作为连接两者的桥梁，对成都盆地沉积通量和岷江流域剥蚀量定量地统计与计算，对比沉积通量和剥蚀量的定量关系，探索岷江上游流域剥蚀作用与成都盆地沉积作用的相互关系。

30.1　青藏高原东缘的地貌和水系特征

青藏高原东缘处于我国西部地质、地貌、气候的陡变带，具有青藏高原地貌(川西高原)、龙门山高山地貌和山前冲积平原(成都平原)3 个一级地貌单元(图 30-1)，是我国西部最重要的生态屏障。该地区是研究山脉剥蚀作用与前缘盆地沉积作用的理想地区，其原因在于该地区地质过程仍处于活动状态，变形显著，露头极好，活动沉积盆地发育，其地貌、水系和活动盆地是青藏高原新生代碰撞作用和隆升过程的地质记录。其中，贯穿了川西高原、龙门山和成都平原的岷江对研究青藏高原东缘河流剥蚀作用和沉积作用具有重要意义。

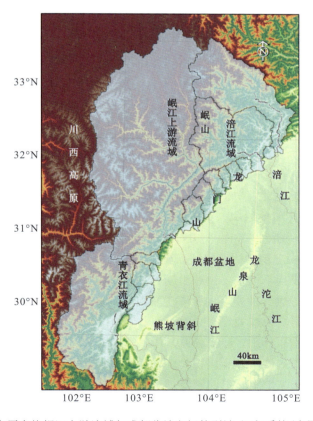

图 30-1　青藏高原东缘岷江上游流域与成都盆地之间的剥蚀-沉积系统(底图为 DEM 图像)

30.1.1　川西高原

川西高原位于青藏高原的东部，在区域构造上属松潘-甘孜造山带，主要由志留系茂县群千枚岩、泥盆系危关群结晶灰岩、石炭系-二叠系结晶灰岩与枕状玄武岩和三叠系西康群千枚岩组成。川西高原平均海拔为 4000m，显示为一个波状起伏的高原面，总体显示为高原地貌。

30.1.2　龙门山

龙门山是我国典型的推覆构造带，北起广元，南至天全，呈北东—南西向展布，北东与大巴山相交，南西与鲜水河断裂相截。该边缘山脉长约 500km，宽约 30km，面积约 15000km²，具有 42%～43% 的构造缩短率，并在前缘形成了典型的中-新生代前陆盆地（刘树根，1993；刘和甫等，1994；Burchfiel et al.，1995；李勇等，1995；Li et al.，2001a，2001b，2003），逆冲作用与沉积作用的耦合关系十分典型（李勇等，1994；李勇，1998；Li et al.，2001a，2001b，2003）。值得指出的是，研究人员在龙门山发现了与造山带平行的走滑作用（Li et al.，2000，2001a，2001b；王二七等，2001；李勇等，2005a，2005b，2006a，2006b；Densmore et al.，2005），为研究龙门山及其前缘盆地的形成机制提供了依据。

30.1.3　成都盆地

成都盆地夹于龙门山与龙泉山之间，呈"两山夹一盆"的构造格局，显示为狭窄的线性盆地（图 30-1、图 30-2），成都盆地的长轴方向为北东—南西向（30°～40°NNE），平行于龙门山断裂带，长度为 180～210km；成都盆地的短轴方向为北西—南东向，垂直于龙门山断裂带，宽度为 50～60km，面积约为 8400km²。成都盆地基底断裂和沉积厚度的时空展布特点表明，在短轴方向，成都盆地具明显的不对称性结构，宏观上表现为西部边缘陡，东部边缘缓，沉积基底面整体向西呈阶梯状倾斜（图 30-3、图 30-4），表明成都盆地的挤压方向垂直于龙门山主断裂方向。李勇等（2006a）研究表明，成都盆地具有一系列与走滑作用和挤压作用相关的沉积和构造特征，属走滑挤压盆地。

现代地貌显示，成都平原主要由冲积扇和冲积平原构成。龙门山山前主要发育冲积扇群，由北向南依次为绵远河冲积扇、石亭江冲积扇、湔江冲积扇、岷江冲积扇和两河冲积扇，其中以岷江冲积扇规模最大（图 30-2）。各扇体均位于横切龙门山的横向河谷的河口地带，地势均自北西向南东倾斜，连缀成群，并在扇前缘犬牙交错地叠置于上更新统地层之上。扇间为洼地，一般为砂质黏土沉积物。成都盆地具有单向充填特征，即物源区位于成都盆地的短轴方向，在盆地中充填的碎屑物质均来自盆地西侧的龙门山（图 30-2），冲积扇总体上分布于盆地西侧沿龙门山主断裂一线，山前发育数量众多的横向河，出口处以冲积扇沉积物为主。河流流向和碎屑物质的搬运方向均垂直于龙门山主断裂和成都盆地长轴方向，并以横向水系为特征。

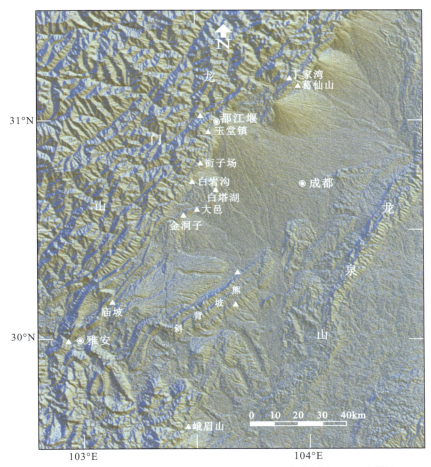

图 30-2　成都盆地数字地貌图及测年样品分布图(底图为 DEM 图像)

　　根据地表区域地质调查和钻井勘探资料，晚新生代成都盆地充填实体均为半固结-松散堆积物，在不同地段分别覆盖于侏罗、白垩系和古近系等地层上，并与下伏地层呈角度不整合接触关系，界面上存在厚约 10cm 的古风化壳，分布十分稳定，并被钻孔资料证实(何银武，1987)。该套沉积物在垂向上表现为以 3 个不整合面分割的 3 个向上变细的退积序列，下部为大邑砾岩，中部为雅安砾石层，上部为上更新统和全新统砾石层(李勇等，2006a)。李吉均等(2001)通过 ESR 测年研究提出大邑砾岩的沉积始于 2.6～2.4Ma，李勇等(2002a，2006a)、王凤林等(2003)对 10 个大邑砾岩剖面的下部砂岩开展了 ESR 测年研究，获得了 17 个 ESR 年龄值(图 30-2)，结果表明大邑砾岩形成的时间为 3.6～0.82Ma，雅安砾石层形成的时间为 0.64～0.20Ma。

30.1.4　龙泉山

　　龙泉山位于成都盆地的东侧，主体构造为龙泉山背斜，均由侏罗系红层构成。地震反射资料揭示，龙泉山背斜属北东向断面之上的薄皮褶皱，地腹深处变为单斜式鼻状隆起。

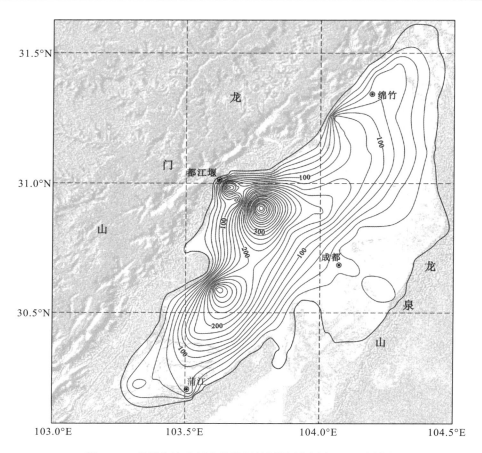

图 30-3　成都盆地晚新生代地层等厚图（底图为 DEM 图像）

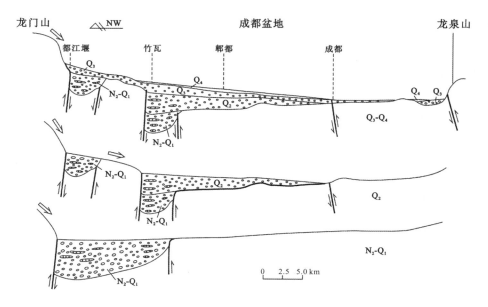

图 30-4　成都盆地的演化过程及西部边缘凹陷区的构造抬升和剥蚀作用

该带前缘断裂为龙泉山断裂，走向北东，延伸 120 余公里，断面向东倾斜，倾角为 35°~62°，呈犁式。现代地震和大地测量均显示龙泉山是一个正在上升的隆起，是现今成都盆地的东部边界山脉。

30.1.5　岷江流域

岷江又称汶江、都江，岷江发源于松潘弓木贡岭和郎架岭，由北向南流经汶川、都江堰市、乐山市等，到宜宾市后注入长江。岷江是长江上游的一级支流，也是长江上游水量最大的一条支流，全长 711km。其中，岷江上游是指河源到都江堰之间的区域，它不仅是青藏高原东缘龙门山区最大的河流，而且是成都盆地最大的补给区。岷江上游流域的总趋势为西高东低，横跨我国东西第一大地势台阶，呈南北宽、东西窄的袋状。南北位于北纬 31°26′~33°16′，东西位于东经 102°59′~104°14′，流域面积为 22664km²，左右岸的面积极不对称，流域面积不对称系数达 1.21。在紫坪铺站多年平均径流量为 459m³/s，年输沙量为 805 万 t/a。岷江上游河道长 340km，河道平均比降为 7.5‰。主干河道流向为由北向南，在汶川南侧向东南横切九顶山之后，流入成都平原，落差达 3009m，河谷深切，河谷与山脊的相对高差达 3000m 以上。岷江干流深切河谷的剖面几何形态表现为由上部宽坡型河谷和下部 V 形河谷构成（杨农等，2003；Li et al.，2004；张岳桥等，2005；李勇等，2005a，2005b）。狭窄的 V 形河谷位于岷江干流通过的地带，谷地两侧谷坡为剥蚀三角面，最大高差达 1000m，具有对称型和不对称型两类，局部保存阶地。在 V 形河谷的肩部与分水岭之间为宽坡型河谷，形态不规则，未保存有阶地，是由河流早期下切作用形成的，宽谷与山顶面之间的最大高差达 2000m 以上。

30.2　成都盆地的沉积通量

沉积通量（sediment flux）为一定时期内盆地沉积物的充填体积，在本章中使用的沉积通量是指成都盆地晚新生代沉积物的总体积。根据成都盆地已有的钻孔资料和原始数据（表 30-1、图 30-5），本书用 Sufer 软件制作成都盆地晚新生代地层等厚图（图 30-3），进而利用等厚线计算成都盆地残留的沉积通量。在此基础上，通过对成都盆地演化过程的再造恢复成都盆地潜在的沉积通量。

表 30-1　成都盆地钻孔位置及晚新生代地层厚度表

序号	钻孔编号	经度/(°)	纬度/(°)	地层厚度/m	序号	钻孔编号	经度/(°)	纬度/(°)	地层厚度/m
1	1	104.2883	31.4667	61.6	25	99	104.2767	30.7233	10.4
2	11	104.2167	31.4000	87.39	26	103	103.8695	30.8349	204.55
3	13	104.0383	31.2667	16.5	27	107	103.9067	30.6933	97
4	14	104.0543	31.2536	144.05	28	109	104.1017	30.6883	28.8
5	15	104.2833	31.2500	56.64	29	113	103.5617	30.6317	20.07

续表

序号	钻孔编号	经度/(°)	纬度/(°)	地层厚度/m	序号	钻孔编号	经度/(°)	纬度/(°)	地层厚度/m
6	19	104.1167	31.2067	133.5	30	116	104.0300	30.6667	37.36
7	25	104.1912	31.1095	120.06	31	117	104.0650	30.6450	16.85
8	29	103.9933	31.1333	25.38	32	125	104.0467	30.5867	16.3
9	34	103.8583	31.0667	34.8	33	128	103.6367	30.5667	310.27
10	39	104.3867	31.1117	29	34	132	104.0358	30.4583	11.75
11	41	104.2200	31.0450	106	35	136	103.8708	30.4717	14.6
12	42	103.8083	31.0417	10.5	36	140	103.5250	30.4283	183.2
13	50	103.9333	30.9833	130.92	37	142	103.8333	30.4125	13.07
14	52	104.2783	30.9833	46.16	38	143	103.6725	30.4017	139.45
15	59	104.0833	30.9750	158.11	39	146	103.4142	30.2450	42.9
16	60	103.6546	30.9876	268.75	40	148	103.3033	30.2183	50
17	70	103.6883	30.9383	59.97	41	151	103.5150	30.1908	86.32
18	74	104.0117	30.8833	183.17	42	152	104.1883	31.1333	115.24
19	75	103.5833	30.8800	21.7	43	153	104.2633	30.5617	35.23
20	82	104.0833	30.7483	10.53	44	154	103.6417	30.6417	199.26
21	83	103.8833	30.8133	167.8	45	155	103.7867	30.6783	189.2
22	84	104.4467	30.8083	15.5	46	167	103.6156	30.5949	340.62
23	86	103.9500	30.7733	106.18	47	822	104.1508	30.8300	16
24	87	103.7725	30.9070	546.85	—	—	—	—	—

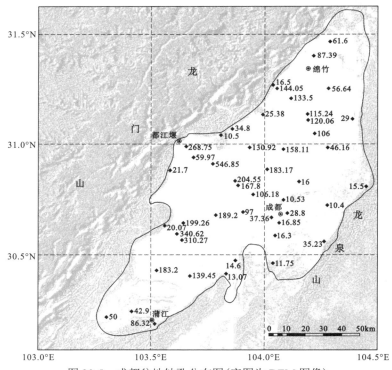

图 30-5　成都盆地钻孔分布图(底图为 DEM 图像)

30.2.1　成都盆地残留沉积通量计算

为了刻画和估计成都盆地晚新生代的沉积通量，我们搜集了成都盆地已有钻孔资料的原始数据，包括钻井位置及其所揭穿的晚新生代地层厚度。选取其中 47 个钻孔数据（表 30-1、图 30-5）。依据这些数据，在 Sufer 软件中自动生成等厚线图（图 30-3）。在此基础上，通过等厚线计算沉积通量，其原理是：在图面上布置若干水平和垂直交错并等距的网格，把每一个单位网格作为微元，然后在成都盆地内根据每一个微元的面积(s)及其对应的地层厚度(h)计算该微元范围内地层的体积(v)，逐个计算，最后累加的结果即为成都盆地内晚新生代沉积物的总体积(V)。

$$v = s \cdot h$$
$$V = \int v = \int s \cdot h \tag{30-1}$$

Sufer 软件可根据已生成的钻孔及边界点的经纬度和厚度信息计算沉积通量，结果表明，成都盆地的沉积通量(V_p)为 68.32km^3。该计算方法的优点是：①计算原理是微积分的原理；②Z 轴（表示地层厚度）数据存在负值；③给出盆地沉积物总体积，且计算体积包括正体积和负体积，可取其正值作为盆地沉积通量的基本数据。考虑到该体积是根据经纬度和厚度的单位来计算的，而经纬度的单位是°，厚度的单位是 m，因此沉积通量(V_{sf})可换算为

$$V_{sf} = V_p \cdot L_x \cdot L_y \cdot 1/1000 = 68.32 \times 94.2 \times 111.15 \times 1/1000 \doteq 715 (km^3) \tag{30-2}$$

式中，L_x 表示图幅内经度 1°代表的平面距离，单位为 km；L_y 表示图幅内纬度 1°代表的平面距离，单位为 km；二者均为已知数；1/1000 是把地层厚度单位 m 换算为 km 的系数。

结合大邑砾岩的年龄($T = 3.6$Ma)和成都盆地的面积($S = 8400$km^2)，便可计算出成都盆地晚新生代的平均沉积速率 υ_p：

$$\upsilon_p = V_{sf}/(T_d \cdot S_s) = 715 \div (3.6 \times 8400) \doteq 0.02 (mm/a) \tag{30-3}$$

30.2.2　潜在的沉积通量计算

鉴于成都盆地的西部已明显抬升和剥蚀（图 30-3、图 30-4），上述根据成都盆地沉积体积计算的沉积通量仅为残留的沉积通量，并不能代表成都盆地在形成演化过程中充填沉积物的总体积。因此，还需要计算和恢复成都盆地潜在的沉积通量。在计算和恢复潜在的沉积通量时考虑了以下因素。

(1)成都盆地为半封闭系统，其充填沉积物的体积小于岷江上游流域的被剥蚀物质的体积。岷江自都江堰进入成都盆地后，在龙泉山与熊坡背斜之间的新津流出成都盆地，岷江剥蚀的物质向成都盆地搬运、充填，当成都盆地被沉积物填满之后，岷江向外流，并将物质搬运出成都盆地，显示现今成都盆地为半封闭系统。成都盆地晚新生代以来的充填物以河流相和冲积扇相沉积物为主，湖泊相沉积物极少见，显示成都盆地自形成后就从未封闭过，因此相对成都盆地而言，岷江一直属外流河，表明晚新生代以来成都盆地均属半封闭系统，其中仅保存了部分岷江带来的物质，而不是全部。

(2)成都盆地保存不完整,西部边缘凹陷区已抬升,并剥蚀。成都盆地内部可进一步分为 3 个凹陷区(图 30-4),在西部边缘凹陷区沉积物的最大厚度仅为 253m,主要由新近系-下更新统、上更新统和全新统沉积物构成,中更新统极不发育,表明在中更新世该区被抬升和剥蚀;在中央凹陷区沉积厚度巨大,最大沉积厚度达 541m,地层发育齐全;在东部边缘凹陷区沉积厚度小,主要为上更新统,缺失下更新统和中更新统,厚度仅为 20m 左右。成都盆地演化过程(图 30-4)显示了在西部边缘凹陷区的原始沉积物厚度应较大,在该区地表出露的大邑砾岩的残留厚度达 380m,李勇等(2006f)也证实了这一推测。因此,推测该区的沉积物厚度应大于 380m。

鉴于上述计算的残留沉积通量主要包括位于中央凹陷区和东部边缘凹陷区的沉积体积,而对西部边缘凹陷区而言,仅包括该区经构造抬升、剥蚀后的残留沉积体积。该区在地表出露面积约为 2500km^2,以沉积物厚度 380m 为基数,经初步计算,该区堆积的沉积体积约为 950km^3,本章将其称为恢复的沉积通量。

因此,成都盆地晚新生代以来的总沉积通量应为残留的沉积通量(715km^3)和恢复的沉积通量(950km^3)的总和,即 1665km^3。

30.3 岷江上游流域的剥蚀速率与剥蚀量

30.3.1 根据输沙量计算的岷江上游流域短周期的剥蚀速率和剥蚀量

根据流域输沙量计算和估计汇水区短周期的剥蚀速率和剥蚀量是较为成熟的一种方法(Summerfield and Hulton,1994)。在岷江上游流域与成都盆地之间的剥蚀-沉积系统中,岷江并非流入成都盆地的唯一河流,进入成都盆地尚包括 5 条龙门山山前的小河流。为了评估岷江对成都盆地沉积物的贡献,对成都盆地汇水区的流域面积进行了统计。结果表明,成都盆地汇水区的总流域面积为 25476km^2,其中以岷江流域的面积为主,约占流域总面积的 88.96%。因此,本书在利用输沙量计算剥蚀量过程中假设的基本前提条件是:①岷江流域的山区沉积物贡献忽略不计;②龙门山山前小河流带来的沉积量忽略不计;③将输沙量作为机械剥蚀作用的产物,在计算总剥蚀速率时将化学剥蚀作用纳入计算中;④在利用输沙量计算晚新生代剥蚀速率时,假定输沙量恒定不变。

据紫坪铺站 1955～1974 年的实测资料统计,岷江流域年平均输沙量(v_{in})为 805 万 t/a,约 536.67 万 m^3/a。

岷江流域年平均剥蚀速率(v_1)为

$$v_1 = v_{in} \div S_o = 536.67 \times 10^4 \div 22664 \doteq 0.24 (mm/a) \tag{30-4}$$

岷江流域的剥蚀作用由化学剥蚀作用和机械剥蚀作用构成,而由输沙量计算的剥蚀作用仅反映了机械剥蚀作用。据研究,河流的机械剥蚀速率与化学剥蚀速率之比为 3∶1 (Einsele,2000),据此推测岷江流域的化学剥蚀速率约为 0.08mm/a。因此,岷江流域的总剥蚀速率应为机械剥蚀速率(v_1)和化学剥蚀速率(v_2)之和,即

$$\upsilon = \upsilon_1 + \upsilon_2 = 0.24 + 0.08 = 0.32 (\text{mm} / \text{a}) \tag{30-5}$$

假定 3.6Ma 以来岷江流域的平均剥蚀速率(υ)为 0.32mm/a，那么岷江流域的晚新生代剥蚀量(V)和平均剥蚀厚度(H)为

$$V = K_1 \cdot \upsilon \cdot T \cdot S = 1 \times 0.32 \times 3.6 \times 10^6 \times 22664 \doteq 26108.93 (\text{km}^3) \tag{30-6}$$

$$H = K_2 \cdot \upsilon \cdot T = 1 \times 0.32 \times 3.6 \times 10^6 \doteq 1.15 (\text{km}) \tag{30-7}$$

式中，T 为大邑砾岩的沉积年龄(3.6Ma)；H 为剥蚀厚度，km；S 为岷江流域面积，km^2；υ 为剥蚀速率，mm/a；K_1、K_2 为单位换算系数，均为 1。

30.3.2 根据岷江下切速率计算的岷江上游流域中周期的剥蚀速率与剥蚀量

李勇等(2005a)利用已实测的岷江阶地海拔和测年资料计算了岷江的下切速率，结果表明，在岷江源头河段(川西高原)岷江的下切速率为 1.61mm/a，在松潘—汶川河段(川西高原)岷江的下切速率为 1.19mm/a，在汶川—都江堰段(龙门山)岷江的下切速率为 1.81mm/a，在都江堰—成都河段(成都盆地)岷江的下切速率为 0.59mm/a。鉴于岷江流域主体位于川西高原，而且松潘—汶川河段(川西高原)是岷江的代表性河段，因此将松潘—汶川河段的岷江下切速率作为岷江的代表性下切速率。鉴于剥蚀作用由面状剥蚀和线状剥蚀作用构成，而河流下切作用是线状剥蚀作用的主要形式，因此将岷江的代表性下切速率作为岷江的平均线状剥蚀速率，在此基础上换算出平均面状剥蚀速率。据此，岷江上游流域的平均线状剥蚀厚度(H_x)和平均线状剥蚀量(V_x)为

$$H_x = K_1 \cdot \upsilon \cdot T = 1 \times 1.19 \times 3.6 \times 10^6 \doteq 4.28 (\text{km}) \tag{30-8}$$

$$V_x = K_2 \cdot \upsilon \cdot T \cdot S = 1 \times 1.19 \times 22664 \times 3.6 \times 10^6 \doteq 97092.58 (\text{km}^3) \tag{30-9}$$

式中，T 为大邑砾岩的沉积年龄(3.6Ma)；H 为剥蚀厚度，km；S 为岷江流域面积，单位为 km^2；υ 为剥蚀速率，mm/a；K_1、K_2 为单位换算系数，均为 1。

假定岷江的平均线状剥蚀速率占岷江流域面状剥蚀速率的 30%，那么岷江流域面状剥蚀速率(υ)、平均面状剥蚀厚度(H)和平均面状剥蚀量(V)为

$$\upsilon = 1.19 \times 30\% \doteq 0.35 (\text{mm} / \text{a}) \tag{30-10}$$

$$H = 4.284 \times 30\% \doteq 1.29 (\text{km}) \tag{30-11}$$

$$V = 97092.576 \times 30\% \doteq 29127.77 (\text{km}^3) \tag{30-12}$$

30.3.3 根据裂变径迹计时结果计算的岷江上游流域长周期的剥蚀速率与剥蚀量

裂变径迹计时是计算长周期剥蚀速率的一种有效方法(Burbank et al.，2003)。裂变径迹计时可给出冷却温度和冷却时间，根据地温梯度和连贯封闭温度系统之间被消除的岩石深度可以计算出剥蚀速率。目前，利用裂变径迹计时法揭示山脉的剥蚀作用主要采取矿物对封闭温度年龄法、不同高程单矿物地形高差法和单矿物封闭温度年龄法。

前人对青藏高原东缘不同构造单元的样品开展了裂变径迹测试(刘树根,1993；Arne et al., 1997；Xu and Kamp, 2000)，测试样品总计 22 件，其中采自川西高原的样品有 12 个，样品均采自印支期花岗岩，包含磷灰石和锆石两种年龄。根据测试结果和样品分布情况，采用地形高差法和单矿物封闭温度年龄法对这些样品的测试结果进行重新计算。结果表明，自早白垩世以来川西高原可能经历过一个逐渐加大的剥蚀过程，其中早白垩世到中新世剥蚀过程缓慢，中新世末期到近代剥蚀作用加速，平均剥蚀速率为 0.26mm/a。

据此，可以计算岷江上游流域晚新生代以来的剥蚀厚度和剥蚀量：

$$H = K_1 \cdot \upsilon \cdot T = 1 \times 0.26 \times 3.6 \doteq 0.94 (\text{km}) \tag{30-13}$$

$$V = K_2 \cdot \upsilon \cdot T \cdot S = 1 \times 0.26 \times 3.6 \times 22664 \doteq 21213.50 (\text{km}^3) \tag{30-14}$$

式中，T 为大邑砾岩的沉积年龄(3.6Ma)；H 为剥蚀厚度，km；S 为岷江流域面积，km^2；υ 为剥蚀速率，mm/a；K_1、K_2 为单位换算系数，均为 1。

30.3.4　根据数字高程模型计算的岷江上游流域长周期的剥蚀速率与剥蚀量

李勇等(2005a)将数字高程模型应用于青藏高原东缘地区的地形分析和剥蚀作用研究，在青藏高原地貌区(川西高原)，表面剥蚀厚度为 1km 左右；在龙门山高山地貌区，表面剥蚀厚度为 1~2km；在山前冲积平原区(成都平原)，表面剥蚀厚度为 0.1~0.25km。鉴于岷江上游流域主体分布于川西高原，因此可以根据岷江上游的流域面积和剥蚀厚度计算该区晚新生代以来的剥蚀速率和剥蚀量：

$$\upsilon = K_1 \cdot H / T = 1 \times 1.0 \div 3.6 \doteq 0.28 (\text{mm} / \text{a}) \tag{30-15}$$

$$V = K_2 \cdot \upsilon \cdot T \cdot S = 1 \times 0.28 \times 22664 \times 3.6 \doteq 22845.31 (\text{km}^3) \tag{30-16}$$

式中，T 为大邑砾岩的沉积年龄(3.6Ma)；H 为剥蚀厚度，km；S 为岷江流域面积，km^2；υ 为剥蚀速率，mm/a；K_1、K_2 为单位换算系数，均为 1。

30.3.5　根据宇宙成因核素计算的岷江上游流域中周期的剥蚀速率与剥蚀量

目前，在国际上利用宇宙成因核素技术测定地表暴露年龄和剥蚀速率等研究蓬勃发展，在理论上和方法上也日渐成熟，有效地促进了地貌学、第四纪地质学和地质年代学的发展。与其他技术相比，该技术能够直接测定地质体的暴露年龄和本地的剥蚀速率(Bierman，1994；Granger et al.，1996；Lal，1991)。

宇宙成因核素的产生是宇宙射线轰击地表或接近地表岩石矿物中原子核的结果，其中 Be 和 Al 宇宙成因核素在自然界分布广泛且稳定，具有较长的半衰期(其中 Be 为 1.5Ma、Al 为 0.705Ma)，因此成为研究地表暴露时间和剥蚀速率的重要方法。

郑洪波等(2005)将宇宙成因核素技术应用于长江剥蚀速率的研究,结果表明岷江流域的剥蚀速率为 300~500mm/ka。据此，可以计算岷江上游流域晚新生代以来的剥蚀厚度和剥蚀量：

$$H = K_1 \cdot \upsilon \cdot T = 1 \times (300 \sim 500) \times 3.6 \tag{30-17}$$

$$V = K_2 \cdot \upsilon \cdot T \cdot S = 1 \times (300 \sim 500) \times 3.6 \times 22664 \tag{30-18}$$

式中，T 为大邑砾岩的沉积年龄（3.6Ma）；H 为剥蚀厚度，km；S 为岷江流域面积，km^2；υ 为剥蚀速率，mm/a；K_1、K_2 为单位换算系数，均为 1。

因此，依据宇宙成因核素技术，获得岷江上游流域的剥蚀速率、剥蚀厚度和剥蚀量分别为 300～500mm/ka、1.08～1.8km 和 24477.12～40795.2km^3。

30.3.6　岷江上游流域剥蚀速率和剥蚀量的对比与分析

综上所述，本次研究采用输沙量、宇宙成因核素、数字高程模型、河流下切速率和裂变径迹计时 5 种方法分别计算了岷江上游流域的剥蚀速率、剥蚀厚度和剥蚀量。显然，这 5 种计算方法依据的基础数据不同、计算原理和方法不同，如输沙量、宇宙成因核素、数字高程模型、河流下切速率是根据地表特征计算的地球表面的剥蚀作用，裂变径迹计时法则是据地球内部古地温变化揭示的剥蚀作用。此外，目前获得的这些数据在时间尺度上是不同的，如由磷灰石裂变径迹获得的平均剥蚀速率为长周期的平均值（百万年的尺度），由数字高程模型、河流下切速率获得的平均剥蚀速率为中周期的平均值（几十万年的尺度），由宇宙成因核素热年代学方法获得的平均剥蚀速率为短周期的平均值（几千至几万年的尺度），由输沙量获得的剥蚀速率是极短周期的平均值（几十年的尺度）。因此，这些数据在量级上的匹配程度成为本次研究的关键。

鉴于此，对这 5 种方法定量计算的结果进行了对比。结果表明，利用这 5 种方法计算的结果不仅在同一个数量级上，而且十分相近，表明计算结果具有一定的可信度。现具体分析如下。

(1) 剥蚀速率相近。据裂变径迹计时法得到的长周期剥蚀速率为 0.26mm/a，据数字高程模型计算得到的中周期剥蚀速率为 0.28mm/a，据河流下切速率计算得到的中周期剥蚀速率为 0.35mm/a，据宇宙成因核素计算得到的短周期剥蚀速率为 0.3mm/a（取最小值），据输沙量计算获得的极短周期剥蚀速率为 0.32mm/a。以上数据表明：①晚新生代岷江上游流域的剥蚀速率应为 0.26～0.35mm/a；②晚新生代岷江流域的剥蚀速率具有逐渐增大的趋势，其中长周期剥蚀速率（0.26mm/a）相对较小，中周期剥蚀速率（0.28～0.35mm/a）居中，短周期和极短周期的剥蚀速率（0.3～0.32mm/a）相对较大，表明近几千年至近几十年来，岷江流域的剥蚀速率增大了，且到现代其剥蚀速率有加快的倾向。其原因是人类对生态的破坏导致青藏高原东缘现在的剥蚀速率加快。此问题值得进一步研究。

(2) 剥蚀厚度相近。据裂变径迹计时法得到的剥蚀厚度为 0.94km，据数字高程模型计算得到的剥蚀厚度为 1.0km，据河流下切速率计算得到的剥蚀厚度为 1.29km，据宇宙成因核素计算得到的剥蚀厚度为 1.08km（取最小值），据输沙量获得的剥蚀厚度为 1.15km。以上数据表明晚新生代岷江上游流域的平均剥蚀厚度应为 0.94～1.29km。

(3) 剥蚀量相近。据裂变径迹计时法得到的剥蚀量为 21213.50km^3，据数字高程模型计算得到的剥蚀量为 22845.31km^3，据河流下切速率计算得到的剥蚀量为 29127.77km^3，据宇宙成因核素计算得到的剥蚀量为 24477.12km^3(取最小值)，据输沙量获得的剥蚀量为 26108.93km^3。以上结果表明，晚新生代岷江上游流域的剥蚀量应为 21213.50～29127.77km^3。

30.4　成都盆地沉积通量与岷江流域剥蚀量的对比与分析

在上述结果基础上，对成都盆地的沉积通量与岷江流域的剥蚀量进行对比，计算结果表明，成都盆地晚新生代以来的沉积通量与岷江流域的剥蚀量的比率为 5.11%～7.85%，即成都盆地的沉积通量仅为岷江流域剥蚀量的 5.11%～7.85%。

(1)成都盆地的沉积通量与岷江流域的剥蚀量不相匹配。虽然岷江流域与成都盆地是以岷江联结的剥蚀-沉积系统，但绝大部分(90%以上)从岷江流域剥蚀下来的物质并没有在成都盆地沉积下来，而是越过成都盆地由岷江搬运到长江。因此，即使在流域面积、流域输沙量、沉积区面积和盆地沉积通量计算相对准确的基础上，仍不能简单地利用成都盆地晚新生代以来盆地的沉积物充填体积来恢复岷江流域的长周期剥蚀量和平均剥蚀速率。

(2)成都盆地为半封闭盆地。岷江以其剥蚀的物质向成都盆地搬运、充填，但当成都盆地被沉积物填满之后，岷江则向外流，鉴于绝大部分岷江流域的剥蚀物质没有保存在成都盆地，表明相对成都盆地而言岷江一直属外流河，成都盆地自形成后就从未封闭过，属半封闭系统。

(3)成都盆地在晚新生代的构造沉降幅度较小，没有为碎屑物质的堆积提供足够大的可容空间，表明青藏高原东缘地区晚新生代的构造活动相对较弱。

(4)在构造单元上，成都盆地与龙门山冲断带不相匹配，虽然成都盆地是龙门山冲断带构造负载形成的前陆盆地，但是现今的龙门山及其前缘盆地不完全是构造缩短作用形成的。这一结论与 Li 等(2000，2001a)、Densmore 等(2005)、李勇等(2006a)对青藏高原东缘活动构造及其活动沉积盆地的研究结果相一致，即晚新生代龙门山以北北东向的右行剪切为特征，以走滑作用为主，并伴随少量的逆冲分量，成都盆地属走滑挤压盆地(李勇等，2006a)。这一研究成果也得到了古地磁(Enkin et al., 1991)、GPS 测量成果(陈智梁等,1998；Chen et al., 2000；唐文清等，2005)等的支持。

因此，可以认为，虽然岷江流域与成都盆地是以岷江联结的剥蚀-沉积系统，但是成都盆地属半封闭盆地，成都盆地的沉积通量与岷江上游流域的剥蚀量不相匹配，不能简单地利用成都盆地晚新生代以来盆地内的沉积物充填体积来恢复岷江流域的长周期剥蚀量和平均剥蚀速率。

第六部分

龙门山前陆盆地构造负载与
弹性挠曲模拟

第31章 龙门山前陆盆地动力学机制与弹性挠曲模拟

本章以青藏高原东缘龙门山及其前陆盆地为切入点,通过构造地貌学、数字高程模型、逆冲作用的沉积响应、走滑作用的沉积响应和盆地弹性挠曲模拟等开拓性工作,研究该地区的构造作用与沉积响应,探索龙门山的隆升、构造变形与前陆盆地的成盆作用及其与青藏高原中新生代大陆碰撞作用的耦合关系。

31.1 龙门山逆冲-走滑作用与前陆盆地动力学模拟

龙门山水平构造变形过程和方式是中生代以来构造作用的重要表现形式之一,龙门山发育很好的北西—南东向缩短构造与北东—南西向走滑构造。众所周知,印-亚碰撞是新生代发生的最重大构造事件,这一事件导致了青藏高原隆升、变形和地壳加厚,它对亚洲新生代地质构造的影响一直是人们关注的焦点。学术界已提出了两个著名的端元假说,一个是地壳增厚模式(England and Monlnar,1990),另一个为侧向挤出模式,前者强调南北向缩短和地壳加厚,后者强调沿主干走滑断裂的向东挤出,争论的核心为新生代青藏高原隆升过程(垂向运动)与变形过程(水平运动)的相互关系及其与印-亚碰撞的关系。就青藏高原东缘而言,也相应存在两种成因模式,即:向东逃逸模式在龙门山应表现为以逆冲作用为主;地壳增厚模式在龙门山应表现为以右旋剪切作用为主。对该地区中—新生代龙门山逆冲-走滑作用与运动速率的研究,不仅可验证这些模式,而且可能提出新的模式。目前急需定量化的数据来检验和约束这些模式,真实地理解青藏高原东缘地区新生代的地球动力学过程与机制;同时将今论古,探索龙门山中生代变形的动力学和运动学及其沉积响应。

龙门山前陆盆地是在晚三叠世早期扬子板块西缘被动大陆边缘的基础上形成的,充填地层厚度巨大,包括上三叠统至第四系,与下伏地层为不整合接触,垂向上显示为由海相-海陆过渡相—陆相沉积物构成,具有向上变浅、变粗的序列,具有不整合面发育、旋回式沉积和粗碎屑楔状体幕式出现等特点。根据不整合面,Li 等(2000)将龙门山前陆盆地充填序列分割为 6 个构造层序,其中晚三叠世构造层序、晚侏罗世构造层序、晚白垩世—新近纪构造层序为楔状构造层序,中侏罗世构造层序、早白垩世构造层序和新近纪—第四纪构造层序为板状构造层序。根据前陆盆地沉降与逆冲构造负载系统的动力学理论(Jordan,1981,1995;Tankard,1986;Jordan et al.,1988;Allen et al.,1991;Watts,1992;Crampton and Allen，1995；Sinclair，1997；Li et al.，2003）以及楔状层序和板状层序的成因机制（Burbank，1992；Jordan，1995；Li et al.，2001a，2001b），将楔状前陆盆地作为与逆冲构造负载系统相关的产物，将板状前陆盆地作为与剥蚀卸载系统相关的产物。因此，本章开展龙门山逆冲-走滑作用与前陆盆地的动力学过程的模拟，计算造山带负载系统向扬子克拉通的推进速率。在研究过程中，将以晚三叠世前陆盆地为典型的楔状前陆盆地，开展逆冲构造负载系统的动力学模拟；以晚新生代龙门山前陆盆地为典型的板状前陆盆地，开展剥蚀卸载系统的动力学模拟。

31.1.1　楔状前陆盆地的充填特征与逆冲构造负载系统的动力学模拟

前陆盆地沉降与逆冲构造负载系统的动力学模拟已取得显著进展，其基本理论是利用加载于弹性板片上的构造负载侵位来模拟前陆盆地的沉降。在模拟过程中，构造负载、弹性板片的岩石圈特征、表面过程以及影响沉积通量的气候、基岩岩性和剥蚀样式等均对模拟结果产生一定程度的影响，使模拟结果具有一定的不确定性。Allen 等（1991）、Crampton 和 Allen（1995）、Sinclair（1997）、Li 等（2003）采用冲断楔形体推进速率、冲断体表面坡度、沉积物搬运系数、弹性厚度和挠曲波长等参数对前陆盆地与逆冲推覆作用进行模拟。本节采用这一方法对龙门山前陆盆地演化与逆冲推覆作用进行模拟，在模拟过程中，采用一维分析模式模拟幕式构造负载加载于初始弹性板片上产生的挠曲沉降。

晚三叠世前陆盆地为典型的楔状前陆盆地，其充填特征表现为：底部具有典型的挠曲前缘隆起不整合面，下部为边缘碳酸盐缓坡和海绵礁的构建和淹没过程；中部为进积过程中形成的三角洲沉积物，具有向上变粗的垂向结构；上部为粗碎屑砾岩和湖泊相构成的具有向上变细的垂向结构。沉积特点总体表现为沉积厚度大，水系以纵向河为主，具点状物源，沉积物以扇三角洲相、三角洲相和湖泊相为主。

对晚三叠世楔状前陆盆地进行弹性挠曲模拟，结果表明盆地形成机制为构造负载，挠曲盆地的挠曲刚度为 $5\times10^{23}\sim5\times10^{24}\mathrm{N\cdot m}$；造山带负载系统向扬子克拉通的推进速率为 $5\sim15\mathrm{mm/a}$。同时模拟结果也表明，在逆冲作用发育阶段，构造负载导致前陆盆地产生强烈的构造沉降，前缘隆起强烈抬升，可容空间增大，沉积速率巨大，发育点状物源并以平行造山带走向的纵向水系为主，形成楔状构造层序。在此基础上，利用相同的方法对晚侏罗世楔状前陆盆地和晚白垩世楔状前陆盆地进行弹性挠曲模拟。在晚侏罗世，前缘隆起与冲断带的距离约为 200km，沉积物的最大厚度为 3000m，利用弹性地层厚度为 40km 和时间周期为 26Ma 进行弹性挠曲模拟，结果表明在该时期造山带负载系统向扬子克拉通的推进速率为 6.7mm/a。在晚白垩世，前缘隆起与冲断带的距离约为 130km，沉积物的最大厚度为 2500m，利用弹性地层厚度为 40km 和时间周期为 33Ma 进行弹性挠曲模拟，结果表明在该时期造山带负载系统向扬子克拉通的推进速率为 4.3mm/a。

31.1.2　板状前陆盆地与剥蚀卸载系统的动力学模拟

晚新生代龙门山前陆盆地是一个典型的板状前陆盆地(Li et al.，2001a)，底部为不整合面，发育时限为 3Ma 左右。其沉积特点表现为：沉积厚度小，水系以横向河为主，沉积物以冲积扇和河流相为主，沉降中心呈斜列状展布，冲积扇体呈斜列状展布，具有向上变细的垂向结构。Li 等(2001a)利用冲积扇体在侧向的迁移标定了龙门山晚新生代以来的右行走滑作用，走滑速率为 4mm/a。活动断裂也显示龙门山以右行走滑作用为主，逆冲分量很小。在此基础上，利用数字高程模型计算了龙门山晚新生代的剥蚀厚度(1.91～2.16km)，并开展了该地区岩石圈的弹性挠曲模拟，结果表明晚新生代龙门山的隆升以剥蚀卸载驱动的抬升为特征(李勇等，2005a；Densmore et al.，2005)，剥蚀卸载导致前陆盆地抬升，走滑作用发育，构造沉降速率小，前缘隆起抬升不明显，可容空间减小，沉积速率小，发育线状物源并以垂直造山带走向的横向水系为主，大量从造山带剥蚀的物质被搬运出前陆地区，形成厚度较小的板状构造层序。

31.2　龙门山前陆盆地的成盆作用与青藏高原大陆碰撞作用的耦合关系

龙门山构造以走滑作用和逆冲作用的交替发育为特征，楔状前陆盆地的形成与逆冲构造负载相关，逆冲作用的沉积响应为楔状构造层序；板状前陆盆地的形成与剥蚀卸载相关，走滑作用的沉积响应为板状构造层序。为什么自晚三叠世以来龙门山的逆冲作用呈幕式出现？它的构造驱动力是从哪里来的呢？从现今龙门山和四川盆地西部的活动构造变形看，龙门山和四川盆地西部的构造变形主要受控于青藏高原的碰撞作用及其印-亚碰撞后作用(Li et al.，2001a；李勇等，2005a)。前人研究成果也表明，青藏高原自晚三叠世以来发生了基麦里大陆(Cimmerian continent)加积碰撞和印-亚碰撞作用。在晚三叠世，羌塘陆块与欧亚大陆碰撞(Sengör，1984)，俯冲方向为自西向东(李勇和孙爱珍，2000；李勇等，2002c，2003；Li et al.，2001a)。在晚侏罗世，拉萨陆块与欧亚大陆碰撞(Allégre et al.，1984)；在晚白垩世，科希斯坦陆块与欧亚大陆碰撞，碰撞引起的造山时间为 100～75Ma，与碰撞相关的花岗岩年龄为(115±3)Ma 和(95±5)Ma。在古近纪，印-亚碰撞作用的时间为 60～45Ma，其中起始时间为 60～50Ma，最终闭合的时间为 45Ma。

值得注意的是，以上大陆碰撞作用发生的时间与龙门山前陆盆地楔状构造层序发育的时间具有很好的一致性和耦合性，因此推测龙门山幕式逆冲作用的构造驱动力来自基麦里大陆加积碰撞和印-亚碰撞作用，其中晚三叠世楔状构造层序是羌塘板块与亚洲大陆碰撞的产物，晚侏罗世楔状构造层序是拉萨板块与亚洲大陆碰撞的产物，晚白垩世—古近纪楔状构造层序是科希斯坦陆块、印度板块与亚洲大陆碰撞的产物(图 31-1、图 31-2)。

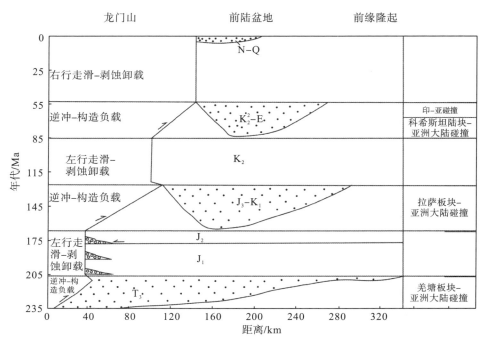

图 31-1　龙门山前陆盆地构造层序的年代格架及其与大陆碰撞事件的耦合关系

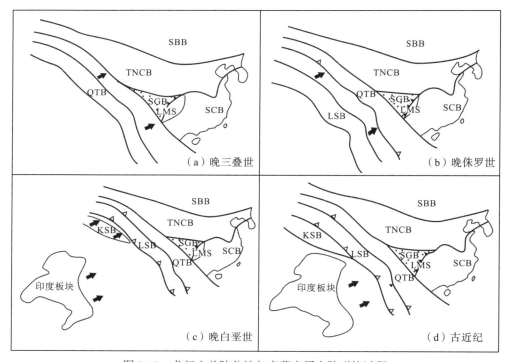

图 31-2　龙门山前陆盆地与青藏高原大陆碰撞过程

注：SCB 为华南陆块；QTB 为羌塘板块；TNCB 为塔里木-华北陆块；SBB 为西伯利亚陆块；SGB 为松潘-甘孜褶皱带；LMS 为龙门山冲断带；KSB 为科希斯坦陆块；LSB 为拉萨板块。

第 32 章　晚新生代龙门山剥蚀厚度 与弹性挠曲模拟

目前在国际上已提出了 3 种青藏高原边缘造山带的成山模式:与构造缩短相关的构造成山模式,与剥蚀相关的均衡成山模式,这两种模式结合的模式。这些研究成果反映了人们对山脉成因的新认识。此外,在山脉的隆升与剥蚀作用的研究方法上新技术和新方法不断出现,磷灰石裂变径迹计时法、宇宙成因核素法和高精度数字高程模型已被成功地应用到山脉的隆升作用和剥蚀作用的研究中。其中,高精度数字高程模型和磷灰石裂变径迹计时法是最富有探索性的领域,并将在未来成为较常规的研究方法。

正是在这些研究成果的基础上,本章选择了龙门山作为研究青藏高原东缘剥蚀成山作用的典型地区,利用数字高程模型和裂变径迹计时法研究和计算龙门山长周期剥蚀厚度和剥蚀速率,并通过剥蚀卸载作用的弹性挠曲模拟,为建立龙门山晚新生代以来剥蚀成山作用的模式提供定量依据。

32.1　地　质　背　景

龙门山是青藏高原东缘边界山脉,位于青藏高原和四川盆地之间,处于我国西部地质、地貌、气候的陡变带,具有青藏高原地貌、龙门山高山地貌和山前冲积平原 3 个一级地貌单元,是我国西部最重要的生态屏障,同时该地区也是研究青藏高原边缘山脉的隆升剥蚀造成的自然地理效应最明显和最典型的地区之一。

晚新生代龙门山崛起的时间是研究的焦点之一。研究者试图利用龙门山前陆地区的沉积记录来标定龙门山崛起的时间(Li et al.,2004;李勇等,2005a)。在成都平原西部地表的露头剖面和盆地内的钻井剖面均揭示大邑砾岩是成都盆地中充填的最早的岷江冲积砾石层(何银武,1987;李勇等,1995,2002b),在不同地区分别覆盖于侏罗纪、白垩纪和古近纪不同时代的地层之上,并与下伏地层呈不整合接触。许多研究者对成都盆地西缘的大邑砾岩开展了详细的年代学研究,李吉均等(2001)通过 ESR 年龄测定提出其沉积始于 2.6~2.4Ma;王凤林等(2003)、李勇等(2002b,2005a)、Li 等(2004)对 10 个大邑砾岩剖面的下部砂岩开展了电子自旋共振测年研究,获得了 11 个 ESR 年龄值,显示大邑砾岩形成的时间为 3.6~2.3Ma。我们选取了其中最早的年龄 3.6Ma 作为标定青藏高原东缘强烈隆升时间的依据,这一时间的地质含义在于成都盆地岷江冲积扇形成的时间早于 3.6Ma。此外,根据阶地计算的形成岷江最大切割深度所需的时间为 3.48Ma(Li et al.,2004,李勇等，2005a），据此推测岷江形成的时间和青藏高原东缘龙门山河流剥蚀作用的时间也应早于 3.6Ma。值得指出的是，该时期与青藏高原东北缘临夏盆地 3.6Ma 的强烈隆升和青藏运动的时期基本相当，也与亚洲季风开始的时期基本相当(李吉均等，2001)。

晚新生代龙门山的形成机制问题是研究的焦点之二。龙门山是我国最典型的推覆构造带，具有 42%～43%的构造缩短率，形成的主要时期为印支期和燕山期(李勇，1994a，1994b，1995；Burchfiel et al.，1995；陈智梁等，1998，Li et al.，2003)，沿彭灌-江油脆性冲断推覆构造带或前陆滑脱带分布有一系列的飞来峰群，它们形成于 10Ma 左右，显然龙门山推覆构造主要是中生代的产物。以上成果显示了构造缩短成山机制可能不是晚新生代龙门山的形成机制。此外，研究人员在龙门山发现了与造山带平行的走滑作用，为研究龙门山的形成机制提供了新的依据。Li 等(2000，2001a)对青藏高原东缘活动构造的研究表明，晚新生代龙门山以北北东向的右行剪切为特征，以走滑作用为主，并伴随少量的逆冲分量，显示了晚新生代以来龙门山缺乏构造缩短驱动的构造隆升作用。换言之，现今的龙门山不是构造缩短形成的。以上研究成果表明，与构造缩短相关的构造成山模式不适合现今青藏高原东缘的龙门山。

32.2　晚新生代以来龙门山剥蚀厚度的定量计算

32.2.1　青藏高原东缘的数字高程模型及其对龙门山剥蚀厚度的约束

数字高程模型是用数字显示地球表面地形变化，通常是用三维网格形式展示地形在空间上的高程变化。最新的数字高程模型是通过遥感方法建立的，其使用的基础数据包括卫星图像、激光高程数据和雷达卫星数据，将数字高程模型应用于地形分析和构造研究成为研究大尺度构造地貌的重要方法(Mayer，2000)。本章使用的青藏高原东缘数字高程模型的原始数据资料是 Hydro1k 数字高程模型(图 32-1)，精度为 1km。本次研究利用 ENVI 软件对青藏高原东缘数字高程模型的原始数据进行了处理，制作了青藏高原东缘数字高程地形剖面[图 32-2(a)]，刻画了青藏高原东缘大尺度地貌特征和高程变化。具体计算方法为：在数字高程模型中选取一条横切青藏高原东缘的北西—南东向的矩形区域，宽度为 250km，长度为 1700km，其与青藏高原东缘山脉和构造走向垂直。在这个矩形框内，沿着长轴，以 1km 为间隔，分别统计每一条分割线上的最高高程点、平均高程点和最低高程点，从而获得该矩形区域内的 3 个数值剖面[图 32-2(a)]，即最高高程点剖面图(H_{max})、最低高程点剖面图(H_{min})和平均高程剖面图(H_{mean})。最高高程点剖面图显示了该矩形区域内剥蚀残留的最高峰顶面的高程剖面，最低高程点剖面图显示了该矩形区域内的剥蚀残留的最低面的高程，平均高程剖面图显示了青藏高原东缘的平均高程及其变化规律。

青藏高原东缘的最高高程点剖面图显示了该区自西向东由 4 个一级地貌单元构成，即青藏高原地貌区、龙门山高山地貌区、山前冲积平原区(成都平原)和四川盆地东部隆起区。青藏高原东缘最大剥蚀深度应为残留最高峰顶面的高程剖面(H_{max})与残留最低面的高程剖面($H_{\min}$)的高差,而平均剥蚀深度则表现为最高高程剖面与平均高程剖面的高差,并可以用其约束该区的平均剥蚀厚度和卸载量。

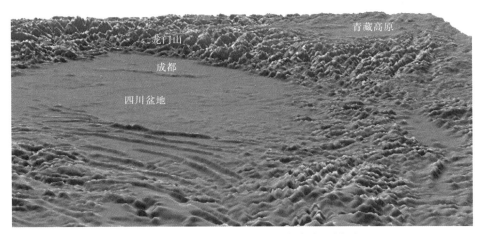

图 32-1 青藏高原东缘地区的数字高程模型

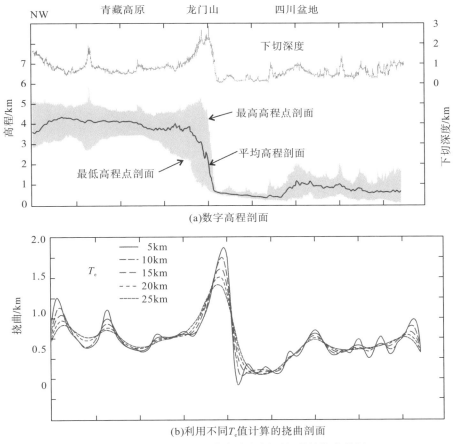

(a)数字高程剖面

(b)利用不同T_e值计算的挠曲剖面

图 32-2 青藏高原东缘数字高程剖面与弹性挠曲模拟

因此，数字高程模型可提供山区切割深度，其表现为最高高程点剖面与平均高程剖面的高差，即可用两个剖面的高差估计剥蚀切割的深度，并用其约束剥蚀厚度和卸载量。从图 32-2 可以认识到剥蚀厚度在青藏高原地貌区、龙门山高山地貌区、山前冲积平原区（成都平原）和四川盆地东部隆起区均不相同，显示了剥蚀厚度在 4 个一级地貌单元上存在差异性，地面越高，剥蚀厚度越大，剥蚀厚度与青藏高原东缘 4 个一级地貌单元的表面隆升幅度存在线性正相关关系。在青藏高原地貌区（$X=0 \sim 500 \text{km}$），表面剥蚀厚度为 1km 左右；在龙门山高山地貌区（$X=700 \sim 835 \text{km}$），表面剥蚀厚度为 $1 \sim 2 \text{km}$；在山前冲积平原区（成都平原），表面剥蚀厚度为 $0.1 \sim 0.25 \text{km}$；在四川盆地东部隆起区，表面剥蚀厚度为 0.9km 左右。

为了较确切地估算龙门山地区的剥蚀厚度，对高原边缘（$X=700 \sim 835 \text{km}$）的龙门山高山地貌区的剥蚀厚度按 5km 一格进行了取值，共获得 27 个厚度值，并进行了算术平均，获得龙门山高山地貌区的平均剥蚀厚度为 1.91km。

据此，计算龙门山晚新生代以来的剥蚀速率，即

$$\upsilon_e = K_1 \cdot H_e \div T_d = 1 \times 1.91 \div 3.6 \doteq 0.53 (\text{mm}/\text{a}) \tag{32-1}$$

式中，H_e 为剥蚀厚度，km；T_d 为 3.6Ma（利用成都盆地中最早的大邑砾岩的沉积年龄作为龙门山剥蚀作用的起始时间）；υ_e 为剥蚀速率；单位换算系数 K_1 为 1。

32.2.2　裂变径迹计时对龙门山长周期剥蚀厚度和剥蚀速率的约束

裂变径迹计时是计算长周期剥蚀速率的一种有效方法（Andrew and Roderick，2000）。裂变径迹计时可给出冷却温度和冷却时间，根据地温梯度和连贯封闭温度系统之间被消除的岩石深度可以计算出侵蚀速率（Andrew and Roderick，2000）。

刘树根（1993）测定了龙门山 4 个磷灰石裂变径迹年龄，分别为 $6.5 \pm 2.4 \text{Ma}$、$4.8 \pm 3.0 \text{Ma}$、$8.7 \pm 5.6 \text{Ma}$、$10.5 \pm 7.2 \text{Ma}$（均为彭灌杂岩和宝兴杂岩的地表样品），并进行了计算机模拟，结果表明龙门山中新世以来的平均剥蚀速率 υ_e 为 0.6mm/a。

据此，计算龙门山晚新生代以来的剥蚀厚度，即

$$H_e = K_1 \cdot \upsilon_e \cdot T_d = 1 \times 0.6 \times 3.6 = 2.16 (\text{km}) \tag{32-2}$$

式中，H_e 为剥蚀厚度，km；T_d 为 3.6Ma（利用成都盆地中最早的大邑砾岩的沉积年龄作为龙门山剥蚀作用的起始时间）；υ_e 为剥蚀速率；单位换算系数 K_1 为 1。

32.2.3　计算结果的对比分析

上述两种方法定量计算结果的对比表明两种计算结果不仅在同一个数量级上，而且十分相近，显示了计算结果具有一定的可信度。

(1) 剥蚀厚度相近。根据数字高程模型计算得到的剥蚀厚度 1.91km 与根据裂变径迹计时得到的剥蚀厚度 2.16km 相近，表明晚新生代 3.6Ma 以来青藏高原东缘龙门山的剥蚀厚度应为 $1.91 \sim 2.16 \text{km}$。

(2)剥蚀速率相近。根据数字高程模型计算得到的剥蚀速率 0.53mm/a 与通过裂变径迹计时得到的剥蚀速率 0.6mm/a 相近，且在同一个数量级上，表明晚新生代 3.6Ma 以来青藏高原东缘龙门山的剥蚀速率应为 0.53~0.6mm/a。

32.3　龙门山剥蚀卸载作用的弹性挠曲模拟

上述计算结果表明，晚新生代青藏高原东缘龙门山的剥蚀厚度应为 1.91~2.16km，但是现今龙门山与山前地区的高差大于 5km，地形陡度变化的宽度仅为 20~30km，其地形陡度变化比青藏高原南缘喜马拉雅山脉的地形陡度变化还要大，显示龙门山是青藏高原边缘山脉中陡度变化最大的地区。显然，产生如此巨大剥蚀厚度的剥蚀作用并未使龙门山降低，反而使龙门山处于不断地增高过程，因此认为晚新生代龙门山的崛起与剥蚀相关的均衡成山理论相关。

32.3.1　模拟参数的确定

从理论上讲，剥蚀作用使地壳岩石逐步被剥离地表，原来的岩石占据的空间被空气替代，导致在岩石圈上产生了负值负载。假设现今青藏高原东缘的地形高差主要是在龙门山剥蚀卸载隆升之前原始地貌的基础上由剥蚀作用造成的，那么可用剥蚀厚度来约束剥蚀卸载量，将龙门山的剥蚀厚度(1.91~2.16km)作为剥蚀卸载量，并将其作为弹性挠曲模拟的第一个参数。此外，考虑到在成都盆地中充填的最大厚度为 541m 的晚新生代沉积物产生的正向沉积负载，将其作为弹性挠曲模拟的第二个参数。

32.3.2　挠曲模型的确定

目前，岩石圈挠曲模型主要有两种，一种为弹性挠曲模型(Fleming and Jordan，1989，1990)，另一种为黏弹性挠曲模型(Beaumont et al.，1988)。考虑到 Li 等(2003)采用弹性挠曲模型模拟了晚三叠世龙门山前陆盆地的沉积及构造演化，并取得了很好效果，本章将继续采用弹性挠曲模型作为模拟晚新生代龙门山岩石圈挠曲的模型。

将青藏高原东缘的岩石圈模拟为位于黏性下垫层之上的具有特定的密度和有效弹性厚度(T_e)的一个弹性板片。假定在黏性下垫层上的偏移应力在卸载过程中被短期释放，据此采用能够表达线性负载的常规弹性方程计算青藏高原东缘地区的弹性挠曲过程：

$$\omega = \frac{H}{2\alpha(\rho_m - \rho_a)g} \exp\left(-\frac{x}{\alpha}\right)\left[\cos\frac{x}{\alpha} + \sin\frac{x}{\alpha}\right] \tag{32-3}$$

式中，ω 为弹性挠曲；H 为负载量(单位长度上受力程度)；ρ_m 为地幔密度(3300kg/m³)；ρ_a 为空气密度(1kg/m³)；g 为重力加速度(9.8m/s²)；x 为远离负载的距离；α 为弹性常数，以 T_e 为代表。

32.3.3　弹性挠曲模拟的结果

为了对选择的 T_e 进行约束，分别计算了 T_e 为 5～25km 的挠曲剖面。其中负载量由剥蚀厚度（切割深度）和少量的晚新生代沉积负载构成。利用不同的 T_e 计算的挠曲剖面均显示了相似的长波模式，而且在青藏高原边缘具有最大的挠曲幅度[图 32-2（b）]。模拟图显示，随着 T_e 增大，高原边缘挠曲的最大区域和最小区域均向远离高原的方向偏移，为此将模拟的地形剖面与现今青藏高原东缘的地貌剖面进行对比，结果表明 T_e=15km 时，其模拟的地形剖面与现今青藏高原东缘的地貌剖面基本一致，显示了 T_e=15km 是青藏高原东缘理想的弹性厚度。

在此基础上，重建了青藏高原东缘剥蚀前的地形剖面。值得注意的是，与青藏高原东缘现今的最高高程面剖面相比，这个重建的剥蚀前地形剖面在地形高度和地形梯度等方面均明显降低，其坡度变化比现在从青藏高原到四川盆地的变化要平缓得多。同时，重建的成都盆地形态类似于一个典型的前陆盆地，在龙门山的前缘具有一个前渊和一个前缘隆起，前缘隆起位于高原边缘以东 75km 的区域，相当于现今的龙泉山，介于龙门山与前缘隆起之间的前渊即为成都盆地，反映了在 3.6Ma 之前成都盆地的弯曲下沉主要与龙门山的逆冲推覆构造负载有关，盆地较窄，即该时期龙门山以构造缩短驱动的构造缩短隆升为特色。

在 3.6Ma 之后，剥蚀卸载驱动的抬升不仅导致龙门山隆升，而且导致前渊地区抬升，使盆地变宽变浅，并将其向南东方向掀斜，从青藏高原边缘剥蚀的物质被直接搬运出前陆盆地，同时掀斜作用也导致成都盆地西缘的新近纪大邑砾岩向南东倾斜。黎兵等（2004）以成都盆地的 47 个钻孔数据为基础，利用 Sufer 软件计算了成都盆地的沉积通量，并将其与岷江的输沙量进行了对比，结果表明成都盆地的沉积通量仅占输入沉积总量的3.59%，证实了绝大部分青藏高原边缘剥蚀的物质被古岷江搬运至古长江。以上特征表明，该时期龙门山的隆升以剥蚀卸载驱动为特色，缺乏构造缩短和逆冲构造，应以大型走滑作用为主。这一推论与 Li 等（2000，2001a）对青藏高原东缘活动构造研究的结果相一致，即晚新生代龙门山以北北东向的右行走滑作用为主。

综上所述，详细的挠曲剖面资料和模拟结果不仅提供了一些可检验的结论和推断，而且获得这些结论对龙门山地区弹性厚度 T_e 的选择也具有约束。在 T_e 较大时，四川盆地中最小挠曲的位置向东迁移，远离青藏高原边缘。由于河流对坡度的变化非常敏感，因此最小挠曲的位置可以进一步根据地貌形态和河流阶地的掀斜来确定，这也为今后研究成都盆地的活动构造提供了新的启示。

第33章 龙门山地壳隆升与均衡重力异常

33.1 概 述

现今青藏高原东缘由原(青藏高原东部川藏块体)-山(龙门山造山带)-盆(四川盆地)3个一级构造地貌单元和构造单元组成,显示为原-山-盆系统。龙门山是位于青藏高原和四川盆地之间线性的、非对称的边缘造山带,是印支期以来多次、多种构造隆升机制叠加的复杂地质体。新生代的构造变形主要发生在 3.6Ma 以来(李勇等,2006a),并叠加于中生代造山带上(许志琴等,2007;Burchfiel et al.,1995,2008)。2008 年汶川 8.0 级地震和 2013 年芦山 7.0 级地震相继发生后,国际地学界对龙门山的研究给予了前所未有的重视,渴望能够更多地理解这个古老山脉的隆升机制及其孕育强烈地震的机理。目前在国际上已提出了 4 种龙门山隆升机制(图 33-1):①地壳缩短机制(Hubbard and shaw,2009);②挤出机制(许志琴等,2007);③下地壳流机制(Royden et al.,1997;Clark amd Royden,2000;Wallis et al.,2003;Enkelmann et al.,2006;Meng et al.,2006;Burchfiel et al.,2008;Wang et al.,2012;Kirby et al.,2008);④地壳均衡反弹机制(Densmore et al.,2005;Fu et al.,

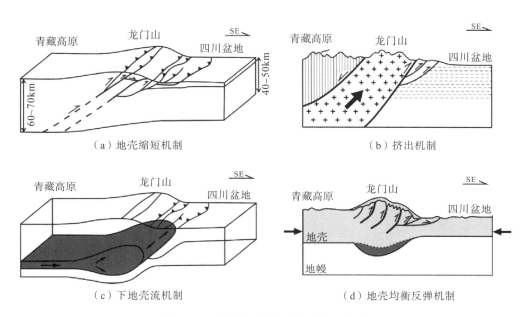

(a)地壳缩短机制 (b)挤出机制

(c)下地壳流机制 (d)地壳均衡反弹机制

图 33-1 青藏高原东缘龙门山隆升机制

2011；Molnar，2012；Li et al.，2013）。因此，如何甄别龙门山隆升机制与特大地震的关系成为当前研究的难点。

33.1.1　研究目标

　　均衡重力异常反映了一个地区现今的均衡状态，能够反映现代构造运动特征和地壳结构。Pratt-Hayford（普拉特-海福德）均衡模式和 Airy-Heiskanen 均衡模式是表征某个地点均衡状态的两种基本模式，强调的是在某个点或小区域垂直方向上的均衡补偿。挠曲均衡模式（models of flexural isostasy）（Watts，1992；Stewart and Watts，1997；Jordan and Watts，2005）强调的是在某个区域在水平方向的补偿，把造山带与前陆盆地的均衡作用有机地联系起来，因此挠曲均衡模式成为标定造山带与前陆盆地耦合机制的重要方法。李勇等（2006a）利用 Airy-Heiskanen 均衡模式对龙门山正均衡重力异常进行了反演模拟。在此基础上，本章以青藏高原东缘均衡重力异常数据为基础，采用挠曲均衡模式揭示龙门山地壳隆升机制及其对前陆盆地挠曲沉降的控制作用。研究的目的有两个：①以 Airy-Heiskanen 均衡模式为基础，模拟龙门山正均衡重力异常与下地壳流的对应关系，为甄别龙门山隆升机制及其孕育强烈地震机理提供科学依据；②以 Watts 挠曲均衡模式为基础，采用弹性挠曲方法模拟龙门山构造负载与前陆盆地不对称沉降的动力机制，为盆-山耦合机制研究提供新的方法。

33.1.2　研究方法

　　本次研究在青藏高原东缘 1∶100 万实测重力资料的基础上，进行了全球性的高度、中间层、地形及正常场等方面的校正，并按照 Airy-Heiskanen 模式进行均衡校正，编制成了 1∶300 万的青藏高原东缘均衡重力异常图（图 33-2），其中均衡重力异常的精度为 2×10^{-5}mGal（$1cm/s^2=1$Gal，$1/1000$Gal$=1$mGal），等值线距为 5×10^{-5}mGal。该图具有以下特点：①地壳的均衡重力异常值比布格异常值更小，变化更平缓且与地形无关，即消除了地形和地壳厚度变化产生的重力效应，突出地壳内部构造信息，在解释地震构造动力学时更有效；②根据 Airy-Heiskanen 均衡理论，均衡重力异常值（I）越大，表明该处地壳不均衡的程度越高，均衡重力异常值接近零，则表明该处地壳是处于基本均衡或均衡的状态。当均衡重力异常值为正值时，该区具有向下的均衡沉降作用，使地形高度（H）减小并达到均衡。当均衡重力异常值为负值时，该区具有向上的均衡隆升作用，使地形高度（H）升高并达到均衡。③自西向东该区均衡重力异常值具有负—零—最大—零—负的变化规律，可将其划分为青藏高原弱负均衡重力异常区（Ⅰ）、龙门山正均衡重力异常区（Ⅱ）和四川盆地负均衡重力异常区（Ⅲ）。在此基础上，将该均衡重力异常平面图与该区的数字高程图、地形起伏度图、地质构造图、岩石密度图、2008 年汶川地震和 2013 年芦山地震的地表破裂与余震分布图等进行了对比（图 33-3、图 33-4），获得如下结果。

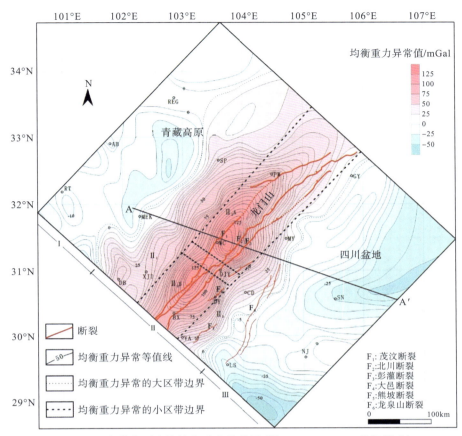

图 33-2 青藏高原东缘均衡重力异常图(据 Airy-Hiskanen 均衡模式)

注:Ⅰ为青藏高原弱负均衡重力异常区;Ⅱ为龙门山正均衡重力异常区;Ⅲ为四川盆地负均衡重力异常区;原始资料据刘树根(1993)、李勇等(1995,2005a)并进行了校对;CD:成都;MY:锦阳;YA:雅安;GY:广元;SP:松潘;AB:阿坝;MEK:马尔康;SN:遂宁。

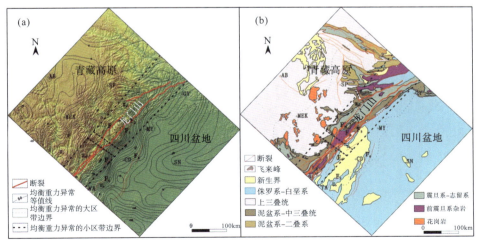

图 33-3 青藏高原东缘均衡重力异常与地质、地貌单元对比图

注:(a)均衡重力异常与地貌单元对比图,地貌图数据来自 SRTM 90m 数据,示正均衡重力异常前缘陡变带对应于地表地形陡变带;(b)均衡重力异常与地质构造单元对比图,示正均衡重力异常带对应于龙门山造山带。

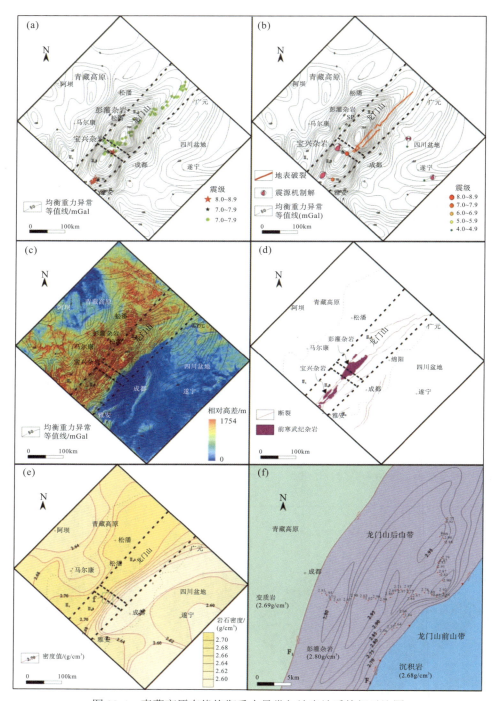

图 33-4　青藏高原东缘均衡重力异常与地表地质特征对比图

注：（a）均衡重力异常与 2008 年汶川地震余震和 2013 年芦山地震余震对比图，2008 年汶川地震、2013 年芦山地震及其余震均分布于正均衡重力异常前缘陡变带；（b）均衡重力异常与 2008 年汶川地震地表破裂带对比图，2008 年汶川地震地表破裂带分布于正均衡重力异常前缘陡变带；（c）均衡重力异常与地形起伏度对比图，正均衡重力异常前缘陡变带对应于地形陡变带，地形起伏度的分析窗口为 13×13；（d）均衡重力异常分区与前寒武纪杂岩分布对比图，龙门山正均衡重力异常高值点对应于彭灌杂岩和宝兴杂岩的地表出露区；（e）均衡重力异常与地表岩石密度等值线对比图，龙门山正均衡重力异常带对应高密度岩石（彭灌杂岩和宝兴杂岩）、弱负均衡重力异常带对应沉积岩和浅变质岩分布区；（f）地表岩石密度实测数据图。

1. 均衡重力异常分带对应于构造地貌分带

现今青藏高原东缘的原(青藏高原东部川藏块体)-山(龙门山造山带)-盆(四川盆地)系统与 3 个均衡重力异常单元一一对应,表明均衡重力异常分带性是控制青藏高原东缘构造单元的主要因素。

1) 正均衡重力异常高值区对应于平均海拔为 5km 的高山地貌区

该区位于龙门山造山带,均衡重力异常值为 0～125×10^{-5}mGal,显示为北东走向的线形条带,并与龙门山造山带的走向一致。此外,在龙门山有两个强度分别达 125×10^{-5}mGal 和 135×10^{-5}mGal 的正均衡重力异常高点,异常圈闭呈椭圆形。其中,北部的高值区(ⅡA)对应于龙门山中北段的 2008 年汶川地震余震分布区,南部的高值区(ⅡB)对应于龙门山南段的 2013 年芦山地震余震区,显示了龙门山具有南北分段的特点,其分界线呈北西向,分布于理县至都江堰一带,可能存在北西向的横断层。

2) 龙门山西侧的弱负均衡重力异常区对应于平缓的青藏高原地貌区

该区重力异常值为(-20～-10)×10^{-5}mGal。均衡重力异常等值线围绕低值点环形分布,形成负异常圈闭,其展布方向与龙门山的构造线不一致,均衡程度较均一,均衡重力异常绝对值较小,表明该区处于比较稳定的均衡状态,新构造活动较弱。在地貌上,高原形态完整,平均海拔为 4km,地形切割微弱,以低山丘陵为主,间有开阔的小型盆地和谷地。平缓高原面的广泛分布反映新构造运动以整体隆升为特点。该块体由深度超过 7km(据中石化的红参 1 井)的松潘-甘孜造山带浅变质岩组成,具有多层次滑脱和逆冲推覆层。其原岩是一套经历了复杂褶皱变形和构造叠加的巨厚中-上三叠统复理石建造,是晚三叠世残留洋盆地的沉积记录(Li et al.,2003)。该块体的构造变形定型于中生代,并具有 3 期构造缩短事件(Wallis et al.,2003),在新生代以隆升作用为主,块体内部相对稳定,缺乏构造缩短。该块体与龙门山以大型拆离断裂或茂汶剪切带为界。

3) 龙门山东侧的弱负均衡重力异常区对应于四川盆地稳定区

该区重力异常值为(-50～0)×10^{-5}mGal,并发育(-50～40)×10^{-5}mGal 的负均衡重力异常低点。异常圈闭的展布方向与龙门山构造线具有一致性,表明该地区的地壳处于相对均衡和稳定的状态。在地貌上,四川盆地的形态为椭圆形,地形切割微弱,以低山丘陵为主,反映新构造运动以整体隆升和剥蚀作用为特点,至少有 1～4km 的地层被剥蚀(Richardson et al.,2010)。四川盆地由基底岩石和厚约 10km 的古生代和中生代的沉积岩组成,地层平缓,地表出露的岩石主要是侏罗系、白垩系和新生界碎屑岩,表明四川盆地新生代以来的构造变形较小。四川盆地西部分布着一系列相间排列的北东向背斜和向斜,从西到东分别是龙门山前陆扩展带、成都盆地(向斜)、熊坡背斜、龙泉山背斜、威远背斜和华蓥山褶皱。值得注意的是,在四川盆地内均衡重力异常值也有小幅度的变化,龙泉山以西显示为正均衡重力异常值,龙泉山以东则显示为负均衡重力异常值,威远背斜一带显示为负均衡重力异常的低值带。

2. 均衡重力异常陡变带对应于地形陡变带

该区自西向东由 3 个一级地貌单元构成，分别为青藏高原地貌区、龙门山高山地貌区和四川盆地地貌区，显示了龙门山与山前地区存在一个地形陡变带（Densmore et al.，2005），高差大于 4500m。该地形陡变带对应于龙门山正均衡重力异常带前缘的陡变带[图 33-3(a)]，均衡重力异常值相差达 125mGal，在地形上起伏度越大，均衡重力异常值越大，平均地形海拔与均衡重力异常值有很好的相关性，而且均衡重力异常值随地势的增加而增加[图 33-4(c)]，表明青藏高原东缘的均衡重力异常陡变带可能是控制青藏高原东缘地形陡变带的主要因素。

3. 均衡重力异常陡变带对应于岩石密度陡变带

龙门山出露大面积的前寒武纪变质体，包括彭灌杂岩、宝兴杂岩，由基性、中性到酸性的一系列侵入岩类组成。这些杂岩已被断层切割成叠瓦片状或薄板状的构造岩片。本次研究对均衡重力异常与前寒武纪杂岩、变质岩和沉积岩的密度进行了对比，获得以下结果。①均衡重力异常值与地表出露岩石的密度具有对应关系，其中高正异常值对应于高密度的彭灌杂岩、宝兴杂岩分布区（密度为 $2.56\sim3.02\mathrm{g/cm^3}$，平均密度为 $2.80\mathrm{g/cm^3}$）；负异常或低值带对应于低密度的浅变质岩（密度为 $2.66\sim2.72\mathrm{g/cm^3}$，平均密度为 $2.69\mathrm{g/cm^3}$）和沉积岩（密度为 $2.60\sim2.80\mathrm{g/cm^3}$，平均密度为 $2.68\mathrm{g/cm^3}$）分布区，表明高密度的彭灌杂岩、宝兴杂岩是控制正均衡重力异常高值区的主要因素。②均衡重力异常陡变带对应于岩石密度陡变带。龙门山彭灌杂岩与其东侧四川盆地沉积岩的密度差大于 $0.12\mathrm{g/cm^3}$，表明密度差是产生均衡重力异常陡变带的原因。这种密度差产生的应力或重力对龙门山隆升和垂直增生方式具有重要作用。③高密度的彭灌杂岩、宝兴杂岩来自下地壳，表明密度负载是现今龙门山最显著的特征之一。因此，推测下地壳流的向上挤出和抬升导致高密度的下地壳物质加载到上地壳，使龙门山密度增加。

33.2　Airy-Heiskanen 均衡模式与均衡重力异常的反演模拟

33.2.1　Airy-Heiskanen 均衡模式与反演模拟的方法

Airy-Heiskanen 均衡模式认为均衡重力异常反映了一个地区现今的均衡状态，不均衡状态势必导致均衡运动的产生。因此，现代均衡重力异常反映了近期地壳深部的构造活动状态，其运动应该是朝着恢复均衡的方向发展。由于均衡运动是在高密度、黏滞性极大的液态层中进行的，因此均衡运动的速度极其缓慢，运动过程是一个相当长的地质时期。根据该区实测的均衡重力异常值的分带性可以推论，青藏高原东部的高原地貌区几乎处于均衡状态，应无明显的均衡隆升；龙门山处于正均衡重力异常区，在均衡力的作用下应均衡下降；四川盆地处于负均衡重力异常区，在均衡力的作用下应均衡隆升。

Airy-Heiskanen 均衡模式认为山脉是浮在具有较高密度的液态层之上，均衡补偿面是随上部地层深度的变化而变化的，地表的山脉由深部的山根补偿，并可由式(33-1)表达 Airy-Heiskanen 均衡模式：

$$h_{\text{root}} = \frac{h_{\text{mt}}\rho_1}{\rho_2 - \rho_1} \tag{33-1}$$

式中，h_{root} 为山根的厚度；h_{mt} 为山脉的海拔；ρ_1 为均衡补偿面上的上部地层密度；ρ_2 为均衡补偿面下的下部地层密度。

根据式(33-1)，可以设定 ρ_1（莫霍面之上岩石密度的平均值）为 2.85g/cm³、ρ_2（莫霍面之下岩石密度的平均值）为 3.40g/cm³，式(33-1)可简化为

$$h_{\text{root}} \doteq 5.18\, h_{\text{mt}} \tag{33-2}$$

现今龙门山山脉的海拔（h_{mt}）为 5km，那么按 Airy-Heiskanen 均衡模式，在均衡状态下，莫霍面应形成向下的山根，其补偿深度（ho）为 25.9km。根据地震测深剖面密度换算结果(图 33-5)，目前莫霍面向下的山根的补偿深度（hc）仅为 5～7km，远未达到均衡补偿的深度，因此龙门山表现为正均衡重力异常。Airy-Heiskanen 均衡模式计算结果(图 33-5)表明，在均衡力的作用下龙门山的莫霍面应均衡下降，并再下降 18.9km 才能达到 Airy-Heiskanen 均衡状态。但据地形变化资料，以九顶山为代表的龙门山以 0.3～0.4mm/a 的速度持续隆升(刘树根，1993)。因此，龙门山一定受大于均衡调整力的上升力的作用。为了探讨这个上升力产生的上升幅度，本次研究对龙门山的正均衡重力异常进行了模拟反演解释。在均衡重力异常图上截取了 A-A′均衡重力异常剖面(图 33-6)。根据地震测深所

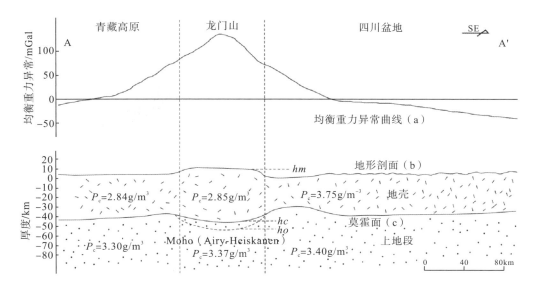

图 33-5　按 Airy-Heiskanen 均衡模式对青藏高原东缘的均衡重力异常的模拟与解释

注：均衡重力异常曲线据图 33-2；地形剖面据数字高程剖面；莫霍面深度及密度据重磁异常

及地震反射剖面图和地震测深剖面密度换算图。

得的速度剖面及由此推算的密度剖面图，该区岩石圈结构至少由 4 层构成，自上而下依次为上部地壳层(沉积盖层)、中部地壳层、下部地壳层和上地幔顶部层。根据各层的深度和密度，标定了产生均衡重力异常的初始模型及密度。在此基础上，将均衡重力异常值及各相应的模拟形体、密度输入计算程序进行计算，获得了输入的均衡重力异常曲线和根据模拟体有关参数计算的重力异常值(图 33-6)。对比这两条曲线，不断修改模拟体的形状及埋深，使两条曲线尽可能地符合(即两条曲线的均方误差越小越好)，最终将符合度最高曲线对应的模拟体参数作为该剖面均衡重力异常对应的地质体参数。据此，获得了该区密度不均匀体的垂向剖面及参数(图 33-6)，得到了模拟体上地幔顶面的埋深、中心埋深及宽度等数据，提出了不同深度下地质体产生的均衡重力异常的形态，并推测出产生均衡重力异常地质体的垂向变动情况，其模拟均方误差为 6.9×10^{-5} mGal。

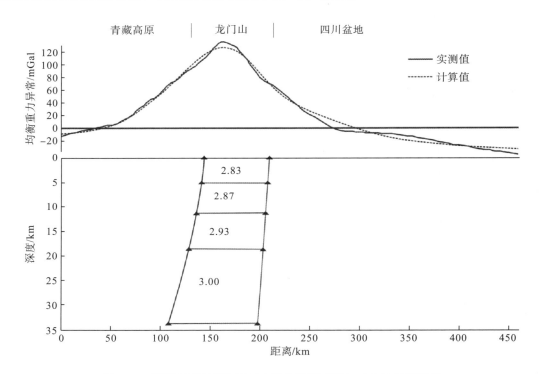

图 33-6 青藏高原东缘均衡重力异常横剖面图(A-A′)的反演模拟

33.2.2 模拟结果

1. 龙门山的地壳结构与边界断裂

各模拟块体均呈水平状叠置，并由密度不同的 4 层模拟块体相叠而成(图 33-6)，分别对应于上地幔顶部层、下地壳层、中部地壳层、上部地壳层。模拟块体东西两侧的边界断裂面均近于直立，并略向西倾斜，显示龙门山前缘和后缘为高角度逆断层，而非低角度逆掩断层。龙门山由倾向北西的前缘断裂和后缘断裂及其所夹的逆冲岩片组成，具有叠瓦状构造。龙门山的深部位置与地表位置比较，向西偏移了一段距离，表明龙门山整体向西倾斜，并缺乏山根，显示为独立的陆内构造负载系统。其中，后缘断裂对应茂汶断裂，被称为青藏高原东缘大型拆离断裂(许志琴等，2007)或汶川-茂汶剪切带(刘树根，1993)，并将龙门山与松潘-甘孜褶皱带分离为两个地质体。黑云母 $^{40}Ar/^{39}Ar$ 测年值为 112～120Ma，表明该断裂带形成于晚白垩世 120Ma 左右，并以伸展作用为主(许志琴等，2007；Burchfiel，2008)。彭灌断裂是龙门山与山前扩展变形带的分界线。

2. 龙门山下地壳顶面的抬升与下地壳流

从该剖面中埋深(图 33-6、图 33-7)来看，下地壳顶面的埋深仅为 18.8km，而其西侧均衡区域 $[(-20～0)\times10^{-5}m/s^2]$ 的下地壳顶面的埋深为 30km，两者相差 11.2km，表明龙门山正均衡重力异常区的下地壳顶面较正常区域的下地壳顶面抬升了 11.2km，这一结论具有重要意义。其一，地表高程也应该相应地抬升 11.2km，但龙门山地区的实际最大高程仅为 5km 左右，表明有 6～7km 的地层被剥蚀；这一结论与低温年代学研究结果(刘树根，1993；Xu et al.，2000)相一致，表明本次研究的模拟方法和模拟结果是可信的。其中，均衡重力异常揭示的是地壳隆升的厚度，而矿物的裂变径迹计时揭示的是山脉的剥蚀厚度。其二，龙门山正均衡重力异常揭示了下地壳在垂向上抬升，鉴于下地壳顶面的抬升作用仅限于龙门山，因此认为下地壳流可能是驱动龙门山下地壳顶面抬升的机制，导致龙门山下地壳顶面抬高了 11.2km，并导致了龙门山的缩短、挤出和抬升。龙门山下地壳流的上隆力抵消了均衡恢复力，均衡的破坏仍在继续，并成为主导力源。其三，鉴于下地壳抬升作用受彭灌断裂的限制，表明龙门山下地壳物质的流动受四川盆地强硬地壳阻挡，迫使下地壳流只能沿着龙门山垂向运动，下地壳高密度物质最终堆积在龙门山，形成了龙门山挤出的下地壳和高陡地貌。

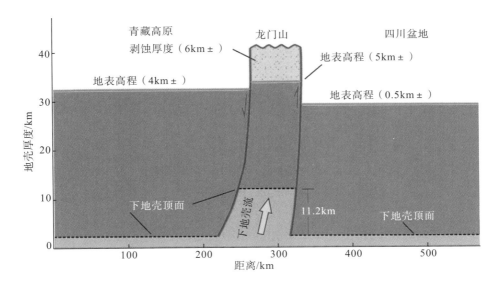

图 33-7　青藏高原东缘龙门山地区的下地壳流抬升、地表隆升与剥蚀作用

33.3　挠曲均衡模式与挠曲模拟

　　按 Airy-Heiskanen 均衡模式，如果龙门山地区是均衡的，就会推导出"地表山越高，山根越深，地壳越厚，那么龙门山应该是青藏高原东缘地壳最厚的地方"这样的结论，但是实际情况并非如此。龙门山位于地壳向西加厚的陡变带上，其西北侧青藏高原的地壳厚度(M)为 56～60km，东南侧四川盆地的地壳厚度(M)为 40～43km，而龙门山的地壳厚度仅为 45～50km。显然龙门山不是地壳最厚的地方，因此应用 Airy-Heiskanen 均衡模式就不能解释青藏高原东缘地壳厚度变化的规律。为了解释这一现象，本书采用了 Watts 挠曲均衡模式（Watts，1992）。该模式是在 Airy-Heiskanen 均衡模式的基础上提出的，考虑了固体地壳在上覆构造负荷作用下的弹性弯曲，使补偿质量不仅在垂向上分布，而且在横向上由于载荷周围地壳弹性板的弯曲造成补偿面变化，补偿质量展布在一个较大的区域内。青藏高原东缘均衡重力异常自西向东具有负—零—最大—零—负的变化规律，这一现象表明该地区的均衡重力异常存在区域补偿现象，龙门山的正均衡重力异常在四川盆地因地壳弹性挠曲得到了补偿。Li 等（2003）认为龙门山构造负载与前陆盆地挠曲沉降存在耦合机制，前陆盆地的宽度和深度与造山冲断楔和沉积楔的大小和形态有关，同时也受控于岩石圈的挠曲刚度和厚度。本书以挠曲均衡模式为基础，在定量计算均衡重力异常揭示的龙门山构造负载量、前陆盆地的挠曲沉降量、弹性厚度和挠曲波长的基础上，采用一维分析方法模拟了龙门山构造负载加载于弹性板片上产生的挠曲沉降。

33.3.1　龙门山的构造负载量

　　正均衡重力异常带仅分布于龙门山造山带，表明在青藏高原东缘只有龙门山是强烈的构造负载区和密度负载区，本书将其定义为"窄"的构造负载，表示构造负载的分布范围较窄（限于茂汶断裂和彭灌断裂之间）和构造负载的体量有限（非大规模、巨型的造山楔），其含义是，现今青藏高原东缘的构造负载仅限于龙门山及其前缘地区。鉴于正均衡重力异常值(I)表示的是理论大陆均衡地壳厚度(D=50～60km)与实际地壳厚度(M=45～50km)的差值，因此可以将该差值理解为构造负载的厚度。

　　因此，根据位置和厚度信息，可以将均衡重力异常值(I)为 75～125mGal 的地区作为龙门山的构造负载区（负载厚度为 5～10km），并利用 Sufer 软件计算该区域的构造负载量。结果表明，龙门山的构造负载量(V_p)为 $5.08×10^{14}$t。

33.3.2　前陆盆地的均衡沉降量

　　四川盆地的西部显示为正均衡重力异常(0～75mGal)，向东在龙泉山一带减小为零值[图 33-8(b)]。在这个正值区的地壳应该以向下的均衡沉降为特点，以使地形高度(H)降低，达到均衡。鉴于正均衡重力异常值(I)表示的是理论大陆均衡地壳厚度(D=40～43km)

与实际地壳厚度(M=39km)的差值，可以将该差值理解为盆地内均衡沉降的厚度。因此，本书将正均衡重力异常值为 0～75mGal 的地区作为前渊沉降区，并利用 Sufer 软件计算了该前陆盆地的挠曲沉降值[图 33-8(d)]。

33.3.3 前缘隆起的隆升量

在龙泉山以东的均衡重力异常值显示为负值，并具有向东逐渐增大的趋势，在川中隆起一带增加为-30mGal，并形成负异常圈闭。在这个负值区的地壳应该以向上的均衡隆升为特点，以使地形高度(H)增加，达到均衡。鉴于负均衡重力异常值(I)表示的是理论大陆均衡地壳厚度(D=40～43km)与实际地壳厚度(M=39km)的差值，可以将该差值理解为均衡隆升的厚度。因此，本书将正均衡重力异常值为 0～30mGal 的地区作为前缘隆起区，并利用 Sufer 软件计算了该前缘隆起的隆升值[图 33-8(d)]。

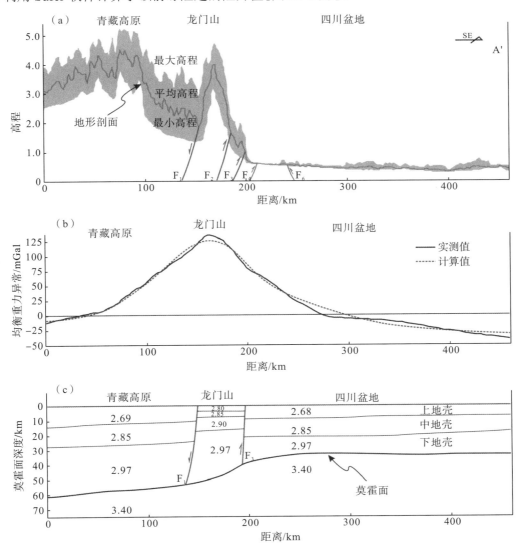

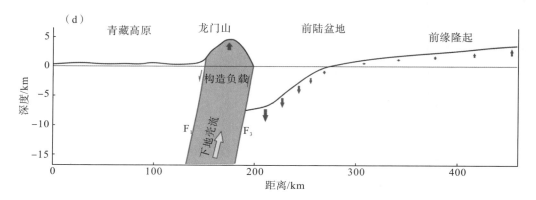

图 33-8　青藏高原东缘均衡重力异常揭示的龙门山构造负载与前陆盆地挠曲沉降

注：(a)A-A'地形剖面，为沿 A-A'的宽 10km、长 460km 的条带区域的平均高程曲线，数据来自 SRTM 90m 数据；(b)A-A'均衡重力异常剖面及其反演剖面；(c)A-A'地壳厚度及密度(g/cm³)剖面；(d)A-A'龙门山构造负载与前缘挠曲沉降，根据均衡重力异常值图(b)获得前缘挠曲沉降的幅度和前缘隆起的隆升幅度。

33.3.4　弹性挠曲模拟

　　本书将该地区岩石圈模拟为位于黏性下垫层之上的具有特定密度和有效弹性厚度(T_e)的弹性板片。黏性下垫层上的偏移应力在构造负载过程中加强了。根据已获得的龙门山的构造负载量、前陆盆地的沉降量、前缘隆起的隆升量以及成都盆地的沉积负载(晚新生代沉积物厚度小于 541m)，本次利用线性负载的常规弹性方程(Hetenyi，1974)计算了弹性挠曲：

$$\omega = \frac{H}{2\alpha(\rho_m - \rho_a)g}\exp\left(-\frac{x}{\alpha}\right)\left(\cos\frac{x}{\alpha} + \sin\frac{x}{\alpha}\right) \tag{33-3}$$

式中，ω 为弹性挠曲；H 为构造负载量(单位长度上受力程度)；ρ_m 为地幔密度(3300kg/m³)；ρ_a 为空气密度(1kg/m³)；g 为重力加速度(9.8m/s²)；x 为远离负载的距离；α 为弹性常数，以 T_e 为代表。为了对选择的 T_e 进行约束，分别计算了 T_e 为 25～55km 的挠曲剖面。结果表明：①挠曲剖面均显示为一个典型的前陆盆地，具有一个深渊(靠近龙门山一侧，位于 0～75km)和一个前缘隆起(远离龙门山一侧，位于 75～125km)(图 33-9)，表明龙门山构造负载驱动了近端前陆盆地的挠曲沉降和远端前缘隆起(川中隆起)的隆升。②随着 T_e 增大，龙门山前缘挠曲沉降的最大区域和最小区域均向四川盆地方向偏移，四川盆地西部具有明显的沉降，向南东方向沉降幅度逐渐降低，并在龙泉山及其以东显示为隆升(模拟曲线在 75km 附近表现为小幅隆升)，显示为前缘隆起。③该挠曲剖面与均衡重力异常揭示的沉降剖面具有相似性，均显示为一个典型的前陆盆地-前缘隆起系统，当挠曲参数 T_e=25km 时，模拟曲线与均衡重力异常揭示的沉降剖面吻合程度最高，因此可以将 T_e=25km 作为理想的弹性厚度。④龙门山构造负载为 "窄" 的构造负载，构造负载量较小，仅为 1.8×10^5km³，尚不足以驱动大规模和大幅度的挠曲沉降，形成大型楔状前陆盆地，而只能驱动前缘地区小幅度的、不对称的挠曲沉降，显示为小型楔状前陆盆地，具有盆地的宽度较小(小于 75km)、可容空间较小(厚度小于 541m)、不对称沉降的特点。因此,有限的挠曲沉降是该时期前陆盆地最显著的特征,表明这种小型前陆盆地明显不同于巨量的构造负载和构造缩短导致的大型楔状前陆盆地(Li et al.,2003)。

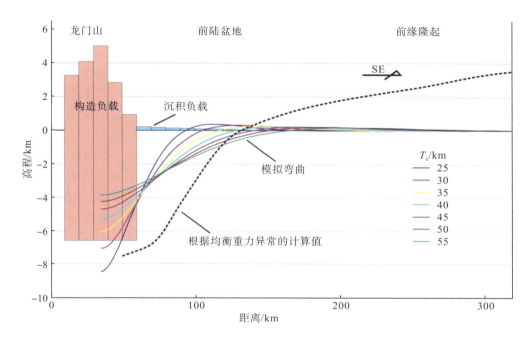

图 33-9　龙门山构造负载与前陆盆地挠曲沉降的模拟

33.4　讨　　论

33.4.1　对下地壳流机制与均衡重力异常相关性的讨论

Bird(1991)通过均衡重力作用研究了高陡地貌与下地壳流挤出的关系,认为下地壳流是破坏青藏高原边缘莫霍面和地壳结构的重要因素。本次研究表明,龙门山属于正均衡重力异常高值区,在均衡力的作用下应均衡下降,但龙门山处于强烈上升状态,下地壳顶面被抬升了 11.2km,表明反均衡作用的上升力大于均衡作用的下降力,而这种上升力只能是下地壳流的上升力,并驱动龙门山发生了显著的垂向抬升。在此基础上,可绘制龙门山地区的地质动力模型图。龙门山下地壳流驱动的有限的构造缩短、构造负载和密度负载导致了前陆盆地的挠曲沉降。

33.4.2　对下地壳流机制与汶川地震的讨论

龙门山历史地震的震源机制和震源深度、2008 年汶川地震地表破裂带和余震分布与均衡重力异常陡变带的对比结果表明(图 33-4):①6 级以上的强震均发生在均衡重力异常陡变带上，表明该区是活动构造和地震发育的地区，而在其西侧和东侧的弱均衡重力异常区，地震活动的频度和强度明显减弱；②地震的主压力方向为近北西向，与龙门山造山带的走向垂直；③龙门山造山带的优势发震深度小地震为5～15km、强震为15～20km，2008年汶川地震与该区历史强地震的震源深度基本一致，均属于浅源性地震；④汶川地震属于逆冲-右旋走滑型地震（Xu et al.，2009；Densmore et al.，2010；Li et al.，2011），导致了龙门山前山带有限的（局部的）构造缩短和"窄"的构造负载，并在地表上显示为两条在平面上近于平行的北东向逆冲-走滑型断层（彭灌断裂与北川断裂）的地表破裂带和余震分布带，并分布于均衡重力异常陡变带上（图33-4）。这种特殊的地表破裂带尚未在全球其他地方出现，因此可认为这种特殊的地表破裂带可能是龙门山下地壳流驱动的汶川地震及其局部缩短的产物（图33-10）。

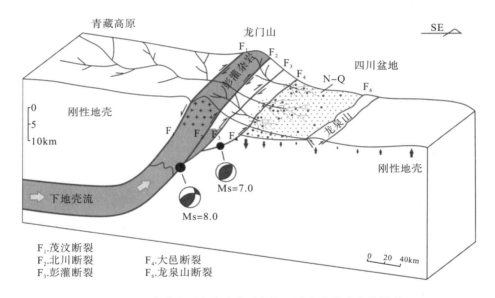

图 33-10　青藏高原东缘地表过程与下地壳流的动力学模型

33.4.3　对龙门山正均衡重力异常形成时间的讨论

彭灌杂岩、宝兴杂岩是现今龙门山的重要物质组成，是新生代龙门山的代表性标志，也是新生代龙门山与中生代龙门山差异性的重要体现。这些"前寒武纪杂岩何时并以何种方式从深部折返到地表"一直是龙门山演化历史研究的一个重要课题。对于龙门山地表出露的来自下地壳的前寒武纪杂岩，只有下地壳流的向上抬升和推举作用才可能将这些深埋地下的前寒武纪杂岩抬升到地表，因此可将龙门山地表出露的来自下地壳的杂岩作为下地壳流抬升的证据。鉴于这些高密度的前寒武纪杂岩与正均衡重力异常高值区有明显的对应性，应具有相同的形成机制和形成时间，表明可以用前寒武纪杂岩就位的时间来标定龙门山正均衡重力异常的形成时间。一些研究者用下地壳流机制或挤出机制较好地解释了彭灌杂岩体的抬升和剥露（许志琴等，2007；Royden et al.，1997；Wallis et al.，

2003；Wang et al.，2012）。Royden 等（1997）认为下地壳流于 15～10Ma 到达了青藏高原的东部。Burchifel 等（2008）认为龙门山的现代高地势可能形成于 12～5Ma。Kirby 等（2008）认为最初的河流快速侵蚀至高原东部在 15～8Ma 就已经开始了。Wallis 等（2003）认为 4Ma 以来的龙门山缩短及地表的变形与高原东部下地壳的流动有关。根据低温热年代学数据，目前认为龙门山彭灌杂岩有 3 个冷却事件，分别发生在 30～25Ma、10～4Ma、5～2.7Ma。李勇等（1995）根据成都盆地大邑砾岩中前寒武纪变质体砾石的首次出现，标定了龙门山彭灌杂岩体被剥露地表和脱顶的时间为 3.6Ma。因此，认为龙门山下地壳流最终形成的时间应该早于 3.6Ma，并形成了现今龙门山的均衡重力异常高值区和构造地貌格局。

第34章　龙门山前陆盆地构造变形的物理模拟

　　砂箱构造物理模拟实验能够帮助地质学家直接观察构造变形过程,从而对比分析构造形成机制和演化过程。建立科学合理的构造模型是研究浅层构造变形的一种有效手段(Buchanan and Mc Clay,1991)。砂箱实验在国内外得到了广泛的运用,尤其是在探讨褶皱-冲断带发育演化的运动学过程和变形机制方面,它可以提供一个真实可见的模型发展过程。

　　滑脱层在褶皱-冲断带形成和发展过程中具有控制作用,因此前人在对褶皱-冲断带进行物理模拟时也十分注重滑脱层的设置(沈礼等,2012),但是前人的研究往往只是通过砂箱实验解释不同缩短率条件下得到的相机照片,对断层、褶皱等及其相互关系进行定性或者半定量的描述,从而得出相关结论。这些研究没有紧密结合粒子图像测速(particle image velocimetry,PIV)技术得出相应的运动速度、涡度等运动参数,难以充分发挥砂箱模拟实验的真正优势。因此,本次研究设计了 6 种滑脱层类型的模型实验,将相机照片和 PIV 技术紧密结合,有助于对比、分析、研究不同滑脱层对构造变形的影响。

　　PIV 技术能在同一瞬态记录大量空间点上的速度分布信息,并可提供丰富的流场空间结构以及流动特性,在速度场、位移场内讨论变形过程。PIV 技术基本原理是利用高分辨率相机获得一系列图像,再通过一系列计算分析得到图像上各点的速度矢量,从而获取运动对象的速度场。本次研究将砂箱相机照片与 PIV 技术紧密结合,多方位地对不同滑脱层的褶皱-冲断带发育和变形机理进行探讨。

34.1　物理模拟实验

34.1.1　实验模型

　　根据构造物理模拟的分解原则,每组实验只控制一个变量,其他条件不变。在此基础上设计了 6 组实验,再通过综合对比分析得出比较客观的结论。在实验材料的选取上,模拟上地壳脆性地层的是干燥石英砂,干燥石英砂的变形行为符合莫尔准则,内摩擦角在 31°左右。在实验中用红色的石英砂薄层作为标志层,以便更好地观察构造变形过程。为了使 PIV 记录的图像精度更高,在白色石英砂里掺杂了一些红砂,颜色不同不会影响石英砂的力学性质。在实验中,通常用微玻璃珠模拟泥岩、页岩和煤层这类较强的滑脱层,用硅胶模拟盐岩和膏盐岩这类较弱的滑脱层。本实验所用硅胶为牛顿流体，黏度系数为 $1 \times 10^4 \text{Pa·s}$，是模拟盐岩和膏盐岩的理想材料。

设计的实验一共有 6 组模型（图 34-1），6 组模型的初始长度均为 1000mm、宽均为 400mm，硅胶层和微玻璃珠厚度均为 5mm，石英砂总厚度为 45mm。动力来源为右侧单侧挤压，缩短量（S）为 400mm，缩短率（V）为 0.007mm/s。模型 1 为无滑脱层对照组。模型 2 为硅胶模拟的深层弱滑脱。模型 3 为相对应的浅层滑脱。模型 4 的基底滑脱层为用微玻璃珠模拟的强滑脱层，而浅部的滑脱层则为用硅胶模拟的弱滑脱层。模型 5 和模型 6 分别对应模型 2 和模型 3，只将滑脱层替换为微玻璃珠来模拟强硬滑脱层，其他条件不变。在所有实验过程中，用 PIV 进行数据采集，采集频率为每 200s 采集 1 次；相机采集照片频率为每 200s 1 张。

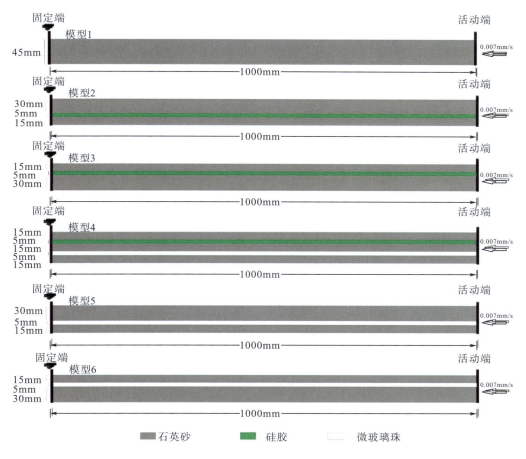

图 34-1　实验模型剖面示意图

根据物理模拟相似性原理，即模型的尺度与材料的选择满足相似性原理的要求。物理模型与地质原型的相似比：①重力相似比 $g^* = 1$，模型和地质原型都在自然界重力场中进行，二者相等；②密度相似比 $\rho^* \approx 0.5$，实验材料的密度约等于地层密度的 1/2；③黏度相

似比 $\eta^* \approx 1.2 \times 10^{-15}$，地层的黏度约为 $1 \times 10^{19} \mathrm{Pa \cdot s}$，硅胶的黏度约为 $1.2 \times 10^4 \mathrm{Pa \cdot s}$；④长度相似比 $l^* = 0.67 \times 10^{-5}$，模型的 1cm 大致相当于地质原型的 1.5km。利用以下两个公式可求出物理模型与地质原型的时间相似比 (t^*)：

$$\sigma^* = \rho^* g^* l^* \tag{34-1}$$

$$t^* = \eta^* / \sigma^* \tag{34-2}$$

由式(34-1)和式(34-2)可得 $t^* \approx 3.6 \times 10^{-10}$，即模拟 1h 相当于地质时间 $3.2 \times 10^5 \mathrm{a}$。

34.2 实 验 分 析

为了清晰刻画构造变形过程，展现断裂构造形成时的瞬时形态，将每组构造变形过程刻画在一个坐标系上(图 34-2)，图 34-3 展示了 6 组模型的最终结果，每一条曲线对应图 34-3 中 F 断裂产生时的形貌图，F 断裂的产生时间见表 34-1。如模型 1，第一条断裂结束，第二条断裂开始的时间为模型缩短到 96.7cm 时，6 组模型的主要断裂都以顺序方式形成。

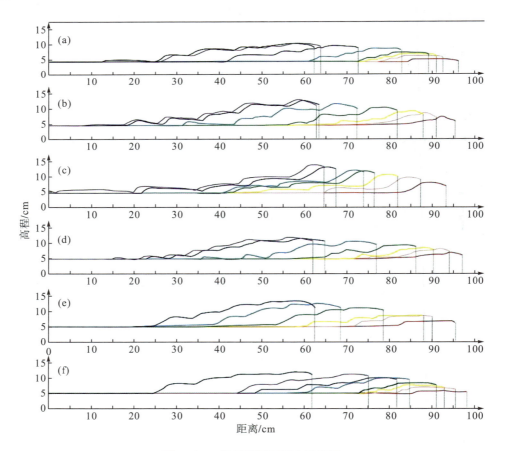

图 34-2 6 组模型侧面演化示意图

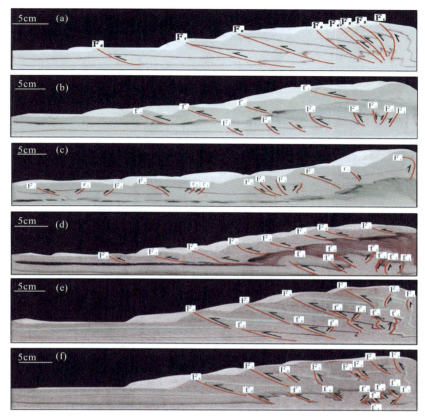

图 34-3　6 组模型最终结果图

注：模型 2 与模型 5 对照，模型 3 与模型 6 对照。通过实验中褶皱形成的演化过程和褶皱-冲断带前缘发育的位置可以发现，
　　在强滑脱层上发育的褶皱-冲断带比在弱滑脱层上发育的地势更陡，地表楔角更大［图 34-3（b）、图 34-3（c）、图 34-3（e）、
　　图 34-3（f）］。这进一步印证了前人的研究结论。模型 4 对照模型 1、模型 3、模型 5 实验结果显示，模型 4 上部滑脱层为硅胶，
　　下部为微玻璃珠，由实验过程和最终显示结果可以看出，双层模型比单层模型复杂，浅层软弱层上部传播较远，强硬滑脱层
　　上部的断裂则主要集中在根部［图 34-3（d）］。上部楔体明显比下部楔体更长，具有明显的分层变形特征，且主要断裂形成顺
　　序都是依序排布。

表 34-1　6 组模型断裂的形成时间表　　　　　　　　　　　（单位：h）

断裂	模型 1	模型 2	模型 3	模型 4	模型 5	模型 6
F_1	96.7	95.5	93.0	97.0	95.6	98.5
F_2	93.3	91.6	86.4	93.5	90.3	95.0
F_3	90.7	87.8	80.2	89.4	87.4	92.4
F_4	88.7	80.5	74.6	86.2	76.8	90.1
F_5	82.8	70.7	72.2	74.8	68.3	83.4
F_6	71.6	62.5	64.9	63.9	61.1	80.4
F_7	62.1	61.0	62.7	61.1	—	73.7
F_8	61.0	—	61.1	—	—	61.0

　　模型 1 中，均匀铺设总厚为 45mm 的石英砂，受到右侧水平方向的挤压力，实验结果
显示变形向前陆方向逐次传播，断层 F_1～F_8 依序形成，早期形成的 F_1 倾角约为 30°，直
至挤压结束达到近乎直立。后期形成的 F_6、F_7、F_8 倾角大致保持在 30°。模型 1 以典型的

前展式叠瓦状构造为特征，随着挤压量的增加，逆冲楔急剧增厚，不发育明显的反冲断层，该实验与前人实验结论基本一致。实验结果显示，石英砂沿着硅胶层发生滑脱，在滑脱层的上部、下部均产生逆冲褶皱构造，在滑脱层上部的楔体长度比下部的更长，二者的长度差距随着时间扩大。随着缩短量增加，滑脱层上、下部分物质的运动速率存在明显的差异：滑脱层上部比下部传递得更远，其上的构造变形随挤压的进行而向前推进，其下的构造变形向前推进缓慢，且距离挤压端的距离要近很多[图 34-3（b）]。通过模型 2 和模型 3 的比较可以看出，深层滑脱层的褶皱和断层传播距离更远，深层滑脱层对构造变形更具控制作用[图 34-3（b）、图 34-3（c）]。

34.3　龙门山南段地质剖面与实验模型对比

通过 6 组模型实验结果分析，可以得出以下认识：①对于相同类型和深度的滑脱层，其上比其下的褶皱和断层传播得更远；②深层滑脱层控制整个模型的构造样式，滑脱层的上、下部具有明显分层特征；③含软弱层的比含强硬层的模型褶皱断层传播得更远，楔体也更长；④滑脱层数量越少，越强硬，砂箱挤压一侧根部隆升得越高。根据 MB92-D2 测线剖面，龙门山南段现今宽 108.2km（图 34-4）。平衡恢复到印支期晚期的宽度为 160.6km，总体缩短量为 52.4km，总体缩短率为 32.6%。贾东等（2003）将该地区滑脱层简化为深部是元古宙基底，浅部为三叠系。本次研究设计的模型 4 与此相似，深部约 18km 的元古宙为韧脆性转换带，是强滑脱层，用微玻璃珠模拟；三叠系中的嘉陵江组-雷口坡组盐岩层属弱滑脱层，用硅胶模拟。图 34-4 是龙门山南段褶皱-冲断带的剖面解译图，为中石油 MB92-D2 测线，剖面图受力方向主要是从 A 到 B，即松潘-甘孜高原向川西前陆拗陷处挤压，而本章模型则是从右侧向左侧挤压。根据前人资料和剖面图可以得出：在南

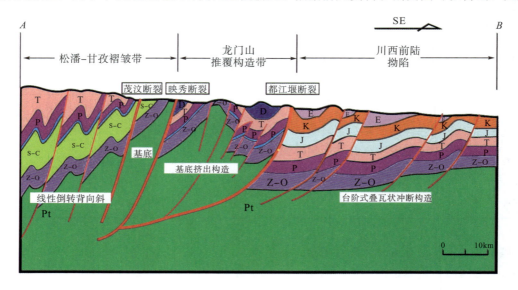

图 34-4　龙门山褶皱冲断带南段 MB92-D2 测线剖面图

段的后山带发育一系列基底卷入式的叠瓦状冲断构造，在前山带发育基底挤出构造，其前缘发育飞来峰；在都江堰断裂往东，发育台阶式叠瓦状冲断构造和断层相关褶皱。龙门山南段的构造变形主要受茂汶断裂、映秀断裂和都江堰断裂等几条主干断裂的控制。嘉陵江组-雷口坡组盐岩层和实验中的硅胶一样，属弱滑脱层。滑脱层上、下部表现出明显的分层现象，与实验结果一致。

34.4　构造变形过程的 PIV 分析

对 6 组模型均使用 PIV 进行监测和记录全过程。利用 Tecplot10 软件，可以根据 PIV 计算处理的速度场、涡度场得到实验过程中砂箱侧面中任一时刻、任一砂粒的速度、涡度的运动参数。由于篇幅限制，本章以第一组为例来说明速度场、涡度场对认识地质现象的帮助。图 34-5、图 34-6 分别显示了模型 1 中 F_7 断层形成过程的速度场、涡度场图。相应的缩短率分别为 31.36%、31.64%、31.92%、32.20%、32.76%。速度场图显示，在挤压端砂粒的速度较大，前缘砂粒的速度减小，速度有明显的陡变现象，呈楔形切入，逆冲断层下盘速度相对较大，上盘速度大致只有下盘的一半[图 34-5(a)]；涡度场图显示，在上盘前缘附近的涡度表现为最大正值，砂粒表现为逆时针旋转[图 34-6(a)]。根据 PIV 记录的速度场和涡度场结果，结合照片分析，可以深入分析断层的形成过程与破裂机制。F_7 断层发育的特点有：①在模型缩短率小于 31.64% 的破裂发生前，速度场和涡度场表现为持续地向前传播[图 34-5(a)、图 34-5(b)、图 34-6(a)、图 34-6(b)]，形态上未有明显变化，但在图 34-6(a) 的上盘 1 和下盘 1 之间涡度场为较大负值，显示具有顺时针旋转特点。在两条顺时针旋转和前缘的逆时针旋转边界构成了一个倒立的三角状断层块体。②在模型

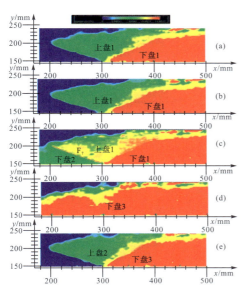 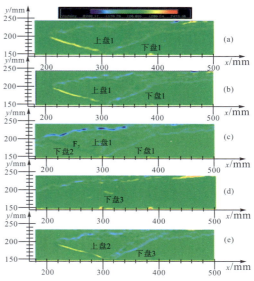

图 34-5　模型 1 中 F_7 断层发育过程的速度场图　图 34-6　模型 1 中 F_7 断层发育过程的涡度场图

缩短率达到 31.64％且破裂发生时，F_7 断层向上斜向切割，速度沿着 F_7 断层面突增，且此时速度向原来静止的前缘推进，具有突变性质［图 34-5(c)、图 34-5(d)］。最大涡度场正值则集中沿新形成的断层面分布，较之前的旋转速度明显下降，上、下盘内部涡度差不明显［图 34-6(c)、图 34-6(d)］，表明断层在形成时粒子沿断层面的速度骤减。③在模型缩短率大于 32.06％的断裂发生后，F_7 断层的上盘继续沿着断层面向上逆冲［图 34-5(d)、图 34-5(e)］，下盘的速度场陡然变大，达到最大速度，并不断向前推进，最终恢复到形成断裂的运动形态。最大涡度场正值突然消失，最后恢复到断裂形成时的涡度场状态，沿断层面最大涡度场正值出现，在图 34-6(e) 中上盘 2、下盘 3 涡度不明显，旋转主要集中于速度陡变带上，即两盘之间。

第35章 汶川地震驱动的龙门山构造负载与前陆盆地挠曲沉降模拟

Li 等(2003)建立了龙门山造山楔的冲断负载、剥蚀卸载与前缘挠曲沉降之间的动力学机制,定量计算了晚三叠世前陆盆地沉降与龙门山逆冲构造负载的关系,并限制了四川盆地西部岩石圈的有效弹性厚度为 43～54km,表明龙门山前陆盆地是在龙门山冲断带前缘发育的挠曲盆地。根据这一基础性结论,我们认为汶川地震(本章中皆指 2008 年汶川8.0 级地震)驱动的构造负载也必然导致前陆盆地(近端)的挠曲沉降和前缘隆起(远端)的挠曲隆升。基于此,本次研究对该地区地表变形实测数据进行统计和分析,初步结果表明,在汶川地震发震期间龙门山前陆盆地确实发生了同震沉降,前缘隆起区发生了同震隆升。

本章研究的目标是以造山带构造负载-前陆盆地的挠曲模型和前陆盆地系统理论为基础,在对汶川地震同震地表构造位移数据进行统计和计算的基础上建立龙门山前陆盆地系统的隆升和沉降曲线,并利用挠曲模型计算公式对汶川地震产生的构造负载进行挠曲模拟。通过对比实际观测曲线与模拟曲线的相似性,验证汶川地震驱动的构造负载与前陆盆地系统的同震沉降、同震隆升之间的动力学机制。

35.1 汶川地震的同震变形量

汶川地震属于逆冲-右旋走滑型地震(Xu et al.,2009;Densmore et al.,2010;Li et al.,2011),造成龙门山地区及周缘地区的同震地表形变。本次统计了前人利用 GPS、合成孔径雷达干涉测量(InSAR)、合成孔径雷达(synthetic aperture radar,SAR)等方法获得的汶川地震驱动的同震地表变形数据(de Michele et al.,2010;杨少敏等,2012)。这些研究成果显示:GPS 获得的数据可以作为同震隆升与同震沉降的基准数据,虽然其密度有限,但是数据精度较高,覆盖范围较广;InSAR 数据的横向分辨率较高,精度较好,但是在断层附近的数据缺失;SAR 三维数据对断层附近的同震变形数据有一定补充,但是精度较低,仅适用于半定量分析。另外,这三类数据反映的同震隆升、同震沉降的基本特征非常一致(杨少敏等,2012)。对 GPS 数据充足的地区,本次优先使用 GPS 数据;对 GPS 数据未覆盖或数据太少的地区,结合邻区 GPS 测得的同震隆升、同震沉降数据,基于 InSAR、SAR数据进行了插值标定(插值网格大小为 5km×5km),以保证同震位移不会因数据点的疏密产生较大的误差。在此基础上,本次编制了汶川地震同震隆升、同震沉降等值线图,作为研究的基础。

1. 汶川地震驱动的同震地表隆升量

由图 35-1 可看出汶川地震驱动的同震地表隆升区域主要包括龙门山中、北段和川中地区。

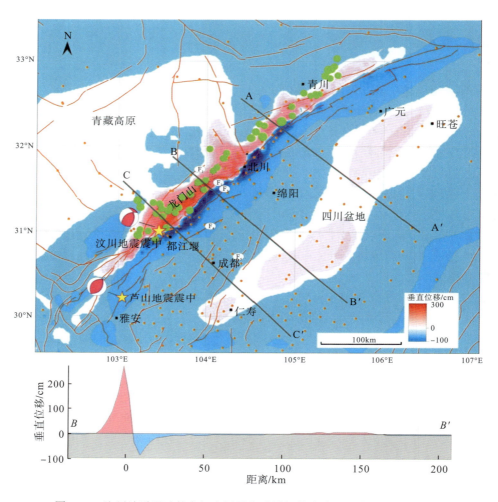

图 35-1　汶川地震驱动的龙门山同震隆升量与前陆地区同震沉降量分布图

注：F_1.茂汶断裂；F_2.映秀-北川断裂；F_3.彭灌断裂；F_4.彭州断裂；F_5.龙泉山断裂；A-A′、B-B′、C-C′为剖面线

在龙门山中、北段同震隆升区呈北东向条带状分布在都江堰至青川一带，宽 15～30km，长约 350km，其与汶川地震及其余震的分布区一致(图 35-1)。该隆升区主要位于北川断裂的上盘，最大隆升幅度区位于北川断裂的上盘并靠近断裂处，GPS 测定的最大隆升幅度为 3.86m，自北川断裂向西隆升幅度逐渐减小，在距离北川断裂 20～30km 的位置隆升幅度降为 0，向西过渡为负值区(即表现为同震沉降)，表明在茂汶断裂以西地区以同震地表沉降为主(图 35-1)。另外，沿南西—北东方向，以北川为界可以将隆升区划分南、

北两段，南段的隆升幅度较大(最大为 3.86m)，宽度较大(25～30km)；北段的隆升幅度较小，宽度略小(15～25km)。

川中同震隆升区呈北东向条带状分布于仁寿至巴中，走向与龙门山同震隆升区一致(南西—北东)，宽 30～60km，长约 350km。在垂直于该隆升区走向的方向上，总体表现为中间隆升幅度高、向两侧隆升幅度逐渐减小的特征。另外，沿南西—北东方向，在该隆升区存在 3 个高值区：南部高值区的范围较小，GPS 测得的最大同震隆升幅度为 10.09cm；中部高值区的范围较大，GPS 测得的最大同震隆升幅度为 13.41cm；北部高值区范围也较大，GPS 测得的最大同震隆升幅度为 11.10cm。

2. 汶川地震驱动的同震地表沉降量

汶川地震驱动的同震沉降区可以分为 3 个部分：青藏高原东部同震沉降区、川西拗陷同震沉降区和川东同震沉降区。

青藏高原东部同震沉降区位于龙门山中、北段的同震隆升区以西。该区域总体表现为沉降，沉降幅度较小(小于 10cm)。

川西拗陷同震沉降区位于龙门山中、北段的同震隆升区和川中同震隆升区之间，呈南西—北东走向的条带状展布，长约 350km，宽 50～100km。在北西—南东方向上沉降幅度具有明显的不对称性，即：在靠近龙门山一侧(近端)的沉降量较大，最大沉降量超过 60cm，由北西向南东沉降幅度逐渐减小，在川中同震隆升区西缘，沉降幅度减小为 0。另外，在南西—北东方向上沉降区范围及沉降幅度也有明显的差异性，以北川—绵阳为界，南段沉降区较宽(约 100km)，沉降幅度较大；北段沉降区较窄(50～60km)，沉降幅度较小。

川东同震沉降区位于川中同震隆升区以东，该区域距离发震断裂较远，沉降幅度极小，一般小于 5cm。

综上所述，汶川地震导致北川断裂上盘的隆升和下盘的沉降。龙门山前缘 50～100km 的区域为主要的同震沉降区，西部的沉降幅度大，东部的沉降幅度小，具有不对称性沉降的特点。龙门山前缘 100～160km 的区域为同震小幅隆升区。龙门山前缘 160km 以外的区域显示为同震小幅沉降区(图 35-1)。

35.2　弹性挠曲模拟的原理与方法

前陆盆地是在造山带的前陆冲断带前缘发育的挠曲盆地(Sinclair et al.，1991)。前陆盆地系统包括造山楔(冲断带)、楔顶、前渊、前缘隆起和隆后盆地等构造单元(图 35-2、图 35-3)。前陆盆地的宽度和深度与造山冲断楔和沉积楔的大小和形态有关，同时也受控于岩石圈的挠曲刚度(或有效弹性厚度)，即在前陆盆地岩石圈具有一定挠曲刚度的情况下，前陆盆地的沉降过程主要受控于冲断带的构造负载量与盆地内沉积物产生的沉积负载量(图 35-2、图 35-3)。

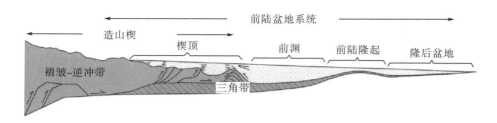

图 35-2　前陆盆地系统示意图

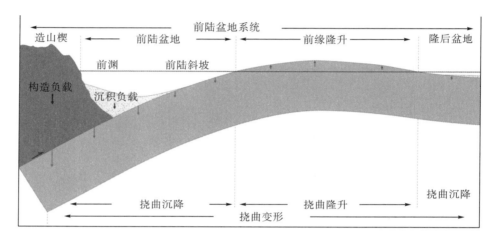

图 35-3　冲断带–前陆盆地挠曲模型与前陆盆地系统单元划分

Allen 和 Allen(2005)在总结前人研究成果(Turcotte and Schubert，1982；Cardozo and Jordan，2001)的基础上，将岩石圈的挠曲模型划分为 3 类(图 35-4)：①连续的弹性板块在线性负载下的挠曲作用；②破裂的弹性板块末端在线性负载下的挠曲作用；③连续的弹性板块在分散负载下的挠曲作用。

根据上述对汶川地震同震隆升与沉降的分析，可以看出由龙门山前缘向南东的垂向位移变化趋势为沉降—隆升—沉降，与冲断带–前陆盆地挠曲模型中前陆地区的挠曲变形特征极为相似。在假设汶川地震同震隆升与沉降符合冲断带–前陆盆地挠曲模型理论的前提下，本次研究只考虑了构造负载，没有考虑沉积物负载对四川盆地西缘挠曲的影响，因为在这一较短的过程中，沉降区尚未堆积沉积物。另外，四川盆地岩石圈西侧与青藏高原地区的岩石圈不连续，且差异很大。四川盆地岩石圈显示为刚性的克拉通型，其地震波速相对较大，地表热流较低，强度较大。青藏高原的岩石圈为造山带型，其地震波速相对较小，地表热流较大，强度较小。因此，本次研究对四川盆地西缘同震沉降的计算采用线性负载下破裂弹性板块的挠曲模型(图 35-4)。

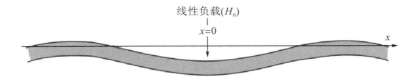

（a）连续的弹性板块在线性负载下的挠曲作用

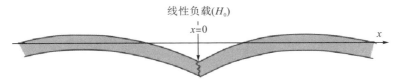

（b）破裂的弹性板块末端在线性负载下的挠曲作用

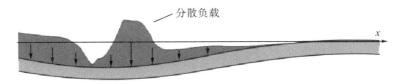

（c）连续的弹性板块在分散负载下的挠曲作用

图 35-4　岩石圈的挠曲模型

Turcotte 和 Schubert(1982)给出了破裂的弹性板块在末端受线性负载的情况下，计算挠曲幅度的公式：

$$\omega = \frac{H_0 \alpha^3}{4D} e^{-x/\alpha} \times \cos \frac{x}{\alpha} \tag{35-1}$$

式中，ω 为挠曲幅度；H_0 为负载量；α 为挠曲参数(有效弹性厚度)；D 为挠曲刚度；x 为远离负载的距离。因此，当 $x=0$ 时，可以获得最大挠曲沉降幅度，其计算公式为

$$\omega_0 = \frac{H_0 \alpha^3}{4D} \tag{35-2}$$

挠曲刚度(D)的计算公式(Turcotte and Schubert，1982)为

$$D = \frac{\alpha^4 (\rho_m - \rho_w) g}{4} \tag{35-3}$$

式中，ρ_m 为地幔密度(3300kg/m^3)；ρ_w 为空气密度(1kg/m^3)。

另外，负载量(H_0)的定义为单位长度上的受力程度，其计算公式为

$$H_0 = V_0 \cdot \rho \cdot g \tag{35-4}$$

式中，V_0 为线性负载剖面单位长度上的负载体积；ρ 为地表岩石密度；g 为重力加速度(9.8m/s^2)。

因此，根据式(35-2)～式(35-4)可以推导出最大挠曲沉降幅度的计算公式：

$$\omega_0 = \frac{V_0 \rho}{\alpha (\rho_m - \rho_w)} \tag{35-5}$$

根据式(35-1)、式(35-2)、式(35-5)，可将位于不同距离的挠曲沉降幅度的计算公式改写为

$$\omega = \omega_0 e^{-x/\alpha} \cdot \cos\frac{x}{\alpha} \tag{35-6}$$

据 Turcotte 和 Schubert(1982)，计算前陆盆地宽度 x_0 的公式为

$$x_0 = \pi\alpha / 2 \tag{35-7}$$

计算前缘隆起最高点距负载距离 x_b 的公式为

$$x_b = 3\pi\alpha / 4 \tag{35-8}$$

计算前缘隆起最大挠曲隆升幅度 ω_b 的公式为

$$\omega_b = -0.067\omega_0 \tag{35-9}$$

基于以上原理和计算方法，本次研究利用龙门山地区的同震隆升幅度对构造负载体积进行估算[式(35-4)]，然后利用式(35-5)和式(35-6)对汶川地震导致的弹性挠曲(包括沉降和隆升)进行了线性模拟，在垂直于龙门山走向的方向上，标定了四川盆地西缘弹性挠曲沉降、隆升幅度及分布特征，并与实测的四川盆地西缘同震沉降、隆升幅度和分布特征进行对比。

35.3　弹性挠曲模拟的结果

根据上述分析，构造负载体积为汶川地震驱动的山脉体积的增加量，即龙门山同震隆升区的隆升总体积。在绘制出同震隆升与同震沉降等值线图的基础上，本次研究利用 Surfer 软件对龙门山同震隆升区的隆升总体积进行计算，基本计算方法如下：在图面上布置若干水平和垂直交错并等距的网格，把每个网格作为微元，然后根据微元的面积及其对应的垂直位移量计算该微元范围内隆升的体积，逐个计算每个微元，最后累加的结果即是汶川地震导致的山脉体积增加量。计算获得的龙门山同震隆升体积为 3.46 ± 0.52km^3。这一数据与 de Michele 等(2010)获得的同震隆升体积(2.6 ± 1.2km^3)以及 Li 等(2014a)获得的同震隆升体积(3.5 ± 0.9km^3)较为吻合。

本次研究选取了垂直于龙门山的 3 条线段，并利用 Surfer 软件获取同震隆升与同震沉降剖面图。基于剖面图显示的龙门山同震隆升幅度和隆升区宽度，估算出了在剖面位置上单位长度(1km)的负载体积量，分别为 0.014km^3(A-A′剖面)、0.025km^3(B-B′剖面)和 0.028km^3(C-C′剖面)。

本次研究采用位于 30~60km、间隔为 5km 的 7 个挠曲参数 α(30km、35km、40km、45km、50km、55km、60km)，计算了以下 4 个参数：①最大挠曲沉降幅度(ω_0)；②前陆盆地宽度(x_0)；③前缘隆起最高点距负载距离(x_b)；④前缘隆起最大挠曲隆升幅度(ω_b)。相关结果及其与实测数据的对比见表 35-1；计算的弹性挠曲模拟曲线及其与实测剖面图的对比见图 35-5。

表 35-1　弹性挠曲模拟数据与实测数据对比表

剖面	挠曲参数	最大挠曲沉降幅度 (ω_0) /m	前陆盆地宽度 (x_0) /km	前缘隆起最高点距负载距离 (x_b) /km	前缘隆起最大挠曲隆升幅度 (ω_b) /m
A-A'	实测	0.6459	90±7	126±5	0.05±0.02
	α=30km	0.3791	47.12	70.68	0.0254
	α=35km	0.3250	54.98	82.46	0.0218
	α=40km	0.2843	62.83	94.25	0.0191
	α=45km	0.2527	70.68	106.03	0.0169
	α=50km	0.2275	78.54	117.81	0.0152
	α=55km	0.2068	86.39	129.59	0.0139
	α=60km	0.1896	94.25	141.37	0.0127
B-B'	实测	0.8910	101±9	136±7	0.05±0.02
	α=30km	0.6770	47.12	70.68	0.0454
	α=35km	0.5803	54.98	82.46	0.0389
	α=40km	0.5078	62.83	94.25	0.0340
	α=45km	0.4513	70.68	106.03	0.0302
	α=50km	0.4062	78.54	117.81	0.0272
	α=55km	0.3693	86.39	129.59	0.0247
	α=60km	0.3385	94.25	141.37	0.0227
C-C'	实测	0.5735	106±8	132±4	0.05±0.02
	α=30km	0.7582	47.12	70.68	0.0508
	α=35km	0.6499	54.98	82.46	0.0435
	α=40km	0.5687	62.83	94.25	0.0381
	α=45km	0.5055	70.68	106.03	0.0339
	α=50km	0.4549	78.54	117.81	0.0305
	α=55km	0.4136	86.39	129.59	0.0277
	α=60km	0.3791	94.25	141.37	0.0254

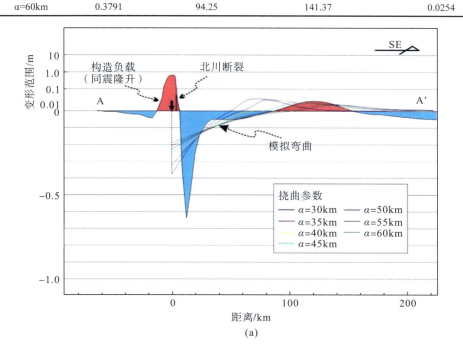

(a)

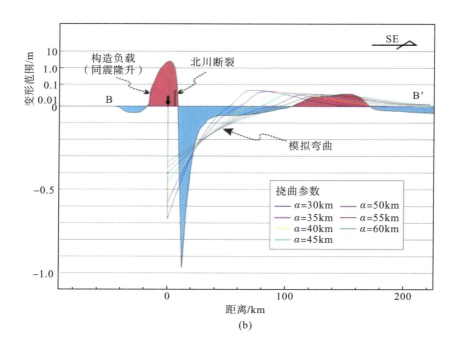

(b)

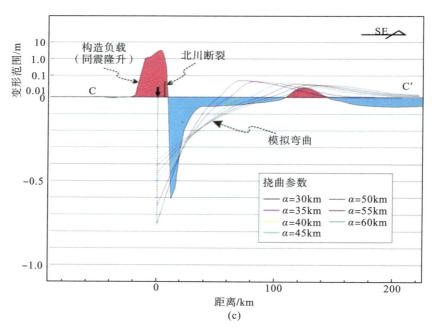

(c)

图 35-5　汶川地震构造负载的弹性挠曲模拟

注：剖面位置见图 35-1，基于破裂的弹性板块末端在线性负载下的弹性挠曲模拟。

35.4　讨　　论

由 3 个剖面中挠曲模拟曲线与实测曲线的对比可以看出,两者总体上具有较好的空间对应关系,即在靠近龙门山的位置沉降幅度最大,并且向东沉降幅度逐渐减小并过渡为小幅隆升,然后再次过渡为沉降;同震隆升与同震沉降数值与弹性挠曲模拟数值均在同一个数量级,并且在位置上具有极高的相似度,如在挠曲隆升位置(前缘隆起)的最大隆升幅度与实测的隆升幅度较为一致(图 35-5)。

根据挠曲模拟获得的前陆盆地宽度、前缘隆起位置以及挠曲变形幅度(包括沉降和隆升)与实测同震隆升与沉降区域及幅度的对比分析,获得如下初步结论:①剖面 A-A′:当 α =55km 时,挠曲模拟曲线显示的挠曲沉降区和挠曲隆升区与实测的同震隆升与同震沉降区域分布较为一致;②剖面 B-B′:当 α =55km 或 α =60km 时,挠曲模拟曲线显示的挠曲沉降区区和挠曲隆升区与实测的同震隆升与同震沉降区域分布较为一致;③剖面 C-C′:当 α =55km 或 α =60km 时,挠曲模拟曲线显示的挠曲沉降区和挠曲隆升区与实测的同震隆升与同震沉降区域分布较为一致。因此,当 α =55km 或 α =60km 时,挠曲模拟曲线与实测的同震隆升与同震沉降具有良好的对应关系,据此可以判断扬子板块西缘岩石圈的有效弹性厚度为 55~60km。

虽然实测的同震隆升与沉降曲线和弹性挠曲模拟曲线具有极高的相似度,但仍有差别。唯一的明显差异性就是在距离负载 0~20km 时,实测的同震沉降幅度明显大于挠曲模拟数值。推测这种差异性可能与该地区发育众多次级断层有关,众多倾向为北西的断层在汶川地震驱动的瞬间构造负载作用下可能发生下盘沿断层面向下滑移的运动,进而导致该地区发生较大幅度的同震地表沉降(图 35-5)。

Li 等(2003)对该地区晚三叠世前陆盆地进行了弹性挠曲模拟,认为该时期的盆地挠曲刚度为 $(5×10^{23})$ ~ $(5×10^{24})$ N·m(有效弹性厚度为 43~54km)。陈波(2013)对我国及邻区岩石圈有效弹性厚度计算的结果表明,四川盆地岩石圈有效弹性厚度为 $(40±17)$ km。本次研究获得的扬子板块西缘(四川盆地)岩石圈有效弹性厚度为 55~60km,与前人获得的岩石圈有效弹性厚度较为吻合。

综合上述分析,汶川地震导致龙门山体积瞬间增大,引起上地壳构造负载增加,驱动了前陆地区近端的沉降(川西拗陷同震沉降区)和远端的隆升(川中同震隆升区),表明在汶川地震中龙门山的隆升和扬子板块西缘的沉降,符合造山带构造负载-前陆挠曲沉降的弹性挠曲模型。扬子板块西缘的同震沉降、同震隆升受控于汶川地震驱动的构造负载。因此,我们认为汶川地震驱动的龙门山构造带基岩隆升是一次隆升过程,而隆升过程中产生的构造负载导致扬子板块西缘发生弹性挠曲沉降、隆升,是一次沉降过程(图 35-6)。

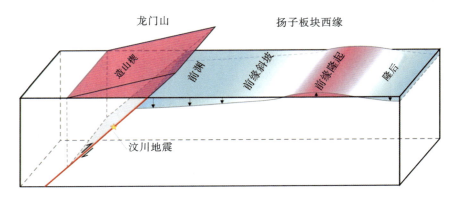

图 35-6　汶川地震驱动的龙门山前陆盆地系统隆升与沉降的动力学模型

第七部分

龙门山前陆盆地动力学与盆–山耦合机制

第36章 晚三叠世龙门山前陆盆地动力学

青藏高原东缘是我国西部地质、地貌、气候的陡变带和最重要的生态屏障，也是国际地学界研究的重点地区。龙门山与山前地区（成都盆地）的高差大于5km，其地形陡度比青藏高原南缘喜马拉雅山脉的地形陡度还要大，显示了龙门山是青藏高原边缘山脉中陡度变化最大的山脉（李勇等，2005a，2005b），目前仍以0.3~0.4mm/a的速率持续隆升（刘树根，1993）。在区域地质构造上，青藏高原东缘自北西向南东由松潘-甘孜造山带、龙门山冲断带和前陆盆地构成了一个完整的构造系统（许志琴等，1992；Chen et al.，1994a，1994b；李勇和曾允孚，1994a，1994b，1995；Burchfiel et al.，1995；Li et al.，2003）。龙门山及邻区的均衡重力异常显示龙门山地区的地壳尚未达到均衡，处于均衡调整状态，其中龙门山为正均衡重力异常，龙泉山及其以东地区为负均衡重力异常，而龙门山前陆盆地则处于两者的过渡地带（李勇等，2006a，2006b）。晚新生代以来，在龙门山至少有5~10km的地层被剥蚀，在四川盆地至少有1~4km的地层被剥蚀（Richardson et al.，2008；Xu et al.，2009）。

龙门山冲断带的构造变形始于晚三叠世印支期造山运动，以前展式逆冲推覆作用为特征，具有强烈构造缩短，持续地在扬子板块西缘形成了造山负载体系，并导致扬子板块岩石圈弯曲形成了龙门山前陆盆地（Chen et al.，1994a，1995；Burchfiel et al.，1995；Li et al.，2003）。2008年汶川地震带来的启示是：龙门山冲断带仍以逆冲作用为主，具有强烈构造缩短，龙门山构造演化过程很可能是一系列特大地震驱动的逆冲作用及其叠置的结果。龙门山逆冲构造作用并不完全是一个渐变的过程，而是一系列特大地震作用导致的快速的、脉冲式的逆冲作用和构造缩短过程。

因此，本章以2008年汶川地震导致的快速的、脉冲式的逆冲作用和构造缩短过程为依据，以晚三叠世龙门山前陆盆地的沉积充填序列和地层格架为切入点，用一维模型分析印支期构造负载导致的扬子板块西缘挠曲沉降及其所形成的前陆盆地。在此基础上，利用晚三叠世龙门山前陆盆地各构造单元的残留厚度、充填序列、地层格架等特征，并结合扬子板块的弹性厚度推测印支期构造负载的推进速度，为青藏高原东缘地区构造负载系统驱动的地球动力学过程与盆-山耦合关系研究提供科学依据。

36.1 晚三叠世龙门山前陆盆地的充填序列

龙门山前陆盆地是在晚三叠世早期扬子板块西缘被动大陆边缘的基础上形成的，其中的充填地层与下伏地层为不整合接触，覆盖于泥盆系至中三叠统以碳酸盐岩为主的扬子板块沉积岩之上。在龙门山前陆盆地中充填的地层厚度巨大，包括上三叠统至第四系，由海相—海陆过渡相—陆相沉积物构成，显示为向上变浅、变粗的沉积序列，具有不整合面发育、旋回式沉积和粗碎屑楔状体幕式出现等特点（李勇等，1995）。根据不整合面可将龙门山前陆盆地充填序列分割为 6 个构造层序（李勇等，1995；Li et al.，2001），并划分为楔状构造层序和板状构造层序 2 种类型（李勇等，2006a，2006b）。晚三叠世前陆盆地充填序列包括晚三叠世卡尼期至瑞替期的马鞍塘组、小塘子组和须家河组沉积地层，显示为一个顶、底均以区域性不整合面为界的构造层序。底部不整合面位于中三叠统雷口坡组与上三叠统马鞍塘组之间，顶部不整合面位于上三叠统须家河组和侏罗系白田坝组之间。该构造层序被一系列在地震反射剖面上可横向追踪的海泛面、湖泛面和不整合面分割，并可细分为 4 个向上变粗或向上变细的层序（构造地层单元）（图 36-1）。

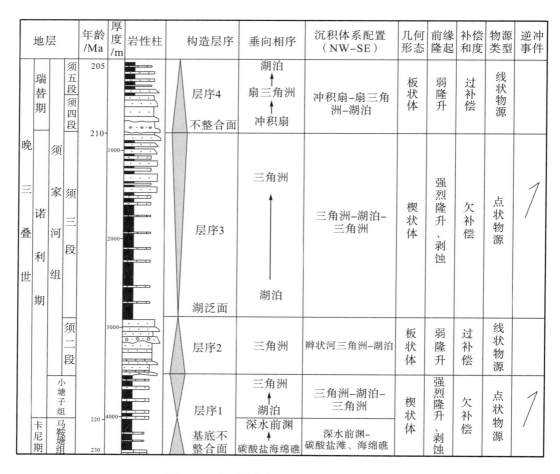

图 36-1　晚三叠世龙门山前陆盆地充填序列

36.1.1　层序 1

层序 1（构造地层单元 1）由下部的马鞍塘组（T_3m）和上部的小塘子组（T_3xt）组成

(图36-1)，显示为早期碳酸盐岩缓坡的淹没和盆地远缘(扬子板块)的超覆作用，随后是盆地近缘(龙门山造山带)的强烈进积作用。该层序的底部边界是中、上三叠统之间一个重要的不整合面，显示为平行不整合面。在峨眉山地表露头区，该不整合面显示为平行不整合面，在界面上发育古岩溶和岩溶角砾岩。在钻孔剖面上，该不整合面也显示为平行不整合面，发育古岩溶，具有明显的地层缺失现象，即上三叠统覆盖在中三叠统雷口坡组不同层位之上。在地震反射剖面上，该不整合面显示为一系列向东的超覆面及其对下伏地层的削截。因此，该层序的充填特征表现为：底部具有典型的挠曲前缘隆起不整合面，下部为碳酸盐缓坡和海绵礁的建造和淹没过程；上部为进积过程中形成的三角洲沉积物，具有向上变粗的垂向结构。

马鞍塘组属于前陆盆地最早期沉积物，分布于底部不整合面之上。该组由两部分组成：下部由浅海生物碎屑灰岩、鲕粒灰岩、海绵礁、泥岩和粉砂岩组成；上部由浅海粉砂岩、泥岩、砂岩和含硫化铁的黑色页岩组成，间夹泥灰岩。因此，马鞍塘组整体上表现出向上变细和水体加深的沉积序列(图36-1)。

小塘子组由黑色海相页岩、泥岩、石英砂岩、岩屑砂岩和粉砂岩组成，可以分成三部分：下部由黑色页岩夹石英砂岩组成，中部是岩屑砂岩和黑色页岩，上部是长石砂岩，显示由下向上变粗的沉积序列，代表由浅海陆棚向三角洲转变的沉积序列。在底部水泛面之上出现1~30m厚的石英砂岩，其中包含大量的塑性变形构造，这表明其沉积环境为不稳定的前三角洲斜坡。在都江堰、江油、安州和峨眉山地区，该组由黑色页岩夹煤、岩屑砂岩和粉砂岩组成，表明其沉积环境为三角洲平原。

36.1.2 层序2

层序2(构造地层单元2)由须家河组须二段组成(图36-1)，主要为砂岩，夹少量泥质岩，局部夹煤层和砾岩，可以分成三部分：下部由岩屑砂岩和长石砂岩夹砾岩组成，中部由湖相黑色页岩夹粉砂岩组成，上部由岩屑砂岩、长石砂岩和砾岩组成，显示为粗—细—粗的沉积序列，记录了三角洲进积作用导致龙门山前陆盆地演变成内陆湖盆，失去了与开阔海连通的过程(图36-1)。

36.1.3 层序3

该层序(构造地层单元3)由须家河组须三段组成(图36-1)，下部由黑色页岩夹砂岩和粉砂岩组成，上部由砂岩、砾岩和页岩组成，总体显示为一个向上变粗的沉积序列，表现出一个向上变浅的三角洲和河道的沉积环境。因此，该层序的充填特征表现为：底部为大型湖泛面，下部为细粒湖泊相显示的淹没过程，上部为进积过程中形成的三角洲沉积物，具有向上变粗的垂向结构。

36.1.4　层序 4

　　该层序(构造地层单元 4)由须家河组须四段和须五段组成(图 36-1),底界面在前陆盆地西缘的地表显示为微角度不整合面(李勇等,1995),在地震反射剖面上具有清晰的削截和向西的超覆不整合面(王金祺,1990)。该层序显示为一个向上变细的沉积序列,下部为冲积扇或扇三角洲相沉积物,由碎屑流砾岩夹砂岩和黑色页岩组成;上部由湖相黑色页岩夹粉砂岩和砂岩组成。相对下伏地层,该层序代表了一个广泛分布于四川盆地的退积型层序。

36.2　晚三叠世龙门山前陆盆地的充填样式

　　晚三叠世龙门山前陆盆地充填地层的剖面几何形态呈不对称状,显示为西厚东薄的楔形体,由南东向北西逐渐变厚(图 36-2)。在西部地区,上三叠统的最大厚度超过 3km,表明靠近造山带边缘的盆地西部具有很大的沉降速率(约 0.2mm/a),属于典型前陆盆地的近缘部分和前渊地区。

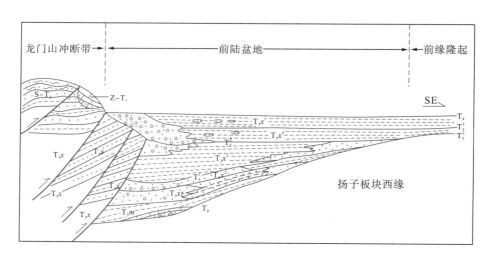

图 36-2　晚三叠世龙门山前陆盆地的地层格架

36.2.1　层序 1 的充填样式

　　该层序的地层厚度具有西厚东薄的特点,显示为不对称的楔状体(图 36-2、图 36-3)。在盆地西部钻孔中观察到的马鞍塘组最大厚度超过 400m,向东南逐渐变薄。残留盆地的西部是深水盆地和深水缓坡,盆地的中部为碳酸盐岩缓坡,以鲕粒滩相和点礁为特征,东部则是滨浅海。古物源和古水流研究表明沉积物来自东部的扬子板块,推测该地区是前陆挠曲隆起。目前尚没有证据表明这一时期有陆源碎屑来自西部的造山带,因此逆冲楔状体可能已加载于扬子板块西缘,但仅为水下隆起,无剥蚀作用,显然利用沉积记录很难标定该时期盆地的西部边界。

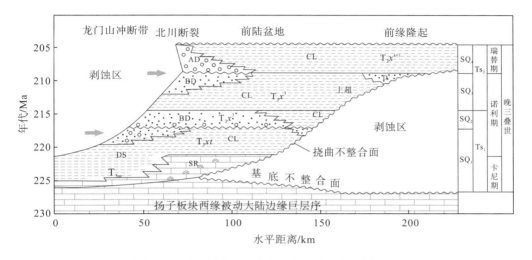

图 36-3　晚三叠世龙门山前陆盆地的年代地层格架

注:AD 为扇三角洲沉积体系;BD 为辫状河三角洲沉积体系;DS 为深水沉积物;CL 为湖泊沉积体系;
SR 为海绵礁和鲕粒滩;D 为三角洲沉积体系。

在盆地西部钻孔中观察到小塘子组的最大厚度超过 550m,向东南逐渐变薄,显示为西厚东薄的楔状体(图 36-2)。相对马鞍塘组的沉积中心,小塘子组的沉积中心明显向东南迁移(图 36-2)。砂岩和砾岩的物源分析结果指示该时期龙门山前陆盆地已存在两个物源区,分别为西部边缘造山带(松潘-甘孜褶皱带、龙门山冲断带)和扬子板块前缘(李勇等,1995)。

值得注意的是,龙门山前陆盆地存在一套以海绵礁和鲕粒滩为标志的碳酸盐缓坡型沉积物。在龙门山冲断带内,龙深 1 井揭示了深水缓坡型碳酸盐岩的存在,厚度为 250m,但是没有发现海绵礁,表明该处为深水缓坡。在残留盆地西部边缘的地表露头,出现了一系列的点礁和鲕粒滩,已发现有 20 余个,主要由绵竹汉旺、安州睢水和江油马鞍塘等地的海绵礁和鲕粒滩组成。在前陆盆地的内部,不仅在钻孔(川科 1 井)中发现了该套海绵礁,而且在地震反射剖面中也发现了该套海绵礁,显示为丘状的地震反射特征(厚度达 200 余米,位于席状披盖地震相之下)。碳酸盐岩浅滩相和点礁的出现表明,早期前陆盆地远缘存在一个向北西倾斜的碳酸盐缓坡带,该碳酸盐缓坡型沉积物的厚度为 30～200m。龙门山前陆盆地马鞍塘组下部的碳酸盐缓坡和点礁与其他前陆盆地发育的远端碳酸盐缓坡型沉积岩具有很强的相似性(Crampton and Allen,1995;Allen et al.,2001)。

该层序总体显示为欠补偿的充填过程。马鞍塘组的沉积样式以深水泥页岩和点礁、鲕粒滩为主,表明盆地在这一阶段是欠补偿的。欠补偿状态持续到页岩和粉砂岩沉积物主导的小塘子组,该时期盆地主要的物源来自盆地西侧的龙门山冲断带,进积于盆地中的三角洲沉积体系呈巨型的朵状体，其间均为页岩和粉砂岩，显示为点状物源；次要的物源来自盆地东侧的前缘隆起区，显示为小型的三角洲体系。因此，龙门山前陆盆地在马鞍塘组（T_3m）和小塘子组（T_3xt）时期与欧洲阿尔卑斯山前陆盆地的欠补偿阶段具有相似性（Sinclair and Allen，1992）。

因此，推测在该时期逆冲作用发育，构造负载导致前陆盆地发生强烈的构造沉降，前缘隆起强烈抬升，可容空间增大，沉积速率巨大，发育点状物源，以平行造山带的纵向水系为主，形成了楔状层序（图 36-2、图 36-3）。

36.2.2　层序 2 的充填样式

在盆地西部观察到该层序的最大厚度超过 800m，向东南厚度变化较小，呈地层厚度相对稳定的板状体（图 36-2、图 36-3）。辫状河三角洲体系分布于残留盆地的西部地区，在前陆盆地的东部则显示为湖泊体系，显示了沉积体系的空间展布规律受控于龙门山冲断带。值得注意的是，盆地中的沉积物以三角洲砂岩为主，砂岩和泥岩比超过 80%，表明盆地充填过程处于过补偿充填阶段。古物源和古水流分析结果表明，该时期为单向物源，只在盆地的西缘存在物源区（李勇等，1995），盆地内的三角洲沉积物源均来自龙门山冲断带，表明龙门山冲断带的崛起导致龙门山前陆盆地与特提斯洋分离，使龙门山前陆盆地成为陆相盆地。

值得指出的是，层序 2 与层序 1 在沉积物补偿程度上明显不同，层序 1 显示为欠补偿阶段，层序 2 显示为过补偿阶段；欠补偿和过补偿状态代表了沉降过程、构造楔推进和沉积物量的变化，可导致沉积体系类型和水系模式、盆地结构和沉降速率变化（Allen et al.，1991）。Allen 等（1991）、Sinclair 和 Allen（1992）指出，在北阿尔卑斯前陆盆地欠补偿和过补偿状态转变的关键因素是造山带楔形体推进速率减小和高地貌剥蚀作用驱使沉积物向盆地大量传输和充填。

因此，推测在该时期逆冲作用相对不发育，以剥蚀卸载驱动的抬升为特征，盆地内的构造沉降速率小，前缘隆起抬升不明显，可容空间减小，沉积速率小，发育线状物源，并以垂直造山带的横向水系为主，大量从造山带剥蚀的物质被搬运出前陆地区，导致过补偿充填，形成厚度较小的板状层序。

36.2.3　层序 3 的充填样式

该层序的地层具有西厚东薄的特点，显示为不对称的楔状体（图 36-2、图 36-3）。在盆地西部观察到该层序的最大厚度超过 1750m，向东南逐渐变薄。三角洲体系分布于残留盆地的西部（相当于现今龙门山冲断带的前缘），湖泊体系分布于盆地的中部，较小的三角洲体系则分布于盆地的东缘（即前缘隆起的西侧）。古物源和古水流分析结果表明，该时期具有双物源，西部的物源来自松潘-甘孜褶皱带和龙门山冲断带；东部的物源来自扬子板块的前缘隆起区，但只有较少的沉积物输入（李勇等，1995）。

　　该层序下部沉积物以深湖页岩和泥岩为主，表明盆地在这一阶段为欠补偿阶段。欠补偿状态持续到以页岩、粉砂岩和砂岩沉积物主导的须三段中上部，主要的物源来自盆地西侧的龙门山冲断带，进积盆地中的三角洲沉积体系呈巨型朵状体，其间均为页岩和粉砂岩，显示为点状物源；次要的物源来自盆地东侧的前缘隆起区，显示为小型的三角洲体系。

　　层序 3 由一个主要的湖泛面开始，沉积物主要来自盆地西缘的龙门山冲断带，三角洲以进积作用向盆地推进，并向盆地远缘（扬子板块）不断地超覆。在造山带新的负载可造成前陆盆地产生新的挠曲沉降（Flemings and Jordan，1989；Sinclair et al.，1991），因此该层序底部大型湖泛面的出现表明在盆地中水体突然变深，这可能与龙门山冲断带发育的构造负载有关，而其后向上变浅的沉积序列代表了一个快速挠曲沉降后的沉积物进积和充填过程。

　　推测在该时期逆冲作用发育，构造负载导致前陆盆地发生强烈的构造沉降，前缘隆起强烈抬升，可容空间增大，沉积速率巨大，发育点状物源，并以平行造山带的纵向水系为主，形成了楔状层序（图 36-2、图 36-3）。

36.2.4　层序 4 的充填样式

　　在盆地西部观察到该层序的最大厚度超过 1000m，向东南方向厚度变化较小，广布于四川盆地的大部分地区，呈地层厚度相对稳定的板状体（图 36-2、图 36-3）。冲积扇和扇三角洲体系分布于四川盆地的西部地区，接近现今龙门山冲断带的前缘，在前陆盆地的东部则显示为湖泊体系，显示了沉积体系的空间展布规律受控于龙门山冲断带。

　　值得注意的是，盆地西侧的沉积物以冲积扇和扇三角洲体系砾岩和砂岩为主体，砂岩和泥岩比超过 80%，表明盆地充填过程接近过补偿阶段。古物源和古水流分析结果表明该时期为单向物源，只在盆地的西缘存在物源区（李勇等，1995），变质岩和碳酸盐岩质砾石含有大量的化石，表明盆地内的粗碎屑沉积物来自松潘-甘孜褶皱带和龙门山冲断带。

　　该层序记录了 3 个重要的地层特点：其一，该层序在盆地边缘具有强烈的向西超覆的特点（图 36-2）；其二，在地震反射剖面和地表剖面上，该层序的底部不整合面显示为一个削截面（王金琪，1990；李勇等，1995），而且它只在盆地的西缘发育，这种不整合面的形成可能与构造静止期的均衡回弹有关（Sinclair and Allen，1992）；其三，层序 4 与层序 3 的沉积物补偿程度明显不同，层序 3 显示为欠补偿阶段，层序 4 显示为过补偿阶段。从欠补偿的深水或复理石阶段向上变为过补偿的浅海和陆相磨拉石阶段，被认为是许多前陆盆地十分重要的演化阶段。欠补偿和过补偿状态代表了沉降过程、构造进积和沉积物供给量之间的不平衡，导致沉积体系和排水模式、盆地结构和沉降速率具有明显的差异性。

　　因此，推测在该时期逆冲作用相对不发育，以剥蚀卸载驱动的抬升为特征，盆地内的构造沉降速率小，前缘隆起抬升不明显，可容空间减小，沉积速率小，发育线状物源，并以垂直造山带的横向水系为主，龙门山造山楔推进速率的减慢和高地貌剥蚀作用驱使的沉积物向盆地大量输送导致层序发生欠补偿状态到过补偿状态的转变,形成厚度较小的板状层序。

36.3 龙门山冲断带的脱顶历史与逆冲构造事件

36.3.1 砾岩层与构造事件

1. 小塘子组砾岩

李勇等(1995)在崇州市怀远镇和都江堰市虹口乡的小塘子组中发现了一套成分以花岗岩和火山岩砾石为主的砾岩(图36-4)。该砾岩夹于灰白色中层石英砂岩、深灰色粉砂岩和页岩之中,可见2或3套,厚度为5~10m,砾石大小为2~6cm,分选性和磨圆性较好,砾石成分以花岗岩和火山岩为主(图36-4),并含少量碳酸盐岩砾石和石英岩砾石,填隙物为不等粒砂,颗粒支撑。该砾岩层的发现和层位确定具有重大的地质意义:①显示了小塘子期龙门山冲断带已初步形成,并暴露地表,处于剥蚀状态,向前陆盆地提供物源,因此该时期前陆盆地的沉积物主要来自西侧的古龙门山逆冲楔;②显示了前震旦系杂岩和震旦系火山岩于小塘子期暴露于古龙门山地表。根据砾石磨圆性和分选性,该套砾岩的砾石经过长距离的搬运,故其物源区不可能是现今暴露于地表的彭灌杂岩体,推测该套砾岩砾石来自更西、更远的地区,其现今产出状态是地壳缩短的结果。

2. 须二段砾岩

邓康龄(2007)对盆地西缘中北段彭州—剑阁10口钻孔资料进行了统计,首次确认了须二段砾岩的存在,其统计的须二段厚度为249~558m,粗碎屑岩的含量为83.98%~97.19%。其中出现了厚度达7.5~28.5m的砾岩、砂砾岩层,以及厚度不等的含砾砂岩。砾岩的砾石成分主要为石灰岩、白云岩,另有少量燧石、石英岩等。这些砾石主要为微-粉晶灰(云)岩、砂屑灰(云)岩、生物灰(云)岩等,部分含有孔虫、介形虫、腕足类等化石。该时期物源主要来自龙门山的上古生界和中、下三叠统,表明龙门山冲断带北段已初步形成,并暴露地表处于剥蚀状态,向前陆盆地提供物源(邓康龄,2007)。

3. 须四段砾岩

须四段砾岩位于层序4的下部(图36-4),主要分布于盆地西缘的中北段。砾岩层最厚达700余米,均为碳酸盐质砾岩。其中,灰岩砾石占83%、白云岩砾石占5%、砂岩砾石占3%、石英岩砾石占7%、燧石砾石占2%,属冲积扇和扇三角洲相的产物(李勇等,1995)。根据砾石所含化石和岩性特征推断,灰岩砾石来自石炭系-三叠系碳酸盐岩的母岩,砂岩砾石来自小塘子组的砂岩。由此可见,此时物源区以龙门山地区的晚古生代碳酸盐岩地层为主,而且小塘子组已卷入龙门山冲断带,并成为龙门山前陆盆地瑞替期(须四段)的新物源。

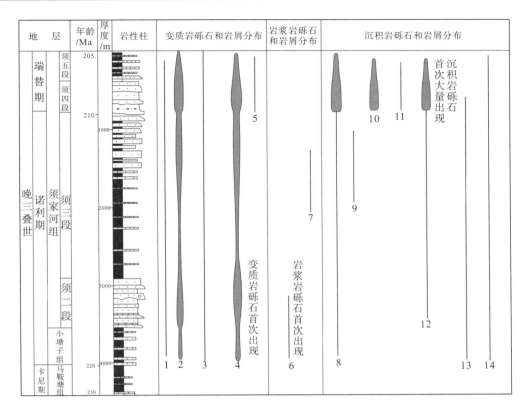

图 36-4   晚三叠世龙门山冲断带的脱顶历史

注：1.石英片岩岩屑；2.千枚岩岩屑；3.变粒岩岩屑；4.泥板岩岩屑；5.云母片岩岩屑；6.花岗岩岩屑；7.粗面岩岩屑；
8.灰岩岩屑；9.泥晶灰岩岩屑；10.云岩岩屑；11.藻云岩岩屑；12.砂岩岩屑；13.黏土岩岩屑；14.碳泥质岩屑。

36.3.2   龙门山冲断带的脱顶历史分析

根据龙门山逆冲作用的沉积响应模式(李勇和曾允孚，1994a，1994b，1995)，龙门山冲断带是龙门山前陆盆地的主要物源区，它的逆冲活动直接控制着龙门山前陆盆地的沉积物类型和沉积物供给量。因此，龙门山前陆盆地碎屑岩的物质成分能够反映龙门山冲断带的地层构成和古逆冲作用活动的期次。其中最重要的是，可以根据岩屑成分的首次出现及在时间上的变化推测龙门山推覆体推进的时间和冲断带内地层脱顶的时间。根据龙门山前陆盆地西缘中段地层剖面中 200 余件砂岩薄片的统计和分析结果，本次研究编制了龙门山前陆盆地西缘中段砂岩岩屑垂向分布特征图(图 36-4)，对其统计结果归纳如下。①变质岩岩屑在小塘子组砂岩中首次出现以后，一直是砂岩岩屑成分的主要构成部分。目前地表岩性分布特征表明变质岩碎屑来自松潘-甘孜造山带，因此推测松潘-甘孜造山带可能在小塘子期已部分处于抬升剥蚀状态。②岩浆岩碎屑在小塘子组砾岩中首次出现。③碳酸盐岩碎屑也是本区砂岩岩屑的主体构成组分，虽然它在小塘子期已开始出现，但大规模的出现是在诺利期晚期(须三段)和瑞替期(须四段)(图 36-4)，其中含大量古生代生物化石碎片，显示了瑞替期物源区出现大量的古生代-中三叠世碳酸盐岩地层，因此碳酸盐岩碎屑于瑞替期的大量出现标志着古生代—中三叠世碳酸盐岩成为前陆盆地的新物源。④小塘子组和须家河组须二段的砂岩碎屑于瑞替期首次大量出现，既标志着诺利期与瑞替期之间存在巨大的沉积间断，也标志着前陆盆地西部的诺利期地层已卷入龙门山冲断带，并脱顶成为瑞替期龙门山前陆盆地的物源。

36.4　逆冲构造负载系统的动力学模拟与推进速率

前陆盆地沉降与逆冲构造负载系统的动力学模拟已取得显著进展，其基本理论是利用加载于弹性板片上的构造负载侵位来模拟前陆盆地的沉降。在模拟过程中，构造负载、弹性板片的岩石圈特征、表面过程以及影响沉积通量的气候、基岩岩性和剥蚀样式等均对模拟结果产生一定程度的影响，使模拟结果具有一定的不确定性。Allen 等(1991)、Crampton和 Allen(1995)、Sinclair(1997)采用冲断楔推进速率、冲断体表面坡度、沉积物搬运系数、弹性厚度和挠曲波长等参数对前陆盆地与逆冲推覆作用进行模拟，具有较理想的结果。

Li 等(2003)采用一维弹性挠曲模式，模拟了幕式构造负载加载于初始弹性板片产生的挠曲沉降，揭示了龙门山前陆盆地演化与逆冲推覆作用的相互关系(图 36-5)。盆地形成机制为构造负载，挠曲盆地的挠曲刚度为$(5×10^{23})\sim(5×10^{24})$N·m(相当的弹性地层厚度为$43\sim55$km)；龙门山冲断带负载系统向扬子克拉通的推进速率为$5\sim15$mm/a，由 2 个逆冲子事件构成，早期的推进速度较快，为 15mm/a，晚期的推进速度较慢，为 5mm/a。同时

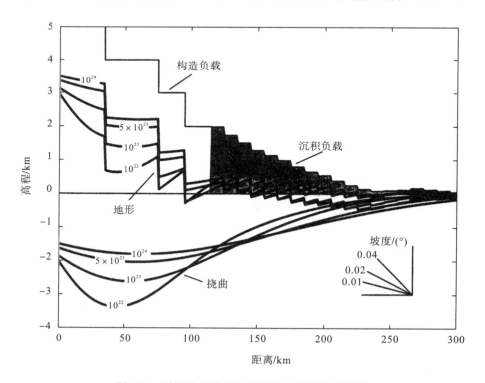

图 36-5　晚三叠世龙门山前陆盆地弹性挠曲模拟

模拟结果也表明，在逆冲作用发育阶段，构造负载导致前陆盆地强烈的构造沉降，前缘隆起强烈抬升，可容空间增大，处于欠补偿，发育点状物源，并以平行造山带的纵向水系为主，形成楔状层序。而在逆冲作用后，造山楔推进速率减慢，高地貌剥蚀作用驱使沉积物向盆地大量传输，构造沉降速率小，前缘隆起抬升不明显，可容空间减小，处于过补偿，发育线状物源，并以垂直造山带的横向水系为主，大量从造山带剥蚀的物质被搬运出前陆地区，形成厚度较小的板状层序。

36.5　结　　论

晚三叠世龙门山前陆盆地是在扬子板块西缘被动大陆边缘的基础上形成的，充填厚度巨大，包括晚三叠世卡尼期至瑞替期的马鞍塘组、小塘子组和须家河组沉积地层，持续时间达 27Ma，显示为一个以不整合面为界的构造层序，底部不整合面位于中三叠统雷口坡组与上三叠统马鞍塘组之间，顶部不整合面位于上三叠统须家河组和侏罗系白田坝组之间。总体上看，晚三叠世龙门山前陆盆地为典型的楔状前陆盆地，显示为西厚东薄的楔形体。其充填特征表现为：底部具有典型的挠曲前缘隆起不整合面，下部为前陆碳酸盐缓坡和海绵礁的构建和淹没过程；中部为进积过程中形成的三角洲沉积物，具有向上变粗的垂向结构；上部为粗碎屑砾岩和湖泊相构成的具有向上变细的垂向结构。该巨层序可被一系列在地震反射剖面上可横向追踪的海泛面、湖泛面和不整合面分割为 4 个向上变粗或向上变细的层序（构造地层单元），显示为由次级的楔状层序和板状层序组成。其中，层序 1 和层序 3 为西厚东薄的楔状体，层序 2 和层序 4 为厚度稳定的板状体。楔状层序显示为西厚东薄的楔形体，沉积厚度大，以纵向水系为主，具点状物源，沉积物以扇三角洲、三角洲和湖泊相为主；板状层序显示为西、东厚度基本一致的板状层，沉积厚度较小，以横向水系为主，具线状物源，沉积物以辫状河三角洲和湖泊相为主。因此，楔状层序和板状层序代表了两种不同的盆地充填状态，显示了它们在沉降过程、造山楔的推进速率、沉积物供给、沉积体系和水系模式、盆地结构、沉降速率、欠补偿和过补偿状态等方面存在巨大差异，这种转变反映了龙门山造山楔推进速率的减慢。对晚三叠世楔状前陆盆地进行弹性挠曲模拟和逆冲事件标定，结果表明盆地形成机制为构造负载，挠曲盆地的挠曲刚度为 $(5\times10^{23})\sim(5\times10^{24})\mathrm{N\cdot m}$，晚三叠世龙门山造山带负载系统向扬子克拉通的推进速率为 5～15mm/a，由 2 个逆冲事件构成。同时模拟结果也表明，在逆冲作用发育阶段，构造负载导致前陆盆地强烈的构造沉降，前缘隆起强烈抬升，可容空间增大，处于欠补偿，发育点状物源，并以平行造山带的纵向水系为主，形成楔状层序。

第37章 龙门山地壳增厚与均衡反弹机制

前陆盆地地层研究的中心目标是确定造山带的变形、隆起过程和机理。本章使用同时代的前陆盆地晚三叠世沉积序列来约束印支期龙门山的隆起过程和机制的模型。以 2008 年汶川地震后的钻孔和地震地层学研究为基础，将晚三叠世前陆盆地充填序列划分为 4 个构造地层单位，并利用板状或楔状沉积地层来识别构造控制。通过对晚三叠世前陆盆地楔状和板状构造地层单元、不整合面、砾岩层、岩石碎屑和地层上超距离的深入研究，认识三叠纪晚期印支运动时期龙门山构造带的侵蚀史、构造事件和推进速度。因此，将盆地填充物分为楔状或板状构造地层单元，通过均衡反弹识别构造加载或侵蚀卸载，提出两个终端模型：地壳增厚的造山作用、均衡反弹的侵蚀卸载，其结果可能有助于了解龙门山 2008 年汶川 8.0 级地震驱动隆起过程和动力机制。

37.1 构造地层单元的几何形态

露头、钻孔和地震反射数据表明晚三叠世前陆盆地往西北方向具有非对称的几何形态以及厚度增加的趋势。晚三叠世前陆盆地巨层序是被中三叠统和上三叠统之间的底部不整合面以及上三叠统和侏罗系之间的顶部不整合面所包围(Li et al.，2003)。我国的地质学家将前陆盆地晚三叠世的地层分为 3 个组：马鞍塘组(T_3m)、小塘子组(T_3xt)和须家河组(T_3x)。龙门山前陆盆地的沉积填充序列被划分为 3 个构造单元(Li et al.，2003)。本书根据最新收集的露头、钻孔和地震反射数据，将前陆盆地晚三叠世的地层划分为 4 个构造单元(图 37-1～图 37-3)。将须家河组第二段从之前的"第一个构造单元"(Li et al.，2003)中单独划分出来，并作为一个独立的构造地层单元。新的地层划分的理由是：①须家河组第二段含有厚度为 7.5～28.5m 的砾岩，已经被在盆地西北边缘 10 口井的钻孔数据所证实；②这套砾岩地层有可能与地壳均衡反弹有关，所以须家河组第二段与下伏的小塘子组和上覆的须家河组第三段完全不同。

从汶川断层钻探项目获得的钻孔数据表明，在映秀-北川断层西侧存在着晚三叠世的地层。在这些钻孔中晚三叠世的地层由黑色页岩、砂岩、粉砂岩和煤夹层、灰岩夹层组成。这些地层与须家河组须三段和马鞍塘组很相似，所以推断须家河组须三段地层和下伏地层(包括马鞍塘组、小塘子组和须家河组须二段)分布在映秀-北川断层西侧一带。这些新发现具有显著的地质意义：①标志着前陆盆地内部的卡尼期和诺利期地层已卷入造山楔中；②标志着卡尼期和诺利期原型盆地的面积要大于残留的盆地，映秀-北川断层不是边界断层，也不是卡尼期和诺利期前陆盆地的边缘。

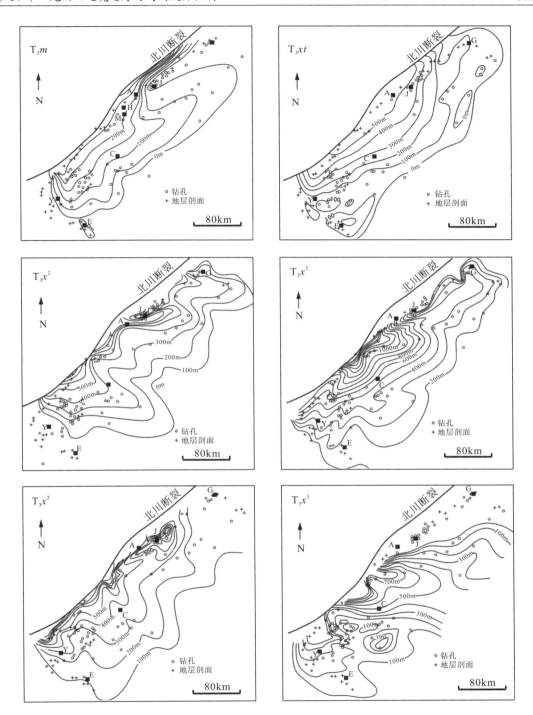

图 37-1　根据钻孔和测量的露头地层剖面所做的马鞍塘组（T_3m）、小塘子组（T_3xt）、须家河组第二段至第
五段等厚图

注：等厚线间隔 100m。深黑线为北川断裂现在的位置。黑色方框代表的是城市位置：A 为安州；C 为成都；E 为峨眉山；G 为
广元；H 为汉旺；J 为江油；M 为绵竹；Y 为雅安。

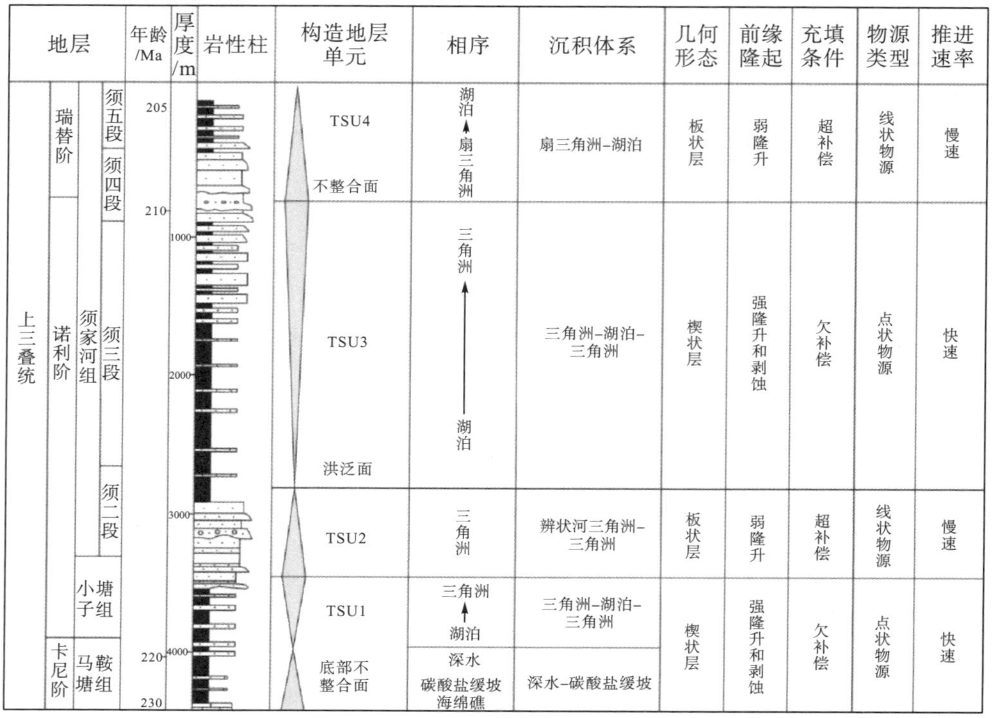

地层			年龄/Ma	厚度/m	岩性柱	构造地层单元	相序	沉积体系	几何形态	前缘隆起	充填条件	物源类型	推进速率
上三叠统	瑞替阶	须五段 须四段	205			TSU4	湖泊→扇三角洲→湖泊	扇三角洲-湖泊	板状层	弱隆升	超补偿	线状物源	慢速
						不整合面							
	诺利阶	须家河组 须三段	210 1000 2000			TSU3	三角洲↑湖泊	三角洲-湖泊-三角洲	楔状层	强隆升和剥蚀	欠补偿	点状物源	快速
		须二段	3000			洪泛面							
		小塘子组				TSU2	三角洲	辫状河三角洲-三角洲	板状层	弱隆升	超补偿	线状物源	慢速
	卡尼阶	马鞍塘组	220 4000 230			TSU1	三角洲↑湖泊	三角洲-湖泊-三角洲	楔状层	强隆升和剥蚀	欠补偿	点状物源	快速
						底部不整合面 深水碳酸盐缓坡海绵礁		深水-碳酸盐缓坡	楔状层				

图 37-2　晚三叠世盆地充填序列与构造地层单元划分

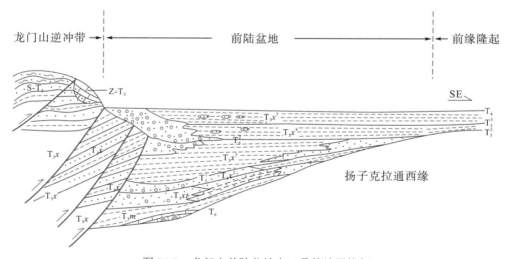

图 37-3　龙门山前陆盆地上三叠统地层格架

1. 第一构造地层单元

第一个构造地层单元包括马鞍塘组和小塘子组[等同于被 Li 等(2003)命名的第一构造单元的下部](图 37-1)。第一构造地层单元的底部界面是介于中—上三叠统之间的主要不整合面。该单元的主要标志是早期在远缘的碳酸盐缓坡和生物礁的淹没和后退，紧接着是近缘碎屑岩楔的强烈扩张(Li et al., 2003, 2011)(图37-2~图37-4)。马鞍塘组的生物地层年龄为卡尼期,化石组成包括菊石、双壳类、有孔虫类、珊瑚、海绵、腕足类、海胆属、海百合类和牙形石(Li et al., 2003)。小塘子组的生物地层年龄是早诺利期,化石组成包括植物、双壳类和孢粉(Li et al., 2003)。

2. 第二构造地层单元

第二构造地层单元为须家河组须二段[等同于被 Li 等(2003)命名的第一构造单元的上部](图37-1)。这个单元主要由岩屑砂岩和长石砂岩组成,有砾岩、湖相黑色页岩和粉砂岩夹层(图37-1、图37-3)。该单元的另一个特点是向上变细的正序列。同下伏的岩层相比,第二构造地层单元表现出的是退积序列(图37-2~图37-4)。须家河组须二段的生物地层年龄属于中诺利期,化石组成包括植物和双壳类(Li et al., 2003)。

3. 第三构造地层单元

第三构造地层单元为须家河组须三段[等同于被 Li 等(2003)命名的第二构造单元](图37-1~图37-3)。底部边界以一次湖相洪水事件为标志,并且在前陆盆地的远缘有往南东向的超覆。第三构造地层单元的生物地层年龄属于晚诺利期,化石组成包括植物、孢粉和双壳类(Li et al., 2003)。

4. 第四构造地层单元

第四构造地层单元由须家河组的须四段和须五段组成(图37-1~图37-4)。该单元底部是不整合面,向北西方向超覆于前陆盆地近缘之上(李勇等,1995;Wang, 1992),顶部不整合面介于上三叠统和侏罗系之间(图37-2~图37-4)。第四构造地层单元的生物地层年龄属于瑞替期,化石组成包括植物和孢粉(Li et al., 2003)。

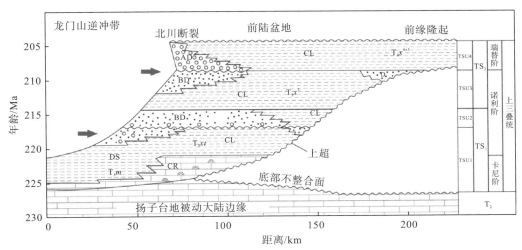

图37-4 龙门山前陆盆地上三叠统地层年代图

注:AD 为扇三角洲沉积体系;BD 为河流三角洲沉积体系;DS 为深水沉积物;

CL 为湖相沉积体系;CR 为海绵礁和鲕滩;D 为三角洲沉积体系。

　　总之，第一构造地层单元超覆于一个挠曲的前缘隆起不整合面之上，它记录了远端碳酸盐缓坡的建造和淹没。第二构造地层单元主要是粗砂岩、砂岩和砾岩。第三构造地层单元以一个主要的洪泛面和具有三角洲进积作用的向上变粗的旋回为特征。第四构造地层单元主要由扇三角洲到湖相页岩的向上变细的旋回组成，指代的是盆地边缘的退积序列。

37.2　楔状构造地层单元和板状构造地层单元之间的转换

37.2.1　楔状构造地层单元

　　第一和第三构造地层单元在欠补偿期显示为楔状几何形态，地层向西北部相对增厚，向东南部变薄。在第一和第三构造地层单元沉积期间，沉积物主要是泥页岩，表明前陆盆地在该时期处于欠补偿状态。在这两个阶段大部分的沉积物来自龙门山，少量来自前缘隆起。

　　第一构造地层单元显示为前陆碳酸盐缓坡与海绵丘的建造和淹没过程，水深增加，上覆远洋泥质沉积物，随后是盆缘硅质碎屑岩的进积。底部不整合面和地层间断表明水深突然加大，这意味着第一构造地层单元可能是造山带引起新的挠曲沉降驱动而形成的沉积物（Flemings and Jordan，1989；Sinclair and Allen，1992）。推测在这一时期龙门山造山楔开始形成，并且造山带的构造负载量导致前陆盆地强烈的构造沉降，而前缘隆起的强烈抬升造成海平面的上升和可容空间的增大，所以在欠补偿阶段形成了楔状构造地层单元（图37-1～图37-4）。

　　第三构造地层单元的底部主要显示为湖泛面，并上超于盆缘。突现的湖泛面标志着第三构造地层单元是由造山带内新的构造负载事件驱动的挠曲沉降引起的（Flemings and Jordan，1989；Sinclair and Allen，1992）。推测造山带内的新构造负载可能导致前陆盆地再次发生构造沉降，层序底部的湖泛面表明龙门山冲断带的新构造负载作用使盆地突然加深。造山楔的推进速度在这一时期相对较快，导致在前陆盆地构造沉降速率加快。因此，前陆盆地的可容空间增大，引起盆地沉积速率增加。前缘隆起由构造负载驱动而隆升，造山带大量物质被侵蚀且形成了沉积物供给，形成了第三构造地层单元的欠补偿状态和楔状填充模式。

　　此外，第一和第三构造地层单元显示为从盆地边缘向东南的楔形几何形态。第一和第三构造地层单元的形成可能与龙门山造山楔（Allen et al.，1991；Sinclair and Allen，1992）或活动逆冲负载的快速推进率有关。因此，龙门山前陆盆地的第一和第三构造地层单元与欧洲阿尔卑斯山前陆盆地地第一和第三构造地层单元的沉积过程有着相似之处（Sinclair，1997）。

37.2.2　板状构造地层单元

　　第二和第四构造地层单元是在过补偿条件阶段形成的，显示为板状几何体（图37-3），厚度从西北向东南相对稳定。第二和第四构造地层单元主要记录了造山边缘到盆地边缘形成了广泛分布的板状沉积层。它的形成可能与地壳均衡反弹有关（Heller et al.，1988）。推测在这两个时期造山楔的推进速度相对较慢，这导致前陆盆地的构造沉降速率和前缘隆起的隆升速率减缓。因此，前陆盆地的可容空间减小，造成盆地沉积速度降低。受剥蚀和卸载的驱动，造山带大量物质被侵蚀，形成了龙门山前缘的沉积物补给，造成第二和第四构造地层单元的过补偿条件和板状充填模式。

37.2.3 楔状和板状构造地层单元之间的转换

前陆盆地沉降和逆冲负载系统动力学模拟取得了重大进展，其基本理论是利用弹性板中的构造负载来模拟前陆盆地的沉降和隆升。前陆盆地的演化可以分为两个阶段：欠补偿阶段和过补偿阶段（Allen et al.，1991；Sinclair and Allen，1992），或楔状阶段和板状阶段（Burbank，1992）。从欠补偿阶段过渡到过补偿阶段被公认是许多前陆盆地重要的演化途径（Sinclair and Allen，1992）。

通过比较龙门山前陆盆地的楔状或板状构造地层单元与欠补偿或过补偿的状况，确认了板状构造地层单元是在过补偿条件下形成的，而楔状构造地层单元是在欠补偿条件下形成的。第一和第三构造地层单元是在欠补偿条件下形成的楔状几何体，而第二和第四构造地层单元是在过补偿条件下形成的板状几何体。

根据简单的分析模型（Li et al.，2003），推测在第一和第三楔状构造地层单元沉积期间，龙门山造山楔快速向扬子克拉通推进（15mm/a），在第二和第四板状构造地层单元的沉积过程中，龙门山造山楔的推进速率减缓至 5mm/a 以下。

37.3 不整合面

龙门山前陆盆地有两种不整合面，一种是第一构造地层单元卡尼期底部不整合面，另一种是第四构造地层单元瑞替早期不整合面。

37.3.1 第一构造地层单元卡尼期底部不整合面

龙门山前陆盆地的底部不整合是中三叠统和上三叠统之间的不整合面，它由露头、钻孔和地震反射剖面验证。在峨眉山、什邡和绵竹，以及龙深 1 井、川科 1 井、川 21 井、川 29 井雎和川合 100 井中（图 37-5），这个不整合面表现为具有古岩溶和岩溶角砾岩的平行不整合。在地震反射剖面上，该不整合面表现为削截和南东向的超覆。在北川断裂带和彭灌断裂带之间的龙门山地区，中三叠统和上三叠统马鞍塘组为整合接触（如龙深 1 井）。在盆地的西北部分和东南部分，有较好的钻孔数据证据表明，在中三叠统和上三叠统马鞍塘组之间的不整合面上有残留的古岩溶（马 201 井、中 24 井）。

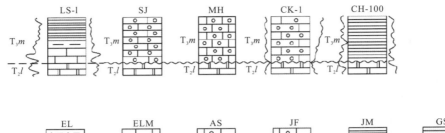

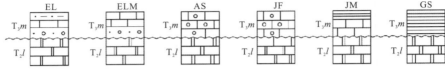

图 37-5　龙门山前陆盆地的底部不整合面

注：LS-1 为龙深 1 井；SJ 为什邡金河；MH 为绵竹汉旺；CK-1 为川科 1 井；CH-100 为川合 100 井；EL 为峨眉山龙池；

ELM 为峨眉山龙门硐；AS 为安州雎水；JF 为江油佛爷洞；JM 为江油马鞍塘；GS 为广元上寺。

这个底部不整合面位于上三叠统前陆盆地和古生界-中三叠统被动大陆边缘层序之间。结果表明，扬子板块从被动大陆边缘向前陆盆地转换。因此，推测这个底部不整合面揭示了在早卡尼期阶段，有一个非常强烈的逆冲负载事件。前陆盆地的底部不整合面是前缘隆起的迁移导致的（Crampton and Allen，1995；Allen et al.，2001）。因此，古生代-中三叠世被动大陆边缘与晚三叠世前陆盆地之间的不整合面是一个典型的挠曲前缘隆起不整合面（Li et al.，2003）。

37.3.2　第四构造地层单元瑞替早期不整合面

瑞替早期不整合面是在第三构造地层单元和第四构造地层单元之间的大型不整合面，它在地震反射剖面中清晰地显示了削截和北西向的超覆。通过露头的剖面、钻孔以及地震反射剖面来确认这个不整合面，这个不整合面是前陆盆地西侧边缘的不整合面，在整个前陆盆地系统中被认为是地层不整合面。在龙门山的东南边缘，在彭灌断层与前缘断层之间，有较好的证据表明，在第三和第四构造地层单元之间有地层不整合面（李勇等，1995）。小角度不整合面的特点是下伏基岩的古岩溶、残余黏土以及底部侵蚀保存在不整合面的表面。在盆地的西北部分，不整合面表现为地震反射剖面的削截和向西超覆。在盆地中心，第三和第四构造地层单元是整合的。在前陆盆地的东南缘和前缘隆起，钻井和地震反射剖面的削截和超覆（T$_4$）表明在中三叠统雷口坡组和第四构造地层单元之间发育地层不整合面，包括下伏基岩的古岩溶、残余黏土、氧化帽，这表明中三叠统地层曾暴露在地表。不整合面和古岩溶面表明在中三叠统雷口坡组和上三叠统瑞替阶之间有地层间断，缺失马鞍塘组、小塘子组以及须家河组须二段和须三段，表明中三叠统的地层暴露在地表直到瑞替期才被覆盖。

在地震反射剖面上须家河组须三段和须四段之间具有截切现象（王金琪，1990；李勇等，1995），并且在近端盆地边缘和前缘发育。因此，它的形成机制可能与构造均衡反弹有关（Heller et al.，1988）。

37.4　砾　岩　层

在前陆盆地中有两套砾岩层，一套是诺利中期第二构造地层单元的砾岩层，另一套是瑞替早期第四构造地层单元的砾岩层。

37.4.1　诺利中期第二构造地层单元的砾岩层

邓康龄(2007)在四川盆地西北缘的彭州和剑阁的 10 组钻井发现了须家河组须二段的砾岩层。砾岩层的厚度为 7.5～28.5m。该砾岩层主要由石灰岩、白云岩和少量石英等组成。灰岩砾石中的有孔虫类、介形类和腕足类等化石表明这些砾石来自龙门山造山带的上古生界和中–下三叠统地层。

李勇等(1995)从露头中发现了须家河组须二段的砾岩层。在都江堰虹口附近的北川断裂前发现了该层。在此处露头中有 2 套或 3 套砾岩层。该套砾岩层夹于石英砂岩和深灰色粉砂岩中，岩层的厚度为 5～10m。该套砾岩成分主要为花岗岩、火山岩、碳酸盐岩和石英岩(图 37-5)。砾石直径 2～6cm，且分选性和磨圆性较好。

该层砾岩的发现具有很重要的地质意义：①它表明龙门山造山楔在该时期主要暴露在海平面以上，在此期间处于剥蚀状态，龙门山冲断带成为物源，从造山带到前陆盆地有大量沉积物被侵蚀；②它显示龙门山冲断带的前震旦系彭灌杂岩体、震旦系火山岩、上古生界和中–下三叠统岩层被侵蚀和暴露在古龙门山表面；③砾岩层的形成与龙门山均衡反弹有关(Heller et al.，1988)。

37.4.2　瑞替早期第四构造地层单元的砾岩层

第四构造地层单元的砾岩层位于须家河组须四段的下部(图 37-5)，主要分布在四川盆地西北缘的中北段。该层的厚度超过 700m，主要由碳酸盐岩砾石组成。在砾石中，石灰岩占 83%、白云岩占 5%、砂岩占 3%、石英岩占 7%、燧石占 2%，砾岩层属于冲积扇和扇三角洲相的产物(李勇等，1995)。灰岩砾石中的有孔虫类、介形类和腕足类等化石表明这些砾石来自龙门山造山带的上古生界和中–下三叠统地层。根据砾石的岩性，砂岩砾石来自小塘子组和须家河组须二段。因此，认为小塘子组和须家河组须二段卷入了龙门山冲断带，成为前陆盆地的新物源。

因为该砾岩层与盆地西北部边缘的不整合面重叠，故认为该砾岩的形成可能与龙门山均衡反弹有关(Heller et al.，1988)。

37.5　超　覆　速　率

本次研究在马鞍塘组、小塘子组，以及须家河组须二段、须三段等厚图(李勇等，2003)

基础上，利用新的钻孔及地震反射剖面数据，确定了马鞍塘组、小塘子组和须家河组须二段、须三段的地层分布情况，并拟根据这些地层单元的超覆距离，计算晚三叠世前陆盆地沉积充填往东南方向的超覆速率。

从图 37-6～图 37-8 中可以看出：①在地震反射剖面上，底部不整合面对下伏地层的削截和上覆地层向东南方向的超覆现象十分明显；②晚三叠世前陆盆地呈楔状充填，其中马鞍塘组、小塘子组和须家河组须三段厚度自西北向东南方向变薄，因此向东南方向超覆是晚三叠世前陆盆地充填的特征之一；③地层尖灭线自西北向东南方向迁移。马鞍塘组的尖灭线位于盆地中部，与马鞍塘组的尖灭线位置相比，小塘子组的尖灭线位置向东南方向迁移。同样，须家河组须二段、须三段的尖灭线在小塘子组尖灭线位置基础上依次向东南方向迁移；④马鞍塘组、小塘子组、须家河组须二段以及须家河组须三段的尖灭线与北川断裂的距离分别大致为 102km、139km、186km 和 231km。

卡尼期本区发育底部不整合以及不整合面上地层向东南方向的超覆，与之对应的不整合面形态及各地层尖灭线位置的迁移指示了扬子前陆盆地与龙门山造山楔之间的聚敛作用。因此，往东南方向的地层超覆可以指示造山楔的推进速率。根据各地层单元的超覆距离，本次研究计算了晚三叠世前陆盆地地层充填向东南方向的超覆速率。结果表明，在前陆盆地充填时往东南方向的超覆速率为 10.20～15.66mm/a，平均为 12.36mm/a。对比造山楔的推进速率(约 15mm/a；李勇等，2003)，向东南方向的地层超覆速率可为标定造山楔推进速率提供很好的参考。

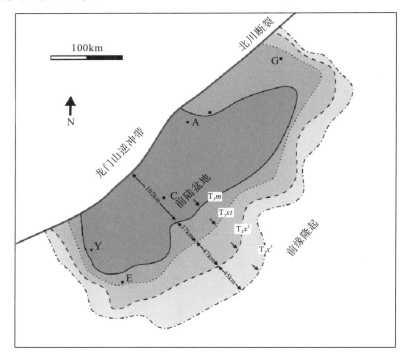

图 37-6　晚三叠世龙门山前陆盆地各地层单元的尖灭线迁移与地层超覆距离

注：利用钻孔和地震地层数据，据李勇等(2003)修改；黑色线表示马鞍塘组、小塘子组以及须家河组须二段、须三段的大致

分布区；A 为安州，C 为成都，E 为峨眉山，G 为广元。

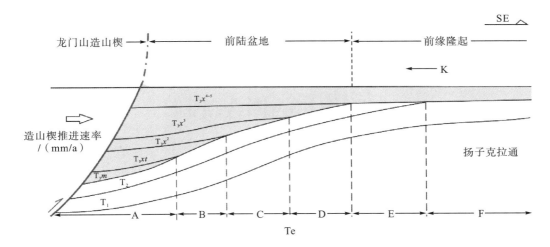

图 37-7　晚三叠世龙门山前陆盆地地层格架与地层超覆

注：A~F 为按上超点划分的各段编码。

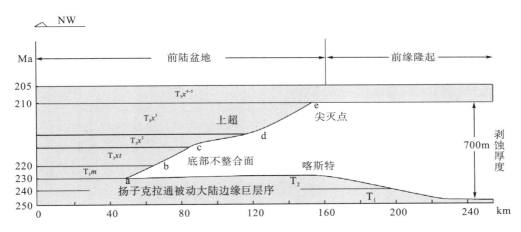

图 37-8　晚三叠世龙门山前陆盆地地层超覆的年代地层格架

注：a~e 为上超点编码。

　　各地层尖灭线的迁移记录了盆地充填时主要往东南方向的进积作用，这种进积作用增加了前陆盆地沉积物的可容空间。因此，地层尖灭线往东南方向的迁移说明前缘隆起上地层往东南方向的超覆可能是造山带构造负载推进作用引起的（Flemings and Jordan，1989；Sinclair and Allen，1992）。

第 38 章　龙门山隆升作用与前陆盆地沉降作用的耦合机制

　　针对现今龙门山隆升机制已提出了 3 种机制：①地壳缩短机制，认为龙门山隆升机制是逆冲作用与上地壳缩短(Hubbard and Shaw，2009)；②地壳均衡反弹机制，认为地表侵蚀卸载作用导致的地壳均衡反弹驱动了龙门山的隆升和高陡地貌的形成(Fu et al.，2011；Molnar，2012)；③下地壳流机制，认为青藏高原东部的下地壳流受强硬地壳(四川盆地)的阻挡而堆积在龙门山之下，形成了龙门山的巨厚地壳和高陡地貌(Burchfiel et al.，2008)。以上观点或模式的提出，表明国内外学者对现今龙门山隆升机制及其与 2008 年汶川地震的关系仍存在疑问。主要表现在以下 4 个方面。

　　(1)现今龙门山隆升过程是上地壳构造作用驱动的产物，还是下地壳构造作用驱动的产物？前者以上地壳缩短机制为代表，后者以下地壳流机制为代表，两者如何区别？

　　(2)现今龙门山隆升过程是构造隆升机制驱动的产物，还是地壳均衡反弹机制驱动的产物？两者如何区别？从理论上讲，构造隆升机制是一个构造加载驱动的隆升过程(包括上地壳缩短、下地壳流)，而地壳均衡反弹机制是一个剥蚀卸载驱动的隆升过程。

　　(3)现今龙门山隆升过程是否是构造隆升机制与地壳均衡反弹机制叠加的产物？Molnar(2012)认为现今龙门山隆升过程是地壳缩短与地壳均衡反弹的叠加，其中地壳均衡反弹机制在龙门山隆升中起主导作用，贡献率为 85%；Densmore 等(2010)认为现今龙门山隆升过程是构造隆升机制(上地壳缩短或下地壳流)和地壳均衡反弹机制的叠加，其中构造隆升机制在龙门山隆升中起主导作用，贡献率为 62%～75%；Parker 等(2011)认为 2008年汶川地震不仅导致了龙门山构造抬升，而且也导致了同震滑坡。其中，同震的滑坡量大于同震的构造抬升量(de Michele et al.，2010)，表明剥蚀卸载作用可能导致了龙门山的物质亏损和降低，在龙门山隆升中起主导作用。显然这些研究者均认为现今龙门山隆升过程是构造隆升机制与地壳均衡反弹机制叠加的产物，两种机制可能并存，并同时对龙门山隆升过程发挥作用。上述认识的分歧：①构造隆升机制与地壳均衡反弹机制所起的作用和贡献率不同；②现今龙门山隆升过程是地壳缩短与地壳均衡反弹叠加的产物，还是下地壳流与地壳均衡反弹叠加的产物？

　　(4)现今龙门山隆升过程是否是地质历史时期的多期、多种隆升机制叠加的产物？龙门山是印支期以来构造作用形成的山脉，是晚三叠世以来构造叠加的产物，既保存了印支运动、燕山运动的隆升机制及其产物，又叠加了喜马拉雅运动的隆升机制及其产物，成为多次、多种隆升机制叠合的复杂地质体，而且"中生代龙门山"与"新生代龙门山"可能具有不同的构造系统(盆-山系统或盆-山-原系统)和不同的隆升机制(许志琴等，2007；王二七和孟庆任，2008)。

　　综上所述，龙门山隆升过程体现了多期、多种隆升机制的叠加，如何从地质演化的角度甄别不同地质时期龙门山的隆升机制是目前研究的难点之一。本书认为前陆盆地沉积记录是甄别龙门山隆升机制及其转换过程的可行方法。因此，本章研究的目标是以前陆盆地充填样式和沉降机制来标定地质时期的龙门山隆升机制及其转换过程。主要包括3 个方面：①将龙门山前陆盆地充填样式划分为 3 种类型，分别为晚三叠世大型(宽)楔状前陆盆地、侏罗纪—古近纪大型板状前陆盆地和新近纪—第四纪小型(窄)楔状前陆盆地；②将龙门山的地壳缩短和构造负载类型划分为 3 种类型，分别为强地壳缩短与大型(宽)构造负载、弱地壳缩短与小型(窄)构造负载、无构造缩短与无构造负载(地壳均衡反弹状态)；③根据龙门山隆升机制(地壳缩短机制、下地壳流机制、地壳反弹机制)与不同类型前陆盆地的对应性，建立了 3 种龙门山与前陆盆地的耦合机制，分别为晚三叠世(早期)地壳缩短与大型(宽)楔状前陆盆地耦合机制、侏罗纪—古近纪(中期)地壳均衡反弹与大型板状前陆盆地耦合机制、新近纪—第四纪(晚期)下地壳流与小型(窄)楔状前陆盆地耦合机制(图 38-1)。

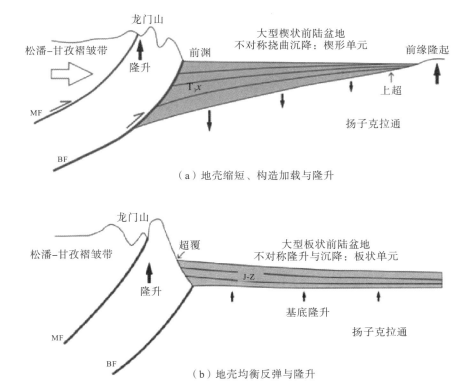

（a）地壳缩短、构造加载与隆升

（b）地壳均衡反弹与隆升

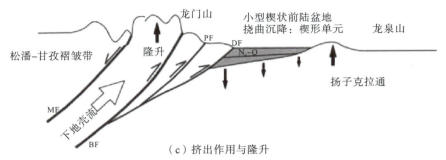

（c）挤出作用与隆升

图 38-1　龙门山隆升与前陆盆地沉降的耦合机制

注：MF.茂汶断裂；BF.北川断裂；PF.彭灌断裂；DF.大邑断裂。

38.1　龙门山地壳缩短与晚三叠世大型楔状前陆盆地的耦合机制

38.1.1　原型盆地恢复

虽然残留的晚三叠世前陆盆地只分布于龙门山和前缘隆起之间，宽度约 200km，但是据钻孔资料可以推定，现今龙门山所在的区域均属于晚三叠世前陆盆地的一部分，其原型盆地的宽度至少大于 400km。主要依据如下。

（1）在龙门山前山带（介于北川断裂与彭灌断裂之间）的地表露头和钻孔岩心均揭示该区存在大量的上三叠统地层，表明该带曾是晚三叠世前陆盆地的一部分，如龙深 1 井（图 38-2，位于北川断裂与彭灌断裂之间，钻深 7180m）揭示了该带的上三叠统的累计厚度达 5293.00m（大于其在前陆盆地内部的厚度 3017.5m；图 38-2，据川科 1 井）。在上部的异地系统（须二段和须三段组成的 6 个构造岩片）中，上三叠统的累计厚度达 4279.00m；在下部的原地系统（由须二段、小塘子组和马鞍塘组组成）中，上三叠统的累计厚度达 1014.00m。因此，可以推定龙门山前山带为晚三叠世前陆盆地的一部分，沉积地层的厚度可能大于 4000m。

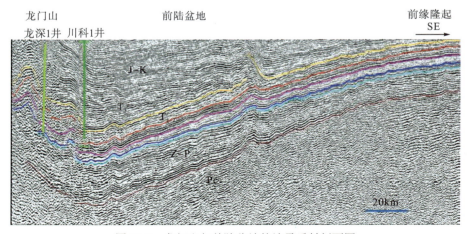

图 38-2　龙门山与前陆盆地的地震反射剖面图

(2)在龙门山后山带(介于北川断裂与茂汶断裂之间)的钻孔中也发现了大量的上三叠统地层,表明龙门山后山带也曾是晚三叠世前陆盆地的一部分。汶川地震科学钻探成果(图38-3)揭示,在北川断裂以西的龙门山后山带仍存在巨厚的晚三叠世卡尼期—诺利期地层,并与彭灌杂岩组成多层的构造岩片。据此,可以推定龙门山后山带也曾是晚三叠世卡尼期—诺利期前陆盆地的一部分。当时的盆山边界并不是现今所见的北川断裂,晚三叠世龙门山造山楔应当位于现今茂汶断裂以西,甚至更远。本书利用构造平衡剖面技术对龙门山地壳缩短率进行研究,结果表明,龙门山总的缩短距离为146km,显示了晚三叠世龙门山造山楔应该位于现今龙门山以西100km的位置。

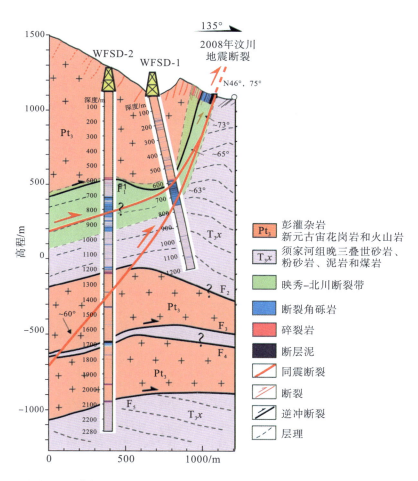

图38-3 龙门山后山带晚三叠世须家河组与彭灌杂岩组成的构造岩片

综上所述,推测现今残留的前陆盆地可能仅是印支期松潘-甘孜残留洋盆地(Zhou and Graham,1996)的远端部分或者是前缘隆起的斜坡部分,该前陆盆地的宽度约 400km[龙门山总的缩短距离(约 146km)+现今龙门山宽度(约 50km)+现今残留前陆盆地的宽度(约 200km)]。

38.1.2 前陆盆地系统与构造单元划分

现今残留的晚三叠世龙门山前陆盆地的剖面几何形态呈现为西厚东薄、不对称状的楔形(图38-2～图38-5)。自西向东发育典型的前陆盆地系统的构造单元(图38-2、图38-4)。

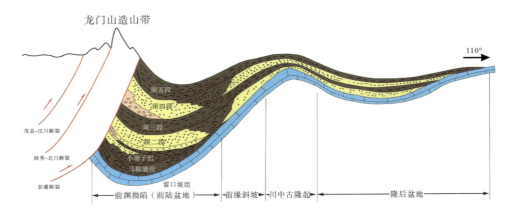

图38-4 晚三叠世龙门山造山带-前陆盆地系统

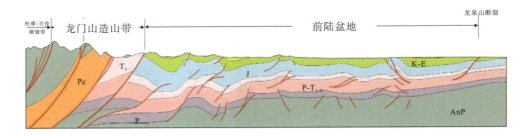

图38-5 龙门山(南段)与前陆盆地的构造变形样式

晚三叠世龙门山造山楔属于扬子板块西缘上的逆冲楔,由扬子板块西缘的"地台型"物质组成,包括前震旦系杂岩、震旦系-中三叠统沉积岩(图38-2、图38-3),属于板内造山带。造山楔可能位于现今龙门山以西 100km 的区域。当时的古构造背景类似现今的台湾造山带及西侧的前陆盆地。

前渊位于造山楔以东区域,可能包括现今龙门山及其东、西两侧的区域。沉积充填体呈楔状,具有不对称结构和不对称沉降的特征。近端(靠近龙门山一侧)的地层厚度巨大(超过 4000m),沉降速率大(约 0.2mm/a),为沉降中心;远端(靠近克拉通一侧的前陆斜坡)的地层较薄(约 1000m),沉降速率小(约 0.05mm/a),向东超覆于前缘隆起(开江-泸州隆起)之上。其中的前缘隆起发育,抬升和剥蚀作用强烈(李勇等,1995,2006a,2011b),并在其东侧发育隆后盆地,地层较薄,仅为 500～600m。

38.1.3　底部不整合面

该前陆盆地的底部不整合面位于中三叠统雷口坡组与上三叠统之间,显示为区域性的微角度-平行不整合面,发育冲蚀坑、古喀斯特(溶沟、溶洞、溶岩角砾)、古风化壳、褐铁矿、黏土层及石英、燧石细砾岩(底砾岩)等。该不整合面向南东方向超覆于下伏地层之上,显示了自西向东从整合面到不整合面的变化过程。因此,认为该底部不整合面为典型的前陆挠曲不整合面,标志着扬子板块西缘从被动大陆边缘盆地到前陆盆地的转换,其形成时间与龙门山造山楔初始侵位的时间一致,为晚三叠世卡尼期。

38.1.4　充填序列与充填样式

晚三叠世前陆盆地中的充填地层包括卡尼期至瑞替期的马鞍塘组、小塘子组和须家河组,显示为一个顶、底均以区域性不整合面为界的构造层序(图 38-3、图 38-5),持续时间达 36Ma(237～201Ma)。该套地层由巨厚的海相至陆相沉积物组成,以陆源碎屑岩和泥页岩为主,底部夹少量碳酸盐岩,具有向上变粗的垂向结构,并可细分为3 个或 4 个向上变粗或向上变细的层序或构造地层单元(Li et al., 2003),其充填特征表现为:底部为不整合面与上覆的碳酸盐礁滩相(马鞍塘组),自西向东主要显示为黑色页岩-碳酸盐缓坡型滩礁相的沉积相组合样式;下部旋回(包括小塘子组、须二段、须三段)具有向上变粗的垂向结构,下部为湖相泥页岩,上部为扇三角洲粗碎屑砂砾岩;自西向东由三角洲相(扇三角洲、辫状河三角洲)-湖(沼)相-小型浅水型三角洲相的沉积相组合样式。大型的扇三角洲和三角洲体系(粗碎屑砂砾岩)均分布于残留盆地的西部,湖泊体系分布于盆地的中部,小型的浅水三角洲体系则分布于前缘隆起的两侧。上部旋回(包括须四段、须五段)具有向上变细的垂向结构,其底部发育不整合面(王金琪,1990;李勇等,1995,Li et al.,2003),并被命名为安县运动(王金琪,1990);下部为冲积扇、扇三角洲粗碎屑砂砾岩,上部为湖相泥页岩,自西向东显示为冲积扇相(扇三角洲、辫状河三角洲)-湖(沼)相的沉积相组合样式。大型的冲积扇、扇三角洲和三角洲体系(粗碎屑砂砾岩)均分布于残留盆地的西部,湖泊体系分布于盆地的中部和东部。

38.1.5　龙门山地壳缩短与晚三叠世大型楔状前陆盆地的耦合机制

Allen 等(1991)以阿尔卑斯山前陆盆地为例提出了两种前陆盆地类型,分别为早期的非补偿盆地(underfilled)(相当于复理石阶段)和晚期的超补偿盆地(overfilled)(相当于磨拉石阶段),认为造山楔的缩短率或推进速率是决定前陆盆地挠曲沉降速率的关键因素。

针对晚三叠世前陆盆地的特点,以 Allen 提出的模式为基础,Li 等(2003,2013)提出了龙门山地壳缩短与前陆盆地沉降的耦合机制,认为龙门山地壳缩短和构造负载导致了扬子克拉通的挠曲沉降，其中龙门山的地壳缩短率或推进速率是决定前陆盆地挠曲沉降速率的关键因素，并采用一维弹性挠曲模型模拟了印支期幕式构造负载加载于初始弹性板片(扬子板块)上产生的挠曲沉降。综上所述，晚三叠世前陆盆地具有以下特征：①龙门山的地壳缩短是驱动前陆盆地演化的动力机制，龙门山前陆盆地的形成与演化模式符合弹性挠曲模型，印支期扬子板块的西缘属于刚性板块，挠曲刚度为$5×10^{23}N·m$；②印支期龙门山造山楔的构造负载量巨大，长度(北东向)约为500km，宽度(南东向)约为32km，构造负载的高度约为4km，地表高度约为2km，前缘坡度为0.03‰，构造负载体积约为$28×10^4km^3$；③前陆盆地宽度约为400km，挠曲沉降中心的深度约为4km，显示为不对称的大型楔状前陆盆地；④将晚三叠世前陆盆地划分为早期(卡尼期—诺利期)的非补偿盆地和晚期(瑞替期)的超补偿盆地；⑤建立了造山楔推进速率与前陆盆地沉降速率的关系，早期龙门山造山楔的推进速率较快(15mm/a)，形成了早期的非补偿前陆盆地，晚期龙门山造山楔的推进速率较小(5mm/a)，形成了晚期的超补偿前陆盆地。

　　本书利用构造平衡剖面技术对龙门山地壳缩短率进行研究，结果表明，晚三叠世是龙门山地壳缩短率最大的时期，为3mm/a，其与模拟的造山楔推进速率(5～15mm/a；Li et al.，2003)相近。因此，认为晚三叠世前陆盆地就是在印支期龙门山强烈构造缩短和构造负载条件下形成的大型楔状前陆盆地，巨量的造山楔加载于扬子板块西缘，导致前陆地区产生强烈的不对称性挠曲沉降，形成大型楔状前陆盆地(图38-6)。

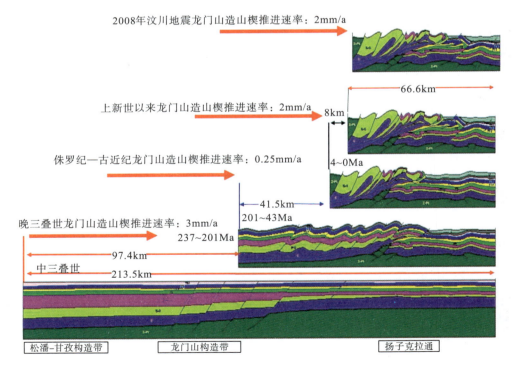

图38-6 晚三叠世以来龙门山的造山楔推进速率及其变化

38.2　龙门山地壳均衡反弹与侏罗纪—古近纪大型板状前陆盆地的耦合机制

侏罗系广泛分布于龙门山以东的四川盆地的大部分地区,显示为连续沉积的红色碎屑岩地层,地层产状平缓、稳定,呈现为地层厚度相对稳定的板状体(图 38-2、图 38-3)。白垩系—古近系在空间上分布不连续,在四川盆地的西部保存完整,在四川盆地中、东部的大部分地区缺失。

38.2.1　底部不整合面与底砾岩

侏罗系的底部发育区域性的不整合面,该不整合面具有以下特点:①该不整合面仅分布于龙门山前山带和盆地的西北边缘,而在盆地内部为平行不整合面和整合面,显示为角度不整合面—平行不整合面—整合面的变化规律;②在龙门山前山带的地表露头(李勇等,1995)和地震反射剖面上(王金琪,1991),侏罗系均以角度不整合面覆盖于上三叠统须家河组之上,其下伏地层具有强烈的构造变形,而上覆地层产状平缓、变形极弱,并具有向龙门山前山带上三叠统超覆的特点;③在该不整合面之上发育石英质砾岩或石英砂岩,其中石英质砾岩主要分布于龙门山中北段的前山带,砾石的成分成熟度高,均为石英砂岩砾石;砾石的分选性和磨圆性较好。在盆地内部,该不整合面之上广泛分布厚度不等的石英砂岩,是一个典型的标志层。基于以上特征,认为底部不整合面与石英质砾岩及其向龙门山超覆是龙门山印支期冲断作用在侏罗纪停止的关键证据。

38.2.2　充填序列与充填样式

侏罗纪—古近纪大型板状前陆盆地充填地层包括侏罗系(包括白田坝组、千佛崖组、沙溪庙组、遂宁组、莲花口组)、白垩系[包括天马山组(城墙岩群)、夹关组、灌口组]、古近系(包括名山组和芦山组)(图 38-4)。顶、底界面均为区域性不整合面,显示为一个单独的构造层序,并具有以下特征:①该充填序列由 3 个大的沉积旋回组成,分别为早—中侏罗世沉积旋回、晚侏罗世—早白垩世沉积旋回和晚白垩世—古近纪沉积旋回;②每个沉积旋回具有向上变细的退积型层序充填模式,下部为冲积扇沉积物,由碎屑流砾岩组成;上部为湖相沉积物,由泥页岩、粉砂岩和砂岩组成;③岩石地层单位(组)之间均为整合接触关系,显示该时期的沉积作用基本连续,龙门山缺乏强烈的构造变形事件;④在横向上侏罗纪—古近纪大型板状前陆盆地的充填模式为冲积扇沉积体系-湖泊沉积体系。冲积扇分布于盆地的西部边缘地区,以冲积扇和扇三角洲体系的砾岩和砂岩为主体,仅分布于龙门山造山带的前缘地区,分布范围较窄,宽度只有 20~30km,表明冲积扇的空间展布受控于龙门山,属单向物源。

侏罗系呈现为地层厚度相对稳定的板状体(图 38-2、图 38-3)。在四川盆地西部观察到的最大厚度约为 2000m(据川科 1 井),并向西超覆于龙门山,厚度相对稳定。白垩系—古近系在空间上分布不连续,保存不完整。在四川盆地的西部该套地层保存完整,累计厚度约为 2000m(图 38-5),而在盆地中东部的大部分地区缺失。值得指出的是,在四川盆地的南部和东南部残留了白垩系—古近系。因此,认为在四川盆地的中东部当时有白垩纪—古近纪沉积物,这些沉积物后来被剥蚀掉,主要判断依据为:①四川盆地南部和东南部分布的白垩纪—古近纪沉积物的地层序列和沉积环境与盆地西部的相似,表明是同期相似条件下形成的沉积物;②在地表上白垩纪—古近纪沉积物呈现为剥蚀残留的不规则形态,表明该区沉积了大量的白垩纪—古近纪沉积物,后期被剥蚀了;③四川盆地沉积物的磷灰石裂变径迹计时结果表明,在 40Ma 以后四川盆地有 1～4km 厚的地层被剥蚀(Richardson et al., 2008, 2010),其中中东部的剥蚀厚度最大,达 4km,推测所剥蚀的地层为白垩系—古近系。

38.2.3 龙门山地壳均衡反弹与侏罗纪—古近纪大型板状前陆盆地的耦合机制

Burbank(1992)以喜马拉雅山前陆盆地为例提出了两种造山带-前陆盆地耦合机制,分别为早期的地壳缩短(crustal shortening)与楔状前陆盆地的耦合机制、晚期的地壳均衡反弹(crustal isostatic rebound)与板状前陆盆地的耦合机制。针对侏罗纪前陆盆地的特殊性,以 Burbank (1992)模式为基础,李勇和曾允孚(1994a, 1994b)、李勇等(2006b)、Li 等(2013)提出了龙门山地壳缩短、地壳均衡反弹与前陆盆地的耦合机制,认为龙门山的地壳缩短、地壳均衡反弹是驱动前陆盆地形成与演化的两种不同的动力机制,龙门山曾存在地壳加载和剥蚀卸载两种状态。在此基础上,认为晚三叠世大型楔状前陆盆地是识别龙门山地壳缩短机制的标志,侏罗纪—古近纪大型板状前陆盆地是识别龙门山地壳均衡反弹机制的标志,建立了龙门山地壳缩短与楔状前陆盆地、地壳均衡反弹与板状前陆盆地两种机制。进而认为地壳均衡反弹和地表侵蚀卸载作用驱动了侏罗纪—古近纪龙门山的抬升,并认为侏罗纪—古近纪前陆盆地是一个在没有强烈的地壳缩短和构造负载条件下形成的板状前陆盆地。

研究表明,侏罗纪—古近纪是龙门山地壳缩短率最小的时期,仅为 0.25mm/a,反映出该时期龙门山造山楔的推进速率极低。因此,认为侏罗纪—古近纪前陆盆地就是在龙门山的弱构造缩短和弱构造负载条件下形成的大型板状前陆盆地。按照地壳均衡原理,剥蚀作用使地壳岩石逐步被剥离地表,龙门山上原来的地壳岩石被空气替代,从而导致岩石圈上产生负值负载,造成了龙门山的地壳均衡反弹隆升,具有高地貌和高剥蚀速率。虽然龙门山的均衡反弹与剥蚀卸载不会导致前缘地区的挠曲沉降,但是从龙门山上剥蚀卸载的物质被搬运到前陆盆地堆积起来,可以形成巨量的沉积负载并导致前陆盆地的沉降,因此沉积负载是板状前陆盆地形成的主要沉降机制。综上所述,在龙门山地壳均衡反弹期的前陆盆地的沉降模式具有以下特点:①龙门山的地壳缩短和构造负载小,前陆地区无挠曲沉降,前缘隆起抬升不明显;②龙门山处于剥蚀卸载状态，巨量的剥蚀卸载不仅导致龙门山均衡反弹并形成高地貌和高剥蚀速率，而且导致大量的沉积物被搬运和传输到前陆地区，形成沉积负载；③该盆地具有宽度大(大于300km)、时间跨度大(201～43Ma)、沉降速率小(约0.01mm/a)、沉积厚度较小(约2km)、沉积充填体呈板状的特点；④具有单物源(来自龙门山)和单向(横向)充填的特征，物源供给主要受龙门山剥蚀作用的影响；⑤底部不整合面和石英质砾岩或石英砂岩发育，并向龙门山超覆。

38.3 龙门山下地壳流与新近纪—第四纪小型(窄)楔状前陆盆地的耦合机制

现今的龙门山前陆盆地为成都盆地(李勇和曾允孚，1994a，1995)，分布于龙门山和龙泉山之间，显示为北东向(30°～40°NNE)延伸的线性盆地，长度为180～210km；宽度为50～60km，面积约为8400km²，在地貌上显示为成都平原。

38.3.1 底部不整合面与底砾岩

成都盆地充填地层以角度不整合面覆盖于侏罗系、白垩系和古近系等不同层位的地层之上(图38-7、图38-8)，并发育古风化壳(李勇和曾允孚，1994a)。该界面在大邑出露较好(图38-8)，下伏地层为古近系(芦山组或名山组)，地层向南东倾斜，倾角为40°～43°；上覆地层为新近系(大邑砾岩)，地层向南东倾斜，倾角为30°。该不整合面揭示了成都盆地是在新近纪再次挠曲下沉后形成的盆地，并非中生代龙门山前陆盆地的继承性盆地。本章利用大邑砾岩底部年龄(约 4Ma)限定该不整合面形成的上限，并利用芦山组顶部年龄(约 43Ma)限定该不整合面形成的下限，将该不整合面反映的构造事件时间大致限定为43～4Ma。

图38-7 新近系(大邑砾岩)与古近系(名山组)之间的微角度不整合面(大邑)

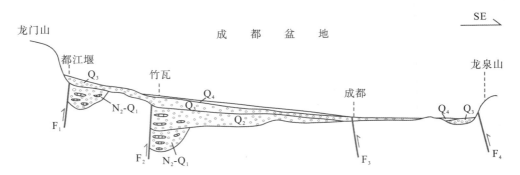

图 38-8　新近纪—第四纪小型(窄)楔状前陆盆地的充填结构

注：F_1 为彭灌断裂；F_2 为大邑断裂；F_3 为蒲江-新津断裂；F_4 为龙泉山断裂。

38.3.2　充填序列与充填样式

　　成都盆地中的充填沉积物均为半固结-松散堆积物，最大厚度为541m，由3个向上变细的砾岩层组成，分别为大邑砾岩层、雅安砾岩层和上更新统—全新统砾岩层。成都盆地具明显的不对称性结构，表现为西部边缘陡，东部边缘缓，沉积基底面向西呈阶梯状倾斜，显示为楔形前陆盆地。根据盆地基底断裂和沉积厚度及其空间展布，可将成都盆地进一步分为西部边缘凹陷区、中央凹陷区和东部边缘凹陷区。其中，西部边缘凹陷区位于关口断裂与大邑断裂之间，地层的最大厚度为253m；中央凹陷区位于大邑断裂与蒲江-新津断裂之间，最大沉积厚度为541m。东部边缘凹陷区位于蒲江-新津断裂与龙泉山断裂之间，地层极薄，仅为20m左右。现代地貌显示，成都平原主要由冲积扇和冲积平原构成，主要由横切龙门山的横向河流产生的冲积扇(包括绵远河冲积扇、石亭江冲积扇、湔江冲积扇、岷江冲积扇和两河冲积扇等)和扇前冲积平原沉积物构成，具有单向充填特征，碎屑物质均来自龙门山(图38-8)，并以横向水系为特征。

38.3.3　龙门山下地壳流与新近纪—第四纪小型(窄)楔状前陆盆地的　　　　　耦合机制

　　Burchfiel 等(1995)推定晚新生代以来龙门山缺乏大规模的逆冲和缩短作用，随后提出了晚新生代下地壳流(channel flow)机制，并认为下地壳流是驱动现今龙门山高陡地貌的动力机制。Wallis 等(2003)也认为4Ma以来的龙门山缩短及地表的变形与高原东部下地壳的流动有关。

　　本书认为龙门山的下地壳流也是驱动前陆盆地演化的动力机制，以与4Ma以来龙门山下地壳流相匹配的前陆盆地为依据，检验晚新生代龙门山下地壳流与前缘挠曲沉降盆地之间的耦合机制。根据龙门山下地壳流所产生的地质效应和小型楔状前陆盆地的充填特征，本书提出了龙门山下地壳流驱动的有限的构造缩短、有限的构造负载驱动的前陆盆地不对称性挠曲沉降模型，主要特征如下。

1. 新近纪—第四纪龙门山有限的地壳缩短与前陆盆地的挠曲沉降

现今龙门山的构造缩短范围限于后缘断裂与前缘断裂之间，显示为有限的地壳缩短（李勇等，2006a，2006b，2006c，2006d，2006e；Densmore et al.，2008）。后缘断裂显示为大型拆离断裂或剪切带（许志琴等，2007），并将龙门山与青藏高原（川青块体、松潘-甘孜造山带）分割为两个地质体。其中，松潘-甘孜造山带定型于中生代（Wallis et al.，2003），在新生代显示为沿大型边界走滑断裂的块体运动和整体隆升，块体内部相对稳定，缺乏构造缩短；而龙门山在新生代则显示为明显的构造缩短与隆升作用，构造缩短作用限于龙门山，显示为局部缩短（李勇等，2006a，2006b，2006c，2006d，2006e；Densmore et al.，2008）。本书利用构造平衡剖面技术对龙门山地壳缩短率进行研究，结果表明，上新世以来（4Ma）是龙门山地壳缩短率较小的时期，约为 2mm/a。

龙门山构造负载的范围限于后缘断裂与前缘断裂之间，显示为有限的（窄）构造负载。新近纪—第四纪前陆盆地显示为小型（窄）楔状前陆盆地（图 38-8），表明具有有限的挠曲沉降作用。龙门山的长度约为 500km，宽度为 30～50km，面积为 15000～25000km^2，海拔为 1～5km。Densmore 等（2005）采用一维弹性挠曲模型，模拟了龙门山构造负载量加载于弹性板片（扬子板块）上所产生的挠曲沉降，表明现今青藏高原东缘、龙门山、成都盆地之间的地貌分异和成都盆地的沉降符合弹性挠曲模拟结果，因此可以用弹性挠曲模型来模拟构造加载后成都盆地的挠曲沉降，弹性厚度为 15km。综上所述，认为新近纪—第四纪龙门山有限的地壳缩短导致了前陆盆地有限的挠曲沉降，并具有以下特征：①龙门山显示为较窄的（宽度约 40km）有限构造负载，构造负载高度约为 2km，宽度约为 40km，长度为 500km，构造负载的体积为（4～10）×10^{4}km^3。②成都盆地显示为较窄（宽度约 70km）的小型楔状前陆盆地，长度为 180km，具有宽度较小（70km）、沉积厚度较小（541km）、沉积负载量小［约为 0.72×10^{4}km^3（李勇等，2006a，2006b，2006c，2006d，2006e）］、挠曲沉降速率小（0.14mm/a）、不对称沉降（近端沉降速率大，远端沉降速率小）等特征。③新近纪—第四纪前陆盆地就是在龙门山有限的地壳缩短和构造负载条件下形成的小型楔状前陆盆地，有限的构造负载加载于扬子板块西缘，导致前陆地区产生有限的不对称性挠曲沉降，形成小型楔状前陆盆地。

值得指出的是，Wallis 等（2003）认为龙门山古老变质体（彭灌杂岩、宝兴杂岩）出露地表是下地壳流或挤出机制的产物，并用下地壳流的就位解释了彭灌杂岩体在此期间的抬升和剥蚀。前人研究成果表明，在 43～4Ma 龙门山有 2 次或 3 次冷却事件（Godard et al.，2009；Wang et al.，2013），分别为 30～25Ma、20～4Ma、10～4Ma。彭灌杂岩的砾石首次出现于新近纪晚期的大邑砾岩（李勇和曾允孚，1994b），据此推测龙门山古老变质体脱顶的时间应为 4Ma。

2. 2008 年汶川地震驱动的龙门山有限的地壳缩短与前陆盆地的挠曲沉降

（1）2008 年汶川地震驱动的龙门山有限的地壳缩短。2008 年汶川地震属于逆冲-右旋走滑型地震（Xu et al.，2009；李海兵等，2008；Li et al.，2013），显示为两条在平面上近乎平行的北东向逆冲-走滑断层（彭灌断裂与北川断裂）的地表破裂组合样式。后山断裂（茂汶断裂)在 2008 年汶川地震中没有破裂,表明茂汶断裂并非现今龙门山叠瓦状逆冲断层系(北川断裂和彭灌断裂)的一支,龙门山的逆冲作用和构造缩短作用主要集中于北川断裂和彭灌断裂,地表视构造缩短量仅为 7%～28%(Li et al.,2013)。2008 年汶川地震导致的地壳缩短作用并非整体的和连续的,而仅分布于龙门山。这种平行的逆冲断层型组合样式十分特殊,目前尚未在全球其他逆冲断裂带发现这种组合型破裂带。本章将这种有限的地壳缩短和构造负载现象定义为有限的(窄)地壳缩短。

(2)2008 年汶川地震驱动的龙门山有限的(窄)构造负载。构造负载仅分布于后缘断裂和前缘断裂挟持的龙门山区域。在茂汶断裂以西的川青块体以同震的沉降为主(张培震,2008),没有构造负载;在彭灌断裂以东的前陆地区以同震的沉降为主,也没有构造负载。构造负载只分布于龙门山的中北段,构造负载的长度(NE)为 220～240km;构造负载的宽度(NW)较窄,为 3～30km,构造负载量为 2.6±1.2km³。本章将这种分布面积小或分布面积窄的构造负载称为有限的(窄)构造负载,其特点是新增的构造负载量较小,量级只是现今龙门山(整体)构造负载量的 1/10000。本书认为 2008 年汶川地震导致的有限的(窄)构造缩短和构造负载在一定程度上支持了下地壳流机制在龙门山隆升机制中的主体作用,而且只能用下地壳流驱动的上地壳挤出作用来解释这种有限范围的构造缩短和构造负载现象。

(3)2008 年汶川地震导致前陆盆地的不对称挠曲沉降。在彭灌断裂以东地区的四川盆地西部(成都盆地)具有不对称性沉降,即:靠近龙门山一侧(近端)沉降量较大,最大沉降量达 0.675m,远离龙门山一侧(远端)沉降量小,再向东至川中隆起一带则呈现为隆升(张培震,2008),表明四川盆地西部(成都盆地)具有不对称性沉降,显示了挠曲沉降的特征,但沉降量极小。Yan 等(2016)采用一维弹性挠曲模型,模拟了 2008 年汶川地震驱动的龙门山构造负载量加载于弹性板片(扬子板块)上所产生的挠曲沉降,表明了 2008 年汶川地震导致的构造负载量与成都盆地挠曲沉降存在线性关系,符合造山带构造负载-前陆挠曲沉降的弹性挠曲沉降模式,证明了在短周期时间尺度上龙门山有限的构造负载与成都盆地的沉降存在耦合关系。

综上所述,认为龙门山下地壳流与新近纪—第四纪小型(窄)楔状前陆盆地之间存在耦合机制。下地壳流机制认为四川盆地之下的强硬地壳阻挡了下地壳物质的流动,最终堆积在龙门山之下,形成了龙门山巨厚的地壳和高陡地貌(Royden et al.,1997;Clark and Royden,2000;Wallis et al.,2003;Burchfiel et al.,2008;Wang et al.,2012)。下地壳流导致了下地壳的物质抬升到龙门山上地壳或地表,增加了上地壳岩石密度和构造负载,导致龙门山有限的构造缩短、有限的构造负载,驱动前陆地区发生不对称的挠曲沉降。

第39章 龙门山隆升机制与下地壳流

39.1 龙门山隆升机制

前人对龙门山隆升机制开展了大量研究，分别从活动构造(唐荣昌和韩渭宾，1993；Kirby et al.，2008；李勇等，2006a，2006b；周荣军等，2006；Densmore et al.，2008)、构造地质(王金琪，1990；刘和甫等，1994；Burchfiel et al.，1995；郭正吾等，1996；刘树根，1993；林茂柄等，1996；许志琴等，1992，2007；Jia et al.，2006；Hubbard and Shaw，2009)、地震地质(Xu et al.，2009；Densmore et al.，2010；Li et al.，2010，2011；Burchfiel et al.，2008；Kirby et al.，2008；Fu et al.，2011)、GPS 测量(张培震，2008)、地球物理(朱介寿，2008)、低温年代学(Kirby et al.，2008；Godard et al.，2009；Wang et al.，2012；Li et al.，2011a，2011b)、沉积地质学(Chen et al.，1994a；李勇和曾允孚，1994a，1994b，1995；Burchfiel et al.，1995；郭正吾等，1996；许效松和许强，1996；Li et al.，2003；李勇等，2006a，2006b，2006c，2006d，2006e，2006f；邓康龄，2007；郑荣才等，2008)、古地磁(庄忠海等，1988)、滑坡剥蚀作用与龙门山生长(Parker et al.，2011；李勇等，2013)等方面开展了研究，取得了许多重要成果，针对现今的或短时间尺度(晚新生代以来)的龙门山隆升机制，提出了 4 种观点或模式(图 39-1)：①地壳缩短机制，认为龙门山隆升机制是逆冲作用与地壳缩短，沿着冲断构造的上地壳的缩短和加厚是龙门山及其前缘地区构造变形的主要机制，由逆冲断裂和逆冲推覆体组成的前陆逆冲带具有自西向东的剪切矢量及扩展式推覆的特点(郭正吾等，1996；刘树根，1993；李勇和曾允孚，1995；林茂柄等，1996；许志琴等，1992；Jia et al.，2006；Hubbard and Shaw，2009)。②地壳均衡反弹机制，认为地表侵蚀卸载作用导致的地壳均衡反弹和剥蚀卸载驱动了龙门山的抬升和高陡地貌的形成(Densmore et al.，2005； Li et al.，2012，2013；Fu et al.，2011)。③挤出机制，许志琴等(2007)认为龙门山—锦屏山的崛起与中下地壳的变质基底岩石隆起是挤出机制的产物，后缘发育与晚白垩世(120Ma)下地壳流有关的大型韧性拆离断裂，龙门山造山带转变为挤压-转换性质。④下地壳流机制，认为四川盆地之下的强硬地壳阻挡了下地壳物质的流动，最终堆积在龙门山之下，形成了龙门山巨厚的地壳和高陡地貌(Royden et al.，1997；Clark and Royden，2000；Wallis et al.，2003；Enkelmann et al.，2006；Meng et al.，2006；Burchfiel et al.，2008；朱介寿，2008；Kirby et al.，2008；Wang et al.，2012)。

学者们对龙门山隆升机制的研究仍存有难点，体现在以下 5 个方面。

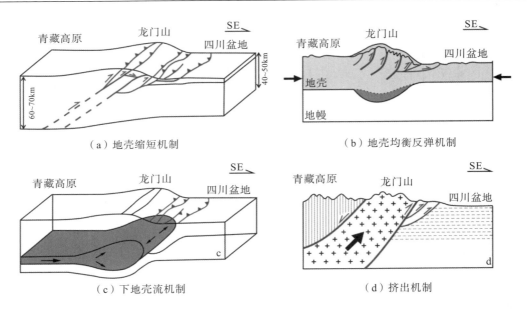

图 39-1　青藏高原东缘龙门山隆升机制

1. 龙门山隆升机制的复合性

龙门山隆升机制是构造隆升机制和地壳均衡反弹机制复合的产物，具有明显的复合性。从理论上讲，构造隆升机制是一个构造加载驱动的隆升过程，而地壳均衡反弹机制是一个剥蚀卸载驱动的隆升过程，这两种机制可能并存，并同时对龙门山隆升过程发挥作用，只是所起的作用和贡献率不同。Molnar（2012）认为地壳均衡反弹机制在龙门山隆升中起主导作用，贡献率为 85%，Densmore 等（2010）则认为构造隆升机制在龙门山隆升中起主导作用，贡献率为 62%～75%。因此，从长周期（百万年尺度）角度，如何标定构造隆升机制与地壳均衡反弹机制及其对新生代以来龙门山隆升作用的影响，或是以哪一种隆升机制（构造隆升或地壳均衡反弹隆升）为主成为目前研究的难点之一。

2. 构造隆升量与剥蚀卸载量及其对龙门山生长的影响

按造山带隆升过程的构造-剥蚀相关理论，山脉的隆升过程是构造隆升作用（地壳缩短机制、挤出机制、下地壳流机制）与剥蚀卸载作用两个变量共同作用的结果；如果构造隆升量大于剥蚀卸载量，山脉将长高；如果构造隆升量等于剥蚀卸载量，山脉的高程将保持不变；如果构造隆升量小于剥蚀卸载量，山脉将降低。因此，龙门山隆升与生长取决于构造隆升量与剥蚀卸载量的比率。2008 年汶川地震不仅导致了构造抬升，也导致了同震滑坡，而且同震滑坡量（5～15km³）大于同震构造抬升量（2.6±1.2km³），表明剥蚀卸载作用可能导致龙门山物质亏损和降低。显然目前所面临的问题是，如何标定龙门山的构造隆升量和剥蚀卸载量？标定的依据是什么（是以长周期效应为主还是以短周期效应为主）？从长周期（百万年尺度）角度，晚新生代以来构造隆升量与剥蚀卸载量的标定及其对龙门山垂向生长的影响成为目前研究的难点之二。

3. 整体构造缩短(负载)或有限(局部)构造缩短(负载)及其对龙门山地壳增厚的影响

龙门山是多层次拆离滑脱构造和逆冲推覆构造叠合的典型地区,不仅具有垂直增生的方式,而且具有侧向水平增生的方式。地壳缩短机制认为龙门山的地壳缩短率很大,并导致了上地壳增厚,构造缩短发生在整个青藏高原东部(包括松潘-甘孜造山带、龙门山、前陆盆地),显示为青藏高原东缘的整体缩短。下地壳流机制或挤出机制则认为龙门山的地壳缩短率相对较小,认为松潘-甘孜造山带与龙门山是两个地质体,其间以大型拆离断裂为主(许志琴等,2007),构造缩短作用仅发生在龙门山前山带和四川盆地西部,显示为局部缩短。松潘-甘孜造山带定型于中生代(Wallis et al.,2003),在新生代显示为块体沿大型边界走滑断裂的块体运动和整体隆升,块体内部相对稳定,缺乏构造缩短和活动构造,而龙门山在新生代则显示为强烈的构造缩短与隆升作用(李勇等,2006a,2006b,2006c,2006d,2006e,2006f;周荣军等,2006;Densmore et al.,2008)。

值得指出的是,2008 年汶川地震所揭示的是局部构造缩短和构造负载,导致了成都盆地的不对称性挠曲沉降,表明 2008 年汶川地震是一个构造加载事件,是一个构造隆升机制驱动的隆升过程。茂汶断裂及其以西没有构造缩短和构造负载(de Michele et al.,2010),并显示为沉降作用(张培震,2008),表明茂汶断裂并非现今龙门山叠瓦状逆冲断层系(北川断裂和彭灌断裂)的一支。李勇等(2006a,2006b,2010)、周荣军等(2006)在北川断裂的后缘也发现了伸展断陷盆地,表明在龙门山中央断裂以西存在伸展构造。2008 年汶川地震导致的局部构造缩短和构造负载从一定程度上支持了下地壳流机制或挤出机制在龙门山隆升机制中的主体作用。因此,如何区分不同的构造隆升机制及其对龙门山水平缩短作用的影响成为目前研究的难点之三。

4. 龙门山隆升机制与青藏高原隆升机制的关系

青藏高原隆升机制与周缘山脉隆升机制的关系是当前国际研究的热点。龙门山—锦屏山作为青藏高原的东缘边界山脉,不仅是验证和甄别青藏高原隆升机制的关键地区,而且是验证和甄别边缘山脉隆升机制的典型地区,目前已有许多理论假定和成因机制:①地壳缩短与增厚机制,强调了南北向缩短和地壳加厚;②侧向挤出机制(Tapponnier et al.,2001),强调了上地壳的刚性变形,认为青藏高原东部的块体是沿主干走滑断裂向东被挤出去的;③下地壳流机制(Burchfiel et al.,1995),强调中下地壳的塑性流变导致了上地壳的向东挤出,解释了青藏高原东部挤出块体的动力学成因机制;④地壳缩短和地壳均衡机制(Molnar and England,1990),强调地壳缩短和地壳均衡作用是支撑起现在青藏高原高度的主要机制。目前在青藏高原东部已识别出了两条下地壳流通道(大地电磁测深方法),而在川青块体仅出现规模不大的塑性流变物质的流出通道,表明川青块体向东流动的能力、强度和规模要弱一些。因此,青藏高原的侧向挤出机制与下地壳流机制已成为解释青藏高原东部新生代构造变形的理论基础,挤出机制强调上地壳的刚性变形,青藏高原东部的块体是沿主干的走滑断裂向东被挤出去的,而下地壳流机制强调下地壳的塑性流变导致上地壳的挤出。现在许多科学家都在利用各种技术和方法验证和甄别龙门山的下地壳流隆升机制及其与 2008 年汶川地震、2013 年芦山地震的成因关系(许志琴等，2007；Burchfiel et al.，2008；Hubbard and Shaw，2009；Fu et al.，2011；Wang et al.，2012；Li et al.，2013)。因此，如何通过 2008 年汶川地震和 2013 年芦山地震提供的基础材料去甄别现今龙门山的隆升机制及其与青藏高原隆升机制的相互关系成为目前研究的难点之四。

5. 龙门山逆冲作用与走滑作用的相互关系

虽然与龙门山构造带走向平行的走滑作用早在 20 世纪 80～90 年代就被人们认识，但是走滑作用在龙门山造山带演化中的关键作用却被忽视或估计过低。值得指出的是，研究人员在龙门山发现了更多与龙门山走滑作用相关的证据，如对雅安地区古近系古地磁测定结果显示自古近纪中晚期以来四川盆地逆时针旋转了 7°～10°(庄忠海等，1988；Enkin et al.，1991)，表明龙门山造山带与四川盆地之间发生过大规模的走向滑动。刘树根(1993)、李勇等(1995)、王二七等(2001)提出了印支期龙门山左旋走滑运动，并认为印支期龙门山在发生推覆构造作用的同时还发生了左旋走滑运动。Burchfiel 等(1995)首次提出龙门山前缘缺乏与逆冲推覆作用相关的晚新生代前陆盆地，认识到晚新生代龙门山可能不是以构造缩短为主形成的。李勇等(1995)利用龙门山前陆盆地中的楔状体和板状体标定了龙门山构造活动的期次和性质，表明在中-新生代龙门山具有逆冲作用与走滑作用交替发育的特征。以上研究成果均开始强调和重视走滑作用在龙门山构造带演化中所起的关键作用，为研究龙门山及其前缘盆地的形成机制提供了新的视野和依据。

39.2　龙门山活动造山带与活动前陆盆地的耦合机制

39.2.1　青藏高原东缘的盆-山系统与原-山-盆系统

造山带与前陆盆地是一对地质孪生体，构成了盆-山系统。前陆盆地在地史期间详细地记录了造山带的隆升与演化过程，表明沉积盆地及其充填物的沉积记录始终是恢复和反演造山带隆升机制和演化过程的重要依据和方法，成为盆-山耦合研究的关键方法(Dickinson，1993；许志琴等，2011)。

龙门山前陆盆地是我国典型的前陆盆地之一，对龙门山和前陆盆地的构造演化过程及其阶段划分仍有许多分歧，被称为中国型盆地或 C-型前陆盆地、前陆类盆地(孙肇才等，1991)、类前陆盆地(郑荣才等，2008)、再生前陆盆地(贾东等，2003)、前陆再生盆地(许志琴等，2007)、叠合盆地(许志琴等，2007)等。按冲断带-前陆盆地系统的构造负载挠曲理论，李勇等(2006a，2006b)、Li 等(2003)划分了楔状前陆盆地和板状前陆盆地，并将楔状前陆盆地作为逆冲构造负载机制的产物，将板状前陆盆地作为地壳均衡反弹机制的产物。

许多学者研究了龙门山推覆构造及其与前陆盆地的耦合关系，认为龙门山是我国典型的推覆构造带，在其前缘地区形成了典型的中生代前陆盆地。龙门山构造带自晚三叠世印支期造山作用以来具有强烈构造缩短，持续地在扬子板块的西缘形成了造山楔负载系统，并导致扬子板块岩石圈弯曲，形成了龙门山前陆盆地。扬子克拉通西缘属刚性体，对其模拟结果表明，龙门山前陆盆地的形成与演化模式符合弹性流变模型。虽然该前陆盆地被称为特殊成因类型的中国型盆地、C-型前陆盆地、前陆类盆地和类前陆盆地等，但在成因上均认为具有前陆盆地性质。大多数人认为松潘-甘孜残留洋盆地的封闭和前陆盆地的转折时期始于晚三叠世，但对其在燕山期和喜马拉雅期的演化过程和阶段划分存在明显的分歧。许志琴等(2007)和 Xu 等(2009)认为四川 T_3-E 的前陆盆地为松潘-甘孜印支造山带的前陆盆地和龙门山新生代前陆再生盆地的叠合盆地；贾东等(2003)认为在川西地区不仅存在晚三叠世前陆盆地，在盆地的南部还发育有晚白垩世-古近纪的再生前陆盆地，并叠加在早期周缘前陆盆地之上。按冲断带-前陆盆地系统的构造负载挠曲理论，李勇等(2006c，2006d)、Li 等(2001a，2001b，2003)和郑荣才等(2009)以楔状构造层序和板状构造层序的交替叠置为依据将龙门山冲断带演化历史划分为 3 个冲断期和 3 个平静期，并且将楔状前陆盆地作为冲断期的产物，与逆冲构造负载系统相关，将板状前陆盆地作为均衡反弹或平静期的产物，与剥蚀卸载系统相关，其中 3 个冲断期分别出现在晚三叠世、晚侏罗世和晚白垩世。

龙门山构造带的构造变形始于晚三叠世印支运动，并经历了燕山运动和喜马拉雅运动，龙门山幕式逆冲作用的构造驱动力来自青藏高原中生代以来的基麦里大陆加积碰撞和印-亚碰撞作用的远源响应(孙肇才，1991；Li et al.，2001a，2001b，2013；李勇等，2006a，2006b，2006c，2006d，2006e，2006f)；在时间上，中-新生代前陆盆地是在古生代被动边缘盆地的基础上转换而形成的，在空间上，龙门山前陆盆地与其西侧的松潘-甘孜残留洋盆地之间也存在转换(Zhou and Graham，1996；许效松和徐强，1996；Li et al.，2001a，2001b，2003；李勇等，2006a，2006b，2006c，2006d，2006e，2006f)，现今残留的前陆盆地可能仅是印支期松潘-甘孜残留洋盆地(Zhou and Graham，1996)或前陆盆地的前缘隆起斜坡部分(许效松和徐强，1996)。这些研究成果为今后青藏高原东缘龙门山及四川盆地西部的原-山-盆活动构造的相关研究奠定了良好的基础。

39.2.2　龙门山隆升机制与前陆盆地之间的耦合关系

目前对龙门山隆升机制与前陆盆地之间的耦合关系的研究还有以下难点。

1. 如何从地质历史演化的角度通过前陆盆地的叠合特征甄别龙门山隆升机制的叠加过程

现今青藏高原东缘在构造地貌上由原(青藏高原东部松潘-甘孜褶皱带)-山(龙门山)—盆(四川盆地)3 个一级构造地貌单元和构造单元组成，显示为原-山-盆系统。虽然这种新生代以来原-山-盆系统的形成对应于印-亚碰撞及其碰撞后作用，受印-亚碰撞和青藏高原隆升的控制(李勇等，2006a，2006b)，但盆-山系统却是印支期—燕山期构造活动的产物，受特提斯域基麦里大陆与扬子板块之间的汇聚与碰撞作用的控制。因此，龙门山是青藏高原东缘岩石圈中最为复杂的构造单元，是该区岩石圈历史信息的载体。龙门山是印支期以来构造作用形成的山脉，是晚三叠世以来构造叠加的产物，既保存了印支运动、燕山运动的隆升机制及其产物，又叠加了喜马拉雅运动的隆升机制及其产物，成为多次、多种构造隆升机制叠合的复杂地质体(许志琴等，2007)。因此，如何从地质历史演化的角度甄别不同时期的构造变形特征和隆升机制是目前研究的难点之一。

　　2. 如何通过沉积盆地充填样式与龙门山隆升机制的匹配性关系标定龙门山隆升机制

　　青藏高原东缘龙门山-锦屏山造山带与相邻的沉积盆地是在盆-山系统和原-山-盆系统转换过程中形成的孪生体，盆地的充填样式、沉降机制与造山带的隆升机制具有耦合关系。因此，沉积盆地是龙门山隆升历史信息的载体，是识别和标定龙门山隆升机制的地层标识。按冲断带-前陆盆地系统的构造负载挠曲理论，李勇等(1995，2006a，2006b)认为地壳缩短机制和地壳均衡反弹机制是龙门山隆升机制的两种形式，反映了龙门山地壳加载和剥蚀卸载的两种状态，提出了晚三叠世大型楔状前陆盆地是识别龙门山地壳缩短、负载机制的标志，侏罗纪—早白垩世大型板状前陆盆地是识别龙门山地壳均衡反弹机制的标志。Burchfiel等(1995)认为龙门山前缘缺乏典型的大型楔状前陆盆地，推定晚新生代以来龙门山缺乏大规模的逆冲和缩短作用，提出了晚新生代的龙门山下地壳流机制。许志琴等(2007)用前陆再生盆地标定晚白垩世龙门山挤出机制或下地壳流机制。已识别出的前陆盆地充填样式与龙门山隆升机制之间的匹配性成为当前研究的难点之一。

39.2.3　成都前陆盆地挠曲沉降与龙门山下地壳流机制的耦合模型

　　1. 晚新生代成都盆地的盆地类型标定

　　晚新生代成都盆地显示为小型楔状前陆盆地，具有宽度较小、沉积厚度较小、不对称沉降、前渊明显、以单物源(来自造山带)和单向(横向)充填为主的特征。近端(靠近造山带)沉降速率大，远端(远离造山带，靠近前缘隆起)沉降速率小。沉降中心位于近端(靠近造山带)，而沉积中心位于远端(远离造山带)，导致沉降中心和沉积中心不一致。有限的挠曲沉降是该时期前陆盆地最显著的特征。下地壳流驱动的构造负载的体量有限或较小，按构造负载-挠曲沉降理论，龙门山有限的构造负载和密度负载导致的不对称挠曲沉降幅度相对较小，只能形成沉积厚度较小、盆地范围较窄的小型楔形前陆盆地。因此，这种前陆盆地应该明显不同于巨量的构造负载和构造缩短造山楔导致的大型楔状前陆盆地。

　　2. 龙门山隆升机制与前陆盆地耦合的基础理论

　　本书研究所依据的基础理论是龙门山隆升机制与沉积盆地沉降机制的耦合关系。

　　1)龙门山造山带与相邻沉积盆地的盆-山耦合机制

　　21世纪大陆动力学的前沿科学问题之一就是盆-山系统的地球深部圈层是如何运转的，并以怎样的地球动力学过程影响地表的沉积盆地和造山带。因此，对大陆造山带隆升机制与沉积盆地沉降机制的耦合关系进行研究仍是大陆动力学研究的重点和前沿科学问题，其中浅表层过程和深部过程及其物质的分异、调整和运移是盆-山耦合研究的主体内容(Dickinson，1997；许志琴等，2007，2011)。基于板块构造理论，前人已将沉积盆地与造山作用紧密联系起来，并按照造山作用类型对沉积盆地进行了分类。板块的俯冲与消减、碰撞与拼合以及后造山作用等导致沉积盆地和造山带发生改造和破坏，使大陆造山带与沉积盆地的构造原型恢复成为难度较大的科学问题。这些沉积盆地在地史期间详细地记录了一系列的构造运动与造山带的演化过程，表明沉积盆地及其充填物的沉积记录始终是恢复和反演造山带隆升机制和演化过程的重要依据和方法，成为盆-山耦合研究的关键(Dickinson，1993；许志琴等，2011)。龙门山-锦屏山造山带与相邻沉积盆地是现今青藏高原东缘两个最基本的构造单元，是在统一的构造框架和动力学体制下形成的孪生体，是在青藏高原中-新生代大陆碰撞和印-亚碰撞过程中形成的两个地质体，它们在空间上相互依存，在形成和演化过程中具有盆-山耦合的地质特征。在这一理论引导下，本书把龙门山和相邻沉积盆地(包括前缘的前陆盆地和后缘的断陷盆地)置于一个动力系统中加以研究，并通过盆地充填样式反演龙门山隆升机制及其转换过程。

2) 龙门山隆升机制控制着前陆盆地的沉降机制和充填样式(一级控制)

Busby 和 Azor(2012)提出了 7 种盆地的沉降机制(包括地壳变薄、地幔岩石圈变厚、构造负载、沉积和火山负载、壳下负载、软流圈流动和地壳密度加大)，其中与汇聚作用相关的盆地沉降机制主要是岩石圈负载作用(包括沉积和火山负载、构造负载、壳下负载3 种机制)引起的前陆地壳挠曲和沉降，形成的盆地类型主要有周缘前陆盆地、弧背前陆盆地和碰撞后继盆地。龙门山-锦屏山造山带的隆升机制控制着前缘沉积盆地的沉降机制，主要表现在龙门山-锦屏山岩石圈负载作用引起的前缘地壳挠曲和沉降，它包括构造负载、下地壳流负载和沉积物负载 3 种机制。龙门山-锦屏山造山带的构造负载驱动了挠曲沉降盆地的形成(即：造山带的构造负载、剥蚀卸载量决定了前陆盆地沉降的时间与幅度)，表明龙门山-锦屏山造山带的构造负载是前陆盆地生长的构造动力，控制着前陆盆地的沉降和可容空间的形成，因此可利用前陆盆地沉降机制和充填样式标定龙门山-锦屏山造山带的隆升机制及其转换过程。

3) 龙门山隆升机制控制着前陆盆地的物源供给(二级控制)

龙门山-锦屏山造山带的隆升机制与沉积盆地的沉降机制是物质转换的统一体，表现为深部的均衡补偿和浅部的剥蚀和供给。龙门山-锦屏山造山带的隆升、物质组成和表面过程(如冲断带岩性、气候、剥蚀、相对海平面对基准面的控制)控制了物质从造山带向盆地的分散，对盆地的物质充填、沉积物类型、物源体系、水系类型具有控制作用，同时又造成了沉积盆地的沉积负载和沉积充填。显然，物源是连接造山带和沉积盆地的纽带，因此可根据盆地中的物质成分及其演变恢复造山带物质组成和脱顶历史。

4) 龙门山动力环境控制着前陆盆地的挤压和剪切应力的转换过程(三级控制)

龙门山-锦屏山造山作用主要表现为逆冲作用和走滑作用，其中逆冲作用控制着盆地的挠曲沉降和物源在垂直造山带方向的迁移，走滑作用控制着前陆盆地的沉降和物源在平行造山带方向的迁移，并可导致盆地抬升与侵蚀。因此，可根据沉积响应揭示的运动学标志恢复造山带的动力环境及其转换过程。

5）青藏高原隆升机制对龙门山隆升机制具有控制作用

龙门山-锦屏山造山带位于青藏高原东缘，因此应充分考虑青藏高原隆升机制对边缘造山带隆升机制的影响。鉴于现今青藏高原形成和隆升作用的产物之一是下地壳流的向东流动，可以将下地壳流的出现作为青藏高原形成和东缘原-山-盆系统形成的标志。因此，本书研究将青藏高原隆升驱动的龙门山-锦屏山下地壳流（挤出）机制与相邻沉积盆地耦合关系的控制作用作为研究的重点。在龙门山-锦屏山下地壳流（挤出）机制的驱动下，龙门山-锦屏山的上地壳显示为挤出作用，具有逆冲-走滑作用，龙门山-锦屏山的下地壳显示为下地壳流的抬升，在前陆地区可形成与前缘逆冲缩短、构造负载相关的小型楔状挠曲前陆盆地，在后缘可形成与正断层相关的断陷盆地。因此，可根据前缘小型楔状挠曲前陆盆地和后缘断陷盆地的沉积响应揭示的运动学标志恢复龙门山-锦屏山造山带下地壳流（挤出）机制发生的时间和期次。

3. 龙门山隆升机制与前陆盆地耦合的地质模型

鉴于沉积盆地充填样式与龙门山隆升机制具有耦合关系，而且沉积盆地记录是恢复长周期龙门山隆升机制及其转化过程的有效方法，本书试图通过沉积盆地充填样式甄别和恢复印支期以来龙门山的隆升机制及其转化过程，并重点探讨小型楔形前陆盆地（成都盆地）与晚新生代以来龙门山下地壳流机制驱动的有限构造缩短、有限构造负载之间的动力关系。本书所依据的基础地质模型是造山带的冲断负载、剥蚀卸载与前缘挠曲沉降之间的地质耦合模型。

前陆盆地沉降机制与造山楔构造负载、缩短机制的耦合模型是当前大陆动力学研究重要的概念模型。在 Dickinson（1993）、Busby 和 Ingersoll（1995）的分类中，前陆盆地叠加在被动大陆边缘、克拉通或拗拉槽之上，可分为周缘、弧后与破裂 3 种前陆盆地类型，主要强调了前陆盆地与板块构造边界的相互关系。DeCelles 和 Giles（1996）对前陆盆地的理解更加深入，注重探讨造山楔的冲断负载、剥蚀卸载与前缘挠曲沉降之间的动力学，形成了前陆盆地系统的概念。目前利用岩石物理学实验技术和计算机数值模拟技术对前陆盆地动力学的模拟都取得了良好效果，如黏弹性三维挠曲模型、板内应力挠曲模型、沉积负载的岩石圈挠曲模型等都从不同侧面探讨了前陆盆地的沉降机制，均表明前陆盆地是板块俯冲或碰撞引起造山带的地壳增厚，构造负载导致了造山带与克拉通之间的岩石圈产生挠曲沉降，同时沉积负载作用加大了前陆盆地的沉降幅度。因此，前陆盆地的宽度和深度与造山冲断楔和沉积楔的大小和形态有关，同时也受控于岩石圈的挠曲刚度和厚度，从而形成了造山带-前陆盆地系统的构造负载挠曲理论和概念模型（Jordan，1981；Heller et al.，1988；Flemings and Jordan，1989；Allen et al.，1991；Watts，1992；Burbank，1992；Sinclair，1997；Galewsky，1998；Castle，2001；Li et al.，2003）。该模型是造山带与沉积盆地动力学模拟方面较为成熟的方法，并具有构造缩短负载期（活跃期）和地壳均衡反弹期（剥蚀卸载期、平静期）两个端元模式（Allen et al.，1986；Burbank，1992；李勇等，1995，2006a，

2006b，2006c，2006d，2006e，2006f；Li et al.，2003，2013）。目前多数研究者采用弹性挠曲模型，利用加载于弹性板片上的构造负载模拟前陆盆地的沉降，可以采用冲断楔的推进速率、冲断楔的表面坡度、沉积物搬运系数、弹性厚度和挠曲波长等参数对前陆盆地与造山带的构造负载和逆冲推覆作用进行模拟（Allen et al.，1991；Sinclair，1997；Li et al.，2003，2013）。因此，本书将造山楔的构造负载、剥蚀卸载与前缘挠曲沉降之间的动力学机制和地质耦合模型作为基础地质模型。

4. 前陆盆地挠曲沉降与龙门山下地壳流机制的耦合模型

根据青藏高原东缘地表过程与下地壳流（挤出）机制的构造动力学关系，本书提出了龙门山下地壳流（挤出）机制与前缘小型楔状前陆盆地、后缘断陷盆地充填样式之间的地质耦合模型。该模型表明龙门山-锦屏山造山带的下地壳流隆升机制对前缘前陆盆地和后缘断陷盆地的沉积充填样式具有在同一动力机制下两种独立的控制作用。

根据龙门山下地壳流机制产生的地质效应和小型楔状前陆盆地的充填特征，本书提出龙门山-锦屏山下地壳流驱动的有限的构造缩短和水平挤压、有限的构造负载和密度负载下的前陆盆地挠曲沉降模型，试图揭示造山带在有限的构造负载控制下前陆地区不对称性挠曲沉降的动力学机制，表征下地壳流与挤出作用驱动的有限的构造负载和密度负载导致的前陆地区（扬子板块西缘）不对称性挠曲沉降与小型楔状前陆盆地形成的耦合机制。

1）有限的构造负载

有限的构造负载是该时期造山带最显著的特征之一。下地壳流（挤出）机制仅导致位于茂汶断裂和彭灌断裂之间的龙门山挤出和抬升，其隆升速率应明显高于其西侧的川青块体（松潘-甘孜褶皱带）和东侧的山前带（李勇等，2006a，2006b；Xu et al.，2001）。因此，下地壳流产生的构造负载仅分布于茂汶断裂和彭灌断裂之间的区域。本书暂且使用"有限范围"的"限制性"构造负载来表示构造负载的分布范围有限（限于茂汶断裂和彭灌断裂之间的条带）和构造负载的体量有限（非大规模、巨型的造山楔）。按照造山带-前陆盆地系统的构造负载挠曲理论，龙门山下地壳流（挤出）机制可导致上地壳构造负载量增加，进而可以驱动前陆地区形成新的挠曲沉降和新的挠曲盆地，但增加的构造负载量有限或较小，只能驱动前陆地区形成小型不对称挠曲沉降盆地。

2）有限的密度负载

有限的密度负载是该时期造山带最显著的特征之二，这种密度差产生的应力或重力是龙门山隆升中十分重要的、不可忽视的力源。下地壳流向上挤出和抬升导致高密度的下地壳物质加载到上地壳，使龙门山的密度和非均质性增加。密度差产生的应力或重力不仅对龙门山隆升和垂直增生方式起重要作用，而且密度负载量的增加可以驱动前陆地区形成新的挠曲沉降。因此，认为下地壳流向上挤出和抬升导致的构造负载和密度负载是驱动前缘挠曲沉降的动力机制。现今龙门山的正均衡重力异常和成都盆地的负均衡重力异常（李勇等，2006a，2006b）可能就是密度差产生的重力异常现象。

3) 有限的构造缩短和水平挤压

下地壳流 (挤出) 机制仅导致位于北川断裂和彭灌断裂之间前山带的挤出和缩短, 其缩短率应明显高于其西侧的川青块体 (松潘–甘孜造山带) 和东侧的山前带。因此, 下地壳流产生的构造缩短仅分布于北川断裂和彭灌断裂之间的龙门山前山带。此外挤出体前缘产生的水平挤压导致前陆盆地的基底发生褶皱, 形成底部不整合面, 挤出体前缘的逆冲推覆体前展式推进是龙门山地壳水平增生的重要方式。

4) 有限的挠曲沉降

有限的挠曲沉降是该时期前陆盆地最显著的特征。下地壳流驱动的构造负载体量有限或较小, 按构造负载–挠曲沉降理论, 龙门山有限的构造负载和密度负载导致的不对称挠曲沉降幅度相对较小, 只能形成沉积厚度较小、盆地范围较窄的小型楔状前陆盆地。因此, 这种前陆盆地应该明显不同于巨量的构造负载和构造缩短造山楔导致的大型楔状前陆盆地。

该盆地充填样式以晚新生代成都盆地为代表, 显示为小型楔状前陆盆地, 具有宽度较小 (小于 120km)、沉积厚度较小 (大于 541km)、不对称沉降、前缘明显、以单物源 (来自造山带) 和单向 (横向) 充填为主等特征。初步研究成果表明, 龙门山下地壳流 (挤出) 机制导致的小型的、有限的构造负载和密度负载驱动了前陆盆地的挠曲沉降, 增加了可容空间, 具有不对称沉降的特点。近端 (靠近造山带) 沉降速率大, 远端 (远离造山带, 靠近前缘隆起) 沉降速率小。沉降中心位于近端, 而沉积中心位于远端, 导致沉降中心和沉积中心不一致。

参 考 文 献

Blick N C，Biddle K T．1994．沿走向滑动断层的变形和盆地形成[M]．何明喜，刘池洋，译．盆地走滑变形研究与古构造分析．西安：西北大学出版社．

Busby C，Azor A．2016．沉积盆地构造学进展[M]．张功成，等译．北京：石油工业出版社．

陈波，谢俊举，温增平．2013．汶川地震近断层地震动作用下结构地震响应特征分析[J]．地震学报，35(2)：250-261．

陈石，徐伟民，石磊，等．2013．龙门山断裂带及其周边地区重力场和岩石层力学特性研究[J]．地震学报，35(5)：692-703．

陈杨，刘树根，李智武，等．2011．川西前陆盆地晚三叠世早期物源与龙门山的有限隆升－碎屑锆石 U-Pb 年代学研究[J]．大地构造与成矿学，35(2)：315-323．

陈振林，王华，何发崎，等．2011．页岩气形成机理、赋存状态及研究评价方法[M]．武汉：中国地质大学出版社．

陈智梁，刘宇平，张选阳，等．1998．全球定位系统测量与青藏高原东部流变构造[J]．第四纪研究，18(3)：262-270．

陈竹新，贾东，张惬，等．2005．龙门山前陆褶皱冲断带的平衡剖面分析[J]．地质学报，79(1)：38-45．

丹尼斯 J G．1983．国际构造地质词典：英语术语[M]．阎嘉祺译．北京：地质出版社．

邓宾，刘树根，刘顺，等．2009．四川盆地地表剥蚀量恢复及其意义[J]．成都理工大学学报(自然科学版)，36(6)：675-686．

邓飞，贾东，罗良，等．2008．晚三叠世松潘甘孜和川西前陆盆地的物源对比：构造演化和古地理变迁的线索[J]．地质论评，54(4)：561-573．

邓康龄．1983．四川盆地西部上三叠统岩相及其与油气关系的探讨[M]//地质文集编辑委员会．石油地质文集——沉积相．北京：地质出版社．

邓康龄．1992．四川盆地形成演化与油气勘探领域[J]．天然气工业，12(5)：7-12．

邓康龄．2007．龙门山构造带印支期构造递进变形与变形时序[J]．石油与天然气地质，28(4)：485-490．

邓康龄，何鲤，秦大有，等．1982．四川盆地西部晚三叠世早期地层及其沉积环境[J]．石油与天然气地质，3(3)：204-210．

董云鹏，张国伟．1997．造山带与前陆盆地结构构造及动力学研究思路和进展[J]．地球科学进展，12(1)：1-6．

杜远生，盛吉虎，丁振举．1997．造山带非史密斯地层及其地质制图[J]．中国区域地质，16(4)：439-443．

方宗杰．1998．关于"非史密斯地层学"之我见[J]．地层学杂志，22(4)：304-307．

冯庆来．1993．造山带区域地层学研究的思想和工作方法[J]．地质科技情报，12(3)：51-56．

Frostick L E．1996．沉积层序中的构造控制与特征[M]．王喜双，等译．北京：石油工业出版社．

符超峰，方小敏，宋友桂，等．2005．盆山沉积耦合原理在定量恢复造山带隆升剥蚀过程中的应用[J]．海洋地质与第四纪地质，25(1)：105-112．

甘克文．1992．世界含油气盆地图说明书[M]．北京：石油工业出版社．

辜学达，刘啸虎．1997．四川省岩石地层[M]．武汉：中国地质大学出版社．

构造地质论丛部．1985．对四川运动的新认识，构造地质论丛(4)[M]．北京：地质出版社．

郭旭升．2010．川西地区中、晚三叠世岩相古地理演化及勘探意义[J]．石油与天然气地质，31(5)：610-619，631．

郭正吾，邓康龄，韩永辉，等．1996．四川盆地形成与演化[M]．北京：地质出版社．

何登发，李德生．1995．沉积盆地动力学研究的新进展[J]．地学前缘，2(3)：53-58，88．

何登发，吕修祥，林永汉，等．1996．前陆盆地分析[M]．北京：石油工业出版社．

何明喜，刘池阳．1994．盆地走滑变形研究与古构造分析[M]．西安：西北大学出版社．

何银武．1987．试论成都盆地(平原)的形成[J]．地质通报(2)：75-82．

何银武．1992．论成都盆地的成生时代及其早期沉积物的一般特征[J]．地质评论，38(2)：149-156．

胡明卿，刘少峰．2012．前陆盆地挠曲沉降和沉积过程3-D模型研究[J]．地质学报，86(1)：181-187．

纪相田，李元林．1995．芦山一天全地区晚白垩世一老第三纪冲积扇－湖泊沉积组合[J]．成都理工学院学报，22(2)：15-21．

贾东，陈竹新，贾承造，等．2003．龙门山前陆褶皱冲断带构造解析与川西前陆盆地的发育[J]．高校地质学报，9(3)：402-410．

姜在兴，田继军，陈桂菊，等．2007．川西前陆盆地上三叠统沉积特征[J]．古地理学报，9(2)：143-154．

蒋复初，吴锡浩．1998．青藏高原东南部地貌边界带晚新生代构造运动[J]．成都理工学院学报，25(2)：162-168．

黎兵，李勇，张毅，等．2004．用Sufer 7计算成都盆地的沉积通量及其地质意义[J]．四川师范大学学报(27)：144-147．

李海兵，付小方，Woerd J V D，等．2008．汶川地震(Ms 8.0)地表破裂及其同震右旋斜向逆冲作用[J]．地质学报，82(12)：1623-1643．

李吉均，方小敏，潘保田，等．2001．新生代晚期青藏高原强烈隆起及其对周边环境的影响[J]．第四纪研究，21(5)：381-391．

李培军，夏邦栋．1995．走滑挤压盆地——以中晚三叠世下扬子沿江盆地为例[J]．地质科学，30(2)：130-138．

李思田．1995．沉积盆地的动力学分析——盆地研究领域的主要趋向[J]．地学前缘，2(3)：1-8．

李思田．2015．沉积盆地动力学研究的进展、发展趋向与面临的挑战[J]．地学前缘，22(1)：1-8．

李思田，杨士恭，林畅松．1992．论沉积盆地的等时地层格架和基本建造单元[J]．沉积学报，10(4)：11-22．

李勇．1998．论龙门山前陆盆地与龙门山造山带的耦合关系[J]．矿物岩石地球化学通报，17(2)：77-81．

李勇，曾允孚．1994a．试论龙门山逆冲推覆作用的沉积响应——以成都盆地为例[J]．矿物岩石，14(1)：58-66．

李勇，曾允孚．1994b．龙门山前陆盆地充填序列[J]．成都理工学院学报，21(3)：46-55．

李勇，曾允孚．1995．龙门山逆冲推覆作用的地层标识[J]．成都理工学院学报，22(2)：1-5．

李勇，孙爱珍．2000．龙门山造山带构造地层学研究[J]．地层学杂志，24(3)：201-206．

李勇，黎兵，Steffen D．2006f．青藏高原东缘晚新生代成都盆地物源分析与水系演化[J]．沉积学报，24(3)：309-320．

李勇，曾允孚，伊海生．1995．龙门山前陆盆地沉积及构造演化[M]．成都：成都科技大学出版社．

李勇，王成善，曾允孚．2000a．造山作用与沉积响应[J]．矿物岩石，20(2)：49-56．

李勇，王成善，伊海生，等．2000b．青藏高原中侏罗世－早白垩世羌塘复合型前陆盆地充填模式[J]．沉积学报，19(1)：20-27．

李勇，侯中健，司光影．2002a．青藏高原东缘新生代构造层序与构造事件[J]．中国地质，29(1)：30-36．

李勇，李永昭，周荣军．2002b．成都平原第四纪化石冰楔的发现及古气候意义[J]．地质力学学报，8(4)：341-346．

李勇，王成善，伊海生．2002c．西藏晚三叠世北羌塘前陆盆地构造层序及充填样式[J]．地质科学，37(1)：27-37．

李勇，王成善，伊海生，等．2003．西藏金沙江缝合带西段晚三叠世碰撞作用与沉积响应[J]．沉积学报，21(2)：191-197．

李勇，曹叔尤，周荣军，等．2005a．晚新生代岷江下蚀速率及其对青藏高原东缘山脉隆升机制和形成时限的定量约束[J]．地质学报，79(1)：28-37．

李勇，Densmore A L，周荣军，等．2005b．青藏高原东缘龙门山晚新生代剥蚀厚度与弹性挠曲模拟[J]．地质学报，79(5)：608-615．

李勇，徐公达，周荣军，等．2005c．龙门山均衡重力异常及其对青藏高原东缘山脉地壳隆升的约束[J]．地质通报，24(12)：1162-1168．

李勇，Densmore A L，周荣军，等．2006a．青藏高原东缘数字高程剖面及其对晚新生代河流下切深度和下切速率的约束[J]．第四纪研究，26(2)：236-243．

李勇，Allen P A，周荣军，等. 2006b. 青藏高原东缘中新生代龙门山前陆盆地动力学及其与大陆碰撞作用的耦合关系[J]. 地质学报，80(8)：1101-1109.

李勇，周荣军，Densmore A L，等. 2006c. 青藏高原东缘龙门山晚新生代走滑–逆冲作用的地貌标志[J]. 第四纪研究，26(1)：41-51.

李勇，周荣军，Densmore A L，等. 2006d. 青藏高原东缘龙门山晚新生代走滑挤压作用的沉积响应[J]. 沉积学报，24(2)：1-12.

李勇，周荣军，Densmore A L，等. 2006e. 青藏高原东缘大陆动力学过程与地质响应[M]. 北京：地质出版社.

李勇，黎兵，周荣军，等. 2007. 剥蚀–沉积体系中剥蚀量与沉积通量的定量对比研究——以岷江流域为例[J]. 地质学报，81(3)：332-343.

李勇，贺佩，颜照坤，等. 2010. 晚三叠世龙门山前陆盆地动力学分析[J]. 成都理工大学学报(自然科学版)，37(4)：40-412.

李勇，苏德辰，董顺利，等. 2011a. 龙门山前陆盆地底部不整合面：被动大陆边缘到前陆盆地的转换[J]. 岩石学报，27(8)：2413-2422.

李勇，苏德辰，董顺利，等. 2011b. 青藏高原东缘晚三叠世龙门山前陆盆地早期(卡尼期)碳酸盐缓坡和海绵礁的淹没过程与动力机制[J]. 岩石学报，27(11)：3460-3470.

李勇，颜照坤，苏德辰，等. 2014. 印支期龙门山造山楔推进作用与前陆型礁滩迁移过程研究[J]. 岩石学报，30(3)：641-654.

李永东，郑勇，熊熊，等. 2013. 青藏高原东北部岩石圈有效弹性厚度及其各向异性[J]. 地球物理学报，56(4)：1132-1145.

李智武，陈洪德，刘树根，等. 2010. 龙门山冲断隆升及其走向差异的裂变径迹证据[J]. 地质科学，45(4)：944-968.

林良彪，陈洪德，姜平，等. 2006. 川西前陆盆地须家河组沉积相及岩相古地理演化[J]. 成都理工大学学报(自然科学版)，33(4)：376-383.

林茂炳，苟宗海，王国芝，等. 1996. 四川龙门山造山带造山模式研究[M]. 成都：成都科技大学出版社.

刘宝珺，许效松，潘杏南，等. 1993. 中国南方古大陆沉积地壳演化与成矿[M]. 北京：科学出版社.

刘和甫. 1990. 川滇西部古特提斯域演化与上叠盆地的形成和形变[M]//王鸿祯. 中国及邻区构造古地理和生物古地理. 武汉：中国地质大学出版社.

刘和甫，梁慧社，蔡立国，等. 1994. 川西龙门山冲断系构造样式与前陆盆地演化[J]. 地质学报，68(2)：101-118.

刘静，张智慧，文力，等. 2008. 汶川8级大地震同震破裂的特殊性及构造意义——多条平行断裂同时活动的反序型逆冲地震事件[J]. 地质学报，82(12)：1707-1722.

刘启元，李昱，陈九辉，等. 2009. 汶川 Ms8.0 地震：地壳上地幔 S 波速度结构的初步研究[J]. 地球物理学报，52(2)：309-319.

刘少峰. 1995. 前陆盆地挠曲过程模拟的理论模型[J]. 地学前缘，2(3)：69-77.

刘少峰. 2008. 叠加于弧后前陆盆地挠曲沉降之上的另一类沉降——动力沉降[J]. 地学前缘，15(3)：178-185.

刘树根. 1993. 龙门山冲断带与川西前陆盆地的形成演化[M]. 成都：成都科技大学出版社.

刘树根，罗志立，戴苏兰，等. 1995. 龙门山冲断带的隆升和川西前陆盆地的沉降[J]. 地质学报，69(3)：204-214.

刘树根，赵锡奎，罗志立，等. 2001. 龙门山造山带–川西前陆盆地系统构造事件研究[J]. 成都理工学院学报，28(3)：221-230.

刘树根，罗志立，赵锡奎，等. 2003. 中国西部盆山系统的耦合关系及其动力学模式——以龙门山造山带–川西前陆盆地系统为例[J]. 地质学报，77(2)：177-186.

刘树根，杨荣军，吴熙纯，等. 2009. 四川盆地西部晚三叠世海相碳酸盐岩–碎屑岩的转换过程[J]. 石油与天然气地质，30(5)：556-565.

刘兴诗. 1983. 四川盆地的第四系[M]. 成都：四川科学技术出版社.

骆耀南，俞如龙，侯立玮，等. 1998. 龙门山–锦屏山陆内造山带[M]. 成都：四川科学技术出版社.

Macqueen R W, Leckie D A. 2001. 前陆盆地和褶皱带[M]. 黄忠范, 等译. 北京: 石油工业出版社.

潘保田, 邬光剑, 王义祥, 等. 2000. 祁连山东段沙沟河阶地的年代与成因[J]. 科学通报, 45(24): 2669-2675.

潘桂棠, 王培生, 徐耀荣, 等. 1990. 青藏高原新生代构造演化[M]. 北京: 地质出版社.

乔秀夫, 郭宪璞, 李海兵, 等. 2012. 龙门山晚三叠世软沉积物变形与印支期构造运动[J]. 地质学报, 86(1): 132-156.

单新建, 屈春燕, 宋小刚, 等. 2009. 汶川 Ms8.0 级地震 InSAR 同震形变场观测与研究[J]. 地球物理学报, 52(2): 496-504.

沈礼, 贾东, 尹宏伟, 等. 2012. 基于粒子成像测速(PIV)技术的褶皱冲断构造物理模拟[J]. 地质论评, 58(3): 471-480.

施雅风, 李吉均, 李炳元. 1998. 青藏高原晚新生代隆升与环境变化[M]. 广州: 广东科技出版社.

施振生, 王秀芹, 吴长江. 2011. 四川盆地上三叠统须家河组重矿物特征及物源区意义[J]. 天然气地球科学, 22(4): 618-627.

施振生, 杨威, 谢增业, 等. 2010. 四川盆地晚三叠世碎屑组分对源区分析和印支运动的指示[J]. 地质学报, 84(3): 387-397.

施振生, 赵正望, 金惠, 等. 2012. 四川盆地上三叠统小塘子组沉积特征及地质意义[J]. 古地理学报, 14(4): 477-486.

施振生, 王志宏, 郝翠果, 等. 2015. 四川盆地上三叠统马鞍塘组沉积相[J]. 古地理学报, 17(6): 771-786.

四川省地质矿产局. 1991. 四川省区域地质志[M]. 北京: 地质出版社.

苏本勋, 陈岳龙, 刘飞, 等. 2006. 松潘-甘孜地块三叠系砂岩的地球化学特征及其意义[J]. 岩石学报, 22(4): 961-970.

苏文博, 李志明, Ettensohn F R, 等. 2007. 华南五峰组-龙马溪组黑色岩系时空展布的主控因素及其启示[J]. 地球科学, 32(6): 819-827.

孙肇才, 邱蕴玉, 郭正吾. 1991. 板内形变与晚期次生成藏——扬子区海相油气总体形成规律的探讨[J]. 石油实验地质, 13(2): 107-142.

汤济广, 梅廉夫, 沈传波, 等. 2006. 前陆盆地结构单元与油气成藏响应[J]. 新疆石油地质, 27(2): 242-245.

唐荣昌, 韩渭宾. 1993. 四川活动断裂与地震[M]. 北京: 地震出版社.

唐文清, 陈智梁, 刘宇平, 等. 2005. 青藏高原东缘鲜水河断裂与龙门山断裂交会区现今的构造活动[J]. 地质通报, 24(12): 1169-1172.

汪品先, 刘传联. 1993. 含油气盆地古湖泊学研究方法[M]. 北京: 海洋出版社.

王成善, 刘志飞, 王国芝, 等. 2000. 新生代青藏高原三维古地形再造[J]. 成都理工学院学报, 27(1): 1-7.

王成善, 李祥辉. 2003. 沉积盆地分析原理与方法[M]. 北京: 高等教育出版社.

王二七, 孟庆任. 2008. 对龙门山中生代和新生代构造演化的讨论[J]. 中国科学 D 辑: 地球科学, 38(10): 1221-1233.

王二七, 孟庆任, 陈智梁, 等. 2001. 龙门山断裂带印支期左旋走滑运动及其大地构造成因[J]. 地学前缘, 8(2): 375-384.

王凤林, 李勇, 李永昭, 等. 2003. 成都盆地新生代大邑砾岩的沉积特征[J]. 成都理工大学学报(自然科学版), 30(2): 139-146.

王国芝, 王成善, 刘登忠, 等. 1999. 滇西高原第四纪以来的隆升和剥蚀[J]. 海洋地质与第四纪地质, 19(4): 67-74.

王国芝, 王成善, 曾允孚, 等. 2000. 滇西高原的隆升与莺歌海盆地的沉积响应[J]. 沉积学报, 18(2): 234-240.

王鸿祯. 1989. 地层学的分类体系和分支学科——对修订中国地层指南的设想[J]. 地质论评, 35(3): 271-276.

王金琪. 1990. 安县构造运动[J]. 石油与天然气地质, 11(3): 223-234.

王金琪. 1991. 四川盆地油气领域划分与评价[M]//石油与天然气地质文集(第 3 集). 北京: 地质出版社.

王金琪. 2012. 再论印支期龙门山的形成和发展[J]. 天然气工业, 32(1): 12-21, 118-119.

王利, 周祖翼, 丁汝鑫. 2007. 大别造山带毗邻新生代盆地物质平衡分析[J]. 地质论评, 53(3): 301-305.

王乃文, 郭宪璞, 刘羽. 1994. 非史密斯地层学简介[J]. 地质论评, 40(5): 482.

韦一, 张宗言, 何卫红, 等. 2014. 上扬子地区中生代沉积盆地演化[J]. 地球科学, 39(8): 1065-1078.

吴根耀. 1996. 构造层序地层学[J]. 地球科学进展, 11(3): 310-313.

吴根耀. 1998. 初论造山带地层学——以三江地区特提斯造山带为例[J]. 地层学杂志, 22(3): 161-169.

吴熙纯. 2009. 川西北晚三叠世卡尼期硅质海绵礁–鲕滩组合的沉积相分析[J]. 古地理学报, 11(2): 125-142.

伍大茂, 吴乃苓, 郜建军. 1998. 四川盆地古地温研究及其地质意义[J]. 石油学报, 19(1): 18-23.

向芳, 王成善. 2001. 质量平衡法–定量恢复新生代青藏高原造山作用[J]. 地球科学进展, 16(2): 279-283.

谢继容, 李国辉, 唐大海. 2006. 四川盆地上三叠统须家河组物源供给体系分析[J]. 天然气勘探与开发, 29(4): 1-3, 13.

徐强, 朱同兴, 牟传龙. 2001. 川西晚三叠世–晚侏罗世层序岩相古地理编图[J]. 西南石油学院学报, 23(1): 1-4.

徐星棋. 1982. 四川盆地陆相中生代地层古生物[M]. 成都: 四川人民出版社.

许效松, 徐强. 1996. 盆山转换和当代盆地分析中的新问题[J]. 岩相古地理, 16(2): 24-33.

许效松, 刘宝珺, 赵玉光. 1996. 上扬子台地西缘二叠系–三叠系层序界面成因分析与盆山转换[J]. 沉积与特提斯地质(20): 6-35.

许志琴, 侯立玮, 王宗秀. 1992. 中国松潘–甘孜造山带的造山过程[M]. 北京: 地质出版社.

许志琴, 李化启, 侯立炜, 等. 2007. 青藏高原东缘龙门–锦屏山造山带的崛起——大型拆离断层和挤出机制[J]. 地质通报, 26(10): 1262-1276.

许志琴, 杨经绥, 李海兵, 等. 2011. 印度–亚洲碰撞大地构造[J]. 地质学报, 85(1): 1-33.

闫全人, 王宗起, 刘树文, 等. 2006. 青藏高原东缘构造演化的 SHRIMP 锆石 U-Pb 年代学框架[J]. 地质学报, 80(9): 1285-1294.

颜照坤, 李勇, 董顺利, 等. 2010. 龙门山前陆盆地晚三叠世沉积通量与造山带的隆升和剥蚀[J]. 沉积学报, 28(1): 91-101.

杨农, 张岳桥, 孟辉, 等. 2003. 川西高原岷江上游河流阶地初步研究[J]. 地质力学学报, 9(4): 363-370.

杨荣军, 刘树根, 吴熙纯, 等. 2009. 川西上三叠统海绵生物礁的分布及其控制因素[J]. 地球学报, 30(2): 227-234.

杨少敏, 兰启贵, 聂兆生, 等. 2012. 用多种数据构建 2008 年汶川特大地震同震位移场[J]. 地球物理学报, 55(8): 2575-2588.

尹福光, 许效松, 万方, 等. 2001. 华南地区加里东期前陆盆地演化过程中的沉积响应[J]. 地球学报, 22(5): 425-428.

曾允孚, 纪相田, 李元林, 等. 1992. 天全芦山地区晚白垩世—早第三纪陆相盆地层序地层分析[J]. 矿物岩石, 12(4): 56-73.

张会平, 杨农, 张岳桥, 等. 2006. 岷江水系流域地貌特征及其构造指示意义[J]. 第四纪研究, 26(1): 126-135.

张季生, 高锐, 曾令森, 等. 2009. 龙门山及邻区重、磁异常特征及与地震关系的研究[J]. 地球物理学报, 52(2): 572-578.

张培震. 2008. GPS 测定的 2008 年汶川 Ms8.0 级地震的同震位移场[J]. 中国科学 D 辑(地球科学), 38(10): 1195-1206.

张岳桥, 杨农, 孟晖. 2005. 岷江上游深切河谷及其对川西高原隆升的响应[J]. 成都理工大学学报(自然科学版), 32(4): 331-339.

赵小麟, 邓起东, 陈社发. 1994. 岷山隆起的构造地貌学研究[J]. 地震地质, 16(4): 429-439.

赵玉光, 肖林萍. 1994. 龙门山中生代前陆盆地时间地层格架及其盆地生长的动态模型研究[J]. 四川地质学报, 14(3): 217-224.

郑洪波, 黄湘通, 向芳, 等. 2005. 宇宙成因核素 ^{10}Be: 估算长江流域侵蚀速率的新方法[J]. 同济大学学报(自然科学版), 33(9): 1160-1165.

郑荣才, 朱如凯, 翟文亮, 等. 2008. 川西类前陆盆地晚三叠世须家河期构造演化及层序充填样式[J]. 中国地质, 35(2): 246-255.

郑荣才, 戴朝成, 朱如凯, 等. 2009. 四川类前陆盆地须家河组层序–岩相古地理特征[J]. 地质论评, 55(4): 484-495.

郑荣才, 李国晖, 戴朝成, 等. 2012. 四川类前陆盆地盆–山耦合系统和沉积学响应[J]. 地质学报, 86(1): 170-180.

周荣军, 蒲晓虹, 何玉林, 等. 2000. 四川岷江断裂带北段的新活动、岷山断块的隆起及其与地震活动的关系[J]. 地震地质, 22(3): 285-294.

周荣军, 李勇, Densmore A L, 等. 2006. 青藏高原东缘活动构造[J]. 矿物岩石, 26(2): 40-51.

朱传庆, 徐明, 单竞男, 等. 2009. 利用古温标恢复四川盆地主要构造运动时期的剥蚀量[J]. 中国地质, 36(6): 1268-1277.

朱介寿. 2008. 汶川地震的岩石圈深部结构与动力学背景[J]. 成都理工大学学报(自然科学版), 35(4): 348-356.

庄忠海, 田瑞孝, 马醒华, 等. 1988. 四川盆地雅安地区白垩系至下第三系古地磁研究[J]. 物探与化探(3): 224-278.

Allégre C J, Courtillot V, Tapponnier P, et al. 1984. Structure and evolution of the Himalaya-Tibet orogenic belt[J]. Nature, 307(5946): 17-22.

Allen P A. 1997. Earth Surface Processes[M]. Oxford: Blackwell Scientific Publications.

Allen P A, Allen J R. 2005. Basin Analysis: Principles and Applicationst(Second Edition)[M]. Oxford: Blackwell Scientific Publications.

Allen P A, Homewood P, Williams G D. 1986. Foreland Basins: An Introduction[M]// Allen P A, Homewood P. Foreland Basin. Oxford: Blackwell Scientific Publications.

Allen P A, Crampton S L, Sinclair H D. 1991. The inception and early evolution of the North Alpine foreland basin, Switzerland[J]. Basin Research, 3(3): 143-163.

Allen P A, Burgess P M, Galewsky J, et al. 2001. Flexural-eustatic numerical model for drowning of the Eocene perialpine carbonate ramp and implications for Alpine geodynamics[J]. Geological Society of America Bulletin, 113(8): 1052-1066.

Andrew J W G, Roderick W B. 2000. Fission-track Thermorchronology and the Long-term Denudational Response to Tectonics[M]//Summerfield M. Geomorphology and Global Tectonics. New York: John Wiley and Sons Ltd.

Arne D, Worley B, Wilson C, et al. 1997. Differential exhumation in response to episodic thrusting along the eastern margin of the Tibetan Plateau[J]. Tectonophysics, 280(3-4): 239-256.

Bally A W, Bender P L, McGetch T R, et al. 1980. Dynamics of Plate Interiors[M]. Washingtonin: American Geophysical Union.

Beaumont C. 1981. Foreland basins[J]. Geophysical Journal International, 65(2): 291-329.

Beaumont C, Quinlan G, Hamilton J. 1988. Orogeny and stratigraphy: Numerical models of the Paleozoic in the eastern interior of North America[J]. Tectonics, 7(3): 389-416.

Beaumont C, Fullsack P, Hamilton J. 1991. Erosional Control of Active Compressional Orogens[M]// McClay K. Thrust Tectonics. London: Chapman and Hall.

Bhatia M R. 1985. Plate tectonics and geochemical composition of sandstones: A reply[J]. The Journal of Geology, 93(1): 85-87.

Bierman P R. 1994. Using in situ produced cosmogenic isotopes to estimate rates of landscape evolution: A review from the geomorphic perspective[J]. Journal of Geophysical Research: Solid Earth, 99(B7): 13885-13896.

Bird P. 1991. Lateral extrusion of lower crust from under high topography in the isostatic limit[J]. Journal of Geophysical Research Solid Earth, 96(B6): 10275-10286.

Blair T C, Bilodeau W L. 1988. Development of tectonic cyclothems in rift, pull-apart, and foreland basins: Sedimentary response to episodic tectonism[J]. Geology, 16(6): 517-520.

Brett C E, Goodman W M, LuDuca S T. 1990. Sequences, cycles, and basin dynamics in the Silurian of the Appalachian Foreland Basin[J]. Sedimentary Geology. 69(3-4): 191-244.

Brunton F R, Dixon O A. 1994. Siliceous sponge-microbe biotic associations and their recurrence through the Phanerozoic as reef mound constructors[J]. Palaios, 9(4): 370-387.

Buchanan P G, McClay K R. 1991. Sandbox experiments of inverted listric and planar fault systems[J]. Tectonophysics, 188(1-2): 97-115.

Burbank D W. 1992. Causes of recent Himalayan uplift deduced from deposited patterns in the Ganges Basin[J]. Nature, 357(6380): 680-683.

Burbank D W, Reynolds R G H. 1984. Sequential late Cenozoic structural disruption of the northern Himalayan foredeep[J]. Nature, 311(5982): 114-118.

Burbank D W，Anderson R S. 2011. Tectonic Geomorphology[M]. Hoboken：Wiley-Blackwell.

Burbank D W，Blythe A E，Putkonen J，et al. 2003. Decoupling of erosion and precipitation in the Himalayas[J]. Nature，426(6967)：652-655.

Burchfiel B C，Chen Z L，Liu Y，et al. 1995. Tectonics of the Longmen Shan and adjacent regions，Central China[J]. International Geology Review，37(8)：661-735.

Burchfiel B C，Royden L H，Van der Hilst R D，et al. 2008. A geological and geophysical context for the Wenchuan earthquake of 12 May 2008，Sichuan，People's Republic of China[J]. GSA Today，18(7)：4-11.

Busby C，Ingersoll R V. 1995. Tectonics of Sedimentary Basins[M]. Cambridge：Blackwell Science.

Busby C，Azor A. 2012. Tectonics of Sedimentary Basins：Recent Advances[M]. Hoboken：Wiley-Blackwell.

Cardozo N，Jordan T. 2001. Causes of spatially variable tectonic subsidence in the Miocene Bermejo Foreland Basin，Argentina[J]. Basin Research，13(3)：335-357.

Castle J W. 2001. Foreland-basin sequence response to collisional tectonism[J]. Geological Society of America Bulletin，113(7)：801-812.

Chen B，Chen C，Kaban M K，et al. 2013. Variations of the effective elastic thickness over China and surroundings and their relation to the lithosphere dynamics[J]. Earth & Planetary Science Letters，363：61-72.

Chen S F，Wilson C J L. 1996. Emplacement of the Longmen Shan Thrust-Nappe Belt along the eastern margin of the Tibetan Plateau[J]. Journal of Structural Geology，18(4)：413-430.

Chen S F，Wilson C J L，Deng Q D，et al. 1994a. Active faulting and block movement associated with large earthquakes in the Min Shan and Longmen Mountains，northeastern Tibetan Plateau[J]. Journal of Geophysical Research Solid Earth，99(B12)：24025-24038.

Chen S F，Wilson C J L，Luo Z L，et al. 1994b. The evolution of the Western Sichuan Foreland Basin，southwestern China[J]. Journal of Southeast Asian Earth Sciences，10(3-4)：159-168.

Chen S F，Wilson C J L，Worley B A. 1995. Tectonic transition from the Songpan-Garzê Fold Belt to the Sichuan Basin，south-western China[J]. Basin Research，7(3)：235-253.

Chen Z，Burchfiel B C，Liu Y，et al. 2000. Global Positioning System measurements from eastern Tibet and their implications for India/Eurasia intercontinental deformation[J]. Journal of Geophysical Research Solid Earth，105(B7)：16215-16227.

Clark M K，Royden L H. 2000. Topographic ooze：Building the eastern margin of Tibet by lower crustal flow[J]. Geology，28(8)：703-706.

Coakley B J，Watts A B. 1991. Tectonic controls on the development of unconformities：The North Slope，Alaska[J]. Tectonics，10(1)：101-130.

Covey M. 1986. The Evolution of Foreland Basins to Steady State：Evidence From the Western Taiwan Foreland Basins[M]// Allen P A，Homewood P. Foreland Basins. Oxford：Blackwell.

Crampton S L，Allen P A. 1995. Recognition of forebulge unconformities associated with early stage foreland basin development：Example from the North Alpine Foreland Basin[J]. AAPG Bulletin，79(10)：1495-1514.

de Michele M，Raucoules D，de Sigoyer D，et al. 2010. Three-dimensional surface displacement of the 2008 May 12 Sichuan earthquake (China) derived from Synthetic Aperture Radar：Evidence for rupture on a blind thrust[J]. Geophysical Journal International，183(3)：1097-1103.

DeCelles P G，Giles K A. 1996. Foreland basin systems[J]. Basin Research，8(2)：105-123.

Densmore A L，Li Y，Ellis M A，et al. 2005. Active tectonics and erosional unloading at the eastern margin of the Tibetan Plateau[J]. Journal of Mountain Science，2(2)：146-154.

Densmore A L，Ellis M A，Li Y，et al. 2008. Active tectonics of the Beichuan and Pengguan faults at the eastern margin of the Tibetan Plateau[J]. Translated World Seismology，26(4)：171-178.

Densmore A L，Li Y，Richardson N J，et al. 2010. The role of late quaternary upper-crustal faults in the 12 May 2008 Wenchuan earthquake[J]. Bulletin of the Seismological Society of America，100(5B)：2700-2712.

Dickinson W R. 1974. Plate Tectonics and Sedimentation[M]//Dickinson W R. Tectonics and Sedimentation. Tulsa：Society of Economic Paleontologists and Mineralogists.

Dickinson W R. 1993. Basin geodynamics[J]. Basin Research，5(4)：195-196.

Dickinson W R. 1997. The Dynamics of Sedimentary Basins[M]. Washington：National Academies Press.

Dickinson W R，Suczek C A. 1979. Plate Tectonics and sandstone compositions[J]. Aapg Bulletin，63(12)：2164-2182.

Einsele G. 2000. Sedimentary Basins：Evolution，Facies，and Sediment Budget[M]. Berlin：Springer.

Einsele G，Ratschbacher L，Wetzel A. 1996. The Himalaya-Bengal Fan Denudation-Accumulation System during the past 20 Ma[J]. Journal of Geology，104(2)：163-184.

England P，Molnar P. 1990. Right-lateral shear and rotation as the explanation for strike-slip faulting in eastern Tibet[J]. Nature，344(6262)：140-142.

Enkelmann E，Ratschbacher L，Jonckheere R，et al. 2006. Cenozoic exhumation and deformation of northeastern Tibet and the Qinling：Is Tibetan lower crustal flow diverging around the Sichuan Basin?[J]. Geological Society of America Bulletin，118(5-6)：651-671.

Enkelmann E，Weislogel A，Ratschbacher L，et al. 2007. How was the Triassic Songpan-Ganzi basin filled? A provenance study[J]. Tectonics，26(4)：640-641.

Enkin R J，Courtillot V，Xing L，et al. 1991. The stationary Cretaceous paleomagnetic pole of Sichuan (South China Block)[J]. Tectonics，10(3)：547-559.

Flemings P B，Jordan T E. 1989. A synthetic stratigraphic model of foreland basin development[J]. Journal of Geophysical Research Solid Earth，94(B4)：3851-3866.

Flemings P B，Jordan T E. 1990. Stratigraphic modeling of foreland basins：Interpreting thrust deformation and lithosphere rheology[J]. Geology，18(5)：430-434.

Fu B H，Shi P L，Guo H D，et al. 2011. Surface deformation related to the 2008 Wenchuan earthquake，and mountain building of the Longmen Shan，eastern Tibetan Plateau[J]. Journal of Asian Earth Sciences，40(4)：805-824.

Galewsky J. 1998. The dynamics of foreland basin carbonate platforms：Tectonic and eustatic controls[J]. Basin Research，10(4)：409-416.

Godard V，Pik R，Lavé J，et al. 2009. Late Cenozoic evolution of the central Longmen Shan，eastern Tibet：Insight from (U-Th)/He thermochronometry[J]. Tectonics，28(5)：TC5009.

Graham S A，Hendrix M S，Wang L B，et al. 1993. Collisional successor basins of Western China：Impact of tectonic inheritance on sand composition[J]. Geological Society of America Bulletin，105(3)：323-344.

Granger D E，Kirchner J W，Finkel R. 1996. Spatially averaged long-term erosion rates measured from in situ-produced cosmogenic nuclides in alluvial sediment[J]. The Journal of Geology，104(3)：249-257.

Gretener P E. 1981. Pore pressure, discontinuities, isostasy and overthrusts[J]. Geological Society London Special Publications, 9(1): 33-39.

Guzzetti F, Ardizzone F, Cardinali M, et al. 2009. Landslide volumes and landslide mobilization rates in Umbria, central Italy[J]. Earth and Planetary Science Letters, 279(3-4): 222-229.

Haq B U, Hardenbol J, Vail P R. 1987. Chronology of fluctuating sea levels since the Triassic[J]. Science, 235(4793): 1156-1167.

Harrowfield M J. 2001. The tectonic evolution of the Songpan Garze fold belt, southwest China[D]. Melbourne: University of Melbourne.

Haughton D W, Morton A C, Todd S P. 1991. Developments in Sedimentary Provenance Studies[M]. London: Oxford University Press.

Hay W W, Shaw C A, Wold C N. 1989. Mass-balanced paleogeographic reconstructions[J]. Geologische Rundschau, 78(1): 207-242.

Heller P L, Angevine C L, Winslow N S, et al. 1988. Two-phase stratigraphic model of foreland-basin sequences[J]. Geology, 16(6): 501-504.

Hetenyi R. 1974. Beams on Elastic Foundation: Ann Arbor[M]. Michigan: University of Michigan Press.

Homewood P, Allen P A, Williams G D. 1986. Dynamics of the Molasse Basin in Western Switzerland [M]// Allen P A, Homewood P. Foreland Basins. Oxford: Blackwell science.

Howell D G. 1989. Tectonics of Suspect Terranes: Mountain Building and Continental Growth[M]. London: Chapman and Hall.

Hu S B, Raza A, Min K, et al. 2006. Late Mesozoic and Cenozoic thermotectonic evolution along a transect from the North China craton through the Qinling Orogen into the Yangtze craton, central China[J]. Tectonics, 25(6): TC6009, doi: 10.1029/2006TC001985.

Hubbard J, Shaw J H. 2009. Uplift of the Longmen Shan and Tibetan Plateau, and the 2008 Wenchuan (M=7.9) earthquake[J]. Nature, 458(7235): 194-197.

Jacobi R D. 1981. Peripheral bulge-a causal mechanism for the Lower/Middle Ordovician unconformity along the western margin of the Northern Appalachians[J]. Earth and Planetary Science Letters, 56(4): 245-251.

Jia D, Wei G Q, Chen Z X, et al. 2006. Longmen Shan fold-thrust belt and its relation to the Western Sichuan Basin in Central China: New insights from hydrocarbon exploration[J]. AAPG Bulletin, 90(9): 1425-1447.

Jia D, Li Y Q, Lin A M, et al. 2010. Structural model of 2008 M_w7.9 Wenchuan earthquake in the rejuvenated Longmen Shan thrust belt, China[J]. Tectonophysics, 491(1-4): 174-184.

Jordan T E. 1981. Thrust loads and foreland basin evolution, Cretaceous, western United States[J]. AAPG Bulletin, 65(12): 2506-2520.

Jordan T E. 1995. Retroarc foreland and related basins[J]. Tectonics of Sedimentary Basins, 36(9): 150-236.

Jordan T E, Flemings P B, Beer J A. 1988. Dating Thrust-fault Activity by Use of Foreland Basin Strata[M]//Kleimsphehn K L, et al. New Perpective in Basin Analysis. Berlin: Springer-Verlag.

Jordan T A, Watts A B. 2005. Gravity anomalies, flexure and the elastic thickness structure of the India-Eurasia collisional system[J]. Earth and Planetary Science Letters, 236(3-4): 732-750.

Kirby E, Whipple K. 2001. Quantifying differential rock-uplift rates via stream profile analysis[J]. Geology, 29(5): 415-418.

Kirby E, Whipple K X, Burchfiel B C, et al. 2000. Neotectonics of the Min Shan, China: Implications for mechanisms driving Quaternary deformation along the eastern margin of the Tibetan Plateau[J]. Geological Society of America Bulletin, 112(3): 375-393.

Kirby E, Reiners P W, Krol M A, et al. 2002. Late Cenozoic evolution of the eastern margin of the Tibetan Plateau: Inferences from ^{40}Ar/^{39}Ar and (U-Th)/He thermochronology[J]. Tectonics, 21(1): 1001. DOI: 10.1029/2000TC001246.

Kirby E, Whipple K, Harkins N. 2008. Topography reveals seismic hazard[J]. Nature Geoscience, 1(8): 485-487.

Krautter M, Conway K W, Barrie J V. 2006. Recent hexactinosidan sponge reefs (silicate mounds) off British Columbia, Canada: Frame-building processes[J]. Journal of Paleontology, 80(1): 38-48.

Kühni A, Pfiffner O A. 2001. Drainage patterns and tectonic forcing: A model study for the Swiss Alps[J]. Basin Research, 13(2): 169-197.

Lacombe O, Lavé J, Roure F M, et al. 2007. Thrust belts and foreland basins: from fold kinematics to hydrocarbon systems[M]. Berlin: Springer-Verlag.

Lal D. 1991. Cosmic ray labeling of erosion surfaces: In situ nuclide production rates and erosion models[J]. Earth and Planetary Science Letters, 104(2-4): 424-439.

Lamb S, Davis P. 2003. Cenozoic climate change as a possible cause for the rise of the Andes[J]. Nature, 425(6960): 792-797.

Larsen I J, Montgomery D R, Korup O. 2010. Landslide erosion controlled by hillslope material[J]. Nature Geoscience, 3(4): 247-251.

Leinfelder R R. 2001. Jurassic Reef Ecosystems[M]// Stanley G D. The History and Sedimentology of Ancient Reef Systems. New York: Springer.

Li Y, Ellis M, Densmore A L, et al. 2000. Active tectonics in the Longmen Shan region, eastern Tibetan Plateau[J]. EOS Transactions of American Geophysical Union, 81(48): 1109.

Li Y, Densmore A L, Allen P A. 2001a. Sedimentary responses to thrusting and strike-slipping of Longmen Shan along the eastern margin of Tibetan Plateau and their implication of Cimmerian continents and India/Eurasia collision[J]. Scientia Geologica Sinica, 10(4): 223-243.

Li Y, Ellis M, Densmore A L, et al. 2001b. Evidence for active strike-slip faults in the Longmen Shan, eastern margin of Tibet[J]. EOS Transactions of American Geophysical Union, 82(47): 1104.

Li Y, Allen P A, Densmore A L, et al. 2003. Evolution of the Longmen Shan foreland basin (Western Sichuan, China) during the Late Triassic indosinian orogeny[J]. Basin Research, 15(1): 117-138.

Li Y, Cao S Y, Zhou R J, et al. 2004. Field studies of Late Cenozoic Minjiang River Incision Rate and its Constraint on Morphology of the Eastern Margin of the Tibetan Plateau[M]//Lee J H W, Lam K M. Environmental Hydraulics and Sustainable Water Management. London: A. A. Balkema Publishers.

Li Y, Zhou R J, Densmore A L, et al. 2006. The Geology of the Eastern Margin of the Qinghai-Tibet Plateau[M]. Beijing: Geological Publishing House.

Li Y, Zhou R J, Densmore A L, et al. 2011. Spatial relationships between surface ruptures in the M_S 8.0 Earthquake, the Longmen Shan Region, Sichuan, China[J]. Journal of Earthquake and Tsunami, 5(4): 329-342.

Li Y, Yan Z K, Zhou R J, et al. 2013. Surface process and fluvial landform response to the M_S 8.0 Wenchuan Earthquake, Longmenshan, China[J]. Journal of Earthquake and Tsunami, 7(5): 1350033-1350059.

Li Y, Li H B, Zhou R J, et al. 2014a. Crustal thickening or isostatic rebound of orogenic wedge deduced from tectonostratigraphic units in Indosinian foreland basin, Longmen Shan, China[J]. Tectonophysics, 619-620: 1-12.

Li Y, Shao L, Eriksson K A, et al. 2014b. Linked sequence stratigraphy and tectonics in the Sichuan continental foreland basin, Upper Triassic Xujiahe Formation, southwest China[J]. Journal of Asian Earth Sciences, 88(1): 116-136.

Li Y, Yan Z K, Liu S G, et al. 2014c. Migration of the carbonate ramp and sponge buildup driven by the orogenic wedge advance in the early stage (Carnian) of the Longmen Shan foreland basin, China[J]. Tectonophysics, 619 (5): 179-193.

Li Y Q, He D F, Li D, et al. 2016. Detrital zircon U-Pb geochronology and provenance of Lower Cretaceous sediments: Constraints for the northwestern Sichuan pro-foreland basin[J]. Palaeogeography Palaeoclimatology Palaeoecology, 453: 52-72.

Li Z W, Chen H D, Liu S G, et al. 2010. Differential uplift driven by thrusting and its lateral variation along the Longmenshan belt, western Sichuan, China: Evidence from fission track thermochronology[J]. Geological Science, 45(4): 944-968.

Luo L, Qi J F, Zhang M Z, et al. 2014. Detrital zircon U-Pb ages of Late Triassic-Late Jurassic deposits in the western and northern Sichuan Basin margin: Constraints on the foreland basin provenance and tectonic implications[J]. International Journal of Earth Sciences, 103(6): 1553-1568.

Maddy D. 1997. Uplift-driven valley incision and river terrace formation in southern England[J]. Journal of Quaternary Science, 12(6): 539-545.

Masek J G, Isacks B L, Gubbels T L, et al. 1994. Erosion and tectonics at the margins of continental plateaus[J]. Journal of Geophysical Research: Solid Earth, 99(B7): 13941-13956.

Mayer L. 2000. Application of Digital Elevation Models to Macroscale Tectonicgeomorphology[M]//Summerfield M, eds. Geomorphology and Global Tectonics. New York: John Wiley and Sons Ltd.

Meng Q R, Wang E, Hu J M. 2005. Mesozoic sedimentary evolution of the northwest Sichuan Basin: Implication for continued clockwise rotation of the South China Block[J]. Geological Society of America Bulletin, 117(3): 396-410.

Meng Q R, Hu J M, Wang E, et al. 2006. Late Cenozoic denudation by large-magnitude landslides in the eastern edge of Tibetan Plateau[J]. Earth and Planetary Science Letters, 243(1-2): 252-267.

Miall A D. 1995. Collision-related Foreland Basins[M]// Busby C, Ingersoll R. Tectonics of Sedimentary Basins. New York: Blackwell Scientific Publications.

Molnar P. 2003. Nature, nurture and landscape[J]. Nature, 426(6967): 612-613.

Molnar P. 2012. Isostasy can't be ignored[J]. Nature Geoscience, 5(2): 83.

Molnar P, England P. 1990. Late Cenozoic uplift of mountain ranges and global climate change: Chicken or egg?[J]. Nature, 346(6279): 29-34.

Montgomery D R. 1994. Valley incision and the uplift of mountain peaks[J]. Journal of Geophysical Research Solid Earth, 99(B7): 13913-13921.

Muñoz-Jiménez A, Casas-Sainz A M. 1997. The Rioja Trough (N Spain): Tectosedimentary evolution of a symmetric foreland basin[J]. Basin Research, 9(1): 65-85.

Ollier C, Pain C. 2000. The Origin of Mountains[M]. New York: Taylor & Francis.

Ori G G, Friend P F. 1984. Sedimentary basins formed and carried piggyback on active thrust sheets[J]. Geology, 12(8): 475-478.

Ouimet W B. 2010. Landslides associated with the May12, 2008 Wenchuan earthquake: Implications for the erosion and tectonic evolution of the Longmen Shan[J]. Tectonophysics, 491(1-4): 244-252.

Ouimet W B，Whipple K X，Royden L H，et al. 2007. The influence of large landslides on river incision in a transient landscape：Eastern margin of the Tibetan Plateau（Sichuan，China）[J]. Geological Society of America Bulletin，119（11-12）：1462-1476.

Parker R N，Densmore A L，Rosser N J，et al. 2011. Mass wasting triggered by the 2008 Wenchuan earthquake is greater than orogenic growth[J]. Nature Geoscience，4（7）：449-452.

Pinter N，Brandon M T. 1997. How erosion builds mountains[J]. Scientific American，276（4）：74-79.

Posamentier H W，Allen G P. 1993. Siliciclastic sequence stratigraphic patterns in foreland，ramp-type basins[J]. Geology，21（5）：455-458.

Price R A. 1981. The Cordilleran foreland thrust and fold belt in the southern Canadian Rocky Mountains[J]. Geological Society London Special Publications，9（1）：427-448.

Puigdefabregas C. 1986. Thrust Belt Development in the Eastern Pyrenees and Related Depositional Sequences in the Southern Foreland Basin[M]//Allen P A，Homewood P. Foreland basin. Oxford：Blackwell Scientific Publications.

Reading H G. 1980. Characteristics and Recognition of Strike-slip Fault[M]//Balance P F，Reading H G. Sedimentation in Oblique-slip Mobile Zones. Oxford：Blackwell.

Reiners P W，Ehlers T A，Mitchell S G，et al. 2003. Coupled spatial variations in precipitation and long-term erosion rates across the Washington Cascades[J]. Nature，426（6967）：645-647.

Richardson N J，Densmore A L，Seward D，et al. 2008. Extraordinary denudation in the Sichuan Basin：Insights from low-temperature thermochronology adjacent to the eastern margin of the Tibetan Plateau[J]. Journal of Geophysical Research：Solid Earth，113（B4），doi：10.1029/2006JB004739.

Richardson N J，Densmore A L，Seward D，et al. 2010. Did incision of the Three Gorges begin in the Eocene? [J]. Geology，38（6）：551-554.

Roger F，Jolivet M，Cattin R，et al. 2011. Mesozoic-Cenozoic tectonothermal evolution of the eastern part of the Tibetan Plateau（Songpan-Garzê，Longmen Shan Area）：Insights from thermochronological data and simple thermal modelling[J]. Geological Society London Special Publications，353（1）：9-25.

Royden L H，Burchfiel B C，King R W，et al. 1997. Surface deformation and lower crustal flow in eastern Tibet[J]. Science，276（5313）：788-790.

Saylor B Z，Grotzinger J P，Germs G J B. 1995. Sequence stratigraphy and sedimentology of the Neoproterozoic Kuibis and Schwarzrand Subgroups（Nama Group），southwestern Namibia[J]. Precambrian Research，73（1-4）：153-171.

Schlunegger F，Willett S. 1999. Spatial and temporal variations in exhumation of the central Swiss Alps and implications for exhumation mechanisms[J]. Geological Society London Special Publications，154（1）：157-179.

Searle M P. 1991. Geology and tectonics of the Karakoram Mountains[M]. Chichester：John Wiley and Sons Ltd.

Sengör A M C. 1984. The cimmeride orogenic system and the tectonics of Eurasia[J]. Geological Society of America Special Papers，195：1-74.

Shao T B，Cheng N F，Song M S. 2016. Provenance and tectonic-paleogeographic evolution：Constraints from detrital zircon U-Pb ages of Late Triassic-Early Jurassic deposits in the northern Sichuan Basin，central China[J]. Journal of Asian Earth Sciences，127：12-31.

Shi Z Q，Preto N，Jiang H S，et al. 2017. Demise of Late Triassic sponge mounds along the northwestern margin of the Yangtze Block，South China：Related to the Carnian Pluvial Phase?[J]. Palaeogeography Palaeoclimatology Palaeoecology，474：247-263.

Sinclair H D. 1997. Tectonostratigraphic model for underfilled peripheral foreland basins: An Alpine perspective[J]. Geological Society of America Bulletin, 109(3): 324-346.

Sinclair H D, Allen P A. 1992. Vertical versus horizontal motions in the Alpine orogenic wedge: Stratigraphic response in the foreland basin[J]. Basin Research, 4(3-4): 215-232.

Sinclair H D, Coakley B J, Allen P A, et al. 1991. Simulation of Foreland Basin Stratigraphy using a diffusion model of mountain belt uplift and erosion: An example from the central Alps, Switzerland[J]. Tectonics, 10(3): 599-620.

Sinclair H D, Sayer Z R, Tucker M E. 1998. Carbonate sedimentation during early foreland basin subsidence: The Eocene succession of the French Alps[J]. Geological Society London Special Publications, 149(1): 205-227.

Stewart J, Watts A B. 1997. Gravity anomalies and spatial variations of flexural rigidity at mountain ranges[J]. Journal of Geophysical Research: Solid Earth, 102(B3): 5327-5352.

Stockmal G S, Beaumont C. 1987. Geodynamic models of convergent margin tectonics: The southern Canadian Cordillera and the Swiss Alps[J]. Canadian Society Pteroleum Geologists Memoir, 12: 393-411.

Summerfield M A, Hulton N J. 1994. Natural controls of fluvial denudation rates in major world drainage basins[J]. Journal of Geophysical Research: Solid Earth, 99(B7): 13871-13883.

Swennen R, Roure F, Granath J W. 2004. Deformation, fluid flow, and reservoir appraisal in foreland fold and thrust belts[J]. AAPG Hedberg series, 1: 1-2.

Swift D J P, Hudelson P M, Brenner R L, et al. 1987. Shelf construction in a foreland basin: storm beds, shelf sandbodies, and shelf-slope depositional sequences in the Upper Cretaceous Mesaverde Group, Book Cliffs, Utah[J]. Sedimentology, 34(3): 423-457.

Tan X C, Xia Q S, Chen J S, et al. 2013. Basin-scale sand deposition in the Upper Triassic Xujiahe formation of the Sichuan Basin, Southwest China: Sedimentary framework and conceptual model[J]. Journal of Earth Science, 24(1): 89-103.

Tankard A J. 1986. On the Depositional Response to Thrusting and Lithospheric Flexure: Examples From the Appalachian and Rocky Mountainbasin[M]. Oxford: Blackwell.

Tapponnier P, Peltzer G, Le Dain A Y, et al. 1982. Propagating extrusion tectonics in Asia: New insights from simple experiments with plasticine[J]. Geology, 10(12): 611-616.

Tapponnier P, Peltzer G, Armijo R. 1986. On the mechanics of the collision between India and Asia[J]. Geological Society London Special Publications, 19(1): 113-157.

Tapponnier P, Xu Z Q, Roger F, et al. 2001. Oblique stepwise rise and growth of the Tibet Plateau[J]. Science, 294(5547): 1671-1677.

Tian Y T, Kohn B P, Gleadow A J W, et al. 2013. Constructing the Longmen Shan eastern Tibetan Plateau margin: Insights from low-temperature thermochronology[J]. Tectonics, 32(3): 576-592.

Tong X P, Sandwell D T, Fialko Y. 2010. Coseismic slip model of the 2008 Wenchuan earthquake derived from joint inversion of interferometric synthetic aperture radar, GPS, and field data[J]. Journal of Geophysical Research: Solid Earth, 115(B4): B04314.

Turcotte D L, Schubert G. 1982. Geodynamics: Applications of Continuum Physics to Geological Problem[M]. New York: John Wiley& Sons.

Vail P R. 1991. The stratigraphic signatures of tectonics, eustacy and sedimentology - an overview[J]. Cycles & Events in Stratigraphy, 123(1): 38-41.

Wallis S, Tsujimori T, Aoya M, et al. 2003. Cenozoic and Mesozoic metamorphism in the Longmenshan orogen: Implications for geodynamic models of eastern Tibet[J]. Geology, 31(9): 745-748.

Wang B Q, Wang W, Chen W T, et al. 2013. Constraints of detrital zircon U-Pb ages and Hf isotopes on the provenance of the Triassic Yidun Group and tectonic evolution of the Yidun Terrane, Eastern Tibet[J]. Sedimentary Geology, 289(1): 74-98.

Wang E, Kirby E, Furlong K P, et al. 2012. Two-phase growth of high topography in eastern Tibet during the Cenozoic[J]. Nature Geoscience, 5(9): 640-645.

Wang Q L, Cui D X, Zhang X, et al. 2009. Coseismic vertical deformation of the Ms8.0 Wenchuan earthquake from repeated levelings and its constraint on listric fault geometry[J]. Earthquake Science, 22(6): 595-602.

Wang Q, Qiao X J, Lan Q G, et al. 2011. Rupture of deep faults in the 2008 Wenchuan earthquake and uplift of the Longmen Shan[J]. Nature Geoscience, 4(9): 634-640.

Wang X B, Zhang G, Fang H, et al. 2014. Crust and upper mantle resistivity structure at middle section of Longmenshan, eastern Tibetan Plateau[J]. Tectonophysics, 619-620: 143-148.

Wang Z, Zhao D P, Wang J. 2010. Deep structure and seismogenesis of the north-south seismic zone in southwest China[J]. Journal of Geophysical Research: Solid Earth, 115(B12): T11B-2085.

Wang Z, Su J R, Liu C X, et al. 2015. New insights into the generation of the 2013 Lushan Earthquake (Ms7.0), China[J]. Journal of Geophysical Research: Solid Earth, 120(5): 3507-3526.

Watts A B. 1992. The effective elastic thickness of the lithosphere and the evolution of foreland basins[J]. Basin Research, 4(3-4): 169-178.

Weislogel A L, Graham S A, Chang E Z, et al. 2010. Detrital zircon provenance from three turbidite depocenters of the Middle-Upper Triassic Songpan-Ganzi complex, central China: Record of collisional tectonics, erosional exhumation, and sediment production[J]. Geological Society of America Bulletin, 122(11-12): 2041-2062.

Wendt J, Wu X C, Reinhardt J W. 1989. Deep-water hexactinellid sponge mounds from the Upper Triassic of northern Sichuan (China)[J]. Palaeogeography Palaeoclimatology Palaeoecology, 76(1-2): 17-29.

Whiting B M, Thomas W A. 1994. Three-dimensional controls on subsidence of a foreland basin associated with a thrust-belt recess: Black Warrior Basin, Alabama and Mississippi[J]. Geology, 22(8): 727-730.

Wold C N, Hay W W. 1990. Estimating ancient sediment fluxes[J]. American Journal of Science, 290(9): 1069-1089.

Xu G Q, Kamp P J J. 2000. Tectonics and denudation adjacent to the Xianshuihe Fault, eastern Tibetan Plateau: Constraints from fission track thermochronology[J]. Journal of Geophysical Research: Solid Earth, 105(B8): 19231-19251.

Xu X W, Wen X Z, Yu G H, et al. 2009. Coseismic reverse- and oblique-slip surface faulting generated by the 2008 Mw 7.9 Wenchuan earthquake, China[J]. Geology, 37(6): 515-518.

Yan D P, Zhou M F, Li S B, et al. 2011. Structural and geochronological constraints on the Mesozoic-Cenozoic tectonic evolution of the Longmen Shan thrust belt, eastern Tibetan Plateau[J]. Tectonics, 30(6): TC6005.

Yan Z K, Li Y, Shao C J, et al. 2016. Interpreting the coseismic uplift and subsidence of the Longmen Shan foreland basin system during the Wenchuan Earthquake by a elastic flexural model[J]. Acta Geologica Sinica, 90(2): 555-566.

Yin A, Nie S. 1996. A Phanerozoic Palinspastic Reconstruction of China and its Neighboring Regions[M]// Yin A, Harrison T M. The Tectonic Evolution of Asia. Cambridge: Cambridge University Press.

Zeng Y F, Li Y. 1994. Sedimentary and tectonic evolution of the Longmen Shan Forelang basin, western Sichuan, China[J]. Scientia Geologia Sinica, 4(3): 377-387.

Zhang P Z, Shen Z K, Wang M, et al. 2004. Continuous deformation of the Tibetan Plateau from global positioning system data[J]. Geology, 32(9): 809-812.

Zhang Y, Jia D, Shen L, et al. 2015. Provenance of detrital zircons in the Late Triassic Sichuan foreland basin: Constraints on the evolution of the Qinling Orogen and Longmen Shan thrust-fold belt in central China[J]. International Geology Review, 57(14): 1806-1824.

Zhang Q W. 1981. The sedimentary features of the flysch formation of the Xikang Group in the Indosiniaan Songpan-Garze geosyncline and its geotectonic setting[J]. Geology Reviews, 27: 405-412.

Zheng Y, Li H B, Sun Z M, et al. 2016. New geochronology constraints on timing and depth of the ancient earthquakes along the Longmen Shan fault belt, eastern Tibet[J]. Tectonics, 35(12): 2781-2806.

Zhou D, Graham S A. 1996. The Songpan-Ganzi Ccomplex of the West Qinling Shan as a Triassic Remnant Ocean Basin[M]// Yin A, Harrison T M. The Tectonic Evolution of Asia. Cambridge: Cambridge University Press.

Zhu M, Chen H L, Zhou J, et al. 2017. Provenance change from the Middle to Late Triassic of the southwestern Sichuan Basin, Southwest China: Constraints from the sedimentary record and its tectonic significance[J]. Tectonophysics, 700-701: 92-107.